每天读个好故事

宿文渊◎编著

中国華僑出版社
北京

图书在版编目 (CIP) 数据

每天读个好故事 / 宿文渊编著 . —北京：中国华侨出版社，2015.3（2019.7 重印）
ISBN 978-7-5113-5308-5

Ⅰ . ① 每… Ⅱ . ①宿… Ⅲ . ①人生哲学—通俗读物 Ⅳ . ① B821-49

中国版本图书馆 CIP 数据核字（2015）第 053664 号

每天读个好故事

编　　著：宿文渊
责任编辑：岑　苓
封面设计：李艾红
文字编辑：孟　飞
美术编辑：李丹丹
图片提供：www.quanjing.com
经　　销：新华书店
开　　本：720mm × 1020mm　1/16　印张：35　字数：608 千字
印　　刷：北京鑫海达印刷有限公司
版　　次：2015 年 5 月第 1 版　2019 年 7 月第 3 次印刷
书　　号：ISBN 978-7-5113-5308-5
定　　价：68.00 元

中国华侨出版社　北京市朝阳区静安里 26 号通成达大厦 3 层　邮编：100028
法律顾问：陈鹰律师事务所
发 行 部：（010）58815874　　传　　真：（010）58815857
网　　址：www.oveaschin.com
E-mail：oveaschin@sina.com

前言

关于人生的种种问题，人人都有迷惑，人人都想参透。有的人穷尽一生，至死方得出答案，有的人却只需一瞬，便豁然开朗。

为了得到正确的解答，有人躬身读史，向古人讨要智慧；有人修身参佛，在经书中寻求答案。读史要毅力，卷帙浩繁，册册厚重，非一夕之功。参佛需慧根，青灯黄卷，晨钟暮鼓，非常人所能。事实上，阅读一则好故事，也可以让你顿悟人生。

“大音希声，大象无形。”那些无限深邃的道理往往包含在最简单、最平凡的事物中。也许一群蚂蚁，就诠释了生命和团结的伟大；也许一个微笑，就传递了自信和善良的力量；也许一片云彩，就彰显了生活的自由与美好，真正的智者能从小细节中看到大景观，从小事件上总结大智慧，从小故事里悟出大道理。罗斯·斯图特说：“一个故事能改善与他人之间的关系，怡人性情，使人恍然大悟；一个故事可以使我们沉思生存之意义；一个故事可以使我们接受真理，或给我们以新的视野和方式去体察大千世界、芸芸众生。”一个好故事，可以点醒人的一生。

读好故事，可以让你拂去心灵的尘埃，从庸庸碌碌中醒来。人生的步履匆忙，背负各种压力行走尘世，总免不了失去方向、迷失自我。好故事就像一阵清风，轻轻吹向你蒙尘的心灵，让你擦亮眼睛，更加清醒地认识世界。好故事就像是心灵鸡汤，滋养、灌溉我们疲惫的心，使其重现往昔的纯净与安宁。

读好故事，可以让你感悟生命的意义，找到幸福和成功的答案。好故事是你迷失时的灯塔，也是你春风得意时的镇静剂，不断引导你更深刻地理解和把握人生，明智而从容地面对人生道路上的各种问题，避免走弯路或重蹈覆辙，顺利、快速地走向成功和幸福。

读好故事，可以让你得到智慧的启迪，获得有益的人生经验和教训。智慧是生活体验的一种理性沉淀，是人生经验的归纳综合，它不是与生俱来的，需要人们静下心来在生活中去发现、去品读、去感悟。古今中外的一个个智慧故事就是一脉脉智慧的清泉，它们可以启迪你的智慧，让你获得有益的人生经验和教训，使你在生活中更加如鱼得水、潇洒自如。

读好故事，可以让你领悟人生的真谛，明白人生的道理。哲人说："一颗沙里看出一个世界，一朵野花里有一座天堂，把无限放在你的手掌上，永恒在一刹那里收藏。"生活中一些平凡的小事物里往往包含着最深刻的人生道理，它比起抽象的理论，能以更简单、更直接、更迅捷的方式把这些道理揭示出来，拨动我们的心灵，让我们于瞬间豁然开朗。与其在长篇累牍的抽象理论中费劲心思，不如读一个好故事更让人醍醐灌顶、了然于心。

好故事对我们生活的改变具有深远的影响。它们发自肺腑，为生活勾描蓝图，为处置日常事务提供方法；它们提供行之有效的行为模式，提示我们具有优良的素养和巨大的潜力；它们使我们从浑浑噩噩中警醒，鼓励我们去实现梦想，去努力，去成就自我；它们提醒我们什么才最重要，让我们明白生活的真谛。好的故事不在于有多长，而在于它有多少内涵、具有多少思想的重量；精华的思想关键不在于它从谁口中说出，而在于它验证过多少事实、有多少实际的指导意义。

本书精选了数百个最具价值、最有启发性、最有指导意义的经典小故事，分为"最感动人的心灵故事""最精彩的成功故事""最启发人的智慧故事""最激励人的哲理故事"四篇，内容精彩动人，故事发人深省。书中有对幸福生活的感悟、战胜挫折的勇气、闪烁光辉的美德和发人深省的人生智慧，有温馨感人的爱情、荡气回肠的亲情。阅读本书，你能感受到心灵的震颤，能接触到纯真的思想，能感动于亲情的伟大和爱情的无私。每个故事后的"智慧箴言"则起到画龙点睛的作用，让人在紧张繁忙的工作和生活中可以静下心来沉淀自己、审视自己、提高自己。

每读一个好故事都是一次心灵的邂逅，用心感受，才会有属于自己的收获。一个精致的、发人深省的好故事不仅可以指明前进的方向、解答生活中的迷惑，还可以改变你的思想，进而改变你的一生。

目录

第一篇 最感动人的心灵故事

第二篇

最精彩的成功故事

第三篇
最启发人的智慧故事

第四篇
最激励人的哲理故事

第一篇
最感动人的心灵故事

第一章

左手拍右手，我们一起感谢生命

每一个人都拥有生命，但并非每个人都懂得生命，乃至于珍惜生命。卡夫卡说过："任何一个人，当你活着的时候应付不了生活，那么就用一只手拨开笼罩着你命运的绝望，同时，用另一只手草草记下你在废墟中看到的一切，因为，你与别人看到的不同。总之，在你的有生之年，你已经死了，但你却是真正的获救者。"生命就在你左右，凭你所有的，哪怕是仅有的，也能为自己、为他人的生命鼓掌，给生命以最真诚的感谢！

左手拍右手，我们一起感谢生命

杰米·杜兰特是20世纪的伟大艺人之一。他曾被邀参加一场慰问第二次世界大战退伍军人的表演。杰米只是答应负责人只做一段独白，因为他的行程实在是太紧了。

当杰米走到台上时，有趣的事情发生了。他做完了独白，却并没有立刻离开。掌声越来越响，他没有离去。他连续表演了15分钟、20分钟、30分钟，最后终于鞠躬下台。等在后台的负责人问他："我还以为你只能表演几分钟呢！这是怎么回事？"

杰米回答："我本来是要马上离开的，但我可以让你明白我为何留下，你看看第一排的观众便会明白了。"

第一排坐着两个男人，二人均在战争中失去了一只手，一个人失去左手，另一个则失去右手。他们却在一起鼓掌，他们一直在鼓掌，而且拍得既开心，又响亮。

智慧箴言

生命是最美好的，也是最容易满足的。当一个人能从心底对自己的生命充满感激时，他就是魅力四射的。

凭你所有的，哪怕是仅有的，也能为自己、为他人的生命鼓掌，给生命以最真诚的感谢吧！

活着，就是一种莫大的幸福

有个中年男子，厌倦了日复一日平淡无奇的生活，感觉生命太乏味了。

偶然的一次机会，他参加了挑战极限的活动。

主办者把他关在山洞里，无光无火亦无粮，每天只供应 3 千克的水，时间为 120 小时，整整 5 个昼夜。

第一天，他心怀好奇，颇觉刺激。

第二天，饥饿、孤独、恐惧一齐袭来，四周漆黑一片，听不到任何响声。于是，他有点向往起平日里的无忧无虑来。

他想起了乡下的老母亲，千里迢迢地赶来，只为送一坛辣椒酱，以及小孙子的一双虎头鞋。

他想起了终日相伴的妻子，在深夜里为自己递上的一杯热热的牛奶。

他想起了他的宝贝儿子，天天下班回家都要给他一个吻。

他甚至想起了与他发生争执的同事，曾经给自己买过的一瓶可乐……

不知不觉地，他后悔起自己平日里对生活的态度：懒懒散散，敷衍了事，冷漠虚伪，无所作为。

第三天，他饿得几乎挺不住了。可是一想到人世间的种种美好，便坚持了下来。

第四天、第五天，他仍然在饥饿、孤独、恐惧中反思过去，向往未来。

他痛恨自己竟然忘记了父母的生日；他遗憾妻子分娩之时自己却远在外地出差；他后悔听信流言与好友分道扬镳……他这才觉出需要他努力弥补的事情，竟是那么多。可是，连他自己也不知道，他能不能挺过最后一关。就在他涕泪齐下、百感交集之时，洞门开了。阳光照射进来，白云就在眼前，淡淡的花香、悦耳的鸟鸣，又送给他一个美好的人间。这个男子摇摇晃晃地走出山洞，脸上浮出了一丝难得的笑容。

5天来，他的心里一直在说一句话，那就是：活着，就是一种莫大的幸福。

智慧箴言

生命虽然美丽，然而我们容易被生活的琐碎所淹没。不要在意那些复杂的纠葛，让我们好好珍惜现在鲜活的生命，享受丰富多彩的人生。

生命不能被透支

在印度洋的海岛上，有一种红嘴鸟，嘴的颜色深浅决定了它在异性眼里受欢迎的程度。那些一心想让自己变得更受异性欢迎的鸟，必须调整体内的胡萝卜素。研究表明，胡萝卜素是促使颜色变红的主要原因，但同时也是鸟体内免疫能力不可或缺的重要元素。在异性鸟眼里，深度红嘴的鸟是鸟中精英，因为它有足够的胡萝卜素。尽管生物学家证明有很大一部分鸟是打肿脸充胖子，事实上把太多的胡萝卜素集中到嘴角的颜色装饰上会削弱体内正常的免疫能力，为了异于同类，在竞争中取胜，有些鸟甚至红"嘴"薄命。

还有一个故事：一位中文专业的博士在某地找工作，他奔波多日却一无所获。万般无奈，他来到一家职业介绍所，没出示任何学位证件，以最低的身份做了登记。很快他被一家公司录用了，职位是文字校对。不久，老板发现这个小伙子的能力非一般校对人员可比。此时，他亮出了学士证书，老板给他换了相应的职位。又过了一段时间，老板发觉这位小伙子能提出许多有关选题策划、编辑方面独特见解的建议，其本领远比一般大学生高明，此时，他亮出了硕士证书，老板立刻提拔了他。又过去了半年，老板发觉他能解决实际工作中遇到的所有选题策划方面的难题，在老板的再三盘问下，他才承认自己是中文专业博士，因为工作难找，就把博士学位瞒了下来。第二天一上班，他还没来得及出示博士证书，老板已宣布他就任公司副主编。

一个人要懂得生命的迂回，在没有机遇时要善于储蓄智慧，而不可把自己看得过重。生命不能被透支，适当地保存生命的价值非常重要。而那红嘴鸟，只凭一时的勇气来展示自己，一不小心就透支了生命。

智慧箴言

很多时候我们就像红嘴鸟一样，忽视了生命的能量正被我们的无知和幼稚一点点地消耗，过早地耗费了生命的资源。透支生命就会把整个人生输掉。

其实，循序渐进的生活方式对一般人来说是更重要的。我们应该像一条河流一样，在遇到山石的阻挡时，懂得迂回前行，才能更好地锻炼生命。

一辈子只要干好一件事

有一位女作家被邀请参加一个聚会，坐在她身边的是一位年轻的男作家。她衣着简朴，沉默寡言，态度谦和。男作家不知道她是谁，他认为她只不过是一个不入流的作家而已。于是，他有了一种居高临下的心态。

“请问小姐，你是专业作家吗？”

“是的，先生。”

“那么，你有什么大作发表吗？能否让我拜读一两部？”

“我只是写写小说而已，谈不上什么大作。”

男作家更加证明自己的判断了。

他说：“你也是写小说的？那我们算是同行了，我已经出版了339部小说，请问你出版了几部？”

“我只写了一部。”

男作家有些鄙夷地问：“噢，你只写了一部小说。那能否告诉我这部小说叫什么名字？”

“《飘》。”女作家平静地说。狂妄的男作家顿时目瞪口呆。

女作家的名字叫玛格丽特·米切尔，她一生只写了一部小说。现在，我们都知道她的名字，但那位自称出版过339部小说的作家的名字，已经无从考查了。

智慧箴言

一生只要干好一件事，这一辈子就没有白过，人们就会记着你，你干好的这件事也会成就你。一辈子如果干了许多可有可无的事，不能专注一件事，其实对于生命而言，那只不过是在原地转圈而已。正如我们不能简单地以篇幅的长短来衡量一则寓言的价值一样，我们也不能以数量来简单地量化我们的人生价值。

经历风雨的洗礼，生命才更美丽

据说，在鸟类中寿命最长的当属老鹰，它的寿命可达70岁。如果它想活到70岁的话，就必须在40岁的时候做出困难而重要的抉择。当老鹰40岁的时候，它的爪子开始老化，不能够牢牢地抓住猎物；它的喙会变得又长又弯，几乎能够碰到胸膛；它的翅膀也变得十分沉重，飞翔时非常吃力。此时，它只有两种选择：要么等死；要么经历一次十分痛苦的过程来蜕变和更新，以使自己能够活下去。

这是一个漫长的过程，它需要150天的锤炼，而且必须努力地飞到山顶，在悬崖的顶端筑巢，然后停留在那里不能飞翔。

首先，它要做的是用喙不断地击打岩石，直到旧喙完全脱落，然后经过一个漫长的过程，静静地等待新的喙长出来。之后，还要经历更为痛苦的过程——用新长出来的喙把旧的趾甲一根一根地拔掉。当新的趾甲长出来以后，老鹰再把旧的羽毛一根一根地拔掉，等待5个月后长出新的羽毛。这时候，老鹰才能重新飞翔，得以再过30年的岁月。

智慧箴言

人生充满烦恼与挫折，只要不丧失信念，只要不放弃追求，人生定会大放光彩，青春的年华也不会虚度，人生的色彩亦不会为之黯然。

前半生不犹豫，后半生不后悔

曾有一位知名的哲学家，天生有一股特殊的哲人气质，因此迷倒了很多女人。

某天，一个女子敲开他的门说：“让我做你的妻子吧！错过我，你将找不到比我更爱你的女人了！”

哲学家虽然也很喜欢她，但仍回答说：“让我考虑考虑！”

事后，哲学家用他一贯研究学问的精神，将结婚与不结婚的好处与坏处分别罗列出来，才发现好坏均等，真不知该如何抉择。于是，他陷入长期的苦恼之中。

最后，他得出一个结论——人若在面临抉择而无法取舍的时候，应该选择自己尚未体验过的那一种。

哲学家来到女人的家中，对女人的父亲说："你的女儿呢？请你告诉她，我考虑清楚了，我决定娶她为妻！"

女人的父亲冷漠地回答："你来晚了10年，我女儿现在已经是3个孩子的妈妈了！"

两年后，哲学家抑郁成疾。死前，他将自己所有的著作丢入火堆，只留下一段对人生的注解：

如果将人生一分为二，前半段的人生哲学是"不犹豫"，后半段的人生哲学是"不后悔"。

智慧箴言

当我们还年轻时，我们要用充沛的精力营造属于自己的一片天空，所以我们必须学会"不犹豫"；当我们已经历过无数风雨之后，我们要在沉淀自己选择的基础上继续走下去，所以我们需要"不后悔"做支撑。现在，不要后悔自己过去曾经的不完美，也不要害怕自己未来的不确定，因为正是这些不完美和不确定给了我们生命更多的希望。

生命也有保存期限，想做的事该趁早去做。

让自己活在当下

一个深切渴望能够早日得道的道士，到深山中苦修，希望借着山川的空灵之气，洗净自己的心境，让自己的心早入仙境。

这一天，道士在山林中行走，苦思一个经书上解不开的难题。突然鼻端一阵腥味掠过，猛地一抬头，发现前面的山路上，赫然窜出一只吊睛白额的猛虎，正要扑上前来。

道士大吃一惊，连忙转身拔腿就跑，情急之下，似乎跑得特别快。那只老虎在后面远远地追着，道士越跑越快，眼看可以脱离猛虎的威胁了。不料，横在面前的竟是一道悬崖。这位苦修的道士仍不肯放弃最后一丝希望，他快步冲到悬崖边，往下望去，心中想着，悬崖底下若是深涧，自己冒着危险纵身一跳，或许还可以侥幸逃离虎口。

悬崖底下果然是一道极深的山涧，只不过，水中隐隐约约还露出几段枯木似的东西漂浮在山涧里，可怕的是，那些状似枯木的东西都有着一口白森森的利齿。道士看了个清楚，在山涧的水中，竟然有着一大群的鳄鱼。

正当他思索着该如何处置眼前状况的同时，那只猛虎已然追到，倏地往前又是一扑。道士没得选择，只能往山涧的水中一跳，手中稳稳地抓着悬崖边垂下的一根树藤，就这样让自己凌空悬吊在崖边。

道士希望凭着自己的臂力，还可以支持一会儿，等到老虎失去耐心离去，可能还有一线生机。

这时候，悬崖边不知从哪儿冒出一黑一白两只老鼠，竟不约而同地啃食起道士手握的那根树藤，两只老鼠再啃上几下，树藤就要断了，道士也将落入鳄鱼的口中。道士望着那两只黑白老鼠，心中登时醒悟，这两只老鼠岂不象征白天与黑夜，不断地啃食人们生命的剩余时光；而老虎、鳄鱼则是自己一直不愿去坦然面对的恐惧。

在生命即将结束的这一刻，道士终于领悟——生命中最重要的，就是要让自己活在当下。

就在这一瞬间，老虎、鳄鱼、老鼠都不见了，道士好端端地站在山林之中，脸上露出笑容，就在当下，成为一代大师。

智慧箴言

活在当下是一种全身心地投入生命的生活方式。活在当下，而不是活在过去的记忆里，或者未来的奢望里，将你全部的能量都集中在这一刻，生命的张力就会强烈地爆发出来。

思想决定人生

有一位教授有一天带学生出游划船，当船行到湖中央时，他问学生："有一种东西，跑得比光速还快，瞬间能穿越银河系，到达遥远的地方……这是什么？"

学生争着回答："我知道、我知道，是思想！"

教授满意地点点头："那么，有另外一种东西，跑得比乌龟还慢，当春花怒放时，它还停留在冬天；当头发雪白时，它仍然是个小孩子的模样，那又是什么？"

学生一脸困惑，猜不出来……

“还有，不前进也不后退、没有出生也没有死亡，始终漂浮在一个点；谁能告诉我，这又是什么？”

学生傻了眼，面面相觑……

“答案都是思想！它们是思想的3种表现，换个角度来看，也可比喻成3种人生。”教授望着聚精会神的学生，继续解释：

“第一种是积极奋斗的人生。一个人不断力争上游，对明天永远充满希望信心，这种人的心灵不受时空限制，他就好比一只射出的箭矢，总有一天会超越光速，凌驾于万物之上。

“第二种是懒惰的人生。永远落在别人的屁股后面，捡拾他人丢弃的东西，这种人注定被遗忘。

“第三种是醉生梦死的人生。当一个人放弃努力、苟且偷安时，他的命运是冰冻的，没有任何机会来敲门，不快乐也没有所谓的痛苦；这是一个注定悲哀的人，像水母的空壳漂浮于海底，不在现实世界，也不在梦境里……”

智慧箴言

对懒惰的人来说，成功是可望而不可即的，失败就是他的写照；对积极上进的人来说，成功是上天对他的褒奖，幸福是他的归宿。

无悔的生命才最完美

一个农夫要进城卖大米，他一大早就上路了。当他经过一丛丁香花的时候，他停了下来，把米袋从右手换到左手，他发现自己的手上全是灰。在他正要吹一下手中的灰时，一颗大而晶莹的露珠掉到了他的掌心里。

农夫看了一会儿，把露珠托到唇边，他对露珠说：“你知道我将做什么吗？”

“你将把我吞下去。”

“看来你比我更可怜，生命全操纵在别人的手中。”

“你错了，我还不懂什么叫可怜。我曾滋润过一朵很大的丁香花蕾，让它美丽地开放。现在我又将滋润另一个生命，这是我最大的快乐和幸运，我此生无悔。”

农夫一下子停了下来。

智慧箴言

不论我们是一株草，还是一株牡丹；不论我们是搏击长空的矫健雄鹰，还是栖息于屋檐下的敏捷家燕；不论我们天生俏丽，还是平淡无奇；不论我们天赋奇高，还是禀赋缺陷；不论我们诞生在僻壤寒舍，还是出生在都城皇宫，我们都能平静地欣赏太阳月亮、山河大地、朝霞晚霞、风霜雨雪。只要有这么一颗心，我们就会心存感激而不计较天道的“不公”，就会心态健康而不去嫉妒、羡慕他人的辉煌，就会脚步踏实而不冒险于陷阱黑洞，如此，我们就能度过无悔人生。

生命具有惊人的潜能

有一次，乔治不幸遭遇了交通事故，被撞得很严重，好在有人将他迅速送到了医院。

在一间灯光暗淡的病房里，两位女护士焦急地工作着——每人抓住乔治的一只手腕，力图摸到脉搏的跳动。因为乔治在这整整8小时内都未能脱离昏迷状态。医生已经做了所能做的一切事情，然后离开这个病房给其他病人看病去了。

乔治不能动弹，也不能说话。然而，他好像能听到护士们的声音，在昏迷的某些时间里，他能相当清楚地思考。他听到一位护士激动地说：

“他停止呼吸了！你能摸到他的脉搏的跳动吗？”

“没有。”

他一再听到同样的问题和回答。

“我很好，”他想，“我必须告诉他们，无论如何我必须告诉他们。”

他不断地想：“我的身体良好，并非即将死亡，但是，我怎么能告诉她们这一点呢？”

于是他记起了他所学过的自我激励的语句：“如果你相信你能够做到这件事，你就能完成它。”他试图睁开眼睛，但失败了，他的眼睑不肯听他的命令。然而他仍努力地睁开双眼，直到最后他听到这句话：“我看见一只眼睛在动——他仍然活着！”

护士赶紧把医生找了回来，医生和护士们以精湛的技术、不懈地努力，最终使他起死回生了。

智慧箴言

潜能是生命本身所具备的一种能量。这种能量是人类对万物造化的一种反抗，因为天地造人，却没有给人类以意义。人由生入死、从空到空，这个过程不具有意义，而人的潜能，则能帮助人实现自我生命的意义。

生命因自尊自爱而更加伟大

在亚特兰大奥运会上，有一名选手很引人注目，他就是来自阿富汗的男子马拉松竞赛选手，他当时只有17岁左右。

他显然不是同场竞技者的对手，可他还是一步步地跟上了。他对着记者递过来的话筒说："我的目的不在于拿第一或第二，我在途中从没有想过放弃，我只是想让世人知道，我们也在努力地活着！"

在阿富汗，无休无止的战乱折磨着人们，许多人怀疑他们生活下去没什么奔头。可这个选手在富得流油的美国亚特兰大，向所有人宣布："我们也在努力地活着！"

这名选手最终没有获得冠军，但是他坚持跑完了全程，将自己的生命演绎得淋漓尽致！

智慧箴言

每个人都有自己的生存状态，羡慕别人只是在浪费时间，而妄自张狂是在破坏自己的生活。热爱自己的生活，肯定自己的生存状态，并自豪地告诉人们"我也在努力地活着"，这是对生命的最好诠释。

为生命点亮一支蜡烛

第二次世界大战期间，德军空袭伦敦，一位年仅10岁的英国少年不幸被炸死。少年的母亲怀着悲痛的心情，为自己的儿子做了一个墓，并立下了墓碑，上面写着这样一句话："全世界的黑暗也不能使一支小蜡烛失去光辉！"

英国小说家罗伯斯听到这个故事后提笔疾书，很快，一篇感人至深的文章从他的笔尖流淌出来。

几天后，文章发表了。故事转瞬便流传开来，好像希望的火种，鼓舞着人们为胜利而执着前行。

许多年后一个大学生也读到了这篇文章，并从中得到了深刻的启示。这位大学生大学毕业后，放弃了几家企业的高薪聘请，毅然决定随一个科技普及小组去非洲扶贫。

“非洲那里闹传染病，怎么办？”

“那里万一发生战争，怎么办？”

面对亲友们苦口婆心的劝说，这位大学生坚定地回答：“如果黑暗笼罩了我，我绝不害怕，我会点亮自己心灵的蜡烛！”

大学生怀揣着希望去了非洲。在那里，大学生和同伴们不懈努力，用他们那点点蜡烛，终于照亮了一片天空，他们也因此被联合国授予“扶贫大使”的光荣称号。

智慧箴言

为生命点亮一支蜡烛，这样我们就能在黑暗里找准人生的方向。生命的烛光总是在心灵之火开始燃烧的时段被引燃，生命也就开始发光了。

生命美在过程

小罗和阿恒结婚已5年了。小罗现在是一个全职的家庭主妇，不会有人想到她曾经是位十分优秀的商场经理。

小罗常常觉得有点失落、后悔和惋惜。她问自己，这几年在家庭中操劳这么久，她究竟得到了些什么。1座带小花园的属于她和阿恒的房子，1辆小汽车，1个孩子。生活给她的报酬难道就这么微薄吗？小罗想不通。

有一天，小罗在收拾屋子时，发现了一盘看上去很旧的录像带，她十分好奇，停下手里的活，将录像带塞进放映机里。

屏幕上，首先显示出这样一个画面：她抱着一大束玫瑰站在房门口，显得光彩照人。小罗想起那是4年前第一次收获自己种植的玫瑰。当时，她高兴得合不拢嘴。

屏幕上依然变换着场景：宝宝摇摇摆摆地出现在屏幕上。他瞪着一对大眼睛，手指头含在小嘴里，一颠一颠地向镜头跑来。突然，他“啪”地摔在地上，随即号啕大哭起来。看到宝宝可爱的样子，小罗情不自禁地笑了。

看完录像带，小罗已感动得满眼泪花。原来这5年里，她获得了生命中最美好的东西。

智慧箴言

生命本身就是个过程，如果我们只是一味追求结果，而忽略了过程的享受，对我们的生命可真是一种莫大的浪费。懂得享受生命的人，才真正懂得珍惜生命、享受生活。

在挑战中见证生命价值

派蒂·威尔森在年幼时被诊断出患有癫痫病。她的父亲吉姆·威尔森习惯每天晨跑。有一天，戴着牙套的派蒂兴致勃勃地对父亲说："爸，我想每天跟你一起慢跑，但我担心病会中途发作。"

她父亲回答说："如果你发作，我也知道怎样应对。我们明天就开始跑吧。"

于是，十几岁的派蒂就这样与跑步结下了不解之缘。和父亲一起晨跑是她一天之中最快乐的时光。跑步时，派蒂的病一次也没发作过。

几个星期后的一天，她向父亲表示了自己的心愿："爸，我想打破女子长距离跑步的世界纪录。"父亲替她查吉尼斯世界纪录，发现女子长距离跑步的最高记录是80英里（约128千米）。

当时，读高一的派蒂为自己订立了一个长远的目标："今年我要从橘县跑到旧金山（640多千米）；高二时，要到达俄勒冈州的波特兰（2400多千米）；高三时的目标在圣路易市（3200多千米）；高四则要向白宫进发（4800多千米）。"

虽然派蒂的身体状况与他人不同，但她依旧满怀热情与理想。对她来说，癫痫只是偶尔给她带来不便的小毛病。她并不因此消极退缩，相反地，她更加珍惜自己已经拥有的。

高一时，派蒂穿着写有"我爱癫痫"的衬衫，一路跑到了旧金山。她父亲陪她跑完了全程，母亲则开着旅行拖车尾随其后，照料父女两人。

高二时，她身后的支持者换成了班上的同学。他们拿着巨幅的海报为她加油打气，海报上写着："派蒂，跑啊！"但在这段前往波特兰的路上，她扭伤了脚踝。医生劝告她马上中止跑步："你的脚踝必须上石膏，否则会造成永久的伤害。"

她回答道："医生，跑步不是我一时的兴趣，而是我一辈子的至爱。我跑步不单是为了自己，同时也是要向所有人证明，病人同样可以跑马拉松。有什么方法能让我跑完这段路？”

医生表示可用黏合剂先将受损处接合，而不用上石膏。但他警告说，这样会起水泡，到时会十分疼痛。

派蒂毫不犹豫地点头答应了。

派蒂终于来到波特兰，俄勒冈州州长还陪她跑完最后 1 英里（约 1.64 千米）。一面写着红字的横幅早在终点等着她：“超级长跑女将，派蒂·威尔森在 17 岁生日这天创造了辉煌的纪录。”

高中的最后一年，派蒂花了 4 个月的时间，由西海岸跑到东海岸，最后抵达华盛顿，并接受总统召见。前后花了 4 个月的时间，她告诉总统：“我想让人们明白，癫痫病患者与一般人无异，也能过正常的生活。”

智慧箴言

要想炼就真金，必经烈火熔炼；要想采得灵草，需攀悬崖高峰；要想铸就宝剑，就得千锤百炼；要想见证生命的价值、抢占生命的制高点，就得勇敢地挑战生命。

生命态度决定了生命厚度

国外工商管理学院的入学能力测试 GMAT 考试，其中的语法考试有一个特点，就是主动语态和被动语态。

在一般的英语语法中，主动语态和被动语态都被认为是正确的表达，但在 GMAT 考试中，假如一句话能用主动语态来表达而用了被动语态，就算是绝对的错误。比如说“任务被我完成了”一定要说成“我把任务完成了”才对。只有当实在找不到主动者时才能用被动语态，如玻璃碎了但不知道是谁打破的，才能说“玻璃被打破了”。

这种考试中对主、被动语态的敏感区别，背后隐藏了一个重大的命题，那就是参加考试的人面对所发生的事情是用主动思维还是用被动思维的区别。一个习惯于被动思维的人会不自觉地用被动的方式回答问题，而一个拥有主动思维的人则时刻都会考虑主动解决问题。进入工商管理学院的学生，毕业后都要进入各大公司或机构做管理工作，管理工作中最重要的素质之一就是要有主动沟通、协调、解决问题的能力。凡是拥有主动心态的人，都比较容易成为出色的管理者。

所以 GMAT 考的不是纯粹的语法问题，而是在语法背后隐藏着的一个人的态度问题。

智慧箴言

对于大多数人来说，被动地接受已经变成了生活的一种无意识的行为，有时候不被牵着还感觉不舒服；人之所以被动，主要的原因是内心没有一个远大的目标。一个没有航向的人是最容易随波逐流的，也是最容易被各种琐碎的事情诱惑的人。这样的生命态度决定了其生命是没有厚度的。要想增加生命厚度，就得重新调整你生命的态度。

不能保存的是生命

意大利记者吉阿提尼访问著名钢琴家鲁宾斯坦，告别时，钢琴家送给记者一盒最喜欢抽的雪茄。

“我一定会好好地把它珍藏起来。”记者说。

“千万不可，”钢琴家回答，“你一定要把它抽掉，这些雪茄美妙如人生，人生是不能保存的，你一定要尽情享受它。没有爱和享受，人生就没有乐趣。”

智慧箴言

生命无法被保存，你一定要尽情享受它。享受更意味着热爱。生命属于我们自己，生命的旋律要由我们自己演奏，生命的乐章要我们自己谱写。要成为生命的乐手，热爱永远是唯一的选择。

希望的世界里有一个无限之极

某公司办公室的门口有一个大鱼缸，缸里养着十几条产自热带的杂交鱼，那种鱼长约 10 厘米，长得特别漂亮，惹得许多人驻足观赏。

一转眼两年时间过去了，那十几条鱼在这两年里似乎没什么太大的变化，依然是 10 厘米来长，自由自在地在鱼缸里游玩。

忽一日，鱼缸的缸底被单位头头那顽皮的小儿子砸了一个洞，待人们发现时缸里的水已所剩无几，十几条热带鱼在那儿可怜巴巴地苟延残喘，人们急忙把它们捡起来，四处张望，唯有外面的喷水池可以做它们的容身之所，于是，人们把那十几条鱼放了进去。

两个月后，一个新的鱼缸被抬了回来。人们都跑到喷水池边捞鱼，捞上一条，人们大吃一惊，又捞上一条，人们又大吃一惊，等十几条鱼都捞出来的时候，人们简直有点手足无措了。两个月，仅仅是两个月的时间，那些鱼竟然都由10厘米疯长到30多厘米。

人们七嘴八舌，众说纷纭，有人说可能是因为喷水池的水是活水，鱼才长得这么快；有人说喷水池里可能含有某种矿物质；也有人说那些鱼可能吃了某种特殊的食物。但无论如何，这些假设都有共同的前提，那就是喷水池要比鱼缸大得多。

智慧箴言

要想使自己长得更快，就不要拘泥于一个小小的空间，而应寻找更广阔的发展领域。走得远，世界属于你；走得近，世界便离你越来越远。

生命的滋味

相信看过伊朗影片《樱桃的滋味》的人，都会被其情节深深打动。剧情大致是这样的：

巴迪先生驱车行进在一条山间公路上，他神情从容镇静，稳稳地操纵着方向盘。他要寻找一个帮助埋掉他的人，并付给对方20万美元。一个士兵拒绝了，一个牧师也拒绝了，天色不早了，巴迪先生依然从容镇静地驱车在公路上寻觅。这时他遇到了一个胡子花白的老者，老者给他讲了一个故事："我年轻的时候也曾想过要自杀。一天早上，我的妻子和孩子还未睡醒，我拿了一根绳子来到树林里。在一棵樱桃树下，我想把绳子挂在树枝上，扔了几次也没有成功，于是我就爬上树去。那时，正是樱桃成熟的季节，树上挂满了玛瑙般晶莹饱满的樱桃。我摘了一颗放进嘴里，真甜啊！于是我又摘了一颗。我站在树上吃樱桃。太阳出来了，万丈金光洒在树林里。充满金光的树叶在微风中摇摆，满眼细碎的亮点。我从未发现林子这么美丽。这时有几个上学的小学生来到树下，让我摘樱桃给他们吃。我摇动树枝，他们欢快地在树下捡樱桃，然后高高兴兴地去上学。看着他们的背影远去，我收起绳子回家了。从那以后我再也不想自杀了。生命是一列向着一个叫死亡的终点疾驰的火车，沿途有许多美丽的风景值得我们留恋。”

夜幕降临了，巴迪先生披上外套，熄灭了手中的烟，走进黑暗中。夜色中，只看到车灯的一线亮光，然后是无边的、长久的黑暗……

天亮了，远处的城市和村庄开始苏醒，巴迪先生从洞里爬出来，伸了个懒腰，站在高处远眺。

……

曾经有人问过欲放弃生命的人，问他体验死亡的感觉如何。他说一直在昏迷中，没觉得怎么痛苦。倒是出院的那天，看到阳光如此的明媚，外面的世界如此新鲜，大街上姑娘们穿着红格子呢裙，真是可爱。长这么大第一次发现世界是这样的美好。

世界还是那个世界，只是感受世界的那颗心不同而已。

智慧箴言

生命如果不用心去品尝，到死都不会知道它是什么味道。其实，就算生命浸泡在苦难中，它的味道依然是美好清香的，我们不能让苦难的苦涩淹没了生命的芬芳。

第二章

母亲是船也是岸

总有一个人将我们支撑，总有一种爱让我们永远感动，这个人就是母亲，这种爱就是母爱。母爱是天涯游子的最终归宿，是润泽儿女心灵的一眼清泉，它伴随儿女的一饮一啜，丝丝缕缕，绵绵不绝。于是，在儿女的笑声泪影中便融入了母爱的缠绵，每一位母亲都用自己特有的方式来表达和诠释着这份爱，每个人都为连绵不绝的母爱而感动得热泪盈眶。

为了幼小的生命

这是一个真实的故事：

一辆从昆明方向驶往泸州的卧铺客车在嵩待路待补收费站被一辆货车撞翻，致使15人死亡，19人受伤。在幸存者中，年龄最小的是一名未满1岁的婴儿。

“哇哇”直叫的女婴躺在一直昏迷不醒的母亲身边哭了将近1个小时了，护士们用手轻轻抚摩着孩子冰凉的小手，细声细语地说：“她可能是饿了。”除此之外，便是氧气通过净化水时发出“突突”的响声。

两个小时过去了，躺在病床上的母亲好像被孩子的哭声“闹”醒了，但不能说话更动弹不得，滚烫的泪珠从她的眼角无声地流下来。她眼睁睁地望着护士，好像想说什么。

护士看着还在不停哭闹的孩子，突然明白了这个母亲的意思。在护士的帮助下，把头上插着输液管的女婴抱到了母亲的身边。孩子果然是饿了，她迫不及待地将小嘴伸到了母亲的怀里，咬住乳头吮吸起来，哭声戛然而止。此时，母亲焦虑的表情也缓和了下来。

站在一旁的所有人无不为此情景黯然泪下。

这是发生事故后的第二天，在县人民医院的一幕。

智慧箴言

母亲用自己甘甜的乳汁哺育着后代，并且以其博大的母爱培养、影响、教育着他们，使他们长大成人。母爱是人世间最伟大的爱。母爱具有深刻的含义，能享受到母爱的人是世界上最幸福的人。

8块5毛钱的价值

有一天黄昏时分，一个捡破烂的妇女，把捡来的破烂物品送到废品收购站卖掉后，骑着三轮车往回走，经过一条无人的小巷时，从小巷的拐角处，猛地窜出一个歹徒来。这歹徒手里拿着一把刀，他用刀抵住妇女的胸部，凶狠地命令妇女将身上的钱全部交出来。妇女吓傻了，站在那儿一动不动。

歹徒便开始搜身，他从妇女的衣袋里搜出一个塑料袋，塑料袋里包着一沓钞票。

歹徒拿着那沓钞票，转身就走。这时，那位妇女反应过来，立即扑上前去，劈手夺下了塑料袋。歹徒用刀对着妇女，作势要捅她，威胁她放手。妇女却双手紧紧地攥住盛钱的袋子，死活不松手。

妇女一面死死地护住袋子，一面拼命呼救，呼救声惊动了小巷子里的居民，人们闻声赶来，合力逮住了歹徒。

众人押着歹徒，搀着妇女走进了附近的派出所，一位民警接待了他们。审讯时，歹徒对抢劫一事供认不讳。而那位妇女站在那儿直打哆嗦，脸上冷汗直冒。民警便安慰她："你不必害怕。"妇女回答说："我好痛，我的手指被他掰断了。"说着抬起右手，人们这才发现，她右手的食指软绵绵地耷拉着。

宁可手指被掰断也不松手放掉钱袋子，可见那钱袋的数目和分量。民警便打开那包着钞票的塑料袋，顿时，在场的人都惊呆了。那袋子里总共只有8块5毛钱，全是1毛和2毛的零钞。

民警迷惑了：是什么力量在支撑着这位妇女，使她能在折断手指的剧痛中仍不放弃这区区的8块5毛钱呢？他决定探个究竟。所以，将妇女送进医院治疗以后，他就尾随在妇女的身后，以期找到问题的答案。但令人惊讶的是，妇女走出医院大门不久，就在一个水果摊儿上挑起了水果，而且挑得那么认真。她用8块5毛钱买了一个梨子、一个苹果、一个橘子、一个香蕉、一节甘蔗、一枚草莓，凡是水果摊儿上有的水果，她每样都挑一个，直到将8块5毛钱花得一分不剩。

民警吃惊地张大了嘴巴。难道不惜牺牲一根手指才保住的8块5毛钱，竟是为了买一点水果尝尝?

妇女提了一袋子水果，径直出了城，来到郊外的公墓。民警发现，妇女走到一个僻静处，那里有一座新墓。妇女在新墓前伫立良久，脸上似乎有了欣慰的笑意。然后她将袋子放在墓碑前，喃喃自语:“儿啊，妈妈对不起你。妈没本事，没办法治好你的病，竟让你刚13岁就早早地离开了人世。还记得吗?你临去的时候，妈问你最大的心愿是什么，你说:我从来没吃过完好的水果，要是能吃一个好水果该多好呀。妈愧对你呀，竟连你最后的愿望都不能满足，为了给你治病，家里已经连买一个水果的钱都没有了。可是，孩子，到昨天，妈妈终于将为你治病借下的债都还清了。妈今天又挣了8块5毛钱，孩子，妈买到水果了，你看，有橘子、有梨、有苹果，还有香蕉……都是好的。都是妈花钱给你买的完好的水果，一点都没烂，妈一个一个仔细挑过的，你吃吧，孩子，你尝尝吧……”

智慧箴言

面对母爱，我们是否想过要为母亲做点什么呢?比如为她遮一遮风、挡一挡雨，比如坐下来倾听她心底的诉说，比如尽我们的力量给她更多的理解、更多的微笑……

拥有母爱的人生是完美的，没有母爱的人生是残缺的，而拥有母爱时不去珍惜母爱的人生是遗憾的、可悲的。

人生苦短，母爱无价，珍惜母爱吧!

超越生命的爱

在一群作为研究对象的小白鼠中，有一只雌性小白鼠，脑根部长了一个绿豆大的硬块，便被淘汰下来。

十几天过去了，肿块越长越大，小白鼠腹部也逐渐大了起来，活动显得很吃力。这可能是肿瘤转移产生腹水的结果。一天，研究人员突然发现，小白鼠不吃不喝，焦躁不安起来。他们想，小白鼠大概寿数已尽，就转身去拿手术刀，准备解剖它，取些新鲜肿块组织进行培养观察。正当研究人员打开手术包时，被一幕景象惊呆了。小白鼠艰难地转过头，死死咬住自己拇指大的一块肿瘤，猛地一扯，皮肤裂开一条口子，鲜血汩汩而流。小白鼠疼得全身颤抖，令人不寒而栗，稍后它一口一口地吞食将要夺去它生命的肿块，每咬一下，都伴着身体的痉挛。就这样，一大半肿块被咬下吞食了。研究人员被小白鼠这种渴望生命的精神和乞求生存的方式深深感动了，收起了手术刀。

第二天一早，研究人员匆匆来到它面前，想看看它是否还活着。让他们吃惊的是，小白鼠身下，居然卧着一堆粉红色的小鼠仔，正拼命吮吸着乳汁，数了数，整整10只。小白鼠的伤口已经停止了流血，左前肢腋部由于扒掉了肿块，白骨外露，惨不忍睹，不过小白鼠精神明显好转，活动也多了起来。恶性肿瘤还在无情地折磨着小白鼠。研究人员担心的是这些可怜的小东西，母亲一旦离去，要不了几天它们就会饿死的。

这一天不幸来到了。在生下仔鼠21天后的早晨，小白鼠安然地卧在鼠盒中间，一动不动了，10只仔鼠围满四周。研究人员突然想起，小白鼠的离乳期是21天，也就是说从今天起，仔鼠不再需要母鼠的乳汁，可以独立生活了。面对此景，他们被感动了。

智慧箴言

母爱到底是什么呢？孟郊这样说：“慈母手中线，游子身上衣。临行密密缝，意恐迟迟归。谁言寸草心，报得三春晖。”从孟郊的诗中我们不难看出，母爱是博大的，博大得足以和日月齐辉，同时母爱又是细微的，细微得犹如慈母手中那段纤纤丝线——博大与细微在母爱这里找到了最好的契合点。面对母爱，任何语言都是苍白的；面对母爱，任何艰难困苦都是不堪一击的。

永远的雕塑

这是一个真实的故事：

一对夫妇是登山运动员，为庆祝他们儿子1周岁的生日，他们决定背着儿子登上7000米的雪山。他们特意挑选了一个阳光灿烂的好日子，一切准备就绪之后踏上了征程。刚天亮时天气一如预报中的那样，太阳当空，没有风没有半片云彩。夫妇俩轻松地登到了5000米的高度。

然而，就在他们稍事休息，准备向新的高度进发之时，一时间狂风大作，风云突起，雪花飞舞。气温陡降至零下三四十摄氏度。最要命的是，由于他们完全相信天气预报，从而忽略了携带至关重要的定位仪。由于风太大，能见度不足1米，上或下都意味着危险甚至死亡。两人都很无奈，情急之中找到一个山洞，只好进洞暂时躲避风雪。

气温继续下降，妻子怀中的孩子被冻得嘴唇发紫，最主要的是他要吃奶。要知道在如此低温的环境之下，任何一寸裸露在外的皮肤都会导致体温迅速降低，时间一长就会有生命危险。怎么办？孩子的哭声越来越弱，他很快就会因为缺少食物而被冻饿而死。

丈夫制止了妻子几次要喂奶的要求，他不能眼睁睁地看着妻子被冻死。然而如果不给孩子喂奶，孩子就会很快死去。妻子哀求丈夫："就喂1次！"

丈夫把妻子和儿子揽入怀中。喂过一次奶的妻子体温下降了2摄氏度，她的体能受到了严重损耗。

由于缺少定位仪，漫天风雪中救援人员根本找不到他们的位置，这意味着风如果不停，他们就没有获救的希望。

时间在一分一秒地流逝，孩子需要一次又一次地喂奶，妻子的体温在一次又一次地下降。在这个风雪狂舞的5000米高山上，妻子一次又一次地重复着平常极为简单而现在却无比艰难的喂奶动作。她的生命在一次又一次的喂奶中一点点地消逝。

3天后，当救援人员赶到时，丈夫已冻昏在妻子的身旁，而他的妻子——那位伟大的母亲已被冻成一尊雕塑，她依然保持着喂奶的姿势屹立不倒。她的儿子，她用生命哺育的孩子正在她怀里安然地睡着，他脸色红润、神态安详。

智慧箴言

母爱是伟大的，也是无私的，它沉浸于万物之中，充盈于天地之间。

有了母爱，人类才从洪荒苍凉走向文明繁盛；有了母爱，社会才从冷漠严峻走向祥和安康；有了母爱，我们才从愁绪走向高歌，从顽愚走向睿智；有了母爱，也才有了生命的肇始、历史的延续、理性的萌动、人性的回归。

因为爱你

一天放学时，班主任朱老师说本周星期六上午开家长会，每位家长都必须到会。每次期中考试之后，朱老师就要召开一次家长会。朱老师还说，这次会议很重要，能增进老师与家长的交流，准确掌握学生的思想动态。

家长会当然要公布每一位同学的成绩。但小琴怕开家长会，并不是她考得不好，而是这次家长会她爸爸不能来。

朱老师问："谁的家长不能来，请举手。"没有举手的。小琴犹豫再三后，还是把手举了起来。老师问："前几次你爸爸不是来了吗？为什么这次不能来？""我爸爸外出工作去了。""那叫你妈妈来吧！""不，不。"小琴有些急了，说，"我妈妈不能来，因为……她从未参加过这样的会议。"老师笑了，说："这不是理由。叫你妈妈一定要来！"

小琴回到家，妈妈正在做晚饭，尽管她忙得不可开交，但还是向小琴做了个"我爱你"的手势。以前小琴会高兴地回妈妈一个吻，或者说："我也爱你。"可是这时，小琴只看了妈妈一眼，目光就慌忙地躲开了，一句话也没有说，就低着头走进了自己的房间。

小琴的妈妈是个哑巴，所以每次都用手势来表示她很爱小琴。小琴是爱学习的女孩，平时只要一坐下来就能投入课本中去。可是这天她一个字也看不进去，看见书上的字就像密密麻麻的蚂蚁，心里乱极了。"咚咚"，是妈妈在敲门，小琴忙收回心思，开门见妈妈做了个吃饭的手势，就起身来到饭桌边。妈妈做了很多小琴喜欢吃的菜，可小琴一口也吃不下去。妈妈见状，摸了摸她的头，小琴忙说："没事，只是心里有点不舒服。"妈妈没太在意。小琴看着妈妈，妈妈长得很漂亮。小琴听爸爸说，妈妈生下她后就得了重病，以后就再也不能说话了。

小琴轻轻叹了口气，在心里对妈妈说：“过两天就要开家长会了。我多么想让你参加，可又不能让你去。如果同学们知道你是一个哑巴，会怎样看我呢？更重要的是，不能让你受到伤害——我们班的同学最会取笑人了。”

到了周六的上午，家长们按时来到教室，坐到自己孩子的座位上。规定的时间到了，朱老师走上讲台说：“各位家长，再耽误你们几分钟，还有一位家长没到。”小琴趁等待的时间数了一下，有49位家长到了，班上有50位同学。朱老师说的莫非是……小琴想到这儿不由得紧张起来。

就在她忐忑不安时，教室门口出现了一位漂亮的中年女子。妈妈！站在门口的是妈妈。她怎么会来？小琴压根儿就没告诉妈妈今天开家长会。“赵琴同学，请把你妈妈领到你的座位上去。”朱老师说道。小琴面红耳赤地向妈妈走去，妈妈向大家打了个手势。“赵琴，请把你妈妈的手语翻译一下。”小琴先是一愣，然后说：“我妈妈向大家问好并道歉。她迟到了一会儿。”

大家立即明白这是一位哑巴妈妈，都报以友好的微笑，还热烈地鼓掌欢迎。小琴走到妈妈面前，轻轻说：“您怎么来了？”妈妈脸一红，做了一个手语，意思是：“因为我爱你！”

小琴的眼眶一下子潮湿了，怕自己流下泪来忙转过身去，牵着妈妈的手走向那唯一的空位。

智慧箴言

有残缺的人，但没有残缺的爱。无论我们的妈妈是健康的还是不健康的，她们的爱永远是世界上最完美的。面对这种爱，我们没有拒绝的理由。

用心良苦

小明对一个问题一直想不通：为什么他的同桌想考第一，一下子就考了第一，而自己想考第一却才考了全班第29名？

回家后他问道：“妈妈，我是不是比别人笨？我觉得我和他一样听老师的话，一样认真地听课做笔记，可是，为什么我总比他落后？”妈妈听了儿子的话，感觉到儿子开始有自尊心了，而这种自尊心正在被学校的排名伤害着。她望着儿子，没有回答，因为她不知该怎样回答。

又一次考试后，小明考了第17名，而他的同桌还是第一名。回家后，儿子又问了同样的问题。她真想说，人的智力确实有三六九等，考第一的人，脑子就是比一般人的灵。然而这样的回答，难道是孩子真想知道的答案吗？她庆幸自己没说出口。应该怎样回答儿子的问题呢？有几次，她真想重复那几句被上万个父母重复了上万次的话——你太贪玩了；你在学习上还不够勤奋；和别人比起来还不够努力……以此来搪塞儿子。然而，像她儿子这样脑袋不够聪明，在班上成绩不甚突出但却十分努力的孩子，平时活得还不够辛苦吗？所以她没有那么做，她想为儿子的问题找到一个完美的答案。

小明小学毕业了，虽然他比过去更加刻苦，但依然没赶上他的同桌，不过与过去相比，他的成绩一直在提高。为了对儿子的进步表示赞赏，她带他去看了一次大海。就是在这次旅行中，这位母亲回答了儿子的问题。

现在这位做儿子的再也不担心自己的名次了，也再没有人追问他小学时成绩排第几名，因为去年他已经以全校第一名的成绩考入了清华。暑假归来时，母校请他给同学及家长们作了一个报告。其中他讲了小时候的一段经历："我和母亲坐在沙滩上，她指着前面对我说，你看那些在海边争食的鸟儿，当海浪打来的时候，小灰雀总能迅速地起飞，它们拍打两三下翅膀就升入了天空；而海鸥总显得非常笨拙，它们从沙滩飞入天空总要很长时间，然而，真正能飞越大海横渡大洋的却是它们。"这个报告使很多母亲流下了眼泪，其中包括他的母亲。

智慧箴言

所有的母亲都具有爱的天性。在孩子面前，她们能以善良教育孩子，更以一种"大爱"为孩子们指引方向。即使像海鸥般笨拙的孩子，也能在母爱的鼓励与尊重下飞越大海、横渡大洋。

赤脚为你开门的人

从前，有个年轻人与母亲相依为命，生活相当贫困。

后来年轻人由于苦恼而迷上了求仙成佛。母亲见儿子整日念叨、不干农活的痴迷样子，苦劝过几次，但年轻人对母亲的话不理睬，甚至把母亲当成他成仙成佛的障碍，有时还对母亲恶语相加。

有一天，这个年轻人听别人说远方的山上有位得道的高僧，心里不免仰慕，便想去向高僧讨教成佛之道，但他又怕母亲阻拦，便瞒着母亲偷偷从家里出走了。

他一路上跋山涉水，历尽艰辛，终于在山上找到了那位高僧。高僧热情地接待了他。席间，听完他的一番自述，高僧沉默良久。当他向高僧求教佛法时，高僧开口道：“你想得道成佛，我可以给你指条道。吃过饭后，你即刻下山，一路到家，但凡遇有赤脚为你开门的人，这人就是你所谓的佛。你只要悉心侍奉，拜他为师，成佛又有何难？”

年轻人听后大喜，遂叩谢高僧，欣然下山。

第一天，他投宿在一户农家，男主人为他开门时，他仔细看了看，男主人没有赤脚。

第二天，他投宿在一座城市的富有人家，更没有人赤脚为他开门。他不免有些灰心。

第三天，第四天……他一路走来，投宿无数，却一直没有遇到高僧所说的赤脚开门人。他开始对高僧的话产生了怀疑。快到自己家时，他彻底失望了。日暮时，他没有再投宿，而是连夜赶回家。到家时已是午夜时分，疲惫之极的他费力地叩动了门环。屋内传来母亲苍老惊恐的声音：“谁呀？”“我，你儿子。”他沮丧地答道。

很快，门开了，一脸憔悴的母亲大声叫着他的名字把他拉进屋里。就着灯光，母亲流着眼泪端详他。这时，他一低头，蓦地发现母亲竟赤着脚站在冰凉的地上！

刹那间，灵光一闪，他想起高僧的话。他突然什么都明白了。年轻人泪流满面，“扑通”一声跪倒在母亲面前。

智慧箴言

母爱永远是伟大的，她的微笑如佛光一样为你照出一片光明，使你对人生满怀希望。不管你是怎样的卑微和落魄，母爱永远是你停泊栖息的港湾，它会把你渡上一条风雨无阻的人生之船。

母亲在危急关头的选择

一次，一位心理专家进行一项研究，5位丈夫被问到同样一个问题："假设你和母亲、妻子、儿子同乘一船，这时船翻了，大家都掉到水里了，而你只能救一个人，你救谁？"

这问题很俗气，却的的确确不好回答，于是——理智的丈夫说："我选择救儿子。因为他的年龄最小，今后的人生道路最长，最值得救。"

滑头的丈夫说："我救儿子的母亲——至于是指我自己的母亲还是儿子的母亲，你们去猜好了。"

现实的丈夫说："我选择救妻子，因为母亲已经经历过人生，至于儿子——有妻子在我们还会有新的孩子，还会是个完整的家。"

聪明的丈夫说："我会救离我最近的那个，离我最近的那个最可能被救起来。"

最后，老实的丈夫确实不知道应该怎样选择，于是他只有回家把这个问题转述给自己的儿子、妻子和母亲，问他们自己应该怎么办。

儿子对这个问题根本不屑一顾："我们这里根本没有河，怎么会全家落水呢？不可能！"——他的年龄使他只会乐观地看待目前和将来的一切。

妻子则对丈夫的态度大为不满："亏你问得出口！你当然得把我们母子都救起来。我才不管什么只救一个人的鬼话呢！"——女人总是认为丈夫必然有能力，也必须有能力负担起他的责任。

最后，老实的男人又问自己的母亲。

母亲没等他把话说完，已经大吃一惊了，紧紧抓住儿子的手，惊慌地说："我们都掉水里了，孩子你不是也掉进水里了吗？我要救你！"老实的男人顿时泣不成声。

智慧箴言

就像上天撒下的甘露，细细地、绵绵地渗透到人间大地，无论何时，母爱始终会陪伴在你的身边。

没有拨通的电话

卖报的老徐看见一个穿一条粉色裙子的女孩一直在报亭前反反复复转悠，他抬头看了看这个十七八岁的女孩并叫住了她："喂！姑娘，你要买报纸吗？"

"不，叔叔，我……我想打电话……"

"哦，那你打吧！"

"谢谢叔叔，长途电话也可以打吗？"

"可以！国际长途都可以打。"

女孩小心翼翼地拿起话筒，认真地拨着号码，善良的老徐怕打扰女孩，索性装作看报纸的样子，把身子转向一侧。

女孩慢慢地从慌乱中放松下来，她已经开始说话了："妈……妈妈！我是小莉，你好吗？妈，我随叔叔来到了北京，上个月叔叔发工资了，他给了我 50 块钱，我已经把钱放在了枕头下面，等我凑足了 500 块，就寄回去给弟弟交学费；以后挣了更多的钱，再给爸爸买化肥。"女孩想了一下，又说："妈，我告诉你，我叔叔的工厂里每天都可以吃上肉呢，我都吃胖了，妈妈你放心吧，我能够照顾自己的。哦，对了，妈妈，前天这里一位阿姨给了我一条红裙子，现在我就是穿着这条裙子给你打电话的。妈妈，叔叔的工厂里还有电视看，我最喜欢看学校里小朋友读书的片子……"突然，女孩的语调变了，不停地用手揩着眼泪，"妈，你的胃还经常疼吗？你那里花开了吗？我好想家，想弟弟，想爸爸，也想你。妈，我真的真的好想你，做梦都经常梦到你呀！妈妈……"

女孩再也说不下去了，老徐爱怜地抬起头看着她，女孩慌忙放下话筒，慌乱中话筒放了几次才放回到话机上。

"姑娘啊，想家了吧？别哭了，有机会就回家去看看爸爸妈妈。"

"嗯，叔叔，电话费多少钱呀？"

"没有多少，你可以跟妈妈多说一会儿，一分钟才 3 毛钱。"

老徐习惯性地往柜台上的话机望去，电子显示屏上竟然没有收费显示，女孩的电话根本没有打通！

"哎呀，姑娘，你得重新打，刚才，你的电话没有接通……"

“嗯，我知道，叔叔！其实……其实我们家乡根本没有通电话。”

老张疑惑地问道：“那你刚才不是和你妈妈说话了吗？”

女孩终于哭出了声：“其实我也没有妈妈了，我妈妈去世已经两年多了……每次我看见别人给家里打电话，我真羡慕他们，我就是想和他们一样，也给妈妈打打电话，跟妈妈说说话……”

智慧箴言

“世上只有妈妈好，有妈的孩子像块宝，没妈的孩子像根草……”世上所有的爱都无法代替每个人一生中只有过一次的母爱，因为它已经深深烙在了我们的心坎上。

至死也在护子

我国古代有个读书人叫周豫，有一次有个朋友送了生猛海鲜给这位叫周豫的读书人，正是他最嗜吃的鳝鱼。刚巧这一天闲来无事，周豫一时技痒，便想亲自动手，试试自己久未展露的手艺，煮上一锅清炖鳝鱼汤来尝尝。

周豫将鱼放入锅中，只见那些鳝鱼仍自由自在地在锅里游着，在锅底下用小火缓缓加热，水温逐渐变高，鳝鱼在锅中丝毫未觉水温的变化，慢慢地就会被煮熟了，这就是周豫过人的厨艺所在。据说，用这方式煮熟的鳝鱼，因为不会经历被杀的过程，没有挣扎，所以它的肉质也就不会紧绷，相对地口感自然好上许多。

随着那一锅汤慢慢煮沸了，周豫将锅盖掀起来看看，却发现了一个奇特的现象，锅中有一条鳝鱼的身体竟然向上弓起，只留头部和尾巴在煮沸的汤水之中。这条身体弓起的鳝鱼，整个腹部都向上弯了起来，露出在沸汤之外，一直到死，身体仍然保持弯起的形状。

周豫看到这种情形，感到十分好奇，便立刻将这条形状奇特的鳝鱼捞出来，取了一把刀，将鳝鱼弯起的腹部剖开来。他想要看个清楚，它究竟是为何，需要如此辛苦地将腹部弯起。在剖开的鳝鱼腹中，周豫惊奇地发现，那里面竟藏着满满的鱼卵，数目之多，难以计算。

原来这条母鳝鱼为了保护肚子里的众多鱼卵，情愿将自己的头尾浸入沸汤之中，直至死亡。因护子心切而将腹部弯起，得以避开滚热的汤水。

周豫看到这一幕，呆呆地不知在原地站了多久，泪水禁不住潸潸流个不停，寻思鳝鱼犹舍命护子，自己对母亲，却仍于孝道有亏。周豫感慨之余，发誓终身不再吃鳝鱼，并对母亲加倍地尊敬与孝顺。

智慧箴言

动物如此，人又当如何！母与子不仅流淌着相同的血液，还传承着彼此心灵的默契。无论沧海桑田如何变化，母爱永远凝聚在你的血液中。

母亲眼里的孩子

自从母亲死了以后，他变成了一个调皮的孩子。只要谁家的牛走失了，或者是后院的树莫名其妙被砍倒了，大家都认为是他做的坏事。甚至父亲和哥哥都是这么想的。渐渐地，他也变得无所谓了。

有一天，父亲打算结婚了，家里的孩子们都不知道新妈妈是什么样的。他也打定主意，不把新妈妈放在眼里。最后，新妈妈终于走进家门，来到每个房间，愉快地向孩子们打招呼。当新妈妈走到他面前时，他像枪杆一样站得笔直，双手交叉在胸前，偏开头看着一边，一点欢迎的意思也没有。

新妈妈回头看了父亲一眼，眼里有些疑惑。

“这就是我跟你说的那个孩子，”父亲懒洋洋地说，“全家最坏的孩子。”

仿佛是为了印证父亲的这一番话，他冷冷地瞪着新妈妈，满脸的倔强。

然而，令他猝不及防的是，新妈妈说出了一番让家里所有的人都吃惊的话。

她把手放在他的肩上，看着他，眼里闪烁着光芒。“最坏的孩子？”新妈妈说，“一点也不，他是全家最聪明的孩子，我愿意拿出我所有的积蓄跟你赌一赌。”

20年以后，他成了一位著名的企业家。当有人问到他成功的力量来自何处时，他自豪地回答：“是妈妈赐给了我无穷无尽的爱！”

智慧箴言

爱是一切力量的源泉。有了真爱可以让干涸的心灵长出嫩绿的新叶，开出鲜艳的花朵，在阳光下散发着生命的芬芳。在母亲的眼里，只有一种孩子——一个好孩子，或者是一个正在准备做好孩子的孩子，就这么简单。

一位母亲的来信

今天，是儿子上学的第一天。母亲给“世界”写了一封信。她到底想说什么？

“从今天开始，我的儿子就要投入您的怀抱中开始新的生活了。可能在很长一段时间里，他会觉得陌生，对一切都那么好奇，我只请求您对他多一点关爱。你知道，他是我最疼爱的孩子，一直都没有离开我的身边。

“可是到现在，一切都已经变化了。今天早晨，他走下门前的台阶，向我挥挥手，然后开始他伟大的人生征途。在前面，等待他的也许是失败、泪水和痛苦。我曾经叮嘱他，必须勇敢面对，要想在这个世界里生活，他需要信念、爱心和勇气。

“所以，亲爱的世界，我请求您轻轻地握住他的小手，让他知道一些事情。

“让他知道，世界上有一个敌人就必定会有一个朋友，有一个坏蛋就必定会有一个英雄，有黑暗就必定会有阳光。

“让他感受知识的力量，给他一点时间去感受自然界中神秘的一切：天上的小鸟，草原上的白羊，花朵中的蜜蜂。

“亲爱的世界，请您用一种循循善诱的方式来教导他，但是不能过分地放纵他，因为只有在逆境中才能把他培养成一个勇敢正直的人。

“我知道我的要求或许太高了，但是请您尽力地帮助他成长。亲爱的世界，您知道吗？我的孩子是一个充满朝气与活力的少年啊！”

智慧箴言

如果上帝开设一个信箱，人们会在第一时间把这封母亲的来信送到上帝的手中；如果上帝想要给这位母亲写回信，面对母亲这些朴素的语言，他只会感到语言的苍白、文字的无力，因为母亲的爱已经给了天下所有的孩子，她的爱让全世界感到温暖。这就是母亲的胸怀，这就是母亲的爱。

生日里的栀子花

一束鲜花——一束白色的栀子花，总会在她的每个生日送到家里。花束里没有通常可见的留言卡；到花店老板那里也查不出赠花人的姓名，因为这花是现金零售的。白色的栀子花依偎在柔和的粉红色的包装纸中，纯洁无瑕、芳香沁人，给人无尽的欣悦。

她没法查明送花人的身份，然而没有一天不在猜想这位匿名者的形象。每一次想起这位也许是出于羞涩或是出于孤僻而不愿意透露自己真名实姓的神秘人士的时候，都是她最为幸福的时刻。

她的妈妈也给她的想象推波助澜。是不是她曾经为某人做过什么好事，而今他以这种方式表示他的谢意？会不会是那位她常常帮他卸车的开杂货店的邻居？会不会是哪位青年，怀有浪漫之想？她实在没法知道。而栀子花的芬芳与温馨却无时无刻不陪伴在她的身旁，让她真切地感觉到自己是可爱的，值得别人关心与爱。

她就是在这栀子花香中想象，在栀子花香中成长，一直到22岁。这一年，妈妈过世了，生日里的栀子花也就是在这一年中断的。

这时她知道了长年以来母亲对女儿的爱蕴藏在一束束生日里的白色栀子花中，让女儿在栀子花香中尽情地想象，在温馨花香中健康成长。以后可能在生日时再也收不到栀子花，但那份母亲对女儿无私的爱却在心底永存。母亲的爱呀！是的，虽然她永远失去了母亲，但是她曾经是世界上最幸福的女孩。

智慧箴言

母亲是世界上最伟大的人，母爱是世界中最无私的感情。无论哪一种生命，在母亲的悉心呵护下都会茁壮地成长。我们应该感谢母亲，感谢她带给我们生命、带给我们幸福。

舐犊情深

这是一个真实的故事，故事发生在西部的青海省，一个极度缺水的沙漠地区。这里，每人每天的用水量严格地限定为1.5升，这还得靠驻军从很远的地方运来。日常的饮用、洗漱、洗菜、洗衣，包括喂牲口，全都依赖这1.5升珍贵的水。

人缺水不行，牲畜也一样，渴啊！有一天，一头一直被人们认为憨厚、忠实的老牛渴极了，挣脱了缰绳，强行闯入了沙漠里唯一的，也是运水车必经的公路。

运水的车终于来了，老牛以不可思议的爆发力，迅速冲上公路，军车一个紧急刹车戛然而止。老牛沉默地立在车前，任凭驾驶员呵斥驱赶也不肯挪动半步。5分钟过去了，双方依然僵持着。运水的战士以前也碰到过牲口拦路索水的情形，但它们都不像这头牛这般倔强。人和牛就这样耗着，最后造成了堵车，后面的司机开始骂骂咧咧，性急的甚至试图点火驱赶，可老牛不为所动。

后来，牛的主人寻来了，恼羞成怒的主人扬起长鞭狠狠地抽打在瘦骨嶙峋的牛背上。

牛被打得皮开肉绽、哀哀叫唤，但还是不肯让开。鲜血沁了出来，染红了鞭子，老牛的凄厉哞叫，和着沙漠中阴冷的酷风，显得分外的悲壮。一旁的运水战士哭了，骂骂咧咧的司机也哭了。最后，运水的战士说："就让我违反一次规定吧，我愿意接受一次处分。"他从车上取出半盆水——正好1.5升左右，放在牛面前。

出人意料的是，老牛没有喝以死抗争得来的水，而是对着夕阳，仰天长哞，似乎在呼唤什么。不远的沙堆背后跑来一头小牛，受伤的老牛慈爱地看着小牛贪婪地喝完水，伸出舌头舔舔小牛的眼睛，小牛也舔舔老牛的眼睛，静默中，人们看到了母子眼中的泪水。没等主人吆喝，在一片寂静无语中，它们掉转头，慢慢往回走。

智慧箴言

母爱，是一种与生俱来的、天生注定的爱，是一切女性品德中最伟大的部分。过去，我们往往把目光倾注在人与动物的差异上，而很少注意动物与人的共同点。母爱作为一种天性，人与动物是同一的。这是一种原始的情感，但这种情感是多么美丽和崇高！

母爱唤醒了生命

英雄方亮因为勇斗匪徒而遭到枪击，子弹是从太阳穴进去的，方亮的大脑几乎全部被破坏了。

当方妈妈赶到医院看到已经是植物人的儿子时，她有些不相信，2天前儿子还活蹦乱跳地站在她面前的呀！方亮一直昏迷不醒，方妈妈一直陪着儿子，吃睡在他身边，而且嘴里面只有一句话："儿子，你醒醒吧，你醒醒吧。"

7天后，方亮的四肢肌肉开始萎缩。妈妈就开始给儿子按摩肌肉，夜晚的时候，方妈妈为了增加儿子的体温，把儿子没有知觉的腿放在自己的怀里暖着。

方亮一直处于昏迷不醒的状态，当医护人员束手无策的时候，细心的方妈妈发现，每当她叫儿子名字的时候，昏迷着的方亮的心脏都会跳动一下，而且表现得非常明显。后来，方亮在方妈妈的悉心照顾下从昏迷状态走了出来。

方亮在病床躺了15个月以后，医生让他下床练习走路。在两个医护人员的帮助下，方亮下了床，但他的两条腿已经没有知觉了，是方妈妈跪在地上，先挪他的左腿，然后再挪他的右腿，然后再往前一走，再跪下来……

方亮入院18个月后，终于第一次开口了，他的口形变化了很多次，但只说了3个字："妈，妈，妈……"

智慧箴言

母爱，重如泰山。方亮生还，与其说是医学界的一个奇迹，不如说是一曲母爱的颂歌。正是母爱的无私、崇高，创造了我们生命中一个又一个奇迹。母爱是我们每一个人应该永远放在心头的，方亮重生的第一句话就是对母亲的呼唤，怎不令人动容？

母爱并非溺爱

一天，吉恩在超市柜台工作时，被一位中年妇女叫住，有一个小男孩紧紧地依偎在她身边。那男孩儿紧闭双唇，眼睛只是向下看。

母亲以严厉的语气说：“快点，这位叔叔很忙！”吉恩感到空气骤然紧张起来，到底是什么事呢？吉恩一边猜想着，一边仔细看着这母子俩。这时吉恩发现那男孩儿手中握着什么东西，他那双小手还有点颤抖——那是当时很受孩子们欢迎的玩具，这种玩具每次进货都被抢购一空，而且被盗窃的数量并不亚于销售量。

“怎么了，你说点什么呀！”他母亲很生气，眼眶里充满了泪水，这时男孩儿已经上气不接下气地哭了。

吉恩的心脏仿佛被猛戳了一下，他面向孩子，他想他必须要听孩子说句话，吉恩甚至感到这个瞬间可能会左右孩子今后的人生。

这时，孩子的手不自然地伸开，被揉搓得破烂的包装中露出了玩具。

“我没想拿！”他费了很大力气才说出这句话。孩子最后泣不成声地说了一句：“对不起。”母亲那时的表情难以形容，吉恩感到她好像放心地深叹了一口气。

这时，吉恩被这位母亲的行为深深地感动了。

智慧箴言

这位看似严厉的母亲，却是深爱着孩子的。教育子女是非常不容易的，一次溺爱性的姑息容忍可能会毁掉孩子的一生。母爱是至真至纯的，它要将美好的种子埋进孩子的心灵，等待无数花朵的绽放。

奇迹会伴着爱出现

一位母亲带着10岁的儿子在一片草地上玩耍。孩子正用一只做得很粗糙的弹弓打一个立在地上，离他有五六米远的玻璃瓶。他打出去的弹丸忽高忽低、忽左忽右，有时竟把弹丸打偏1米！这简直是同龄孩子中弹弓打得最差的孩子。

母亲坐在草地上，不断从一堆石子中捡起一颗，轻轻递到孩子手中，她微笑着说：“嗨，儿子，你真棒！差一点就击中目标了。”母亲的话语中流露出关爱和鼓励。

孩子打得很认真，他屏住气，对着目标瞄了很久。相信每个人见到孩子的瞄准都会认为这次一定又是打不中的，果然不出所料，弹丸落下的地方离目标瓶子的距离实在太远了。

可孩子还是不停地瞄准，不停地射击，母亲也很有节奏地给儿子递着石子，并不停地鼓励他：“很好，再努力一下你就能击中瓶子了。”孩子得到母亲的鼓励后更加充满了信心。

一位路过的中学生看到这种情形感到很有趣，于是走上前去对孩子的母亲说：“让我教他怎样打好吗？”

“啊，谢谢，不用了！”这位母亲对中学生笑了笑，然后看着孩子，轻轻地说：“他看不见。”

中学生怔住了。“可是他……怎么能打中呢？”

“我告诉他，总会打中的。”母亲平静地说，“关键是他做了没有。”

正说话间，一声清脆的瓶子碎裂声从不远处传来，孩子兴奋地叫道：“我成功喽，我成功喽。”

智慧箴言

对一个身体不健全的孩子，母亲付出了更多的心血，哪怕所有人都看不到孩子美好的未来，母亲也会眼含热泪地耐心鼓励、赞美孩子。母爱的奇迹让双目失明的孩子成功击中玻璃瓶，事实就是这样，奇迹总会伴着爱出现。

第三章

满载父爱的文字总在心灵最深处

父爱如山，高大而巍峨，让我们望而生畏不敢攀登；父爱如天，粗犷而深远，让我们仰望而不敢长啸；父爱如河，细长而渊源，让我们不敢涉足。父爱是威严的、沉默的、忧郁的、深远的。那凝重的爱渗入我们的肌肤、震撼我们的心灵。它就像火山爆发后凝固的岩浆，坚硬无比，但却蕴含着人间最伟大的情感；又像永不知停息、日夜耕作在田间的那把历尽沧桑的扶犁，在翻开的滚滚黑色的泥浪中，一次次将我们洗涤。它在平凡无语中永远都透露着割舍不掉的亲情，它的奉献永远都大于索取。

生的机会留给谁

一天，一户人家里，父亲躺在沙发上休息，有一搭没一搭地听着收音机播出的音乐；母亲在厨房准备晚饭；小儿子和女儿在卧室画画；大儿子则在屋外后面的棚子里干活。

突然音乐给打断了。接着，播音员几乎叫喊着播报：

“注意！导弹警报！大海的对岸刚才发射了若干枚导弹，正向此处飞来。预计导弹 16 分钟之内击中目标。注意！这是经核实后发布的警报！注意隐蔽！请不要关收音机，注意收听有关指示。”

“天哪！”父亲倒抽了一口冷气，他脸色煞白，感到茫然不知所措。他知道这是真的，但又不太相信。

“去把孩子们找回来。”他的妻子脱口而出，接着冲向门口去叫大儿子。他瞅了瞅她，从她的眼神里他既看到恐惧，也看到了对那些参与制造和发射导弹的所有人的憎恨。

父亲一下子跳起来，向卧室跑去。“快走，”他吆喝着说，“防空洞演习！”他们进行过多次演习，他的声音和样子让孩子们没有多问就赶紧向门外跑去。

穿过厨房，他把孩子们推到后门，打发他们去防空洞。他回到卧室时，大儿子跑了进来。

“儿子，这可是一次热战，”他父亲简短地说，“是真的要来了。”父子两人对望了一会儿，两个都明白自己的职责是什么，都知道对方会竭尽全力。然而，现在面对需要履行自己职责这一可怕的事实，两人又都感到无法理解。

“爸爸，我们有多少时间？”

“时间不多了，”父亲匆匆看了一下表说道，“12，或许14分钟。”

儿子离开了卧室。父亲奔到橱柜前，拉开门，拿出装有家庭重要票证的金属盒子。他随即把放在床头板上的那部《圣经》拿了起来。他们所需的一切物品已经在前几个月储存到防空洞里了。这时他听到妻子走了过来，她进入房间时，他转过身来。

“亲爱的，准备好了吗？”

“好了，”他回答说，“孩子们都进防空洞了吗？”

“都进去了，”妻子回答说，“我还是不能相信这是真的。”

“我们必须相信这是真的，”他盯着她的双眼说，“我们不敢不信呀！”

窗外天空无云，空气干燥、凉爽，是典型的初秋的气候。

父亲又看了看表。第一次警报已过去4分钟了，大约还剩下12分钟。

进入防空洞之后，他闩好门，环顾四周，检查一下家里的人是否都安顿好，于是就开始等待了。

他和他的妻子知道，其他人很快会来哭着乞求要进防空洞，因为还剩一段时间。

在建防空洞时，他们就争论过这个问题。她愿与邻居们共用他们的避难所。“我们不能一方面称自己为基督信徒，而同时在最后的时刻拒绝救朋友一命，”她争辩说，“上帝可不是这样教导我们的。”

“那只不过是些老生常谈的说教！”他有些生气地反驳说。“上帝创造了家庭，让它成为社会的基础单位，”他讲述着道理，“这很清楚地说明，作为基督信徒，一个男人的主要责任就是保护自己的家庭。”

“但你难道不明白吗？”她反驳说，“我们应该做好准备净化自己……要超越‘我’的境界，上帝教导我们‘爱汝邻居’。”

“不，”他回答道，“我不能相信那一套。”沉思片刻后，他接着说：“我必须拯救的是我的家人，而不是其他人。我们的朋友和挪亚时代的人们一样：挪亚遵照上帝的命令建造方舟时警告人们洪水即将到来，却受到嘲笑，正如我们受邻居嘲弄一样。不，”他的声音里带有一种前所未有的悲哀与肯定，“这就是说，他们不做准备，就只好束手待毙了。我看没必要继续争论下去了。”

只剩7分钟时，传来第一次击门声。“看在上帝的分上，让我们进去吧。”

他听出了声音。来者是沿马路去城里的第一家邻居。

“不行！”父亲喊道，“这里只能容纳下我们。滚！”

接着又传来了撞门声，声音更大、更急切。

“你要是不让我们进去，我们就把这扇门砸开！”他琢磨他们是否正在弄一根撞门用的大棒。他相当肯定门能经得住。时间一秒钟一秒钟毫不留情地流逝。只剩4分钟了。

他的妻子凝视着门，轻声抱怨着。“镇定些，亲爱的。”他平静地说。孩子们都看着他，他们感到害怕，感到困惑。他盯着表，双手挠着头发，一言不发。只剩3分钟了。就在此时，一个女人在外面哭喊道：“如果你们不让我进去，请让我的孩子，让我的小女儿进去吧！”

她的请求震撼了他。“我该怎么办？”他万分痛苦地自问。世上有谁能不给孩子以生的希望？就在此刻，他的妻子站起来向门走去。他还未来得及挡住她，她已经打开门闩冲了出去，一个3岁大的小女孩立刻被塞了进来，他赶紧把门重新闩好，然后愤怒地瞪着那个刚刚进来的惊恐万分的小家伙，他恨她，因为她占了他妻子的位置，而且他又明白不能将她赶出去。他一屁股坐下去，绝望地努力去思考。外面的声音越来越大。他匆匆看了一下表，又凝视了一会儿自己孩子的面孔，然后站起身来。只剩2分钟了，他做出了决定。他觉得不可思议的是，他居然还有别的考虑。

“儿子，”他对大儿子说，“他们就由你来照顾了。”事情竟是如此的简单。

他打开门闩，使劲推开门走了出去。人群向他蜂拥而来。他用身躯挡着门，抓过离他最近的两个孩子，把他们推进防空洞。“闩上门，”他对大儿子喊道，“至少一周不要开门！”

听到门闩上的声音，他转过身，环视着人群中的面孔。一些人仍然语无伦次、惊恐万状，另一些现在已安静下来，不再害怕了。

他走到妻子身边，抓起她的手，温柔地低声说道：“他们会安然无恙的，儿子会管好他们的。”他宽慰地笑笑，然后说：“我们应该在一起，你和我。”

她什么也没说，含着泪水对他笑了，她紧紧抓着他的手。

接着第一枚导弹爆炸，把他们烧成了灰。

智慧箴言

父爱有时候来得那么坚决，全然没有一种歇斯底里的哀伤，有的只是那种属于男人的大爱。点点父爱，滴滴深情，如苦酒给予我们人生的警示。

永不缩回双手的父亲

几年前，武汉发生了一起火车与汽车相撞的事故：

一辆早班的公共汽车搁浅在一个无人看守的铁路道口，驾驶员下车找水去了。此时正是正月，天寒地冻，十几名乘客都舒舒服服地待在还算暖和的车厢里，谁也没有想到大祸将临。

没人留意到火车是几时来的，从远远的岔道。只能说，是呵气成霜的车窗玻璃模糊了众人的视线，而汽车马达的轰鸣和紧闭的门窗又隔绝了火车汽笛的鸣响。当发觉的时候，一切已经晚了。

一切都停止了，突然间爆发出孩子的哭声。

那是一个大概两三岁的小孩子，就躺在路基旁边不远的地方，穿着整洁的红棉袄，一手揉着惺忪的眼睛，还不知发生了什么事，只一味哭叫：“爸爸，爸爸……”

有旁观者说，在最后的刹那，有一双手伸出窗外，把孩子抛了出来……

孩子的父亲，后来找到了。他身体上所有的骨头都被撞断了，他的头颅被挤扁了，他满是血污与脑浆的衣服已经看不出颜色与质地……

是怎么认出他的呢？因为他的双手仍对着窗外，还在做着抛掷的姿势。

智慧箴言

在生死的紧要关头，父亲把生的希望留给了孩子。直到骨头撞断、头颅挤扁，依然双手对着窗外，做着抛掷的姿势，这是一幅何等悲壮的画面啊！

来自父亲的鼓励

小男孩满嘴长着参差不齐的牙齿，还有一条瘸腿，因此他总是远远地躲着自己的伙伴们，即使在课堂上轮到他回答问题时，也是一言不发。他心里认为自己是世界上最不幸的孩子。

春天到了，小男孩的父亲从市场上买回了一些树苗，他想让孩子们把树苗种在自家的后花园里，每人栽一棵。父亲向孩子们保证：谁栽的树苗长得最好，就给谁买一件最好的礼物。刚开始的时候，小男孩也想得到父亲的礼物，后来，浇了一两次水，他就再也没去管了，心里反而希望自己栽的那棵树早点死掉。

过了一个星期，小男孩再去看树苗时，惊奇地发现它竟然长出了几片嫩绿的叶子，比兄妹们栽的树苗更有活力。父亲兑现了诺言，为小男孩买了一件他最想得到的礼物。父亲对他说，他长大后一定能成为一个出色的植物学家。

从此，小男孩对生活充满了希望，慢慢地变成一个快乐坚强的孩子。

一天晚上，小男孩看着窗外的月光，忽然想去看看自己种的那棵小树。当他轻手轻脚来到后花园时，看见父亲正在给自己的那棵树苗浇水。顿时，他热泪滚滚：原来是父亲一直背着他用心地呵护着那棵小树啊……

后来，那棵小树长成了参天大树。再后来，瘸腿的小男孩成了美国受人尊敬的总统，他的名字叫作富兰克林·罗斯福。

智慧箴言

有那么一种父爱，无言、轻微，然而在孩子的心中，却是一盏灯、一面旗帜，照亮孩子的心房，指引孩子前进的方向。

爱延续了生命

航行在大西洋的一艘客轮上，有一对普通的旅客：父亲正带着他的女儿去看望远在美国的妻子，一家人准备团聚了。

一个风平浪静的早上，父亲正一边欣赏海面上的风景，一边用腰刀给女儿削苹果。船突然剧烈地摇晃，男人摔倒了，刀子扎进他胸口，他全身都在颤，嘴唇变得乌青。

女儿被这意外的变故吓坏了，尖叫着扑过来想要扶住父亲，他却微笑着推开女儿的手："没事，只是摔了一跤。"然后轻轻地抬起刀子，慢慢地爬了起来。

轮船还有两天就要到美国了，父亲照常每晚为女儿吹小口琴，清晨替她系好美丽的蝴蝶结，带她去看大海上飞翔的海鸥，仿佛一切如常。小女儿也并没有细心地注意到父亲的脸色在渐渐地变得苍白，他看向海平线的眼光是那样的忧伤。

轮船靠岸的头天晚上，父亲来到女儿的房间里，轻轻地握着女儿的手说："明天见到妈妈了，请告诉妈妈，我比任何时候都爱她。"

女儿眨着眼睛好奇地问："可是我们明天就可以见到妈妈了，你为什么不自己亲口告诉她呢？"

他无声地笑了，俯身在女儿的额前深深地吻了一下。轮船终于靠岸了，女儿一眼就看见了正在岸边人群里等待着的母亲，她快乐地大喊大叫："妈妈！妈妈！我们在这儿呢？"

女儿正准备回头招呼自己的父亲，却突然听见身后一片惊叫，她回头看见父亲已经仰面倒在地上，胸口喷出一股股鲜血……

后来，法医递交的尸检报告让所有的人都惊呆了：那把刀无比精确地洞穿了父亲的心脏，而他却多活了两天，这不能不说是一个奇迹。唯一的解释就是父亲不忍心让女儿一个人孤零零地度过余下的旅程，用爱的信念支撑着走过了生命中的最后两天！

智慧箴言

父爱如山。他付出的爱不是狂风暴雨，不是撕心裂肺，而是流淌在胸中的涓涓细流，即使在生命中的最后两天里，仍然不放心留下女儿一个人去见她的妈妈，而是一直支撑到轮船抵岸的那一刻为止。

父爱如山，父亲的爱如山一般沉重、如山一般伟大。

有远见的父爱

一对夫妇，看起来家庭情况并不是很富裕，他们带着一个六七岁的孩子来到一家高级西餐厅，服务员递上菜单，夫妇俩只看了一小会儿，丈夫说："要 1 份牛排，谢谢。"牛排是这家餐厅最便宜的一种食物，通常情况下几乎没有人吃。

服务员面露诧异，迟疑地问："3 位要 1 份牛排，够吃吗？"

"我们都吃过了，牛排是给孩子点的！"那位父亲腼腆地笑了笑。

服务员将牛排主餐以及餐前的浓汤和生菜沙拉送到了小孩子的面前，小孩津津有味地吃了起来，而父母则其乐融融地看着他们的孩子用餐。

在这家高级的餐厅中，3 个人只点 1 份快餐的情形实在太少见了，这引起了餐厅经理的注意。经理找来负责那一桌的服务员，询问缘由。

服务员简单地回答："一对溺爱小孩的父母，自己不舍得吃，只点了一份最便宜的牛排给他们的孩子享用。"

经理了解情况后，对这一桌特殊的客人多了些注意。他发现，这对父母在教导孩子使用桌上的刀叉时，取用的顺序十分正确，而且对于孩子的用餐礼节，也要求得相当严格，反复而耐心地、一次又一次地教他们的孩子，直到他做对为止。

这位餐厅的经理看到这种情形后，走上前去和这对夫妇聊了起来，终于了解了为什么这一家三人只点 1 份快餐的真正原因。

那位父亲说："不怕你见笑，我们的经济状况不好，根本吃不起这种高级餐厅的晚餐，但我们对这孩子有信心，知道他将来会有出息。我们希望能及早教会他正确的用餐礼仪。更重要的是，我们也想让孩子在成长过程中，记住自己曾在高级餐厅中接受过备受尊重的服务的那种感觉，希望他做一个自重并尊重别人的好人。"

智慧箴言

这位父亲的良苦用心令人热泪盈眶。他虽贫穷，却一定要让孩子从小懂得自尊。他创造条件让孩子学习用餐礼仪，是为了日后孩子不会有窘困的时刻。他的爱是有远见的，这份睿智之爱将为孩子带来一条人生坦途。

深夜里送来的饭菜

男孩家里很穷，但父亲为了让他出人头地，砸锅卖铁也要供他上学。可男孩却不珍惜父亲所给予的。

周末到了，儿子打电话给父亲，谎称要准备考试，周末不回家了，要在寝室里抓紧复习功课。父亲很高兴听到儿子这样说。考虑到复习迎考消耗较大，为了给孩子“补营养”，那天父亲在家里特意烧了好多菜，然后换乘了好几趟公交车，花了 3 个多小时，汗流浃背地赶往学校。可此刻，儿子在寝室里玩兴正浓，与几个同学正在“哗哗”地搓着麻将。

突然，传来一阵轻轻的敲门声，他们手忙脚乱地把麻将藏起来，然后慢腾腾地开门。打开房门，儿子看到父亲正气喘吁吁地站在自己的面前，父亲那微抖的手里拎着一大包东西。“爸，你怎么来了？”儿子惊奇地问道。父亲微微一笑：“听说你马上要大考了，我怕你营养跟不上，炒了几个菜，给你送来。我不进屋打扰你们了，你就自己拿进去吧，趁菜还有点热，你先吃点儿。我走了。”父亲说完，转身消失在寝室外面的黑暗之中。

儿子久久地站立在那里，眼眶里的热泪禁不住淌了下来。他被父爱震撼了，觉得自己有愧于父亲，竟用谎言来蒙骗那样爱他疼他的父亲。他醒悟了，感到绝不能再这样稀里糊涂地混日子，绝不能辜负父亲。这位儿子还是挺争气的，后来他如愿以偿地考上了重点大学。

智慧箴言

父爱如山，高大而巍峨；父爱如天，粗犷而深远；父爱如河，细长而渊源。父爱是苦涩的，然而父爱又是深邃的、伟大的、纯洁的。

重新认识父亲

乔治一直以来都看不起自己的父亲，他弄不明白母亲怎么会和一个瘸了一条腿的人在一起呢？

暑假，市里举行中学生篮球赛，他是队里的主力。他找到母亲，希望母亲能陪他同往。母亲笑了，说："那当然，你就是不说，我和你父亲也会去的。"他听罢摇了摇头，说："我不是说父亲，我只希望你去。"母亲很是惊奇，问："这是为什么？"他勉强地笑了笑，说："我总认为，一个残疾人站在场边，同学们会笑话我的。"母亲叹了一口气，说："你嫌弃你的父亲了？"父亲这时正好走过来，说："这些天我得出差，有什么事，你们商量着去做就行了。"

比赛很快就结束了，乔治所在的队得了冠军。在回家的路上，母亲很高兴，说："要是你父亲知道了这个消息，他一定会比我还高兴的。"乔治沉下了脸，说："妈妈，我们现在不提他好不好？"母亲接受不了他的语气，大声说："你必须要告诉我这是为什么。"乔治不屑一顾地说："不为什么，就是不想在这时提到他。"母亲的脸色凝重起来，说："孩子，这话我本来不想说，可是，我再隐瞒下去，很可能就会伤害到你的父亲。你知道你父亲的腿是怎么瘸的吗？"乔治摇了摇头，说："我不知道。"母亲说："那一年你才 4 岁，父亲带你去花园里玩，在回家的路上，你左奔右跑。忽然，一辆汽车急驰而来，你父亲为了救你，左腿被碾在了车轮下。"乔治有点不相信："这怎么可能呢？"母亲说："这怎么不可能？不过这些年你父亲不让我告诉你罢了。"

二人慢慢地走着，母亲说："有件事可能你还不知道，你父亲就是你最喜欢的作家。"乔治惊讶地蹦了起来，说："你说什么？我不信！"母亲说："你父亲也不让我告诉你，你不信可以去问你的老师。"乔治急急地向学校跑去。老师面对他的疑问，笑了笑，说："这都是真的。你父亲不让我们透露这些，是怕影响你的成长。但现在你既然知道了，我就不妨告诉你，你父亲是一个伟大的人。"

3 天以后，父亲回来，乔治问父亲："你就是大名鼎鼎的作家吗？"父亲愣了一下，然后就笑了，说："我只是写写小说而已。"乔治拿出一本书来，说："那你先给我签个名吧！"父亲看了他片刻，然后拿起笔来，在扉页上写道："赠乔治，爱其实比什么都重要——布莱特。"

智慧箴言

父亲总是扮演坚强宽厚的角色，在坚强的背后，有一双对我们殷切期待的眼睛。我们都应该努力，不让那双眼睛失望。

父亲也许不会如母亲那样，把我们的生活照顾得无微不至，然而不善表达的父亲就是要用这种特殊的方式，来昭示他们对我们的关心与爱护。

父爱与母爱一样恒久，一样是人世间最为珍贵的爱。

父爱是一种感动

“要多少钱？”父亲坐在门槛上，问。

“要150。”王宇小声答。

“够不够？”父亲又问。

“够。”

父亲好像看出了他的心思，说：“我这里有200，你都拿去。到学校要舍得吃，不要节约，该用就用。有个三病两痛的，要及时看，不要拖。听到没？”

“嗯。”王宇一边接钱一边答。

“到学校去要专心读书，听到没？每回都拿恁多钱，你晓得农村赚两个钱不容易。今天的钱还是你爸爸昨天晚上到人家那儿去借的。”母亲在一旁说。

“你说些啥？你，你看你说些啥。娃都这么大的人了，他自己还不晓得专心读书？这还要你紧说？钱，让他拿宽绰点儿，吃得好点儿，我看也没啥不好。家里没钱，没钱还有我哇，我晓得想办法。只要他好好读书，我砸锅卖铁都送！”父亲盯着母亲说。母亲就无话，去忙她的活了。

那时，晨光正照着王宇父亲那因过度劳累而过早苍老的脸。让人看了，有些想哭。

“东西收拾好了没？”父亲问。

“收拾好了。”王宇小声答。

父亲就进屋背起王宇装满东西的背篼，说：“走，我送一下你。”

“哦，你还有啥东西忘在屋里头没？”

“没有啥了。”

一路上都无语。王宇觉得父亲的脚步就踏在他的心上，沉沉作响。他一直都低头跟在父亲身边，没敢看父亲，怕父亲那一脸的岁月会碰落他的泪水。

到了街上，父亲一看车还没来，就放好东西，然后对王宇说：“你等着车，我去卖了辣子马上就来。”

等了一会儿，车没来，父亲背着一个大背篼来了。“车还没来？”父亲问，满脸的汗。

“没来。”王宇小声答。

“你的辣子刚才卖多少钱一斤？”有人问父亲。

“唉，便宜得很，才3块多点儿。”父亲答，一脸的苦。

王宇觉得有些东西在他眼眶里滚动，忙努力忍了忍，终没让它们滚落下来。

又等了很久，车还是没来。街上的人都开始吃晌午饭了。

“饿了么？”父亲问。还没容王宇回答，父亲又说：“你看好东西，我去给你弄点吃的来。”说着朝一个饭店走去。

不大一会儿，父亲就给王宇端来了一大碗热气腾腾的肉丝面。

“咸淡合适不？”父亲望着王宇，问。

“合适。”王宇一边吃一边答。

王宇吃完了才想起父亲也没吃午饭，就说：“爸爸，你也去吃一碗吧。”

“我不饿，早饭吃得多。”父亲说。似乎还想努力笑一下，终没笑成。说完就拿过碗要去还。忽然，父亲又问：“吃饱了没？”

“饱了。”王宇的声音有些嘶哑，忙别过脸去。

又等了好一阵，车还没来。

“这么迟了，还没车，怕你上学要迟。”父亲说，一边朝车来的方向望。

“爸爸，你回吧，我一会儿自己上车。”王宇劝父亲。

“那怎么行。这么多东西，一会儿车来了你自己能上？”父亲笑着说，“还是我多等会儿。”

“那你去买点儿东西吃？”王宇望着父亲，几乎是恳求。

“那要得，我去买个锅盔吃。”父亲说着就向近旁的一个锅盔摊走去。锅盔很便宜，5毛钱一个。

父亲拿起一个锅盔正要付钱，车来了。父亲忙放下锅盔朝王宇跑过去，一边说：“不买了，反正我可以回去吃饭；快，你快上车。我来放东西。”父亲说完就背起王宇的背篼往车顶上吃力地爬。

泪水一下子从王宇的眼中涌了出来……

王宇知道有几千米山路等着空腹的父亲一步一步地去量。他知道父亲为了送他读书硬戒了吸了19年的烟。他也知道他为了所谓的面子，曾多次伤了父亲的心！

智慧箴言

父爱是一种感动，也是一种幸福。父爱看起来总是那么的简单、那么的单纯，往往我们将其忽略，总是领悟不到父爱的温馨。父爱其实就一直在我们身边。

用庄严的敬礼为伟大的父亲送行

这是一个震撼人心的真实故事：

2004年4月15日，韩健还像往常一样，利用下班时间出去拾破烂。不料，他刚出厂门，就感觉自己的脸烫得厉害，浑身发软，头晕眼花，接着一头栽倒在地上。被人送到附近一家诊所后，打了一天点滴，韩健的病却一点起色也没有，仍然高热不退。第二天，韩健强撑着来到了澄海市中心医院做检查。次日诊断结果出来了，医生面色凝重地对他说："你患的是急性单核细胞白血病。"韩健一听，差点瘫在地上。

院方称，要治这种病少说也要花10万元，并且治愈率不高。听到医生的话，韩健几乎要崩溃了！他绝望地想，自己到哪儿弄这么多钱啊？后来，通过老乡和工友帮助，再加上自己准备上大学的学费，他总共凑了7000元钱，住院进行了暂时的药物控制。通过10天的观察，韩健的病情不见一丝好转，脸色越来越苍白，体质也越来越差。医生建议他通知家人过来，可韩健怕大病初愈的父亲再受打击，执意不肯。见这样拖下去也不是办法，老乡就背着他给他家里打了电话。接到电话后，韩健父母很担心，老两口当即变卖了家中的一头牛和两只猪，凑足了路费，韩父又邀请了韩健的一个当村干部的姨父，两个人背着干粮，连夜赶往澄海。

2004年5月5日，韩父二人找到了韩健的病房。推开门看到了躺在病床上发呆的儿子，父子二人抱头哭成一团。

平静下来后，父亲详细问了他的病情，强忍着悲痛对他说："健儿，这是老天故意在考验咱们呢！咱们不信命，偏要跟命运斗一斗，你看爸爸不是挺过来了吗？你也要坚强些，一定可以撑过去！"听了父亲的这番话，韩健终于露出了久违的笑容，他好像一下子战胜了对死亡的恐惧，浑身上下顿时充满了力量。

然而，治病可不是件容易的事。在高消费的澄海市，高昂的医疗费把这家人一步步逼向绝境！眼看着父亲带来的钱也快用完了，韩健坚决要求回家，他哭着对父亲说："就是死，我也要死在家乡！"

大家见拗不过他，只好帮他办理了出院手续。但在如何回乡的问题上，几个人产生了分歧。如果坐火车回乡，中间需要转几次车，路上颠簸的时间太长，加之韩健的身体又极度虚弱，经不起这样的折腾；坐飞机，费用又太高。大家经过商量后，最后决定租的士回河南。经多方联系，他们终于找到了两位在当地开的士的河南老乡，并谈妥了用2800元价格包下的士，将韩健一行四人从澄海送回河南。

2004年5月9日晚上8点多钟，载客的捷达的士来了。从汕头到河南，遥遥几千千米，跑这样的长途，必须有两位司机换班开。这样一来，两名司机加上韩健、韩健父亲、姨父和医生，全车6个人，超员1人，车里坐不下。因包车时没说清人数，弄得双方僵持不下。司机最后说："要不，我们不跑了。"听了这话，韩健父亲顿时慌了，他一把抓住司机的手，就要跪下去。他带着哭腔说："好兄弟呀！我求你了，我儿子得的是急病，你这车可是救命车呀！"司机也急得没办法，说："大伯，你说咋办，座上超员是要罚款的。"老人急得绕着车转了一圈又一圈，忽然，他像抓到了一根救命稻草似的说："对了，我可以钻在汽车后备箱里，这样一来车厢里不超员，同时也不会挤着健儿了！"听老人如此一说，两位师傅的眼睛也不禁湿润了。面对老人如海的爱子深情，他们怎忍心拒绝呢？就这样，身高1.70米的韩父曲身钻进了狭窄的后备箱里。为了给他透气，后备箱不敢盖严实。

5月9日晚上9点多钟，的士沉甸甸地载着一个父亲的期望出发了，直接上了广汕高速公路。大家明白，他们这是一场与死神的赛跑，必须昼夜兼程，一分钟也不能耽搁。

经过11个小时的奔波，次日早上8点钟，的士到达了湖南衡阳市境内，但因高速公路施工，须绕市区行走。因为担心市区内交警查车，司机只好狠狠心，下车关上了后备箱。谁知此时，前面却堵车了，不到20分钟，前面竟排起了一条几千米的长龙。

此时，掉头也不行，大家急得像热锅上的蚂蚁。他们担心时间一长，不但车上的韩健受不了，后备箱里的韩父也会受不了。这时，恰好一位交警骑摩托从身边经过，情急之下，韩健的姨父赶紧向交警求救。

那位交警一听他们所说的情况，马上呼叫总部，请求为其紧急开道。于是，前方交警立即停止处理手中事故，赶紧过来为他们疏通道路。听说车上有人病危，原本互不相让的车辆也十分配合，主动让道……1分钟、2分钟，看着前面汗流浃背的交警，看着大家关切的目光，车内的韩健流下了热泪，一种一定要活下去的信念在他心中蔓延。终于，不到20分钟，这个临时组成的爱心突击队终于突出了重围！

刚驶出市区不久，大伙赶紧停车下来，打开后备箱，只见严严实实捂在里面长达1个小时的韩父已脸色乌青，浑身抽搐，后备箱打开后，他只知道大口大口地喘气。韩健哭着要求自己跟父亲换换，可父亲坚决不同意。大家让他下来透透风，他也怕耽搁时间，喝了几口矿泉水后，就催着众人上车快走。见拗不过父亲，韩健只好忍着泪水又上了车……

5月10日下午3点42分，的士到达了湖北省境内，他们在京珠高速鄂北收费站正准备停车缴费时，突然一群全副武装的民警围了上来，一个端着冲锋枪的民警让车内的人抱头下车接受检查，一时气氛相当紧张。原来，下午3点多钟时，湖北省高速巡警六大队接到群众报警，说是一辆红色捷达车被发现后备厢是打开的，里面好像躺着一具尸体！接警后，警方迅速封锁了高速公路孝感、孝昌和大悟等各出口，并加派警力上路巡查。

查明实情后，民警们虚惊一场。韩父被巡警从后备箱里抬出时，他已在里面蜷缩了18个小时。经过1400千米的行程，他已伸不直腰了，身上多处皮肤被擦破。为了能得到放行，韩父一边悲痛地向民警讲述儿子的不幸遭遇，一边拿出医院关于儿子白血病的诊断病历给民警们看。一个父亲如此深沉的爱，一下子打动了在场民警们的心，很多人放下了手中的枪，眼里噙满了泪水。这时，收费站的工作人员也给他们送来了矿泉水……民警们做了详细的登记后，请示了上级有关领导，并再三叮嘱驾驶员注意行车安全，将该车放行。车离开时，这些热血的警官们，饱含着热泪，一字排开，用庄严的敬礼，为一个伟大的父亲送行……

智慧箴言

父亲爱得很沉很重，他们不会亲口对你表达，但他们在用行动实践着自己的职责。父亲对孩子的爱是一种超越生命的爱。一个普普通通的父亲感动了多少天下父母与儿女！

地震中的父与子

1989 年发生在美国洛杉矶一带的大地震，在不到 4 分钟的时间里使 30 万人受到伤害。

在混乱中，一个年轻的父亲安顿好受伤的妻子，便冲向他 7 岁的儿子上学的学校。他眼前，那个昔日充满孩子们欢声笑语的漂亮的 3 层教学楼，已变成一片废墟。

他顿时感到眼前一片漆黑，大喊："阿曼达，我的儿子！"趴在地上大哭了一阵后，他猛地想起自己常对儿子说的一句话："不论发生什么事，我总会跟你在一起！"他坚定地站起身，向那片废墟走去。

他知道儿子的教室在一层左后角处，他疾步走到那里，开始动手挖。

在他清理挖掘时，不断有孩子的父母急匆匆地赶来，看到这片废墟，他们痛哭并大喊："我的儿子！""我的女儿！"哭喊过后，他们绝望地离开了。有些人上来拉住这位父亲说："太晚了，他们已经死了。"这位父亲双眼直直地看着这些好心人，问道："谁愿意来帮助我？"没人给他肯定的回答，他便埋头接着挖。

救护队长挡住他："太危险了，随时可能发生起火爆炸，请你离开。"这位父亲问："你是不是来帮助我的？"

警察走过来："我知道你很难过，难以控制自己，可这样不但不利于你自己，对他人也有危险，马上回家去吧。"

"你是不是来帮助我的？"

人们摇头叹息着走开了，都认为这位父亲因失去孩子而精神失常了。

这位父亲心中只有一个念头："儿子在等着我。"

他挖了 8 小时、12 小时、24 小时、36 小时，没人再来阻挡他。他满脸灰尘，双眼布满血丝，浑身上下破烂不堪，到处是血迹。到第 38 小时，他突然听见底下传出孩子的声音："爸爸，是你吗？"

是儿子的声音！父亲大喊："阿曼达！我的儿子！"

"爸爸，真的是你吗？"

"是我，是爸爸！我的儿子！"

"我告诉同学们不要害怕，说只要我爸爸活着就一定会来救我，也就能救出大家。因为你说过，不论发生什么事，你总会跟我在一起！"

"你现在怎么样？有几个孩子活着？"

"我们这里有14个同学，都活着，我们都在教室的墙角，房顶塌下来架了个大三角形，我们没被砸着。"

父亲大声向四周呼喊："这里有14个孩子，都活着！快来人！"

过路的几个人赶紧上前来帮忙。

50分钟后，一个安全的小出口开辟出来了。

父亲声音颤抖地说："出来吧！阿曼达。"

"不！爸爸。先让别的同学出去吧！我知道你会跟我在一起，我不怕。不论发生了什么事，我知道你总会跟我在一起。"

这对了不起的父子在经过巨大的磨难后，无比幸福地紧紧拥抱在一起。

智慧箴言

"无论发生了什么事，我总会和你在一起。"这是一个父亲对儿子的承诺，就是因为这个承诺让我们感动了许久。震中，他们在一起；震后，他们在一起，那样的幸福是爱的见证。

傅雷家书

著名的翻译家傅雷曾给孩子写过一篇感人至深的家书，现在读来仍然能感受到傅雷先生的拳拳父爱。

"亲爱的孩子，你走后第二天，就想写信，怕你嫌烦，也就罢了。可是没一天不想着你，每天清早六七点就醒，翻来覆去地睡不着，也说不出为什么。好像克利斯朵夫的母亲独自守在家里，想起孩子童年一幕幕的形象一样，我和你妈妈老是想着你二三岁到六七岁间的小故事——这一类的话我们不知有多少可以和你说，可是不敢说，你这个年纪是一切向前望的，不愿意回顾的；我们啰里啰唆地抖出你尿布时代的往事，会引起你的憎厌。孩子，这些我都很懂得，妈妈也懂得。只是你的一切终生会印在我们脑海中，随时随地会浮起来，像一幅幅的小品图画，使我们又快乐又惆怅。

“真的，你这次在家一个半月，是我们一生最愉快的时期，这幸福不知应当向谁感谢，即使我没宗教信仰，至此也不由得要谢谢上帝了！我高兴的是我又多了一个朋友。儿子变成了朋友，世界上有什么事可以和这种幸福相比的！尽管将来你我之间离多聚少，但我精神上至少是温暖的、不孤独的。我相信我一定会做到不太落伍、不太冬烘，不至于惹你厌烦。也希望你不要以为我在高峰的顶尖上所想的、所见到的，比你们的不真实。年纪大的人总是往更远的前途看，许多事你们一时觉得我看得不对，日子久了，现实却向你证明我并没大错。

“孩子，我从你身上得到的教训，恐怕不比你从我身上得到的少。尤其是近三年来，你不知使我对人生多增了几许深刻的体验，我从与你相处的过程中学得了忍耐，学到了说话的技巧，学到了把感情升华！

“你走后第二天，妈妈哭了，眼睛肿了两天。这叫作悲喜交集的眼泪，我们可以不用怕羞地这样告诉你，也可以不担心你憎厌而这样告诉你。人毕竟是感情的动物，偶然流露也不是可耻的事。何况母亲的眼泪永远是圣洁的、慈爱的！”

智慧箴言

父亲总是很难开口表白对我们的爱，而这封家书是父亲酝酿了许久的情结，对儿子的深深思念嵌在了每个字里。当父亲把这种思念与爱全部释放时，他是幸福的。

一种久违的味道

柳世聪5岁那年，他爸爸在一次交通事故中不幸身亡。

那一天，他正蹲在池塘边玩耍，有人跑来告诉他，快回家吧，你爸出事了。

他说：“噢，我知道了。”

那个人又说：“快回家吧，你爸出事了。”

他扭过头来看着那个人，说：“我知道了。你走吧，我一会儿就回去。”

那个人跺了跺脚说：“你这孩子，咋这么不懂事？”

“好吧。”他站了起来，一边走一边说，“我爸爸才不懂事，早不死晚不死，就得这个时候死。”

柳世聪7岁那年，他开始懂事了，他越来越想爸爸。

有一天，他对妈妈说：“爸爸死了很久了，他为啥不回家来看看我们？”

妈妈哭了，抱着他，一边哭一边说：“傻孩子，你爸爸死了，他一辈子也不会回来了。”

他不信妈妈的话，他说：“你骗人！”

妈妈说：“好孩子，妈妈没骗你。”

妈妈把他带到爸爸的坟前说：“你爸爸就睡在这里面，他永远也不会回来了。”

他哇哇地哭了起来，一边哭一边用脚踢。他说：“爸爸你太狠心了，你自己躺在这里睡觉，把我和妈妈都扔下不管了。”

回到家里，他对妈妈说：“你明明知道爸爸永远不会回来了，你为啥让他死去？”

妈妈说：“不是我让他去死的，他是意外车祸死的。”

柳世聪9岁那年，他突然想要一个爸爸了。

有一天，他对妈妈说：“别人都有爸爸，我没有。”

妈妈的眼圈红了，愣愣地看着他。

他说：“我想要一个爸爸，这个事情就交给你去办吧。”

妈妈说：“妈妈不想再结婚了，妈妈只要和你在一起就很幸福了。”

他说：“你结不结婚我不管，我只是想要一个爸爸。我要是有了爸爸，同学们就不敢再欺负我了。”妈妈的眼泪下来了。

他不耐烦地向门外走去，一边走一边拍打自己的屁股。

柳世聪10岁那年，妈妈终于决定给他找一个爸爸了。

有一天，妈妈对他说：“今天有一个叔叔要到咱家来……”

他说：“我不想要叔叔，我想要爸爸。”

妈妈笑着说：“傻孩子，你要是喜欢这个叔叔，他就会变成爸爸。”

他说：“噢。”

他一本正经地坐在院子中等待叔叔的到来。

叔叔来了。叔叔刚进门，他看见妈妈有点不好意思了。

他说：“叔叔，你过来，我要好好看看你。”

他上上下下把叔叔打量了一番。

他说:“叔叔，你的个子真高，身体真结实……”

叔叔笑着把他从椅子上抱了起来。

他趴在叔叔的身上闻了一会儿，说:“叔叔，你身上有一种味道。”

叔叔笑着说:“是啥味道呢?”

他小声说:“是爸爸的味道。”

柳世聪对妈妈说:“你应该笑嘻嘻的才行。”

停了一会儿，他又对妈妈说:“从现在开始，你应该每天都笑嘻嘻的，我也应该每天都笑嘻嘻的。”

智慧箴言

父亲在每个人的一生中是不可缺少的角色。少了父亲，生活就会变得干枯。是父亲陪我们一起成长，给我们快乐与幸福。珍惜父爱是我们做儿女的一份职责，更是一种骄傲。

无言的父爱

曾有一位年轻人很苦恼，因为他与父亲的关系很僵，父子俩常面对面地坐着，一两个小时没一句话可说。年轻人认为父亲不理解他，换句时髦的话来说，就是父子之间存在着很深的代沟。

后来，年轻人受公司派遣，要到南非的开普敦去工作。

他回到家里，吃完饭，父子俩又面对面地坐在沙发上，谁也不说话。过了一会儿，儿子开口了:“爸，我想跟您谈一件事!”

“什么事?”父亲平静地问。

“我要到开普敦去工作了。”

“哦，我知道了。”

停了一会儿，父亲问道:“什么时候走?”

“后天。”

“哦，我知道了。”

“那……什么时候回来?”父亲身子往前挪了挪，急切地问。

“我不知道。”

"哦，我知道了。"父亲说这句话时，儿子看见父亲眼睛里噙着泪花。房间里又沉寂下来了。

过了一会儿，父亲颤巍巍地站了起来，摇晃着走向书房。儿子看着父亲摇晃的背影，眼睛也有些湿润，想喊住父亲，但终究没有说出口。

又过了一会儿，父亲从书房走了出来，手中拿着一本《世界地图册》和一支钢笔。他走到儿子面前，有些激动地问："开普敦在哪里？"

儿子拿过地图册，指着说："看，就在这里！"

"在这里……"父亲一边喃喃自语，一边用笔在开普敦所在的位置点了一个红点，又在镇江所在的位置点了一个红点，然后画了一条红线，将镇江和开普敦连接起来。父亲眼噙泪水，哽咽着对儿子说："在我想你的时候，我就看看这张地图上的两个红点和一条红线！"

智慧箴言

孩子长大了，父子之间存在代沟总是难免的事情，可怎么也淹没不了父亲那颗爱儿子的心，尽管父亲的爱没有过多的表白，而那一条红线满载着的是父亲对儿子的爱。

一直深藏的爱

一个老人正在家准备饭菜，一阵急促的电话铃打断了老人的工作，他停住手中的活儿接起了电话。

"喂？"

"……"

"喂，这里是约翰家。你是哪一位？"

虽然能听到呼吸声，但对方不说话。

会不会是骚扰电话？不过老人想不出被人故意找麻烦或恶作剧的理由。

"找我妻子吗？她到附近的杂货店买东西去了。不瞒您说，今天是我60岁的生日。本来我忘得一干二净，可妻子说：'今天是你的生日。你的病也好了，我得豁出点钱来买瓶红酒庆祝一下。'她刚出去，一会儿就会回来……

"两年前我得病以后，实在让她辛苦了。

“想来，我一直让她很辛苦。

“从前，我生存的意义就是工作。天天追赶时间和钱，又被它们追赶，把妻子和孩子丢在一边不管。

“有一次做生意，遭受了惨重的损失。为了还债，房子、土地都到了别人手里，我才突然发现失去了朋友、公司，还有孩子们。

“像坠入绝望的深渊里，我想自杀的时候，妻子这么说：‘孩子他爸，你全当自己回到刚出生时那样一无所有的状况。咱们两手空空从头开始吧’

“我那时才醒悟过来，同时对我过去的生活产生了怀疑，我究竟图什么。我直到现在还感谢我妻子，我是从她那儿获得了新生。

“两年前我得大病的时候也让我妻子非常担心，我直到现在还不怎么能工作，所以妻子只能去打零工。我有时真是觉得奇怪，她那瘦弱的身体里怎么会蕴藏着那么充沛的精力。”

“……”

“我女儿 5 年前跟一个男人离家出走了。想来我应该承认她第一次自己选择的异性。但我当时觉得更体面一点儿的男人才和我女儿般配。这应该说是做父亲的一点私心了。

“听说她好像有了两个儿子，一个 4 岁，另一个 2 岁，他们现在正是最可爱的时候吧……

“啊，这个，像是我妻子有时瞒着我去看他们。”

“……”

“我有一个儿子，8 年前他竟说想当音乐家，大概不想做像他父亲这样的人吧。我劝他不管怎样应该先读完大学，可是他不听，我们吵架后，和他断绝了父子关系，儿子也离家出走了。

“那个小子该 30 岁了吧，也不知在哪儿，过得怎么样……

“每天一早一晚，我都要和妻子一起祈祷他平安无事。

“现在，我跟妻子两个人孤零零地过着俭朴的日子。

“我一个人讲了很多没用的事情。啊，你是哪位？”

电话里对方的呼吸急促起来。

“喂，你怎么了？”

突然话筒中响起一阵呜咽声。

"爸，祝您生日快乐！姐姐和妈妈也在这里。我们马上就去您那儿！"

这是隔了 8 年之后才听到的儿子的说话声。

"……"

老人无言地握紧话筒，大颗的泪珠顺着脸颊流了下来。

智慧箴言

父亲原来一直爱着我们，但他的爱太深沉太凝重，以至于让我们无法体会。父爱没有千言万语，需要我们细细去品味。

眼睛长在心上

欣亮从小就双目失明，而且妈妈在生他时失血过多去世了，父亲也就成了他唯一的亲人、唯一的眼睛。

很小的时候父亲让欣亮触摸柔软的凉凉的东西，说："这是水，可以流动，长江、黄河和大海都是由这样的水组成的。"后来，由父亲和父亲的一位朋友带他到海边去玩，父亲竟然教会了他游泳。

难度最大的是向欣亮解说颜色。于是父亲就想尽一切办法用最形象的词汇描绘。比方给他讲解红色：太阳就是红色的，它发光，能把黑夜变为白昼；它发热，在寒冷的冬天也能把人晒暖和。

"我懂了，"欣亮说，"红色就是让人感到光亮和温暖的颜色！"

经过这样的循循善诱，他才逐渐有所领悟。从此，他对红色情有独钟。

渐渐地，欣亮觉得世界不再陌生，他明白了世界上有许多用不着看便能感受的事情。可是有一次，他却生父亲的气了。

那次，欣亮让父亲买个红色的米老鼠书包，当书包买回来他背着上学的时候，一位阿姨无意中对他说："这个黄书包可真漂亮！"回家他便对父亲喊："爸爸，我让您给我买红书包，您怎么给我买黄色的呢？您知道我看不见便骗我！"说着，他伤心地哭了起来。

父亲听了，半天没吱声，过了好一会儿才为他擦眼泪，说："爸爸对不起你……那天我买书包时售货员说只剩两个黄的米老鼠书包，所以只好买黄的了……"欣亮感到爸爸用那慈爱的大手抚摸着自己的脸庞和头发，就在那一刻他理解了父爱！

时光慢慢流走，当欣亮能够自食其力的时候，父亲却脑溢血突发去世了。父亲的匆匆离去让欣亮痛不欲生，他想，今后谁还能做自己的眼睛呢，活着还有什么意思呢？

然而，在父亲的追悼会上，他听到了一句话，这句话犹如红太阳的光芒照亮了他的一生。

他听到父亲的一个朋友在追忆父亲时说：“他从来没有放弃过追求和奋斗，他对身边的人充满爱心，作为一位双目失明的人，他让我们每一个结识他的人都从他身上汲取了力量和勇气……”

什么？原来父亲也是双目失明！

欣亮顿悟了。“父亲呀，”他默默地祈祷，“我会长出一双明亮的眼睛的，在我的心上！”

智慧箴言

一个双目失明的父亲竟然为儿子充当了半辈子的眼睛。父亲真的很伟大，他充当的不仅是一双眼睛，而是儿子的脊梁和精神支柱。

父爱不能用金钱衡量

敏从学校拿回那张入学通知书，把它紧紧揣在怀里，不敢回家。

敏知道爸妈在盼她回去，可是通知书上的数字让她心寒：每年需交5500元！天啊，4年下来，2万元也不止啊！

敏的爸妈都是地地道道的农民，地里打的粮食只够口粮。为了让她上学，爸爸干起了卖蜂窝煤的生意，挣几个血汗钱，然而这并不能使家里的境况有太大改变。妈生病了，需要住院，光押金就得2000元，爸爸走投无路，只好把帮他拉车的毛驴卖掉了。想到这些，敏知道这学是没法上了，攥着通知书不知不觉哭出声来。

到家，敏一头倒在床上睡了。爸爸知道了内情，只是闷着头抽着烟，然后一声不吭地出去了。

第二天天黑，爸爸才从外面回来，进门就从提包里倒出一堆钱——那是由一元、五角、两角凑成的一堆钱啊！爸说：“还差点，明天我再出去借借……”

敏再也忍不住了，“哇”的一声扑进爸爸的怀里哭了。

智慧箴言

富爸爸是爸爸，穷爸爸也是爸爸，父爱是不能用金钱衡量的。或许富爸爸能给予我们物质上的宽裕，但穷爸爸给予我们的爱更坚定、更坚强、更温暖。

当搓澡工的父亲

父亲是个地地道道的农村人，家里一直很穷，不过儿子小赵挺争气的，考上了大学，在城里结了婚安了家，还把父亲接了过来，但是小赵为了还房贷也挺辛苦的。

最近一段时间，父亲总是吃完晚饭就出去了。有天，他随口问父亲，最近干啥。父亲一愣，支吾说没干啥。他突然发现父亲皮肤比原先白了，人却瘦了。

一天，他应邀为朋友厂里做专访。朋友请他吃晚饭，饭毕，到街上一个有名的浴室洗澡。雾气缭绕的浴室里，一个擦背工正在给一个肥硕的人搓澡。就在他转身去更衣室取报酬时，小赵和他的目光相遇。“啊！爸！”小赵失声叫出来，惊得所有浴客都把目光投向他们父子。

朋友惊讶地问：“真是你父亲吗？”

他说是，回答得很响亮，因为他没有一刻比现在更理解父亲。

小赵随父亲到更衣室。父亲从那浴客手里接过3块钱，喜滋滋地告诉他，这里是闹市区，浴室整夜开放，生意很好，他已积攒了3000多块，想帮他早点把房贷还上。

小赵心情沉重地回到浴室。父亲不放心地追进来问：“孩子，想啥呢？”

他说：“我想，让我为您擦一次背……”

智慧箴言

无论贫穷还是富有，父亲总是在默默地充当着我们的靠山。他们把自己的余生都交给了我们，我们做儿女的怎么忍心让他们操劳一辈子！

不要以为父亲不爱你

一天，欧阳在登山时脚被尖利的石头割破，到医院包扎后，几个同学送他回家。在家附近的巷口，他碰见了他父亲。于是他一边跷起扎了绷带的脚给父亲看，一边哭丧着脸诉苦，满以为会收获一点同情与关爱，不料他父亲只是简单交代几句，便自己走了。

欧阳很委屈，也很生气，他觉得父亲一点也不关心他。在他大发牢骚时，有个同学笑着劝道：“别生气，大部分老爸都这样，其实他很疼你，只是不愿意表达罢了。不信你看，等会儿你爸爸走到前面拐弯地方，他一定会回头看你。”于是他们不约而同停了脚步，站在那儿注视着欧阳的父亲远去的背影。

欧阳的父亲依然笃定地一步一步向前走去……可是走到拐弯处时，父亲好像不经意似的悄悄回过头来，很快地瞟了他们一眼。

欧阳现在比任何时候都理解父亲。

智慧箴言

为了培养孩子的勇敢和独立，在家庭中，父亲扮演的是严厉的角色，父亲的爱是深沉而不外露的。父亲其实是爱你的，只是你没有用心去感受。

第四章

爱情就是咖啡加了糖

爱情并非浪漫得不食人间烟火，最终要成为现实生活的一部分，热烈的憧憬与渴盼、如痴如醉的相思都会随着时间如水般逝去，最浪漫的事莫过于歌中所唱的那样：我愿和你一起慢慢变老，老得哪儿也去不了，你仍然把我当作手心里的宝……

这种相濡以沫的真情、朝夕相守的浪漫，才是人间最美、最动人的生活图景。懂得了这一点，才能真正懂得爱情。

两个人的生命连在一起

男孩很喜欢女孩，但不知道怎么去追她。女孩有一次问他："如果你只有一碗水，我和你妈妈都很渴，你会怎么办？"男孩说一半给母亲一半给女孩。女孩感动了，她开始喜欢男孩了。

有一年村里发大水，男孩忙着去救别人，而没有去救女孩，别人问他为什么，男孩说："如果她死了，我也不会独自活在这个世上。"这一年女孩20岁，男孩22岁，女孩嫁给了男孩。

20世纪五六十年代，两人只有一碗粥，他们互相谦让，都想让对方吃下去，结果一碗粥3天后发了霉。那时他们分别是42岁和40岁。

当他52岁那年，因家庭成分不好被挂上牌子批斗，也已50岁的她心甘情愿地陪伴着他。她告诉他："无论有多大的苦、多大的难，你是我生命中唯一的支流，我永远是你爱的源头。"

许多年过去了，他们成了70多岁的老人。在一次坐公共汽车时，有一位年轻人给他们让座，他们都不肯坐下而让对方站着，于是两个人紧紧靠在一起抓着扶手。

这时车上所有的人都被这美丽而朴素的场景感染了，齐刷刷地站了起来，充满无限敬意的眼睛，仿佛看到他们心中的玫瑰花正在盛开，醉人的温馨里浸润着浓浓的爱意。

智慧箴言

爱情的鲜花，需要两个人一起精心浇灌，少了其中任何一人，它都会日渐枯萎。真正的爱情是共同承受生活中的痛苦，一生一世的、相濡以沫的爱。

照亮一生的明灯

男孩和女孩结婚时，家里穷得只有一张床，但是女孩省吃俭用买了一盏灯，男孩很不解，女孩笑笑："这盏灯是为你买的。"他也笑了。

渐渐地，日子好过了。两人搬进了新居，她却不舍得扔掉那盏灯，小心地用纸包好，收藏起来。

20世纪90年代，男人辞职下海，有了钱，还有了婚外情。他开始以各种借口外出，后来干脆无须解释就夜不归宿了。她劝他，以各种方式挽留他，均无济于事。

到了男人生日的那一天，妻子告诉他无论如何也要回家过生日。他答应着，却想起漂亮情人的要求。犹豫之后他决定去情人处过生日后再回家过一次。

情人的生日礼物是一条精致的皮带。他随手放到一边，这东西他早已拥有太多。午夜12点他才想起妻子的叮嘱，匆匆赶回家。

远远看见寂静黑暗的楼房里有一处明亮如白昼，正是自己的家，一种遥远而亲切的感觉在心中升起。妻子就是这样夜夜亮着灯等他归来的。

推开门，妻子正泪流满面地坐在丰盛的餐桌旁，没有丝毫倦意。见他归来，她不喜不怒，只说："菜凉了，我再去热一下。"

当一切准备就绪之后，妻子拿出一个纸盒送给他。男人打开，是一盏精致的灯。妻子流着泪说："那时候家里穷，我买一盏好灯是为了照亮你回家的路；现在我送你一盏灯是想告诉你，我希望你仍然是我心目中的明灯，可以一直照亮我的后半生。"

男人终于回心转意，最终回到了女人的身边。

智慧箴言

爱是一盏灯，不管它是否能照亮一个人的前程，但它一定能照亮一个男人一生的路。因为这灯光是一个女人用一生的爱点燃的。

守住最爱的人

男人和女人整天为了一些鸡毛蒜皮的小事吵不停，吵到最后决定离婚。男人赌气搬到单位去住，只留女人守着空荡荡的家。

周末，女人打开电脑，忽然收到一封男人发来的邮件。没有多余的话，只是叙述他刚刚看到的一段生活场景。

“单位所在的那条街上有一对夫妻。丈夫是个残疾人，从小靠捡破烂为生；妻子是个精神病人，平时还好，发起病来就想往外面跑。这天，我看到那个丈夫在街上往回拉自己的妻子。妻子往外用力，丈夫往里用力。他俩没有任何争吵，妻子的脸上可见精神病人常有的疯癫表情，而丈夫的脸上没有任何无奈与烦躁，神情坦然。”

男人继续在邮件中写道：“我看到他们在街上来回拉着，两个人都在用力，路边的人一如既往地大笑着，可是我的泪落了下来。亲爱的，他们连一件像样的衣服都没有，连一顿最一般的饭都成问题，尚有一个清醒的人懂得守住夫妻之道，不离不弃地走过来，而我们生活无忧、神志健全的人为什么反而做不到呢？”

男人最后写道：“宝贝，我爱你。”

来不及关上电脑，女人披上衣服，流着泪往外跑。她只想用最快的速度到他单位，实实在在地守住她最爱的人。

智慧箴言

两个人在一起待久了，不是感情淡化了，而是太久了而忽视了彼此的存在。但是一些感动的琐事总能把彼此拉回过去美好的回忆里，重新拾起和幸福牵手的时光。

爱是一种难以割舍的痛

他们是经朋友介绍才走到一起的。

她是一个很普通的女孩子，但性格温柔，对他百依百顺。但他有时还很奇怪：怎么自己会和她在一起呢？

他是厂里的营销主管，经常出差。每次一走，就是1个月。她只是默默地给他整理换洗的衣裤，出门时，只是对他说："别忘了给家里打电话。"

到了外面，他很难得打个电话回家，有时打电话回来，也说不了几句话。但她却很满足。这说明，他还记挂着她。后来她怀孕了，妊娠反应十分厉害，人也消瘦了许多。可他照样要出差，一出差又是很长时间。

临产前的1个月，他又要走了。她腆着大肚子帮他整理行装，问他出去要多少时间。他说："两个星期。"

她沉默半晌，幽幽地对他说："两个星期有15天呢！"

他走了。在车上，他突然想起她那句话："两个星期有15天呢！"心中突然涌现一种异样的感觉。

第7天，他的传呼响了，是朋友打来的，朋友焦急地告诉他："她早产了，正在医院观察室里。她不让我告诉你，但我觉得不妥当。"

他的心悬了起来。他向公司汇报了情况，乘飞机赶了回来。他赶到医院的时候，她正被推到手术室里。

生产的时候，她十分痛苦，一边喊"妈"，一边又喊着他的名字。

孩子生下来了，孩子哭，她也哭，他在手术室外面也哭。他到这时才发现，自己是多么地爱她，她又是如此地爱着自己。

智慧箴言

爱是一种难以割舍的痛。当你心疼一个人的时候，这个人在你的生命中已经不可割舍了。这样，爱会越来越深，越来越浓。

陪伴你一生的人是谁

在美国的一所大学里，心理学教授和自己的学生做了一个游戏。

教授让一个女学生在黑板上写下自己难以割舍的 20 个人的名字。学生照做了，写下了一连串自己邻居、朋友和亲人的名字。

教授说：“请你划掉一个这里面你认为最不重要的人。”学生划掉了一个邻居的名字。

教授又说：“请你再划掉一个。”学生又划掉了一个她的同事。

教授再说：“请你再划掉一个。”学生又划掉一个……最后，黑板上只剩下了 4 个人，学生的父母、丈夫和孩子。

教室里非常安静，同学们静静地看着教授，感觉这似乎已不再是一个游戏了。教授平静地说：“请再划掉一个。”这个学生迟疑着，艰难地做着选择……她举起粉笔，划掉了自己父母的名字。

“请再划掉一个。”教授的声音再度传来。这名女生惊呆了，她颤巍巍地举起粉笔，缓慢地划掉了儿子的名字。紧接着，她“哇”的一声哭了，样子非常痛苦。

教授待她稍微平静后问道：“和你最亲的人应该是你的父母和你的孩子，因为父母是养育你的人，孩子是你亲生的，而丈夫是可以重新去找的，但为什么他反倒是你最难割舍的人呢？”

同学们静静地看着那位女同学，等待着她的回答。

女同学缓慢而又坚定地说：“随着时间的推移，父母会先我而去，孩子长大成人后独立了，肯定也会离我而去。能真正陪伴我度过一生的只有我的丈夫！”

智慧箴言

谁是陪伴你一生的人？尽管有许多美好的人会驻留在你我的心底，但每个人心中还是渴望那最持久的最深沉的爱情一直陪伴着你和我，不是吗？丈夫永远是与你一起走过的那个人。

削个苹果给你心爱的人

谈恋爱的时候，阿英知道海涛喜欢苹果，可又没太多的钱，于是只能买那种成堆卖的便宜苹果。那些苹果，有的已经打皱，有的小得可怜，可是用不多的钱就能买来一大堆。

阿英坐在宿舍里削着苹果，很认真、很缓慢，把烂的、皱的巧妙地剔掉，然后把削好的苹果又切成很薄的片，盛在一个玻璃盘子里，将几支细细的竹牙签插在苹果上，端给海涛。两个人互相喂着吃下这些甜中带酸的苹果，觉得那是世界上最幸福的事。后来阿英和海涛结婚了。

婚后的生活忙碌而紧张。渐渐地，他们不用再买成堆的苹果，他们可以买上等的苹果，又大又红却让人没了削它咬它的欲望。阿英陷在柔软舒适的沙发里，咬着一个没削皮的苹果，无聊而乏味。茶几上摆着一个缺口的苹果，海涛刚咬了几口就接到电话到公司里去了。阿英望着窗外，眼神飘忽，以前为海涛削苹果、一起吃苹果的那份心跳哪里去了呢？

时光永远不会停歇，它不动声色地催老了两个人。当孩子成家立业，阿英和海涛已双鬓斑白。阿英病倒躺在医院休养的时候，海涛带来几个苹果，抖动着水果刀战战兢兢地削了一个苹果。海涛发现苹果并不好削，他想起年轻的时候，阿英曾为他削过的无数的苹果，那需要怎样的一份耐心！流逝的岁月里海涛丢失了太多为阿英削苹果的机会，老来才想起，丢在苹果里的光阴已一去不复返。

海涛把削好的苹果切成几瓣，插上牙签，轻轻地送进阿英的嘴里，旁边的收音机里传来一个凄凄哑哑的声音：

“一盏灯 / 两个人 / 一点音乐 / 就是这样 / 半生的故事 / 便流泻而去。”

智慧箴言

苹果的味道都是同一种味道，但是如果有爱，酸苹果也能很甜；但是如果忽视了爱，再甜的苹果也没有味道。

无言的沉默是对爱最好的承诺

她问:“如果我和你母亲同时掉进水里，你只能救一个人，你会救谁？”从前也不是没有考虑过，只是，一样的最爱……他极为难，左手搓着右手:“说不出的。”这大概是所有恋爱中的男人都必须经历的关口吧，可是，他却没能过去。

“哄一哄我也好嘛！”她跺脚，差一点落泪。

最后她还是和他结了婚，可是没有想象的那么幸福。

婚后第一个春节，依风俗，她应该去婆婆家过年，因为她已经是他们家的人了。

婆婆家在四川。客车在愉快地奔驰。过年了，大家都从四面八方往家赶，一车的欢声笑语。

忽然，“轰”的一声，客车冲进了大河。冰冷的水从各个缝隙里挤压进来。只一瞬间，就变成了一车的昏暗、一车的哭喊、一车的绝望。

里面是慌作一团的人，外面是漆黑无边的水，躲无处躲，藏无处藏。她吓呆了。

他是冷静的。一台崭新的录音机，原本是送给老人的礼物，他迅速取出，砸破车窗，迎着汹涌而入的水，奋力往外一钻，鱼一样蹿向水面……

他蹿上去了？关键时刻，他竟然自顾逃命！

又渐次有玻璃砸碎的“哗啦”声，人们争相逃出车外，唯她不动，她不会游泳。

车内的水不停上涨，任凭它及膝，及胸，及唇。她的泪，却无声地流下，醒来时，已在岸上，在他怀里。她惊讶、恐惧，一场生死，恍若隔世。他满含歉意:“对不起，吓着你了。我必须先弄明白沉车位置和水深。上来的时候，你挣扎得好凶。”

“我一直记得还欠你一个问题，现在回答你：如果你落水了，我会来救你，说不出先救谁，但你一定会先我而上岸，除非……”不等他说完，她拼命捂住他的口，她已经恨死了自己的这张乌鸦嘴，一朝应验，几乎痛悔终生，她却也突然明白，在自己与他母亲之间，当初无法做出选择的人，才真正可以放心一嫁。

智慧箴言

爱情，是一种信仰，它珍贵、真诚，它和生命同在，和灵魂同在……爱不需要太多的甜言蜜语，爱需要的是对承诺的坚定守候，短暂的陶醉永远比不上生命中关键时刻的相守。

爱是一种恒久的等待

战争是残酷的，妻离子散、骨肉分离，一个年轻的男孩儿在第二次世界大战中被迫从军而与他的未婚妻分手。

以前他们每次约会总是约在同一棵大树下见面。那男孩儿因为工作关系，每回总是迟到。每次他迟到的第一句话都是腼腆地说："对不起，让你久等了。"但那女孩儿总是笑着对他说："还好，我也没有到很久。"

那男孩儿起先以为是真的，后来有一次他准时到了，却故意在一旁等了1个小时才过去，没想到，那女孩儿一样露出微笑说着同样的话。

他终于知道，不管他迟到多久，她总是为了不让他尴尬而体贴地骗他。从军前，为了怕一去不知几年，或回来人事已非，便与她约好，回来彼此如果找不到对方，就记得到这棵大树下等。

二十几年过去了，那男孩儿都没有回来，因为他流落到韩国，曾被炸药击中的他，因昏迷而失去记忆力，10来年过去了，他才在无意中恢复记忆，无奈……他已经在韩国娶妻，而他也相信他的未婚妻应该以为他已经死了。

大概又过了5年，他的韩国妻子去世，于是，他带着一颗忐忑的心回国。

他下飞机的第一天就直接驱车前往那棵旧时的大树。出租车越行越近，他的心也越来越茫然，映入眼帘的都是繁华喧嚷的商店街，哪里来的大树呢？

他唯一的记忆也被分割了，他站在原地发了一阵子呆。

正想该走了吧，又忽然看到不远处有个摊贩，于是想买包烟抽抽也好。他走上前，向那位摊贩说他要一包烟，那蹲在地上的摊贩缓缓地抬起头，两人目光交会的一刹那，他看清楚那个摆摊的人竟是他昔日的未婚妻。

他的热泪顿时无法抑制，只有几秒钟他就可以整理出答案——她一定是为了怕他回来找不到她，又不知他什么时候回来，于是决定在这个地方摆摊等他。

他不知该说些什么才好，只好依旧轻轻对她说了句："对不起，让你久等了。"

没想到她照样还是给他一个微笑："还好，我也没有到很久。"她回答他，声音还是那样。

智慧箴言

爱情不是月光下的山盟海誓，不是伊甸园中的卿卿我我，不是苦涩的眼泪，更不是难缠的强迫。爱是一种恒久的等待，毫无怨言的等待。"我也没有到很久"，这其中包含了太多的爱意与体谅，时间可以让人变老，但永恒改变不了的是对爱的执着。

爱并不意味着要拥有

雨和杨子是大学同学，毕业后各奔东西。杨子做了当地电视台的编辑，雨则选择了北京。多年后，杨子突然收到了雨寄来的信。

杨子此时正和经人介绍认识的男友考虑结婚的事，整天忙忙碌碌。

雨说春节准备请假回家，希望能够见到杨子，杨子与雨开玩笑道："老同学，两年不见了，也很想念你呢！"

春节，雨真的回来了，见面时居然还捧了一束鲜花，杨子却手足无措起来，为了避免他人议论，杨子赶紧与雨离开了单位。

雨邀请杨子去吃重庆火锅。在外闯荡了两年多的雨，比过去活跃多了，也很会说话。杨子诧异于雨的变化。整个晚上，杨子的话很少，几乎在听雨讲，杨子害怕对雨太过热情，她隐隐感到与雨之间会发生什么。

雨喝过一瓶啤酒后，问起杨子的情况，杨子说每天上班下班采访定稿就这样简单，日子过得平平淡淡。当雨知道杨子准备春节后结婚时，情绪一下子低落了。雨独自饮着啤酒，吸着烟，良久才抬眼看杨子："这么说，我是没有机会了？"

杨子有些紧张了，故作不解道："什么机会，你在说什么？"

雨叹了一口气，说："也许你不会相信，几年前，还是在大学时我就喜欢你，尽管我们没有说过话，甚至没相互看过一眼，但我喜欢你的清纯与活泼，喜欢你一头美丽飘逸的长发，也喜欢你与众不同的性格。许多女生追求虚荣与金钱，而你却不一样！"停了停，雨补充说，"其实我们的情趣很相似。"

雨的话让杨子很感动。事实上，在大学里，杨子也默默地喜欢过雨。那时，那么多的女孩子暗恋着雨，她也始终暗恋着他，却没机会向他袒露。雨今天要是不说，也许一辈子也不会挑明。然而，生命中注定杨子与雨必会错过：现在杨子即将为人妻，杨子不想伤害那虽不懂得浪漫但对杨子温柔体贴的男友。杨子对雨说："对不起，你喜欢的只是过去的我，我已有了男友，正准备结婚。"

雨不再说话，只是低头沉思着。看得出雨很失望。那晚他们默默地分手了。雨走后，说不出的失落与空虚缠绕着杨子，让杨子莫名其妙地想哭。

半个月后，雨告诉杨子假期满了，要走，想再见见杨子。接到雨的电话，杨子竟毫不犹豫地答应了。杨子有些激动，甚至怀疑自己心里仍然喜欢着雨，一直在等待着雨的电话。

杨子认真地选了一套衣服，也一改往日束着的长发，让它像大学时那般随随便便地散在身后。杨子为自己的这身打扮感到脸红心跳。杨子清楚自己这样做只是为了雨，因为雨说过喜欢杨子这样。

再次见到雨，杨子更感到意外，雨穿的竟是大学里常爱穿的宽松的夹克衫。

整整一天，杨子沉浸在一种幸福里，神思恍惚，就像初恋的感觉。杨子不断告诫自己，这一切只是一场梦。他们像恋爱很久的情人一样，即使相拥相偎也那么自然。杨子甚至为自己后悔——当初没有向雨表白，才错过了与雨今生的缘分。

雨是夜里10点的飞机，杨子送雨到了机场。飞机还有10分钟就起飞。雨拥着杨子，最后一次求杨子与他一起去北京。杨子并没有答应，可也不拒绝。雨在众目睽睽之下吻她。杨子沉默了好一会儿后才说："雨，放弃我吧，我们做个永远的朋友，为今天的重逢与离别！"说完这句，杨子的眼泪再也止不住流了出来。

雨为杨子拭着眼泪，低声地说："谢谢你，我已经知道你曾经爱过我，做个朋友也好，答应我，不要难过和后悔！"雨说这话有些艰难，与其说是安慰杨子，不如说是安慰自己。

雨转身上了飞机，仍像过去那般孤独与自信，但杨子已读出了雨心中那份无奈与伤感。

飞机起飞了，雨飞走了。

智慧箴言

爱不一定要占有，曾经拥有的也许会是你一生最美好的回忆。明白的人懂得放弃，真情的人懂得牺牲，幸福的人懂得超脱，安然地放弃，才能固守一份拥有！

你的爱温暖了我

1942年寒冬，纳粹集中营内，一个孤独的男孩儿正从铁栏杆向外张望。恰好此时，一个女孩儿从集中营前经过。看得出，那女孩儿同样也被男孩儿的出现所吸引。为了表达她内心的情感，她将一个红苹果扔进铁栏——一个象征生命、希望和爱情的红苹果。

男孩儿弯腰拾起那个红苹果，一束光照进了他那尘封已久的心田。第二天，男孩儿又到铁栏边，尽管为自己的做法感到可笑和不可思议，他还是倚栏杆而望，企盼她的到来，年轻的女孩儿同样渴望能再见到那令她心醉的不幸的身影。于是，她来了，手里拿着红苹果。

接下来的那天，寒风凛冽，雪花纷飞。两位年轻人仍然如期相约，通过那个红苹果在铁栏的两侧传递融融暖意。

这动人的情景又持续了好几天，铁栏内外两颗年轻的心天天渴望重逢，即使只是一小会儿，即使只有几句话。

终于，“铁栏会面”潸然落幕。这一天，男孩儿眉头紧锁地对心爱的姑娘说：“明天你不用再来了，他们将把我转移到另一个集中营去。”说完，他便转身而去，连回头再看一眼的勇气都没有。

从此以后，每当痛苦来临，女孩儿那恬静的身影便会出现在他的脑海中。她的明眸、她的关怀、她的红苹果，所有这些都在漫漫长夜给他带来慰藉、带来温暖。战争中，他的家人惨遭杀害，他的亲人都不复存在。唯有这女孩儿的音容笑貌留存心底，给予他生的希望。

1957年的某天，美国。两位成年移民无意中坐到一起。“大战时你在何处？”女士问道。

“那时我被关在德国的一座集中营里。”男士答道。

“哦！我曾向一位被关在德国集中营里的男孩儿递过苹果。”女士回忆道。

男士猛吃一惊，他问道：“那男孩儿是不是有一天曾对你说，明天你不用再来了，他将被转移到另一个集中营去？”

“啊！是的。可你是怎么知道的？”

男士盯着她的眼：“那个男孩就是我。”

一阵沉默。

男士说道：“我再也不想失去你，愿意嫁给我吗？”

“愿意。”她说。

他们紧紧地拥抱在一起。

1996年情人节。在温弗利主持的一个向全美播出的节目中，故事的男主人公在现场向人们表达了他对妻子40年忠贞不渝的爱。“在纳粹集中营，”他说，“你的爱温暖了我；这些年来，是你的爱，使我获得滋养。可我现在仍如饥似渴，企盼你的爱能伴我到永远。”

智慧箴言

爱是世界上最强大的力量，有它的陪伴，我们才有勇气面对生活的风霜雨雪，才有勇气战胜生活中的电闪雷鸣。让我们的心中充满爱，让我们用自己心中的爱去温暖他人，我们就会得到更多的温暖和幸福！

半辈子的加盐咖啡

因为一个朋友的婚宴，他们相识了，那时的她年轻美丽，身边有很多的追求者，而他却是一个很普通的人。因此，当宴会结束，他邀请她一起去喝咖啡的时候，她很吃惊，然而，出于礼貌，她还是答应了。

坐在咖啡馆里，两个人没有什么话，她只想尽快结束，好回去。但是当侍者把咖啡端上来的时候，他却突然说：“麻烦你拿点盐过来，我喝咖啡习惯放点盐。”当时，她愣了，侍者也愣了，大家的目光都集中到他身上，以至于他的脸都红了。

侍者把盐拿过来了，他放了点进去，慢慢地喝着。她是好奇心很重的女子，于是很好奇地问他：“你为什么要加盐呢？”

他沉默了一会儿，几乎是一字一顿地说：“小时候，我家住在海边，我老是在海里泡着，海浪打过来，海水涌进嘴里又苦又咸。现在，很久没回家了，咖啡里加盐，有种家的感觉。”

她听了被深深地打动了，因为，这是她第一次听到男人在她面前说想家。她认为，想家的男人必定是顾家的男人，而顾家的男人必定是爱家的男人。她忽然有一种倾诉的欲望，跟他说起了她远在千里之外的故乡，冷冰冰的气氛渐渐地变得融洽起来，两个人聊了很久，并且，她没有拒绝他送她回家。

慢慢地他们开始约会，她发现他实际上是一个很好的男人，大度、细心、体贴，符合她所欣赏的所有的优秀男人应该具有的特性。她暗自庆幸，幸亏当时的礼貌，才没有和他擦肩而过。她带他去遍了城里的每家咖啡馆，每次都是她说：“请拿些盐来好吗？我的朋友喜欢咖啡里加盐。”再后来，就像童话书里所写的一样：“王子和公主结婚了，从此过着幸福的生活。”他们确实过得很幸福，而且一过就是50多年，直到他前不久得病去世。

故事似乎要结束了，如果没有那封信的话。

那封信是他临终前写的，写给她的：

“原谅我一直都欺骗了你，还记得第一次请你喝咖啡吗？当时气氛差极了，我很紧张，不知怎么想的，竟然对侍者说拿些盐来，其实我是不加盐的，当时既然说出来了，只好将错就错了。没想到竟然引起了你的好奇心，这一下，让我喝了半辈子的加盐的咖啡。有好多次，我都想告诉你，可我怕你会生气，更怕你会因此离开我。

“现在我终于不怕了，因为我就要死了，死人总是很容易被原谅的，对不对？今生得到你是我最大的幸福，如果有来生，我还希望能娶到你。只是，我可不想再喝加盐的咖啡了，咖啡里加盐，你不知道，有多难喝。”

信的内容让她吃惊，同时有一种温暖的感觉。她多想告诉他，她是多么高兴，有人为了她，能够做出这样的一生一世的欺骗……

智慧箴言

“一生一世的欺骗”带来了一生一世的幸福，咖啡加盐，苦中带涩，但细细品味却别有一番滋味，那是爱的滋味。爱先是苦的，再是咸的，最后一定是甜甜的。只要你善于忍耐先前的苦与咸，最后肯定是苦尽甘来。

爱情需要一杯柠檬茶

男孩和女孩因为一点小事在咖啡馆里吵了一架。男孩气走了，女孩气哭了。

女孩边流泪边搅动着面前的这杯清凉的柠檬茶，泄愤似的用匙子搅着杯中未去皮的新鲜柠檬片，柠檬片已被她搅得不成样子，杯中的茶也泛起了一股柠檬皮的苦味。

女孩叫来服务生，要求换一杯剥掉皮的柠檬泡成的茶。

服务生看了一眼女孩，没有说话，拿走那杯已被她搅得很浑浊的茶，又端来一杯冰冻柠檬茶，只是，茶里的柠檬还是带皮的。原本就心情不好的女孩更加恼火了，她又叫来服务生。“我说过，茶里的柠檬要剥皮，你没听清吗？”她斥责着服务生。

服务生看着她，他的眼睛清澈明亮。“小姐，请不要生气，”他说道，“你知道吗？柠檬皮经过充分浸泡之后，它的苦味溶解于茶水之中，将是一种清爽甘洌的味道，正是现在的你所需要的。所以请不要急躁，不要想在3分钟之内把柠檬的香味全部挤压出来，那样只会把茶搅得很浑，把事情弄得一团糟。”

女孩心里有一种被触动的感觉，她望着服务生的眼睛，问道：“那么，要多长时间才能把柠檬的香味发挥到极致呢？”

服务生笑了：“12个小时。12个小时之后柠檬就会把生命的精华全部释放出来，你就可以得到一杯美味到极致的柠檬茶，但你要付出12个小时的忍耐和等待。”

服务生顿了顿，又说道：“其实不只是泡茶，生命中的任何烦恼，只要你肯付出12个小时的忍耐和等待，就会发现，事情并不像你想象的那么糟糕。”

女孩看着服务生，似乎没有听明白他的话。

服务生又微笑着说：“我只是在教你怎样泡制柠檬茶，顺便和你讨论一下用泡茶的方法是不是也可以泡制出美味的人生。”

说完，服务生离去。

女孩回到家后自己动手泡制了一杯柠檬茶，她把柠檬切成又圆又薄的小片，放进茶里。

女孩静静地看着杯中的柠檬片，她看到它们慢慢张开来，好像有晶莹细密的水珠凝结着。她被感动了，她感到了柠檬的生命和灵魂慢慢升华，缓缓释放。

12 个小时以后，她品尝到了她有生以来从未喝过的最绝妙、最美味的柠檬茶。

女孩明白了，这是因为柠檬的灵魂完全深入其中，才会有如此完美的滋味。

门铃响起，女孩开门，看见男孩站在门外，怀里有一大捧玫瑰。

“原谅我吧！”他讷讷地说。

女孩笑了，她拉他进来，在他面前放了一杯柠檬茶。

“让我们有一个约定，”女孩说道，“以后，不管遇到多少烦恼，我们都不许发脾气，定下心来想想这杯柠檬茶。”

“为什么要想柠檬茶？”男孩困惑不解。

“因为，我们需要耐心等待 12 个小时。”

智慧箴言

爱情如茶，需要慢慢地等、细细地品，才能尝到美妙无穷的滋味。

一根头发的情史

玛丽对姑妈脖子上的一个圆形首饰一直很好奇，于是总是纠缠着姑妈让她看个究竟。

姑妈终于同意给她看那个首饰。她把首饰放在平展开的手上，用指甲小心翼翼地塞进缝隙，盖子猛地弹开了。

令玛丽失望的是，里面只有一根极为寻常的、结成蝴蝶结状的女人头发。“难道全在这儿了吗？”

“是的，全在这儿，”姑妈微微地笑着，“就这么一根头发，决定了我的爱情。你们现在的年轻人也许不理解这点，你们把爱不当回事，不，更糟糕的是，你们压根儿没想过这么做。对你们说来，一切都是那样直截了当，来者不拒，受之坦然，草草了事。”

“我那时 18 岁，他不满 20 岁。

“一天，他邀我上山旅行。我们不得不在他父亲狩猎用的僻静的小茅舍里过夜。我踌躇了好一阵。因为我还得编造些谎话让父母放心，不然他们说什么也不会同意我干这种事的。当时，我可是给他们好好地演了出戏，骗了他们。

“晚上，他在茅舍里给我置了张床。瞧他干起事来有多细心周到！他在厨房里给自己腾了个空位，那铺位实在不太舒服。

“我进屋躺下，门没上栓。我心里矛盾着，过去上栓他听到声音肯定就会怀疑我，会觉得我太幼稚，但是如果他真像我所担心的那样去做，那门上的栓也不可能拦得住他。算了，就把我们俩的命运交给他吧！

“在这关键时刻，我蓦地产生了一个奇妙的念头。是的，我该把自己‘锁’在房里，可是，在某种程度上说，只不过是采用一种象征性的方法。我踮着脚悄悄地走到门边，从发结上扯下一根长发，把它缠在门把手和锁上，绕了好几道。只要他一触动手把，头发就会扯断。

“嗨，你们今天的年轻人呀！你们自以为聪明，聪明绝顶。但你们真的知道人生的秘密吗？这根普普通通的头发——翌日清晨，我完整无损地把它取了下来！——它把我们俩强有力地连在一起了，它胜过生命中其他任何东西。一旦时机成熟，我们就结为良缘。他就是我的丈夫，你的姑父。你们是认识他的，而且你们知道，他是我一生的幸福所在。这就是说，一根头发虽纤细，但它却维系着我的整个命运。”

智慧箴言

爱是一种圣洁的感情，爱之所以能天长地久是因为它能超越肉体的欲望，直至对方的内心世界，把两个人的灵魂连在一起。

爱情不是刻意打造的

20 岁的少女筱晴对他一见钟情。他文质彬彬，天生一副运动员的体魄。只有一个缺点气死人：他一点儿也不爱筱晴。而筱晴极想成为他的意中人。由于爱他，筱晴决心使自己成为他欣赏的人。

筱晴首先想在自己的本职工作上表现得很优秀。仅用 1 周时间，就制订出完善的财会统计体系，这在单位是史无前例的。单位把她树为榜样，并发给她一大笔奖金。唯有他平静如初，并对筱晴说：“我对追求个人名利的女人不感兴趣。”

于是，筱晴决定把自己打扮得花枝招展。为了爱情，她把钱都花在衣服和鞋帽上。因为筱晴给自己做了好多套衣服，结果所有的女朋友都和她断绝了来往。她们由于妒火中烧，竟然恨起她来。可不管是筱晴的牛仔工作服，或是鞋跟最高的皮鞋，都没给他留下任何印象。他只是说了句："时髦女人不会赢得我的信任。"

筱晴又培养起自己的爱好，希望自己充实些。下班后她天天去图书馆，读了许多地理、历史、文学和艺术等方面的书。她还研究一些哲学著作和伟大作曲家的作品，又学习了几门外语，参观了所有的博物馆和展览会。周围的人们都把筱晴称作"百科辞典"。如果有人想知道天上有多少颗星星或者新西兰最小的湖泊的深度，这是任何地图上都找不到的，而筱晴却张口即来。

有一天，筱晴和他单独相处谈论起凡·高创作盛期的作品时，筱晴看到他脸上露出了明显的不耐烦的神情。他对筱晴说："'女学究'远不是我理想的伴侣。"

筱晴最后开始试着喜欢她讨厌的运动了。为了爱情，她加入了体育俱乐部。通过超负荷训练，筱晴学会了一切可能掌握的体操技巧，推铅球，做健美操。但这次她又是一败涂地。他无动于衷地对筱晴说："女运动员对我的影响并不亚于赛马，而我对赛马一点也不感兴趣。"

筱晴还不甘心。她想起他是一名冶炼专家，为了爱情，她也研究起了这方面的书籍。为了更好地弄清有关问题，她甚至参观了几家冶金工厂。当她跟他在咖啡馆相遇时，筱晴给他讲起了冶炼的奥妙。5分钟后，他说他想用车送她回家。路上他打着哈欠对筱晴说："冶炼工作显然不是女人所关心的问题。"

筱晴感情上受到了严重的打击。她内心痛苦异常，决定从此以后永远忘记他。毕竟自己做得够多了！

一个月后，他竟同她认识的一位姑娘结了婚。筱晴对此简直难以置信，因为这个姑娘没有一点儿她所具有的长处。于是筱晴问她如何成功地俘虏了那样一个没感情的男人，并且如此之快。

她傻乎乎地笑着回答筱晴的问题："他说他喜欢我会烧一手美味的红烧鸡翅。"

智慧箴言

相爱的人不一定兴趣相投，有位名人曾经说过："为了爱情的诚实、婚姻的美满，妻子固然要取悦丈夫，丈夫也要取悦妻子，至于如何取悦，乃是一种高级的艺术。"

生活因爱重新开始

一天，王先生在下班回家的路上对自己说："我以后要努力做妻子的好丈夫和儿子的好爸爸。"因为他看见一本书上说："夫妻走到一起就是有缘。真正的爱可以维系人和人之间的缘，爱是一种意志的行为，一个人可以决定要不要去爱。"

王先生想："我必须承认我是个自私的丈夫——承认我们的爱已经因为我对妻子不够体贴而褪了色。在许多小地方我的确是这样：责怪她做事毛手毛脚；坚持看我要看的电视节目；把她还想看的旧杂志丢了出去。好了，在以后的日子里，这一切都要改变。"

当真改变了。每天王先生出门前都要吻妻子一下，并且说："你穿这件白色新毛衣可真漂亮。"

"啊，你居然注意到了。"她说，神情既惊讶又愉快，也许还有一点迷惑。下班之后，王先生想坐下来看书，但妻子建议到海滩上去散步。王先生本想反对，但随即想到，她已单独在这里陪了孩子一个星期，而现在她想和自己单独在一起。于是，他们便到海滩上去散步，让孩子们自己放风筝。

时间就这样过去了。王先生陪妻儿到贝壳博物馆去参观了一次，虽然王先生一向最怕去博物馆，但这回却很感兴趣；有一次他们要赴宴，但因为妻子化妆而迟到了，王先生却一句话也没说。

随后，王先生又发了一个新誓，要继续体贴她。但王先生这次却闹出了一个笑话，他的妻子和他至今一提起这件事便不禁失笑。当他们正要上床就寝时，妻子突然神情哀伤地望着王先生。

"你怎么啦？"王先生问。

她声调凄惨地说："你是否知道了一件我不知道的事？"

"这话怎讲？"

"嗯……几星期前我做过身体检查……医生……他对你说过什么关于我的话没有？你待我太好了……我是不是快要死了？"

王先生一下子就全明白了，随即大笑起来。

"不，亲爱的。"他说着把她抱在怀里，"你会好好地活着……是我开始和你重新生活呢！”

智慧箴言

夫妻走到一起就是有缘。真正的爱可以维系人和人之间的缘，爱是一种意志的行为，一个人可以决定要不要去爱。既然决定了去爱，那就要为爱负责到底。

一种无言的默契

托米和太太结婚已经25年了，他们一直都很幸福。托米是个作家，但算不上畅销作家，因为他不喜欢出席太多的宴会，他喜欢和妻子在一起。生活中，他们也是互相谦让，其乐融融。

对托米来说，回家的第一件事是拥抱一下妻子，亲亲她的前额，说一句几乎总是一成不变的话：“亲爱的，你今天有没有烦闷？”

得到的差不多总是同样的回答：“没有。家里有这么多事情要做呐。但看到你回来，我还是很高兴的……”

托米太太负责在打字机上打印丈夫定期在《太阳日报》上发表的短篇小说。然后把稿纸誊清，封装好，寄出去。这份细微的工作足以使她想到自己是丈夫的一个合作者。

可是，托米太太万万没有想到，一个刚刚离婚的女人最近居然把托米弄得昏头昏脑。这个女人叫玛丽亚，长得很漂亮，是个单身白领。有一天，就像跟他要一件新奇首饰一样，她要求跟他结婚。

托米必须先离婚。“唔，这件事应该容易办到。结婚已经整整25年，妻子可能对我也没感觉了，分开可能不会痛苦。”可是他始终难以开口。

托米想出了一个法子。他编了一个故事，把自己与太太的现实处境变成了故事中的人物。为了让太太领悟，他还着意引用了他们夫妇间生活中若干特有的细节。在故事结尾，他让那对夫妻离了婚，并特意说明，既然妻子对丈夫已经没有了爱情，就一滴眼泪也没有流地走开了，以后有足够的收入，悠然自得地消磨幸福的时光……

他把这份手稿交给太太打印时，心里不免有些不安。晚上回到家里时，心里嘀咕太太会怎样待他。“亲爱的，你今天有没有烦闷？”话里带着几分犹豫。

她却像平常一样安详:“没有。家里有这么多事情要做呐。但看到你回来，我还是很高兴的……”

难道她没有看懂？托米猜测，兴许她把打印的事安排到了明天。然而，一询问，故事已经打印好，并经仔细校对后寄往《太阳日报》编辑部了。

她为什么不吭声？她的沉默不可理解！“显然，她是个性格内向的人，可是她该看得懂的……”

故事在报上发表后，托米才打开了闷葫芦。原来，太太把故事的结局改了：既然丈夫提出了这个要求，夫妻俩还是离了婚。可是，那位在结婚25年之后依然爱着丈夫的妻子，却在离婚后不久就抑郁而死了。

这就是回答！

托米震惊了、忏悔了。当天就和那个不知底细的女人来了个一刀两断。但是，如同太太不向他说明曾经同他进行过一次未经相商的合作一样，他永远没有向她承认自己看过她的新结局。

“亲爱的，你今天有没有烦闷？”托米回到家里时问道，不过比往常更加温柔。

“没有。家里有这么多事情要做呐。但看到你回来，我还是很高兴的。”太太一面回答，一面向他伸出手臂。

智慧箴言

爱情是天作之合，爱情是心灵纯洁的链接，当两颗心在婚姻中渐渐老去……尽管失去了火焰，却保持着对爱的忠贞不渝，依然温暖彼此的心。

生死与共的爱情

刘杨和安心新婚之际去度蜜月，他们选择了去滑雪，但是不小心迷路了。

在迷路的第二天，一阵凛冽的寒风推搡着安心单薄的身躯，刘杨赶忙扶住她。他把安心抱到附近一个积雪半掩的山洞里，用从雪地上拾来的为数不多的树枝，为安心燃起了一堆生命之火，然后，刘杨去外面弄吃的，但他两手空空地无功而返，在这样寒冷荒芜的雪地里，哪里会有什么食物呢？就这样，两人在饥寒交迫的痛苦中熬了一天，安心已变得极度虚弱。找不到食物，等待他们的只能是死亡。

在迷路的第三天上午，仍不肯放弃希望的刘杨又两手空空回到了山洞。他脸色苍白、脚步踉跄，右臂不见了，只剩下血淋淋的残缺的袖管。安心搂着心爱的丈夫哭着询问，原来刘杨的右臂被一只觅食的棕熊残忍地咬掉了。

安心再也不奢望能够走出雪谷，两人紧紧依偎在一起，带着泪水也带着战栗的微笑，尽情享受着告别这个世界之前的最后的温存。

夜幕降临了，安心沉沉入睡，次日早晨醒来时，却发现火堆上放着一块烤肉。

“我夜里逮到了一只冻僵的野兔。”刘杨神情疲惫地说。于是，安心狼吞虎咽地吃了起来，刘杨却没有吃，他说早已吃饱了，安心吃个半饱后，留了将近一半烧得漆黑的烤肉，准备在两人最需要的时候再吃。然而，刘杨因为昨日失血过多，加上这几天体力消耗太大，终于倒在了雪地上，从此再也没有站起来。

在刘杨去世后的第三天下午，安心被搜索小组救了出来。那时，她已经两眼呆滞，形容枯槁。

在医院的病房里，当一位医学教授了解安心为什么能在满地冰雪的绝境坚持了这么久时，安心回答说：“是爱，还有这个！”随后，她拿出了保存下来的一小块烤肉。

教授仔细观察了一会儿那块给她生命的烤肉后，不由惊讶地说：“这是人肉啊！这是人的右臂！”

霎时，安心的脸色无比苍白。她立即想起了山上的皑皑白雪，想起了丈夫刘杨痛苦的微笑和血淋淋的臂膀。她明白了，她似乎看到了刘杨在尖锐的岩石上自残的惨烈场面……她明白了一切！

安心把刘杨送给她的那枚蓝宝石戒指紧紧地捂在胸口，失声痛哭……

智慧箴言

爱情就像是魔鬼，会让真爱的人为了爱而不惜自己的生命，这种执着与义无反顾难道不值得感动吗？真正的爱情是把对方当自己，相爱着的两个人永远活在一个世界里。

生命的最后守望

有一个百万富翁娶了一个美丽的妻子，两人感情很是融洽。每年妻子生日那天，他都要当着众宾客的面送给她一串美丽的项链，并亲手为她戴在脖子上。

百万富翁一次外出进货，船触了礁，人财两亡。百万富翁的妻子悲痛欲绝，为了生计，她变卖了家产，独守空房。

10年过去了，20年过去了，她的容貌渐渐衰老，仅存的一点资产也已告罄，几乎到了举步维艰的地步。亲友们念及她当年的那些珍玉宝翠，都劝她卖掉，安享晚年。一次她经不起他们的劝告，就从箱底的一个绸包里拿了出来，一一展现在他们眼前，那是当年百万富翁送给她的一条条项链：珍珠的、翡翠的、玛瑙的……琳琅满目，光彩夺目。

亲友们围上前，啧啧称奇，争着说些动听和感人的话。她的表情木木的，不紧不慢地吐出一句："值不了多少钱的，它们都是假的。"

"我不会骗你们的。"她轻轻挥了下手，淡淡地又道，声音低沉得像从远古传来，"当初他曾想给我买那些价值昂贵的首饰，我拒绝了。因为我觉得，东西的真假并不重要，重要的是他心里是否有我、爱我。当他把这一串串项链戴在我的脖子上时，我觉得自己就是世上最幸福的人了。你们也许不知道，这些年来，我没有一天不打开这个红色绸包细细地端详，守着它们，我觉得自己是那么富有，就像他仍在我的眼前，陪伴着我，我一点也不寂寞，过得很好。"

屋里静静的，谁也没有再说话。走出屋外的时候，谁的心里都明白，即使这些项链真的价值连城，她也不会卖掉，那是她的所有，她爱的全部，她生命的最后守望。

智慧箴言

东西的真假并不重要，重要的是心里是否有爱，只要双方真正付出爱，就是世上最幸福的人。

第五章

灾难来临时请握紧我的手

每个人的一生中，都会拥有很多真挚的友情，常常在不经意间，就被深深地感动。这种感动是生命中至为珍贵的记忆，洋溢着一种浓浓的温情，悄然生出几丝情愫。

她是我最好的朋友

这是一个发生在越南孤儿院里的故事。由于飞机的狂轰滥炸，一颗炸弹被扔进了孤儿院，几个孩子和一位工作人员被炸死了。还有几个孩子受了伤。其中有一个小女孩儿流了许多血，伤得很重！

幸运的是，不久后一个医疗小组来到了这里，小组只有两个人：一个女医生，一个女护士。

女医生很快对伤员进行了急救，但在那个小女孩儿那出了一点问题：因为小女孩儿流了很多血，需要输血，但是她们带来的不多的医疗用品中没有可供使用的血浆。于是，医生决定就地取材，她给在场的所有人验了血，终于发现有几个孩子的血型和这个小女孩儿是一样的。可是，问题又出现了，因为那个医生和护士都只会说一点点的越南语和英语，而在场的孤儿院的工作人员和孩子们只听得懂越南语。

于是，女医生尽量用自己掌握的越南语加上一大堆的手势告诉那几个孩子："你们的朋友伤得很重，她需要血，需要你们给她输血！"终于，孩子们点了点头，好像听懂了，但眼里却藏着一丝恐惧！

孩子们没有人吭声，没有人举手表示自己愿意献血！女医生没有料到会是这样的结局，一下子愣住了！为什么他们不肯献血来救自己的朋友呢？难道刚才对他们说的话他们没有听懂吗？

忽然，一只小手慢慢地举了起来，但是刚刚举到一半却又放下了，好一会儿又举了起来，再也没有放下！

医生很高兴，马上把那个小男孩儿带到临时的手术室，让他躺在床上。小男孩儿僵直着躺在床上，看着针管慢慢地插入自己的细小的胳膊，看着自己的血液一点点地被抽走，眼泪不知不觉地就顺着脸颊流了下来。医生紧张地问是不是针管弄疼了他，他摇了摇头，但是眼泪还是没有止住。医生开始有一点慌了，因为她总觉得有什么地方肯定弄错了，但是到底错在哪里呢？针管是不可能弄伤这个孩子的呀！

关键时候，一个越南的护士赶到了这个孤儿院。女医生把情况告诉了越南护士。越南护士忙低下身子，和床上的孩子交谈了一下，不久后，孩子竟然破涕为笑。

原来，那些孩子都误解了女医生的话，以为她要抽光一个人的血去救那个小女孩儿。一想到不久以后就要死了，所以小男孩儿才哭了出来！医生终于明白为什么刚才没有人自愿出来献血了！但是她又有一件事不明白了，“既然以为献过血之后就要死了，为什么他还自愿出来献血呢？”医生问越南护士。

于是越南护士用越南语问了一下小男孩儿，小男孩儿不假思索就回答了。答案很简单，只有几个字，但却感动了在场所有的人。

他说：“因为她是我最好的朋友！”

智慧箴言

人与人之间的友情，可以超越时空，永远温暖着人们的心。在被痛苦折磨的日子里，为他付出爱，就是将无限的光明注入他的心中。

战争中的人类精神

在第二次世界大战的一次大战役中，盟军的一队伞兵因飞机偏航而误投绝境。他们被捕了。

在德军的刺刀下，俘虏们做着苦役，面容憔悴，支撑他们的是盟军一定会打过来的信念。

枪炮声一天天近了，德军脸上的乌云也越来越重了。一天黄昏，一阵急促的号声把俘虏们赶成一长排，周边是荷枪实弹的德国士兵，伞兵们一下子就明白了将要发生的事情。一位年轻伞兵的手剧烈颤抖着。他想起了爸爸妈妈，还有可爱的未婚妻。他的眼睛湿润了。一位老兵紧紧抓住了他的手："兄弟，我们不哭！"

一瞬间，所有的伞兵一个接一个地把手拉在了一起。

天地无声，枪炮声突然响了。万分巧合的是盟军在这一刻发动了进攻，正义的枪炮压过了屠杀的子弹，一些伞兵幸免于难，其中就有那位年轻的伞兵。后来，他随盟军攻克了柏林，当他回首凝望被纳粹杀害的兄弟。他噙着泪喃喃自语："兄弟，我们不哭！"

这种闪耀着友情光辉的精神，永远撼人心魄。

智慧箴言

人类之所以延续，是因为有了人性中的善良和光明。正义和真理的热血涤尽黑暗和阴霾，铸就了一片幸福、光明的人间乐土。

美丽的谎言

雨高三那年，好友相聚话别，真是"草草杯盘共笑语，昏昏灯火话平生"。说不完的豪言壮语，道不尽的离愁别绪。

他们约定了种种联系和相聚的方式。好友恒建议元旦时不互寄贺卡，以显示他们与众不同。雨听后把头埋得很深，沉默不语。这一直是他最不愿谈及的话题。

父亲因车祸花去了大笔的药费，雨和妹妹的学费便成为家里沉重的负担。此后，每逢元旦前夕的那些日子，他都感到度日如年。纵然是节衣缩食，单买贺卡的那笔不大不小的开支，就足以令他"愁肠百结"。可是自己又偏身在一个重视"礼尚往来"的社会，因此那些日子，他总是谈"卡"色变。而今，贺卡的档次突飞猛进，更加令人望而生畏。

恒说完后，大家纷纷发言，各抒己见。慧慷慨陈词："我赞同恒的意见，我们就要成为大学生了，应有自己最独特的方式，这些天真、幼稚甚至是俗气的形式主义，我们应该摒弃。”

之后，其他人也发表了意见，最后一致通过了元旦不寄贺卡的决定。雨如释重负地松了口气，暗自庆幸他的这些朋友无意中替他解决了一大难题。那天，他们洒泪分别后，便天各一方了。

时间在平静如水的生活中飞逝。转眼佳节将至，想起当初的约定，看着街上形状各异的贺卡，雨心中倒也轻松自如。圣诞节前，大学的室友们便陆续收到朋友们寄来的贺卡。看着他们兴高采烈的样子，雨心中有种怅然若失的感觉。

元旦，雨的室友们都出去玩了，他独自坐在阳台上，呆呆地望着远方，心乱如麻。猛然间，他听到有人叫他，回过头，生活委员把一摞厚厚的信放到他的手里，说了声：“新年快乐！”雨愣住了，一脸的茫然，继而是一阵狂喜。他迅速地拆开信封，一张心形的贺卡便“迫不及待”地滑了出来。看着上面熟悉的字体、幽默的话语、亲切的问候，雨说不出话来。每拆开一封信，就有一股温馨的气息扑面而来，眼前就会浮现出一张张熟悉的笑脸……雨的手颤抖着，哽咽得说不出话来。仔细看看信封上的邮戳，竟然都是同一天，他们计算着刚好在元旦这天收到，让他身处“绝境”，不留丝毫“礼尚往来”的回旋余地。霎时间，雨明白了，当初的约定……

智慧箴言

善意的谎言真的很美丽，它不会伤害到任何人，只会让人更感动，真正的友谊是要给人以理解和信任，给人以快乐和力量，使人得到鼓舞。

6个馒头

这是一个美丽的故事：

高一那年，年级组织去千岛湖春游。

恰逢年轻的班主任新婚度假，于是更为年轻的实习老师成了他们班的带队老师。实习老师一宣布这个令人兴奋的消息，教室马上被大家的喧闹声炸响。同学们纷纷问一些关于春游要注意的事项和所交的费用等问题，接着实习老师又问了一句：“大家还有什么问题吗？”很长的时间，没有人举手也没有人站起来，谁也没有注意到角落里来自山区的那个女孩子，她微举着手，手指却颤抖着没有张开来，颤巍巍的嘴唇一张一合却没有声音。很久很久，女孩子站起来，用极低的声音问：“老师，我可以带馒头吗？”一阵其实并没有恶意的笑声刺激着女孩子，她的脸通红，低着头默默地坐下，眼泪无声地沿着脸颊流了下来。漂亮的女实习老师走过去抚摸着她的头说：“放心，可以带馒头的，没事的。”

出发的前一天，女孩子拿着饭票买了6个馒头，然后低着头好像做贼似地跑回宿舍。宿舍里几个同学正在收拾春游要带的零食，一边叽叽喳喳地讨论着。女孩子直奔自己的床，迅速地用一个塑料袋把馒头装了进去，女同学的讨论声似乎小了下去，女孩子的眼眶红了。

出发的那天下着雨，淅淅沥沥地洗刷着女孩子的心情，在她背包里有6个馒头。女孩子没有带伞，只好和别的同学挤在一把伞下，为了不因为自己而使同学淋湿，女孩子不住把伞往同学那边移，等赶到千岛湖时，女孩子的一半身子湿漉漉的，身上的背包也湿漉漉的。大家纷纷冲向饭馆吃饭去了。女孩子一个人待在招待所里，等大家都走完以后才从背包里取出馒头。可是，由于塑料袋破了一个洞，湿透背包的雨水将馒头泡透了，女孩子就这样一边流泪一边嚼着被雨水浸泡过的馒头。

女孩子还没有吃完一个馒头，同学们就回来了。她没有料到她们会回来得这么快，来不及藏起湿透了的馒头，只好匆忙地往还没有干的背包里塞。班长妍突然说：“哎哟，我还没吃饱呢，能给我吃一个馒头吗？”女孩子不好意思摇头也没有点头，妍已经打开她的背包啃起馒头来。其他几个同学也纷纷走过来拿起馒头一边嚼一边说，其实还是学校食堂做的馒头好吃。转眼，女孩带来的6个馒头都被同学们吃完了，女孩子看着空了的背包只有无声地落泪。

第二天，到了大家该吃早饭的时候，女孩子偷偷一个人走了出去。雨已经停了，女孩子的心却在落泪，如果不是自己央求父亲借钱交了车费本来就可以不来的，可是山水那么秀美，女孩子怎么能不心动呢？女孩子在招待所附近的一座矮山上一边后悔一边默默地流泪。是班长妍最先找到女孩子的，妍拉起她的手就走，说：“我们吃了你带来的馒头，你这几天的饭当然要我们解决呀！”女孩子喝着热腾腾的粥吃着软软的馒头，眼圈红红的。

后来总有人以吃了女孩子的馒头为理由请她吃饭，使她不用再嚼干涩难咽的馒头，使她可以和其他同学一样吃炒菜和米饭。女孩子的脸上渐渐有了笑容，她默默接受了同学们不着痕迹的馈赠，默默地享受着这份单纯却丰厚的友谊。女孩子没有什么可用来感激她的同学的，只有用更努力地学习，更积极地去帮助别人和总是抢先打扫宿舍卫生来表示她的感激。后来，这个女孩子不仅是班里成绩最好的一个，也是人缘最好的一个。

因为女孩子知道，同学们的善良和真诚，是金钱买不到的。她们的友谊就像春天里最明媚的那一缕阳光，照亮了她以后的人生道路。

智慧箴言

友谊是单纯的，友谊就像春天里最明媚的一缕阳光给人以温暖；就像冬天里的雪中送炭，如同沙漠中的绿洲，让人看到希望和生机。

友情是最好的药方

麦迪12岁那年因为吃东西不小心染上了绝症，伙伴们全都躲着他，只有大他4岁的霍华德依旧和他像以前一样玩耍。离麦迪家的后院不远，有一条通往大海的小河，河边开满了五颜六色的花朵。霍华德告诉麦迪，把这些花草煮成汤，说不定能治他的病。

麦迪喝了霍华德煮的汤，身体并不见好转，谁也不知道他还能活多久。霍华德的妈妈再也不让霍华德去找麦迪，她怕一家人都染上这可怕的病。但这并不能割断两个孩子的友情。

一个偶然的机会，霍华德在杂志上看见一则消息，说纽约的费医生发现了能治疗这病的药物，这让他兴奋不已。

于是，在一个太阳刚刚升起的清晨，他带着麦迪，悄悄地踏上了去纽约的路。他们是沿着那条小河出发的。霍华德用木板和轮胎做了条很结实的船，他们躺在小船上，听见流水哗哗的声响，看见满天闪烁的星星，霍华德告诉麦迪，到了纽约，找到费医生，他就可以像别人一样快乐地生活了。

不知漂了多远，船进水了，两个孩子不得不改搭顺路汽车。为了省钱，他们晚上就睡在随身带的帐篷里。麦迪咳得很厉害，从家里带的药也快吃完了。一天夜里，麦迪冷得直发抖，他用微弱的声音告诉霍华德，他梦见200亿年前的宇宙了，星星的光是那么暗、那么黑，他一个人待在那里，找不到回来的路。霍华德把自己的球鞋塞到麦迪的手上说："以后睡觉，就抱着我的鞋，想想我的臭鞋还在你的手上，我肯定就在附近。”

他们身上的钱差不多用完了，可离纽约还有三天三夜的路。麦迪的身体越来越弱，霍华德不得不放弃了计划，带着麦迪又回到了家乡。不久，麦迪就住进了医院。霍华德依旧常常去病房看他，两个好朋友在一起时病房便充满了快乐。他们有时还会合伙玩装死游戏吓医院的护士，看见护士们上当的样子，两个人都忍不住大笑。霍华德给那家杂志写了信，希望能帮助他们找到费医生，结果却杳无音讯。

冬天的一个下午，麦迪的妈妈上街去买东西了，霍华德在病房陪着麦迪，夕阳照着麦迪苍白的脸，霍华德问他想不想再玩装死的游戏，麦迪点点头。然而这回麦迪却没有在医生为他摸脉时忽然睁开眼笑起来，他真的死了。

那天，霍华德陪着麦迪的妈妈回家。两人一路无语，直到分别的时候，霍华德才抽泣着说：“我很难过，没能为麦迪找到治病的药。”

麦迪的妈妈泪如泉涌：“不，霍华德，你找到了。”她紧紧地搂着霍华德，“麦迪一生最大的病其实是孤独，而你给了他快乐，给了他友情，他一直为有你这个朋友而满足……”

三天后，麦迪静静地躺在了长满青草的地下，双手抱着霍华德穿过的那只球鞋。

智慧箴言

真正的友情是为朋友的快乐而快乐，为朋友的痛苦而痛苦，只有真心相待，才能收获真正的友情。

管鲍之交

春秋战国时期，齐国有一对很要好的朋友，一个叫管仲，另外一个叫鲍叔牙。年轻的时候，管仲家里很穷，又要奉养母亲，鲍叔牙知道了，就找管仲一起做生意。做生意的时候，因为管仲没有钱，所以本钱几乎是鲍叔牙出的，可是，当赚了钱以后，管仲却拿得比鲍叔牙还多，鲍叔牙的仆人看了就说：“这个管仲真奇怪，本钱出得比我们主人少，分钱的时候却拿得比我们主人还多！”鲍叔牙却对仆人说：“不可以这么说！管仲家里穷又要奉养母亲，多拿一点没有关系的。”有一次，管仲和鲍叔牙一起去打仗，每次进攻的时候，管仲都躲在最后面，大家就骂管仲说：“管仲是一个贪生怕死的人！”鲍叔牙马上替管仲说话：“你们误会管仲了，他不是怕死，他得留着他的命去照顾老母亲呀！”管仲听到之后说：“生我的是父母，真正了解我的人却是鲍叔牙呀！”后来，齐国的国君死掉了，大王子诸当上了国王，是为齐襄公。齐襄公每天吃喝玩乐不理朝政，鲍叔牙预感齐国一定会发生内乱，便带公子小白逃到莒国，管仲则带着公子纠逃到鲁国。

不久后，齐襄公被人杀死，齐国真的发生了内乱，管仲想杀掉小白，让纠能顺利当上国君，可惜管仲在暗算小白的时候，把箭射偏了，小白没死，后来，鲍叔牙和小白比管仲和纠早回到齐国，小白就当上了齐国的国王，是为齐桓公。他决定封鲍叔牙为宰相，鲍叔牙却对齐桓公说：“管仲各方面都比我强，应该请他来当宰相才对呀！”齐桓公一听：“管仲要杀我，他是我的仇人，你居然叫我请他来当宰相！”鲍叔牙却说：“这不能怪他，他是为了帮他的主人纠才这么做的呀！”齐桓公听了鲍叔牙的话，请管仲回来当宰相，而管仲也真的帮齐桓公把齐国治理得非常好。

后来，大家在称赞朋友之间有很好的友谊时，就会说他们是“管鲍之交”。

智慧箴言

真正的友情，意味深长而且刻骨铭心，它能打开人们冷漠的心扉，让彼此的心得到温暖，让彼此的思想得到沟通，即便是有再大的怨恨，也可以因为这份情谊而相互理解和体谅。

睡在下铺的兄弟

从小时候起，志勤就有尿床的毛病。为此，他没少挨父母的打骂。令他苦恼的是，这毛病一直持续到他读高中的那一年。

考上县一中后，志勤被安排在寝室靠窗的上铺睡。冬天的晚上，天气十分寒冷，北风呼呼地吹着窗户。午夜时分，梦中的志勤径直走入厕所排泄起来，不等尿完，他猛地惊醒了，伸手一摸，天哪！床铺湿了一大片，仔细倾听，尿液还一滴滴往下铺滴。睡在志勤下铺的同学尹成却毫无感觉。

黑暗中，志勤羞愧难当，想到明天早上被同学们知道当作新闻传播时的情景，他心里又急又恨，真想这个耻辱的夜晚永远不再迎来黎明。

天最终还是亮了。学校起床的铃声响过后，沉寂的寝室一下子变得热闹起来。忽然，志勤下铺的尹成同学发出一声惊叫。“怎么啦？”几位邻床同学不禁问道。此时，志勤惭愧极了，将头埋进被窝里，心里暗暗叫苦：“完了，等着两个班几十位同学的耻笑和奚落吧！”

然而，事情却出乎意料。只听尹成同学回答：“没什么，老鼠将我的袜子叼到床底下去了。”几句笑话过后，同学们便各自忙着穿衣、洗漱、整理床铺去了。

志勤如释重负，心里对尹成十分感激，但他仍然不好意思起床。直到早操铃声再次响起，尹成问他：“还不起床？要做操了。”他用被子蒙着头回答：“不舒服。”等寝室的同学都出去以后，志勤趁机探头朝下铺一望，只见尹成的被单已经泡在桶里了。

就在坐起来准备起床时，同学们下了早操，他只得赶紧又躺下。这时，只见班主任和尹成从门口走了进来。“志勤，好点了吗？”班主任伸手摸着志勤的额头温和地问。志勤一阵惊异，只得“嗯嗯”地点点头。接着，班主任又对尹成说：“等会儿你陪志勤到校医务室看看，有什么情况告诉我。”

志勤事后才得知，做早操时班主任清点人数，是尹成为他请了假，说他生病了。同学柳肖也在一旁证实了。

就是从这天起，志勤和尹成调换了床位。说来也怪，此后，尿床的事再也没有发生过。而且，志勤和尹成成了非常好的朋友。高中三年他们没有闹过任何别扭，他尿床的事也没有第三人知道。他在同学们面前始终以一个健康、优秀的面貌出现，保持了做人的自尊和自信。

转眼十多年过去了，志勤早已和尹成失去了联系。然而每当志勤想起那件尴尬的往事，他的心头便生起一股温暖和感动之情。

智慧箴言

学生时代的友情，是一生中难以忘怀的记忆，在纷繁复杂的尘世里，它就像一杯清茶，散发着淡淡的清香，回味悠长。

把生的希望留给朋友

有两个朋友的感情十分深厚，一天，他们走进了沙漠，沙漠的干渴威胁着他们的生命。

上帝为了考验二人的友谊，就对他们说："前面的树上有两个苹果，一大一小，吃了大的就能平安地走出沙漠。"两人听了，就都让对方吃那个大的，坚持自己吃小的。争执到最后，谁也没说服谁，两人都在极度的劳累中迷迷糊糊睡着了。

不知过了多长时间，其中一个突然醒来，却发现他的朋友早向前走了。于是他急忙走到那棵树下，摘下苹果一看，苹果很小很小。他顿时感到朋友欺骗了他，便怀着悲愤与失望的心情向前走去。

忽然，他发现朋友在前面昏倒了，便毫不犹豫地跑了过去，小心地将朋友轻轻扶起。这时他惊讶地发现朋友手中紧紧地攥着一个苹果，而那个苹果比他手中的要小许多。

两个朋友经受住了上帝的考验。

智慧箴言

真正的友情是经得起考验的，因为拥有真正友谊的两个人已经把让对方幸福视为自己的责任，他们只问付出，不求回报，即使在生命受到威胁时，也选择把生的希望留给朋友。

是对手更是朋友

多年前的一场NBA比赛中，NBA中的另一位新秀皮彭独得33分超过乔丹3分，成为公牛队比赛得分首次超过乔丹的球员。比赛结束后，乔丹与皮彭紧紧拥抱在一起，两人泪光闪闪。

当年乔丹在公牛队时，皮彭是公牛队最有希望超越乔丹的新秀，他时常流露出一种对乔丹不屑一顾的神情，还经常说乔丹某方面不如自己，自己一定会把乔丹推倒一类的话。但乔丹没有把皮彭当作潜在的威胁而加以排挤，反而对皮彭处处加以鼓励。

有一次，乔丹对皮彭说：“我俩的3分球谁投得好？”皮彭有点心不在焉地回答：“你明知故问，当然是你。”因为那时乔丹的3分球成功率是28.6%，而皮彭是26.4%。但乔丹微笑着纠正：“不，是你！你投3分球的动作规范、自然，很有天赋，以后一定会投得更好，而我投3分球还有很多弱点。”并且还对他说，“我扣篮多用右手，习惯地用左手帮一下，而你，左右手都行。”这一细节连皮彭自己都不知道。他深深地为乔丹的无私所感动。

从那以后，皮彭和乔丹成了最好的朋友，皮彭也成了公牛队17场比赛得分首次超过乔丹的球员。而乔丹这种无私的品质则为公牛队注入了难以击破的凝聚力，从而使公牛队创造了一个又一个的神话。乔丹不仅以球艺，更以他那坦然无私的广阔胸襟赢得了所有人的尊重，包括他的对手。

智慧箴言

为对手叫好是一种境界，把赞美送给别人，收获的是友谊，同时也完善和提升了自己。

高山流水之约

春秋时候，俞伯牙是楚国一位著名的乐师，俞伯牙从小非常聪明，天赋极高，又很喜欢音乐，拜当时很有名气的琴师连成为老师。

三年苦学，俞伯牙琴艺大长，成了当地有名的琴师。但是俞伯牙常常感到苦恼，因为在艺术上还没达到更高的境界。老师连成知道了他的心思后，便对他说：“我已经把自己的全部技艺都教给了你，而且你学得很好。至于音乐的悟性方面，我自己也没学好。不能再教你什么，我的老师方子春是一代宗师，他琴艺高超，对音乐有独特的感受力。他现住在东海的一个岛上，我带你去拜见他，你跟他继续深造。”俞伯牙闻之大喜，连声说好。

他们准备了充足的干粮，乘船往东海进发。一天，船行到东海的蓬莱山，连成对伯牙说：“你先在蓬莱山稍候，我去接老师，马上就回来。”说完，连成划船离开了。

过了许多天，老师没回来，俞伯牙很担心。他抬头望大海，大海波涛汹涌，回首望岛内，山林一片寂静，只有鸟儿在啼鸣，像在唱忧伤的歌。俞伯牙不禁触景生情，仰天长叹，即兴弹了一首曲子，曲中充满了忧伤之情。从这时起，俞伯牙的琴艺大成。其实，连成是要让俞伯牙独自在大自然中寻找音乐的灵感。

俞伯牙身处孤岛，整日与海为伴，与树林飞鸟交流，陶冶了心灵，真正体会到了艺术的本质，创作出真正的传世之作。但真正能听懂他的曲子的人却不多，这也是他倍感苦恼的。

有一次，俞伯牙乘船沿江游历，船行到一座高山旁时，突然下起大雨，便将船停在山崖边避雨。俞伯牙耳听淅沥的雨声，眼望雨打江面的生动景象，琴兴大发。俞伯牙正弹到兴头上，突然感到琴弦上有异样的颤抖，这是琴师的心灵感应，说明附近有人在听琴。俞伯牙走到船外，果然看见岸上树林边坐着一个打柴人。

俞伯牙把那个打柴人请到船上，两人互通了姓名，方知打柴人叫钟子期。俞伯牙说:“我为你弹一首曲子，好吗？”钟子期立即表示愿意洗耳恭听。俞伯牙即兴弹了一曲《高山》，钟子期赞叹道:“多么巍峨的高山啊！”俞伯牙又弹了一曲《流水》，钟子期称赞道:“多么浩荡的江水啊！”俞伯牙激动不已，对钟子期说:“这个世界上只有你才听得懂我的琴音，你真是我的知音啊！”于是两个人结拜为生死之交。

俞伯牙与钟子期约定，待周游完毕要前往他家去拜访他。后来俞伯牙如约前来钟子期家拜访他，但是钟子期已经不幸因病去世了。俞伯牙悲痛欲绝，奔到钟子期墓前为他弹奏了一首充满怀念和悲伤的曲子，然后站立起来，将自己宝贵的琴砸碎了。从此，俞伯牙再也没有弹过琴。

智慧箴言

人生在世，知音难觅，友谊也是这样：可以知道彼此的心意，能够欣赏彼此的才华，达到心有灵犀的境界！

把信任交给朋友

公元前4世纪，在意大利，有一个名叫皮斯阿司的年轻人冒犯了国王。皮斯阿司被判绞刑，在某个法定的日子要被处死。

皮斯阿司是个孝子，在临死之前，他希望他能与远在百里之外的母亲见最后一面，以表达他对母亲的歉意，因为他不能为母亲养老送终了。

他的这一要求被告知了国王。

国王感其诚孝，决定让皮斯阿司回家与母亲相见，但条件是皮斯阿司必须找到一个人来替他坐牢，否则他的这一愿望只能是镜中花、水中月。

这是一个看似简单其实近乎不可能实现的条件。有谁肯冒着被杀头的危险替别人坐牢，这岂不是自寻死路。但，茫茫人海，就有人不怕死，而且真的愿意替别人坐牢，他就是皮斯阿司的朋友达蒙。

达蒙住进牢房以后，皮斯阿司回家与母亲诀别，人们都静观事态的发展。

日月如梭，皮斯阿司一去不返。眼看刑期在即，皮斯阿司还没有回来。人们一时间议论纷纷，都说达蒙上了皮斯阿司的当。

行刑日是个雨天，当达蒙被押赴刑场之时，围观的人都大笑他的愚蠢，幸灾乐祸的大有人在。但是刑车上的达蒙，不仅面无惧色，反而有一种慷慨赴死的豪情。追魂炮被点燃了，绞索也已经挂在达蒙的脖子上。胆小的人吓得闭紧了双眼，他们在内心深处为达蒙深深地惋惜，并痛恨那个背叛朋友的人皮斯阿司。

但是，就在这千钧一发之际，在淋漓的风雨中，皮斯阿司飞奔而来，他高喊着：“我回来了！我回来了！”

这真是人世间最感人的一幕，大多数人都以为自己在梦中，但事实不容怀疑。这个消息宛如长了翅膀，很快便传到了国王的耳中。

国王闻听此言，也以为这是痴人说梦。

国王亲自赶到刑场，他要亲眼看一看自己这个优秀的子民。最终，国王万分喜悦地为皮斯阿司松了绑，并亲口赦免了他的罪。

智慧箴言

这个故事，不但感人，而且震撼人的灵魂。

千百年来，有关朋友的解释有千种万种。但是有关朋友的解释其实只需2个字，那就是：信任。

起死回生的友情

这栋楼房是20世纪50年代建造的，楼高4层，式样陈旧，设施简陋。半个世纪的风吹雨打，加上年久失修，墙体已经裂了缝，给人摇摇欲坠的感觉。

市政府已经将这栋楼列为拆迁的对象，但楼里的居民迟迟不肯搬出去。因为这栋楼里的居民都是穷人，家里都没有什么积蓄，光靠政府发的拆迁费，买不起新的房子。

张星和侯晓就是在这栋楼里长大的。张星家住在一楼，侯晓家住在二楼。两个人在同一所小学读书，都读四年级。

张星和侯晓都是男生，两个人在学校里是要好的同学，回到家里是要好的伙伴。两个人经常在一起学习，在一起玩耍，上学放学，同进同出，友谊深厚。但是，今年夏天发生的一件事情改变了这一切。

张星和侯晓的父母都在菜市场以摆摊卖菜为生，那天，两家的大人为了争夺摊位发生了口角，到最后，竟大打出手，侯晓爸爸的头被张星的爸爸打破了，到医院缝了3针。张星妈妈的脸也被侯晓的妈妈抓破了一大片，进医院住了好几天。虽然经过居委会的调解，但两家大人的心里都积了怨气，从此成了仇人，即使是在楼道里碰着了，谁都不看对方一眼。

大人间的恩怨起初并没有改变张星和侯晓之间的关系，两个人放了学，仍是一块儿玩耍，但是，张星的妈妈出院那天，看到张星与侯晓在一块儿，就气不打一处来，扇了张星一个耳光，骂张星不知好歹，要他今后不准搭理侯晓。侯晓的父母也是粗鲁的人，听到张星的妈妈在骂孩子，也跑出来，将自己的孩子揍了一顿，不准侯晓再与张星来往。

两家的大人都以打自己的孩子来出气，指桑骂槐，险些又发生纠纷。这样一来，张星和侯晓虽然在学校仍是好朋友，但回到家里便不敢相互串门，更不敢在一起玩耍了。

不久，暑假到了，两个人虽然住在同一栋楼内，但迫于父母的压力，仍是不敢待在一起。可是，两个人毕竟有着深厚的友谊，不能待在一起，两个人都觉得别扭。特别是张星，他的学习成绩不够好，平时做作业时遇到难题，都是找侯晓帮忙，现在，他不敢去找侯晓，有些作业就不能完成。

两个人都很伤脑筋。后来，还是侯晓想出了一个办法：两个人虽然不能串门说话，但同一栋楼内的水管是相通的，两个人可以利用敲自来水管来传递信息。他俩约定了暗号，一次敲两下，表示需要帮助，一次敲三下，表示想约对方出去玩儿。

这办法还真行，两个人试了好几次，一个人在自己家里用铁条敲击自己家的自来水管，声音就可以通过水管传过去，另一个人就能在自己家里隐隐听到“当当”的敲击声。于是，两个人按照约定的暗号，或者躲到一起做作业，或者避开父母一起玩耍。就这样，两个人很开心，自来水管成了他俩的联络通道，他俩又能在一起了。

然而，就在暑假快要结束的时候，发生了一件事情。那天傍晚，侯晓和父母一起，推着板车，正准备去郊外运菜。几个人刚走出家门不远，就听身后“轰”的一声巨响，他们惊恐地回过头来，发现他们居住的那栋楼房在一瞬间倒塌了，灰尘弥漫，扬到了半空中。

所有的人都惊呆了。可他们突然醒过神来，明白发生了什么，知道还有许多居民待在家里没能出来，人们立即冲过去，一边呼唤着他们认识的人的名字，一边搬运着那些残砖碎瓦，希望能将埋在里面的人救出来。

警察来了，消防队来了，周围的居民也来了。但空间的限制，容不下太多的人，人们只能轮流上去搬动砖块，寻找废墟下面的人。周围不时传来一阵阵痛苦的呼喊和哭泣声。

整整忙碌了一夜，才清理了不到1/5的废墟，挖出了两个人，但早已是血肉模糊，死了多时了。侯晓一直在救援的队伍里面，他心急如焚，拼命地翻动砖块，因为，直到现在，他还没有见到好朋友张星，他知道，张星一家被埋在了最底层，生死未卜。

第二天，人们又整整忙碌了一天一夜，又找到了两个人的尸体。这时，楼房倒塌的原因也有了一些眉目，是住在三楼的一家住户，想在受力墙上开一扇门，结果，砸墙开门时，上面的重力失去支撑，再加上这栋楼年久失修，哪经得起这一折腾，上面的重量压了下来，又砸坏了下面的墙体，整栋楼房就坍塌了。

到了第三天，还没有救出一个活着的人，救援人员也失去了信心。按照常规分析，这样的楼房塌下来，楼内的居民是不会有生还的希望的，救援人员停止了人工清理，他们决定改用机械来清理废墟。

侯晓伤心极了，因为，张星和张星的家人还没有找到。但是，看到一个个被找到的都是血肉模糊的尸体，他也绝望了，他不得不相信事实：他，不可能再与张星在一起玩耍了。

当推土机开进现场时，已是第三天的下午，许多人围着废墟哭泣，侯晓也一样。一想到永远失去了张星这个最要好的朋友，他就抑制不住自己的悲伤，他伏在一堆残砖碎瓦上号啕大哭。然后，他捡起了一根铁条，一下又一下地敲击着露在废墟外面的自来水管。这是他与张星的友谊的通道，他俩以前就是利用这种敲击传递自己要说的话，度过了许多美好相聚的日子。

侯晓明明知道张星已不可能再听到他的敲打声，但是，他还是“当当当”地敲着，那是他与张星的暗号，意思是“我想同你玩儿”。敲完水管，他又像过去多少次一样，将耳朵贴在水管上，聆听对方的动静。他知道对方永远不会有动静了，但他仍是忍不住要这样做，他只是想以这种熟悉的动作来怀念他与张星之间的深厚情谊。

然而，让他意想不到的是，当他将耳朵贴上水管的时候，他分明听到水管的回音：“当当”“当当”……那是他与张星之间的暗号，那意思分明是“我需要帮助”。

巨大的欣喜，让侯晓一下子跳了起来，他拼命冲向开推土机的司机大嚷大叫：“停下来！停下来！下面还有人活着！你推过去会轧死他们的！”

推土机停了下来，救援的人们也围了过来。大家对这个孩子的话将信将疑，难道真的还会有人活着？如果有，那简直是奇迹。

奇迹真的出现了。当侯晓再次敲击水管时，一个警察将耳朵贴近了水管，他也隐隐约约听到了回应：“当当”“当当”……下面真的还有人活着！

人工救援重新开始，大家又继续搬运砖瓦，寻找活着的人。这天夜间，大家终于在废墟的最底层找到了张星和他的爸爸妈妈，3 个人都还活着。倒塌的房屋在他们的身边形成了一个大三角空间，张星的爸爸受了轻伤，张星的妈妈伤势较重，而张星居然没有受伤。

3 个人被救上来时，身体虚弱，嗓子都嘶哑了。人们赶紧把他们送往医院。后来张星才说，被埋在废墟里面时，他和爸爸一直在喊救命，但因为埋得太深，再加上外面的人们一直在吵吵嚷嚷地进行救援，没人能听到他们的声音。渐渐地，他们的嗓子喊哑了，再也喊不出声音了，他们绝望了，以为不可能活着出来了。就在他们悲痛绝望的时候，他听到了“当当”敲击水管的声音，他心中又惊又喜，他知道这是侯晓和他之间的联络信号，于是，他马上用砖块敲响了头上的水管。

“当当”“当当”，这敲击水管的声音，竟然挽救了一家三口人的生命；“当当”“当当”，这敲击水管的声音，就是他们纯真深厚的友谊和爱心的象征。当张星和侯晓的故事在这座城市的大街小巷传开时，所有的人们都为之动容，感慨不已。侯晓的父母还主动到医院去看望张星一家人，两家人激动得热泪盈眶，重新和好了。自此之后，这座城市的人们见了面最爱说的一句话就是：“我家的水管与你家是连着的，一敲就知道了……”

智慧箴言

起死回生的友情是用真诚、关爱、理解、交流建立起来的，真诚是土壤，关爱是春露，理解、交流是温暖友谊的缕缕阳光，这种友情比金子还坚硬，任凭风吹雨打丝毫不会动摇。

愿友谊地久天长

4 个女孩从小学到大学一直都是好朋友，形影不离，她们彼此信任，不管风霜雪雨都会在一起。

可转眼毕业在即，眼看就要各奔东西，女孩们恋恋不舍，可天下无不散之宴席，十几年同窗终须一别。到了临别的最后一天晚上，4 个女孩决定每人写上一句祝愿的话，放在一个罐子里，埋在她们经常去学习、玩耍的那棵大树底下，等到以后 4 个人聚在一起的时候，再把它挖出来看看那些祝愿是否变成现实了。罐子埋好以后，怕被别人发现，女孩们又在上面铺了一层树叶，而后 4 人抱头痛哭了一场。

日子总是过得太快，一晃 8 年过去了。女孩们都已为人妻、为人母，同时也在各自的公司中担任着重要的角色。在这8年中，她们从没见过面。也许是生活的压力太大、工作的竞争太激烈，时间对她们来说变得尤其宝贵。在这紧张的空气中，友谊渐渐地被忽略，大树底下的祝愿也越来越模糊。

有一次，4个女孩又碰在了一起。一位海外华侨要回国内投资以回报祖国，准备在自己的母校召开一个招标会，届时将会在其中挑选一个公司作为投资对象。

4个女孩同时接到了这个消息，她们都对自己充满了信心，况且这个华侨的母校正是她们的母校。4个人带着全盘的把握与难以抑制的兴奋踏上了去母校的路。

出乎她们的意料，她们的再次见面竟然如此尴尬，一下子竟无所适从。但眼看着竞标会的日子越来越近，她们也顾不得重拾母校的风采与昔日的友谊，各自忙着准备材料、文件以及各种各样对自己公司有利的业绩。她们的认真、仔细、真诚也着实给华侨留下了美好的印象。可是投资的对象只有1个呀，4个人都陷入了极度的烦恼之中。

在竞标的前一天晚上，她们又聚到了一起。4人沉默不语。本来都想让其他3人把机会留给自己，可到了一起却怎么也说不出口了。最后还是小雨提议说："还记得当年那棵大树下的祝愿吗？不如我们先打开看看吧。"大伙都同意。于是趁着皎洁的月色，她们又来到了那棵大树下，大树还是依旧。4个人一起动手把罐子挖了出来，打开，又把一张张字条打开。4个人都震惊了，因为每张字条上写着的竟是同一句话："愿我们的友谊天长地久。"那一夜，4个女孩又抱在一起痛哭了一场。

半年以后，4个好朋友各自辞了职，成立了一家东南西北联合公司，正是那位海外华侨投资的。

智慧箴言

因为共同的志向，我们走到一起；为了各自的目标，我们各奔东西。无论身处何地，不要忘了，我们共同走过的岁月，但愿友谊地久天长。

是朋友更是兄弟

向东不幸下岗了，一时找不到工作，闲着无事，打算回乡暂居一段时间，但又怕误了找工作的信息，他打算让几个朋友帮忙。

酒酣饭足、脸红耳热之时，向东趁机要朋友帮忙留意一下招工信息。

冯强涨红着脸嘟囔道："多大个事儿啊，我们兄弟多活动活动，帮大哥找份轻松活。""对！"朋友们神情激昂，拍胸脯拍大腿保证，一有什么信息立刻通知大哥。

向东看到哥们如此群情激昂，含着泪说："谢谢！谢谢！小弟找到工作后，再请大家喝酒。"这时，一直在喝闷酒的王刚站起来，歪着脸向向东劝酒。建议他回老家开一店面，弄些钱解决温饱，发挥特长，自由自在地，比找工作强多了。此话一出，热闹的场面突然安静下来了，大伙全瞪着王刚。

向东不高兴了，心想：这人真不够朋友。于是只将联系电话告诉其他几个朋友，便黯然离开。

向东回到老家，整天待在家里无事干，人也没了精神。妻子劝他在家看看书，写点东西什么的，别让事憋死人。可他老惦记城里的工作，惦记朋友的电话。他往往写一会儿东西瞧一下电话机。如果有事外出，一回来就慌忙去翻看电话的来电显示，然而半点音讯也没等到，向东觉得日子挺难熬。

3 个月后的一天晚上，向东正准备睡觉。

这时，王刚裹着寒气闪身进来。向东给他温了酒，责怪他不预先打个电话，好去接他。王刚说："你又没给我留个电话，害得我急火火跑来。市晚报招记者，报名截止是明天中午，我是专程来通知你的。"

向东应聘当上了记者，在友谊酒楼请朋友们喝酒庆祝。喝着喝着，冯强大声说："晚报招聘广告一登出来，我就打电话过去了，嫂子接的。我就知道大哥一定行，嘿……来，喝酒。"向东心中掠过一丝不快。

接下来，一个朋友说出版社招人，打了好几次电话却找不到大哥。

一个比一个说得动听，向东的脸却越来越沉。这时，一言不发的王刚站了起来，举起酒杯说："大家都为大哥的再就业操碎了心，都出了不少力。现在我们不说这些，大家都来喝酒，干！”“对，干！”声音嘈杂而高亢。向东暗地里用力捏捏王刚的手说：“好朋友，干！”泪水在眼里直打转，他嘴巴动了动，好似想说些什么，但他望望喝得满脸通红的众人，什么也没说。

智慧箴言

真正的朋友是在你患难的时候能两肋插刀真心帮助你的人，而不是袖手旁观的人，真朋友给你的永远是感动。

生死跳伞

库尔有一架自己的小型飞机。一天，库尔和好友汤姆及另外5个人乘飞机过一个人迹罕至的海峡。飞机已飞行了两个半小时，再有半个小时，就可到达目的地。

忽然，库尔发现仪表显示飞机上的油料不多了。库尔判断是油箱漏油了。因为起飞前，他给油箱加满了油。

库尔一将这消息传达，飞机上的人一阵惊慌，库尔安慰他们：“没关系的，我们有降落伞！”说着，他将操纵杆交给也会开飞机的汤姆，走向机尾拿来了降落伞。库尔给每个人发了一顶降落伞后，也在汤姆身边放下一个盛有降落伞的袋。他说：“汤姆，我的好兄弟，我带领着5个人先跳，你开好飞机，最后在适当时候再跳吧。”说着，带领5个人跳了下去。

飞机上就剩汤姆一个人了。这时，仪表显示油料已尽，飞机在靠滑翔无声地向前飞。汤姆决定也跳下去。于是，他一手扳紧操纵杆，一手抓过降落伞包。他一掏，大惊，包里没降落伞，是一包库尔的旧衣服！

汤姆咬牙大骂库尔！没伞可跳！没油料，靠滑翔飞机是飞不长久的！汤姆急得浑身冒汗，只好使尽浑身解数，往前能开多远算多远。

飞机无声息地朝前飘着，往下降着，与海面距离越来越近……就在汤姆彻底绝望时，奇迹出现了——一片海岸出现在眼前。他大喜，用力猛拉操纵杆，飞机贴海面冲过去，“嗵”的一声撞落在松软的海滩上，汤姆晕了过去。

半月后，汤姆回到他和库尔所居住的小镇。

他拎着那个装着旧衣服的伞包来到库尔的家门外，发出狮子般的怒吼：“库尔，你这个出卖朋友的家伙，给我滚出来！”

库尔的妻子和3个孩子跑出来，一齐问他发生了什么。汤姆很生气地讲了事情的经过，并抖动着那个包，大声地说：“看，他就是用这东西骗我的！他没想到我没死吧，真是老天保佑！”

库尔的妻子说了声：“他一直没有回来。”就认真翻查了那个包。旧衣服被倒了出来后，她从包底拿出一张纸片。但她只看了一眼，就大哭起来。

汤姆一愣，拿过纸片来看。纸上有两行极潦草的字，是库尔的笔迹，写的是：

“汤姆，我的好兄弟，机下是鲨鱼区，跳下去必死无疑。不跳，没油的飞机不堪重负，会很快坠海。我带他们跳下后，飞机减轻了重量，肯定能滑翔过去……你就大胆地向前开吧，祝你成功！”

智慧箴言

为了救朋友，连自己的生命都可以置之度外，如此大义凛然，这是一种人性的光辉和力量，友情在它的照耀下显得更加灿烂。

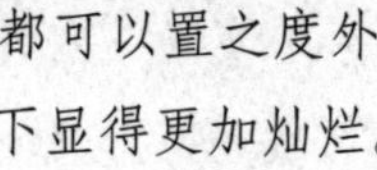

第六章

感谢折磨你的人

王尔德曾经说过："世上只有一件事比遭人折磨还要糟糕，那就是从来不曾被人折磨过。"生命中的每件事或每个人，都给予你聚集能量、促进自己向更高更远提升的机会。所以，那些让自己感到难受的人或事，实际上，从某种程度上说，也能促动前进，甚至功效更强。所以，在你慢慢成熟的阶段，应该感谢那些曾经折磨过和即将折磨你的人……

这就是你的工作

美国独立企业联盟主席杰克·弗雷斯从13岁起就开始在他父亲的加油站工作。弗雷斯想学修车，但他父亲让他在前台接待顾客。当有汽车开进来时，弗雷斯必须在车子停稳前就站到司机门前，然后去检查油量、蓄电池、传动带、胶皮管和水箱。

弗雷斯注意到，如果他干得好的话，顾客大多还会再来。于是弗雷斯总是多干一些，帮助顾客擦去车身、挡风玻璃和车灯上的污渍。有一段时间，每周都有一位老太太开着她的车来清洗和打蜡。这个车的车内踏板凹陷得很深很难打扫，而且这位老太太极难打交道。每次当弗雷斯给她把车清洗好后，她都要再仔细检查一遍，让弗雷斯重新打扫，直到清除掉每一缕棉绒和灰尘，她才满意。

终于有一次，弗雷斯忍无可忍，不愿意再侍候她了。他的父亲告诫他说："孩子，记住，这就是你的工作！不管顾客说什么或做什么，你都要记住做好你的工作，并以应有的礼貌去对待顾客。"

父亲的话让弗雷斯深受震动，许多年以后他仍不能忘记。弗雷斯说："正是在加油站的工作使我学到了严格的职业道德和应该如何对待顾客，这些东西在我以后的职业生涯中起到了非常重要的作用。”

智慧箴言

顾客就是上帝，顾客对你的百般刁难在某种程度上来说是合理的，再难也要学会忍受这种折磨。这种折磨是对自己的一种磨炼，忍受折磨也就是在经历磨炼，只有这样做，你才能很好地完成工作。

折磨让你走向成功

20世纪70年代中期，日本的索尼彩电在日本已经很有名气了，但是在美国却不被顾客所接受，因而索尼在美国市场的销售相当惨淡。但索尼公司没有放弃美国市场，后来，卯木肇担任了索尼国际部部长。上任不久，他被派往芝加哥。当卯木肇风尘仆仆地来到芝加哥时，令他吃惊不已的是，索尼彩电竟然在当地的寄卖商店里布满了灰尘，无人问津。

如何才能改变索尼彩电这种既成的商品印象，改变销售的现状呢？卯木肇陷入了沉思……

一天，他驾车去郊外散心。在归来的路上，他注意到一个牧童正赶着一头大公牛进牛栏，而公牛的脖子上系着一个铃铛，在夕阳的余晖下叮当叮当地响着，一大群牛跟在这头公牛的屁股后面，温顺地鱼贯而入……此情此景令卯木肇一下子茅塞顿开，他一路上吹着口哨，心情格外愉快。想想一群庞然大物居然被一个小孩儿管得服服帖帖的，为什么？这是因为牧童牵着一头带头牛。索尼要是能在芝加哥找到这样一家“带头牛”商店来率先销售，岂不是很快就能打开局面？卯木肇为自己找到了打开美国市场的钥匙而兴奋不已。

马歇尔公司是芝加哥市最大的一家电器零售商，卯木肇最先想到了它。为了尽快见到马歇尔公司的总经理，卯木肇第二天很早就去求见，但他递进去的名片却被退了回来，原因是总经理不在。第三天，他特意选了一个估计总经理比较闲的时间去求见，但回答却是“外出了”。他第三次登门，总经理终于被他的诚心所感动，接见了他，但却拒绝卖索尼的产品。总经理认为索尼的产品降价销售，形象太差。卯木肇非常恭敬地听着总经理的意见，并一再地表示要立即着手改变商品形象。

回去后，卯木肇立即从寄卖店取回货品，取消降价销售，在当地报纸上重新刊登大幅广告，重塑索尼形象。

做完了这一切后，卯木肇再次扣响了马歇尔公司总经理的门。可听到的却是索尼的售后服务太差，无法销售。卯木肇立即成立索尼特约维修部，全面负责产品的售后服务工作；重新刊登广告，并附上特约维修部的电话和地址，并注明24小时为顾客服务。

屡次遭到拒绝，卯木肇还是痴心不改。他规定他的每个员工每天拨5次电话，向马歇尔公司订购索尼彩电。马歇尔公司的员工被接二连三的电话搞得晕头转向，以致误将索尼彩电列入“待交货名单”。这令总经理大为恼火，这一次他主动召见了卯木肇，一见面就大骂卯木肇扰乱了公司的正常工作秩序。卯木肇面带微笑，等总经理发完火之后，他才晓之以理、动之以情地对总经理说：“我几次来见您，一方面是为本公司的利益，但同时也是为了贵公司的利益。在日本国内最畅销的索尼彩电，一定会成为马歇尔公司的摇钱树。”在卯木肇的巧言善辩下，总经理终于同意试销2台，不过，条件是：如果1周之内卖不出去，立马搬走。

为了开个好头，卯木肇亲自挑选了2名得力干将，把百万美元的订货重任交给了他们，并要求他们破釜沉舟，如果1周之内这2台彩电卖不出去，就不要再返回公司了……

两人果然不负众望，当天下午4点钟，就送来了好消息。马歇尔公司又追加了2台。至此，索尼彩电终于挤进了芝加哥的“带头牛”商店。随后，进入家电的销售旺季，短短1个月内，索尼彩电竟卖出700多台。索尼和马歇尔公司双赢。

有了马歇尔这只“带头牛”开路，芝加哥的100多家商店都对索尼彩电“群起而销之”，不到3年，索尼彩电在芝加哥的市场占有率达到了30%。

智慧箴言

如果没有马歇尔公司总经理的折磨，索尼在美国的市场也许不会有后来这般规模，正是这种折磨鼓励卯木肇去努力开拓市场，学会了用他自己的意志力和责任感着手解决难题，真正承担起自己的责任。

别把对手不当回事

吸引了几乎全世界人眼球的拳坛世纪之战，当时正如日中天的泰森根本没有把已年近40岁的霍利菲尔德放在眼里，自负地认为可以毫不费力地击败对手。同时，几乎所有的媒体也都认为泰森将是最后的胜利者。美国博彩公司开出的是22赔1泰森胜的悬殊赔率，人们也都将大把的赌注押在了泰森身上。

在这种情况下，认为已经稳操胜券的泰森对赛前的准备工作——观看对手的录像，预测可能出现的情况及应对措施，保证自己充足的睡眠和科学的饮食方面都敷衍了事。

但是，比赛开始后，泰森惊讶地发现，自己竟然找不到对手的破绽，而对方的攻击却往往能突破自己的防线。于是，气急败坏的泰森做出了一个令全世界人都感到震惊的举动：一口咬掉了霍利菲尔德的半只耳朵！

世纪大战的最后结局当然是：泰森成了一位可耻的输家，还被内华达州体育委员会罚款600万美元。

泰森输在准备不足。当霍利菲尔德认真研究比赛录像，分析泰森的技术特点和漏洞时，泰森却将教练准备的资料扔在了一边；当对手在比赛前拼命热身，提前进入搏击状态时，他却在和朋友一起狂欢。虽然泰森的实力确实比对手高出一筹，从年龄上也占尽了优势，但他最后却一败涂地。

智慧箴言

对手对自己的折磨往往是无形的，但正是这种折磨往往能成就自己，关键是自己如何对待这种折磨。谨慎对待或许你能抓住胜利的一丝希望，如果蔑视对手，最后只能一败涂地。

判若两人

有一个自视甚高的年轻人非常不满意自己的工作，常常气愤地说：“我的上司一点也不把我放在眼里，终有一天，我一定会对他拍桌子，痛骂他一顿，然后辞职不干。”

终于有一天老板无意间听到了年轻人的这些话，但老板没有生气，他把年轻人叫到办公室，问他："你在公司这么久了，对公司的经营策略完全清楚了吗？还有，对于业务上的处理技巧，你学会了多少？"

年轻人摇了摇头，不解地望着老板。

老板对他说："君子报仇十年不晚，你不妨先把公司的业务状况和经营手法完全弄清楚，到时候再决定是否要辞职不干。"

老板看他一脸迷惑，解释道："你冷静想想，在这个公司里你有多少可以免费学习的地方，当你把所有东西都学会了，再一走了之，那样不仅可以报复、出气，更重要的是，自己又拥有许多收获。"

他总算把建议听懂了，也听了进去，从此努力在公司学习，甚至下班之后还留在办公室继续研究。

半年后，老板把他叫到办公室问他近况："你现在大概都把东西学上手了，是不是准备拍桌子不干了？"

这个年轻人尴尬地笑着说："嗯，暂时不会！这半年来我也感觉到自身的提高，您不断给我加薪升职，还让我负责重要项目，重要的是，我开始看重自己了。"

老板笑着说："现在你知道当初我不重视你的原因了吧？都还没有开始努力，能力又不够，就要拍桌子不干了。你看现在所有人不是对你刮目相看了吗？"

智慧箴言

西方有句谚语说："绊倒总是向前，不会向后。"在所有成功路上将你绊倒的折磨，背后都隐藏着激励你奋发向上的动机，只要你正确对待这种折磨，就能把它化成一种克服挫折的磨炼。

最成功的一次教育

在波特18岁那年的一个早上，父亲要波特开车送他到20千米之外的一个地方。那时波特刚学会开车，就非常高兴地答应了。

波特开车把父亲送到目的地，约定下午3点再来接他，然后就去看电影了。等最后一部电影结束的时候，已经是下午5点了。波特迟到了整整2个小时！

当波特把车开到约定的地点时，父亲正坐在一个角落里耐心等待。波特心里暗想，父亲如果知道自己一直在看电影，一定会非常生气。

波特先是向父亲道歉，然后撒谎说，他本想早些过来的，但是车子出了一些问题，需要修理，维修站的工人们花了 2 个小时的时间修车。

父亲听后看了他一眼，那是波特永远不会忘记的眼神。

“波特，你认为必须对我撒谎吗？我感到很失望。”父亲说。

“哦，你说什么呀？我说的全是实话。”波特争辩道。

父亲又一次看了他一眼：“当你没有按预定时间到达时，我就打电话给维修站，问车子是否出了问题，他们告诉我你没有去。所以，我知道车子根本没有问题。”一阵羞愧感顿时袭遍波特的全身，他无可奈何地承认了看电影的事实。父亲听后，悲伤掠过他的脸庞。“我很生气，不是生你的气，而是生我自己的气。我觉得作为一个父亲我很失败，因为你认为必须对我说谎，我养了一个甚至不能跟父亲说真话的儿子。我现在要步行回家，对我这些年来做错的一些事情好好反省。”

波特的道歉，以及他后来所有的话都是徒劳的。

父亲开始沿着尘土飞扬的道路行走，波特迅速地跳到车上紧跟着父亲，希望父亲回心转意停下来。波特一路上都在忏悔，告诉父亲他是多么难过和抱歉，但是父亲根本不理睬，独自一人默默地走着、沉默着、思索着，脸上写满了痛苦。

整整 20 千米的路程，波特一直跟着父亲，时速大约为每小时 4 千米。

20 千米的路程里，看着父亲遭受肉体和情感上的双重折磨，这是波特生命中最难过和痛苦的经历。然而，它同样是生命中最成功的一次教育。自此以后，波特再也没有对父亲说过谎。

智慧箴言

父母对我们的教育在我们还未懂事的时候总觉得那是一种对自己的折磨，然而这种折磨往往是我们成长路上的良言，有时候精神上的折磨比肉体上的折磨更能塑造一个人。

往事

冯老师教冯亮时才 30 来岁。他喜欢戴一顶蓝灰色的鸭舌帽，帽檐下掩藏着一双鼓得很大，似乎总在沉思的眼睛。大大的鼻翼，微塌的鼻梁，不算厚的嘴唇上总留着些许胡茬儿。在想问题时，他总是手握拳，托下巴，盯着一个地方看，久不移开。

冯老师是冯亮的小学语文老师。他每上完一堂课，每教完一篇课文，都要求他们将课文的内容画成一幅画，画得好的就奖本子。那时冯亮几乎包揽所有老师奖下来的本子，对画画也就产生了很大的兴趣。可以说，冯老师是他学画画的启蒙老师。他画的那些《桃树爷爷》《瑶池风光》等画也早已丢掉，但那时常得奖的滋味一回想起来却仍觉新鲜。

冯老师对大家要求很严。这让冯亮觉得他是个很凶的人。他的讲台上常放着一把宽约 3 厘米、长约尺余的教鞭。教鞭的一头由于手的摩擦和汗水的浸泡，已由青泛黄，闪着光亮。另一头则被劈开七八厘米长。这样打起手板来一夹一夹的，痛着呢！胆大的常偷偷把他的教鞭丢进茅厕和山林中。不想第二天他又找来一块一模一样的教鞭，让你怀疑这教鞭是不是被他发现后从山林里找来的那一根。

说到教鞭，冯亮就有恨。

那次，大队放电影，冯老师却说电影内容不适合他们看，何况大家期考将至，要他们好好复习功课，不允许看电影，一经发现就打 30 下手板。冯亮以为冯老师与爸爸要好，又是自己的本家，自己看电影是不会打手板的，就偷偷去看了。谁知竟被他发觉了，冯亮吓得拔腿便逃。

第二天，冯亮极不情愿地抬起手掌，冯老师打手板时，劲用得十分大。他觉得一下一下打的不是手。一、二、三……刚打了十来下冯亮的手就通红了。手缩了又缩。冯老师却不讲情面地说，不许缩，缩了再加罚。他硬是把当时已泪流满面的冯亮打了整整 30 下手板。为此，冯亮记恨他。

后来，只要看到冯老师愁眉苦脸的样子，冯亮就高兴。只要冯老师家发生了不愉快的事冯亮就会在一旁偷着乐。冯老师家不是鸡少了一只，就是鸭被弄跛了一只脚，不用说，那都是冯亮干的好事。

读初中时，冯亮开始了他的学画生涯。老师为了让他考个好学校，让他到市里去参加美术培训。冯老师在得知他为学画培训费而苦恼时，将家里养的能卖的鸡鸭都卖了，为他筹了上百元的学费，还请冯亮和他父亲到家吃了一顿饭。

当看到他宰的是被自己弄跛了脚的鸭子时，冯亮的脸红了。冯老师说：“来，吃吃我弄的鸭子，原本想将它卖了换点油钱的，但婆婆说它会生蛋，一直舍不得卖。今天是个高兴的日子，说不定将来我们冯家会出现一个大画家的。宰了这只鸭子，值得！”冯亮一直将头埋得很低，不知是出于惭愧，还是感激，冯亮的泪暗暗流了出来。

现在，冯亮没成为画家，倒成了城里人，成了与冯老师一样靠笔杆子吃饭的教书人。想起冯老师的沉思状和他的教鞭，冯亮就想起那只被打跛了脚的鸭子。

他知道，他今生是难以走出冯老师的似海恩情了。

智慧箴言

老师在学生的眼里，总是一副很严肃的样子，对学生过于严格，但这是出于老师恨铁不成钢的好意，他们不是在折磨学生，他们是在用心栽培学生。在我们一生的成长道路上，别忘了最应该感谢的人还有我们的老师。

名人失恋之后

大音乐家贝多芬，31岁时，境况艰难，无法娶心爱的琪丽。两年后对方嫁给别人了，贝多芬痛苦得写了遗嘱想自杀，但他最终从音乐中寻到了安慰。36岁之后，他与丹兰士的爱情又被毁了，又是一次无情的打击，但他决心为事业奋斗，接连创作出《第七交响曲》《第八交响曲》《第九交响曲》，成了伟大的“音乐主帅”。

20岁的恩格斯和一个姑娘的恋爱告吹了。回家乡后，为尽快摆脱失恋的痛苦，他开始了翻越阿尔卑斯山到意大利的旅行。沿途的湖光山色，使他心胸格外开阔，失恋的痛苦逐渐消除。事后，他写道：“向美丽的大自然倾诉爱情的痛苦，能使自己溶化在温暖的生活步调之中。”他第二次失恋，则是以写书来解脱的。

居里夫人年轻时第一次爱上的是她当家庭教师的那家主人的大儿子卡西密尔。由于对方父母反对，英俊的卡西密尔向她宣布断交。失恋的痛苦像反作用力一样，推着她以发狂般的勇气去奋斗。生活和科学在召唤，她终于跳出了失恋的深渊，踏上了科学大道并觅到了知音。

法国大文学家罗曼·罗兰向心爱的索菲亚求爱被拒绝后，陷入痛苦之中，但他认为，不能因为失恋而失去对生活的勇气和热情，失去爱情不等于失去友谊。他在后来漫长的岁月中，依然与索菲亚保持友谊，互相通信探讨人生和艺术，时间长达33年。

歌德多次失恋过，与绿蒂分手是第5次失恋，这次是最痛苦的，多次欲自尽。但他终于坚强地战胜了怯懦。后来当绿蒂结婚时，他还送了礼物，祝他们幸福。绿蒂后来就成为小说《少年维特之烦恼》中的主人公之一。歌德每次失恋，都是凭借文学来摆脱精神痛苦的。

智慧箴言

恋爱是幸福的，失恋是痛苦的，但终归爱情是美好的，无论这份姻缘是否可以有个美好的结局，但是经历了就是一种幸福，因为失恋教会了你如何变得坚强、如何更独立地面对人生。

美丽的歧视

高考落榜，对于一个正值青春的年轻人，无疑是一个打击。几年前，大伟就处于这种境地。但现在，他已是北京某名牌大学的一员了。

他一度认为自己完了，没什么出息了，可父母对他抱有很大希望，他被迫去复读。你知道“被迫”是一种什么滋味吗？在复读班，他的成绩是倒数第5……

有一次那个教英语的张老师让他在课堂上背单词。那会儿他正读一本武侠小说。张老师很生气，说：“大伟，你真是没出息，你不仅糟蹋爹娘的钱还耗费自己的青春。如果你能考上大学，全世界就没有文盲了。”他当时气得要炸开了，他“噌”地跳离座位，跨到讲台上指着老师说：“你不要瞧不起人，我此生必定要上大学。”说着他把那本武侠小说撕得粉碎。第一年高考他分数差了100多分，第二年他差17分，第三年高考，他竟超了80多分……他真想找到张老师，告诉他：“我不是孬种……”

3年后，他回到高中时的母校，班主任告诉他：教英语的张老师得了骨癌。他去看他，其间，他忍不住提起了往事……张老师突然老泪横流。过了一会儿，他让老伴取来了一张旧照片，照片上，一位书生正在巴黎的埃菲尔铁塔下微笑。

张老师说：“18年前，他是我教的那个班里最聪明也最不用功的学生。有一次，我在课堂上讲：‘像你这样的学生，如果考上大学，我头朝地向下转3圈……’”

“后来呢？”他问。“后来同你一样，”张老师言语哽咽着说，“对有的学生，一般的鼓励是没有用的，关键是要用锋利的刀子去做他们心灵的手术。你相信吗？很多时候，别人的歧视能使我们激发出心底最坚强的力量。”在老师的病床前，大伟泪流满面……

两个月后，张老师离开了人世。

在以后的时光里，大伟一直回味着他所遭遇的满含爱意却又非常残酷的歧视。那“歧视”蕴含着一种催人奋进的力量。对大伟和那位埃菲尔铁塔下留影的学生而言，在他们的人生征途中，张老师的“歧视”肯定是最宝贵、最美丽的。

智慧箴言

在我们每个人的成长过程中，离不开老师的谆谆教诲，而老师的教诲是多种多样的，我们要用心去体味每一种教诲，就像“歧视”也一样美丽。

第七章

聪明容易仁爱难

天底下有刻骨铭心的爱，有九死一生的爱，有萍水相逢的爱，也有平淡陌生的爱。不论是伟大的爱还是朴素的爱，它们像一盆盆炭火，像一缕缕阳光，实实在在地温暖着我们，陪伴我们走完人生之路。

一场惊心动魄的游戏

一位来中国观光的英国老太太，用那根曾经指点过世界许多名胜的手指，在一群中国孩子中指点了3下，于是3个孩子：一个10岁的女孩，一个7岁的男孩和一个大约5岁的女孩，站到了这位英国老太太的面前。

英国老太太拿出一只玻璃瓶子，瓶肚很大，瓶口很小。3只刚能通过瓶口的小球正躺在瓶底。小球上各系一根丝绳，像青藤一样从瓶口爬出来，攥在这个英国老太太的手里。

英国老太太笑了一下，对一旁的中国主人说："都说中国人是世界上最聪明的，现在我要试一试。"

3个中国孩子露出紧张惶恐的神色。

她宣布游戏规则："这3个小球分别代表你们3个人。这个瓶子代表一口干井。你们正在井里玩，突然，干井冒出水来，水涨得很快，你们必须赶快逃命。记住，我数7下，也就是只有7秒钟，如果你们谁还没有逃出来，谁就被淹死在井里了。"

她把3根丝绳递给了3个中国孩子。空气突然凝滞了，好像死神在四周徘徊。英国老太太做出一个表示开始的手势。只见那大约5岁的女孩很快从瓶里拉出了自己的球；接下来是那个7岁的男孩，他先是看了一眼比自己大的女孩，接着迅速地将自己的球拉出瓶口；最后是那个10岁的女孩，从容又轻快。全部时间用了不到5秒。

英国老太太惊呆了，本来一场惊心动魄的游戏，竟这么平淡乏味地结束了。

她先问那个小男孩："你为什么不争先逃命？"小男孩摆出一副很勇敢的样子，手指着那个最小的女孩："她最小，我应当让她呀！"她又问那个10岁的女孩，女孩说："3个人里我最大，我是姐姐，应该最后离开。"老太太又问："那你就不怕自己被淹死？"女孩答道："淹死我，也不能淹死弟弟妹妹。"

泪水一下就从英国老太太的眼里涌了出来。她说她在许多国家试过这种游戏，几乎没有一个国家的孩子能够这样完成它，他们总是争先恐后、互不相让……

智慧箴言

记得冰心说过一句话："爱在左，同情在右，走在生命路的两旁，随时播种，随时开花，将这一径长途，点缀得花香弥漫……"是啊，生命会因为付出仁爱收获感动而变得更加绚丽！

善行不过举手之劳，却能给人很大帮助

艾玛收拾家务时听到电话铃响，赶紧跑过去，一个怒气冲冲的声音跑进了耳朵："请问这是托尼家吗？"是个嗓门很大而且语速很快的老年妇女的声音，显然她打错了电话。艾玛跟她说："对不起，您……"可没等艾玛说完，她就接过话茬："请您务必马上来唐人街18号的文具专卖店一趟。因为您的儿子托尼现在在我们这里。"艾玛正要说她打错了电话时，那边传来一个小男孩的啜泣声，跟艾玛打电话的老妇人提高嗓门："偷了东西还哭，你的母亲会马上过来教训你。"艾玛听出来了，那个叫托尼的孩子拿了文具店的东西，当店员要他告诉家里电话时，他只好胡乱说了一个号码。

艾玛看了看自己的儿子阿伦，他正为刚刚赢了爸爸一局而高兴得欢呼雀跃。艾玛突然想去文具店看看，她告诉店员："请您别吓坏了托尼，我15分钟后赶到。"艾玛驱车前往1千米外的唐人街18号，很容易就找到了那家文具专卖店。文具店大厅里有很多人，有小孩，但更多的是大人。站在中间低声哭泣的小孩一定就是托尼了，因为他的脚下有一个浅绿色的水彩笔盒子。艾玛扒开人群，显然这个小家伙不认识艾玛，但是当艾玛把右手递给他的时候，他居然怯生生地伸出

了他的手。艾玛牵着他温柔地说："孩子，你怎么那么不小心，把买水彩笔的钱搁在钢琴上了呢。现在妈妈把钱送来了，你去把钱还给他们。"

围观的人听到艾玛这样说后开始散开，有个小姑娘甚至走上前来对托尼说："开心点，没有人认为你是小偷。"

等托尼交完钱，艾玛牵着托尼的手走出文具店的时候，先前恶狠狠地打电话给艾玛的老妇人对艾玛说："我们错怪了您的儿子，而您真是一位豁达的母亲。"艾玛朝她笑了，托尼见艾玛这样，也很自豪地抬起头，他跟先前骂他的老奶奶扮了个鬼脸。

走出文具店后，艾玛提议开车送托尼回家。他说他的家离这里只有300米。艾玛说："那么再见吧，小伙子，希望你能描绘出最美丽的图画！"

他羞涩地笑了，紧紧地把水彩笔抱在怀里，他跳着离开了，到马路对面后还回过头来跟艾玛挥手。

12年后，艾玛突然接到一个陌生电话，当她说了"你好"后，话筒里传来一个小伙子的声音："请问您是托尼的母亲吗？""托尼？"艾玛突然失声叫出来。对方在电话里爽朗地笑了："我15分钟后会冒昧地打扰您。"

15分钟后，一个高大英俊的小伙子站在艾玛面前，没等艾玛说话，他就张开双臂，拥抱艾玛。"12年前，我就想叫您一声妈妈了！我是托尼。"

艾玛一直没有忘记，但是没有想到会再见他。而且，如今的托尼，已经是纽约一所大学美术系的学生。他告诉艾玛："虽然我3岁就失去了母亲，但是从6岁开始就拥有了另一个亲爱的妈妈，这个妈妈用一盒水彩笔指引了我的整个人生……"

智慧箴言

在别人需要的时候，无私地真诚帮助别人，你的人格就会得到升华。因为有了仁爱无私的心，你就会受到生活的眷顾、上天的宠爱。

你是上帝的妻子吗

一个寒冷的冬天，一个8岁左右的男孩正驻足在纽约曼哈顿一家鞋店前，目不转睛地盯着橱窗。孩子穿着单薄的衣服，因寒冷而不自觉地一阵阵颤抖。他的双脚裸露在冰冷的街道上，冻得发紫。

一位年轻美丽的女人走近男孩说："小家伙，你在看什么？"

"我请求上帝给我一双鞋子。"他看着眼前这个带着富贵之气的女人，回答说。她蹲下身来，靠在他的身边，双眼闪烁着同情的泪花。

女人牵着孩子的小手走进商店，售货员惊奇地看着富有的女人带着一个像乞丐一样的小孩。

"麻烦您，您能帮我倒一盆热水吗？再加一条毛巾！"女人温和地说。

售货员很快拿来了热水和毛巾。

"我还要一打新袜子。"她又说，然后她脱下手套，蹲下来，试了试水的温度，把小家伙放到椅子上，开始洗他的小脚。她洗得非常仔细，洗完后用柔软的毛巾擦干。这时售货员拿来了袜子。女人将一双袜子给男孩穿上，又给孩子买了一双鞋。最后把其他的袜子装在一个袋子里，递给小男孩。男孩不知所措地看着女人为自己忙碌着，脸上露出激动的神色，看得出他现在百感交集。

女人轻轻拍着小男孩的头说："毫无疑问，小家伙，你现在一定感觉舒服多了，是不是？"

当她转身要离开时，惊讶的孩子猛地抓住她的手，含泪望着她，无比崇敬而疑惑地问道："你是上帝的妻子吗？"

智慧箴言

仁爱就像上帝的妻子，给迷途者指路，向落难者伸出援手，真诚鼓励失意的人。看似微不足道的举动，却能给别人带来温暖和力量。

不能忽视的是友善和同情

多年以前，在美国北部，一个寒冷的晚上，一位老人等待骑手带他过河，他的胡须已经结上了一层冰凌。等待似乎永无止境，在凛冽的北风中，他的躯体渐渐麻木和僵硬了。当几个骑手路过时，他忧心忡忡地看着他们，他并没有引起他们的注意。马沿着冰冻的路面奔跑着逐渐远去，蹄声均匀而急促。

第二个、第三个都这样过去了，当最后一个骑手经过老人坐的地方时，老人已像一个雪人。他看着骑手的眼睛，吃力地说："先生，您不介意带一个老人过河吧，我已经找不到路了。"

骑手勒住马，回答："当然，您上来吧。"老人冻僵的身体已经不可能起身，他下马扶老人上马。骑手不仅带着老人过了河，还把他送到了目的地。

当他们来到温暖的小屋时，骑手好奇地问："老先生，前面几个骑手走过时你没有请他们带你，然而我经过时，您却请求我，这是为什么？难道您不怕我拒绝吗？"

"我感觉不会的，先生。因为从你眼里我看到了同情和友善。然而从前面的那些人眼中我看到的却是漠不关心。我相信，在我需要帮助时，您的善良品德会赐予我脱离困境的机会。"老人说道。

一席温暖人心的话感动了骑手。"非常感谢您刚才所说的，"他告诉老人，"我以后绝不会因自己太忙，而忽略其他人的需要。"说完，便掉转马头向白宫奔去。他就是后来当选美国总统的托马斯·杰斐逊。

智慧箴言

仁爱是一种美德。在社会生活中要学会行善，一个社会善行越多，那么这个社会的道德风尚就越好，人际关系就越融洽，社会的凝聚力、亲和力就越高，这个社会就会越稳定，而社会上的罪恶必将减少。

赞美的魔力

有一次，一位心理学教授到一家邮局去寄信，由于寄信的人比较多，邮局职员似乎有些忙不过来，透过厚厚的玻璃，心理学教授无意中注意到柜台里一位小职员，似乎一脸无奈的样子。

心理学教授突然心生一念，想使这位小职员高兴起来，不过他告诉自己："要使他高兴，使他对我产生好感，我一定得说些好听的话来赞美他。"可是他又想："这人身上究竟有什么值得我赞美，而且是我由衷地想赞美的呢？"

心理学教授静静地观察片刻，终于找到了。

当那位小职员开始为教授办理邮寄业务时，教授立即随口友善地说了一句："真希望哪天我也能有你这样一头漂亮的头发！"

他抬头望了心理学教授一眼，先是显得有些惊讶，随即绽放出一抹笑容。

"哪里，我这头发，比起以前可差多了！"他谦虚地说道。听了这话，他心情果然好转，并热情地跟心理学教授聊了一会儿，最后，还补充一句道："确实有不少人都很羡慕我这头黑发呢！"

可以想象，那位小职员当天下班时，步伐一定比平常轻快，回家之后，也一定会立即将此得意之事告诉他的太太。每个人都渴望得到别人的认可和赞美，都希望自己的价值得到别人的肯定。其实，要想得到别人的喜欢很简单，那就是——想办法让对方感受到他自己的重要性。

智慧箴言

著名心理学家杰丝·雷耳曾说："就主动地温暖人类的灵魂而言，赞扬别人就像阳光一样，没有它，我们就无法成长开花。但是，我们大多数的人敢于躲避别人的冷言冷语，却吝于把赞许的温暖阳光给予别人。"

所以我们一定学会真诚地去赞美别人。

给人以方便

情人节就要到了，张先生和女友打算送对方点什么。

选中礼物付款时，他从口袋里掏出一大把硬币点过后，开始整理。

"嗨，理它干什么，一把付给她就是了。"女友说。

"给人以方便嘛。"他半开着玩笑。

"哼。"她不以为然。

走出超市时下雪了，他们走在积雪上，吱吱声由脚下响起，热烈而欢快，伴随着他们行进的步伐。

张先生情不自禁地给女友讲个故事：

5岁那年，妈妈开始教他学汉字。汉字的读和认并不难，没过多久他就能读认好多汉字了。

但是他怎么也不能掌握写好它的技巧。他写的字不是上下脱节就是左右分家，好难合到一块儿去。一天，妈妈让他抄一首唐诗，他把"相"写成了"木目"，"难"写成了"又佳"。所有的部首都互不相让，各自为政。

"你知道为什么会这样？因为你写字时从不想着其他的部分。写汉字的原则是：要时时想着它的邻居。就像写这个'相'字吧，你写'木'字时就不能把右脚伸得太长，因为它还有个邻居。"妈妈一边在纸上写字一边讲着这样的道理，"'凡事替他人着想'是我们中华民族的美德，写汉字也是同样的道理。"

女友认真地听着。

故事说完了。他们陷入一阵沉默。忽然她停下脚步，无限深情地望着他。

“谢谢你，”她柔声说道，“这是我所得到的最好的情人节礼物。”

智慧箴言

“凡事替他人着想”，这是做人的一种境界，站在别人的立场上替别人考虑，不仅帮别人解决了问题，更重要的是赢得了别人的尊重。

为别人做自己能做的事

一位老太太退休了，她想趁着身体还硬朗出去逛逛，看看外面的世界。家人为她买了一个度假山庄，山庄里有一个小茶室，还有一个菜园子。有个名叫约翰的 15 岁少年正好在这个山庄投海自杀，被警察救起。他是美国黑人与韩国人的混血儿，愤世嫉俗，穷途末路。老太太到警察局要求和少年见面。警察知道老太太的来历，同意她和少年谈谈。

“孩子，”她说话时，约翰扭过头去，像块石头，冰冷冰冷的。老太太用安详而柔和的语调说，“孩子，你可知道，你生来是要为这个世界做些除了你以外没人能办到的事吗？”

她反复说了好几遍，少年突然回过头来，说道：“你说的是像我这样一个黑人？连父母都没有的孤儿？”

老太太不慌不忙地回答：“对！正因为你肤色是黑的，正因为你没有父母，所以，你能做些了不起的大事。”少年冷笑道：“哼，当然啦！你想我会相信这一套？”“跟我来，我让你自己瞧。”她说。

老太太征得了警察的同意后，把他带回山庄，叫他在菜园里打杂。虽然生活清苦，她对少年却爱护备至。处在草木苍郁的环境，约翰慢慢地也心平气和了。

老太太给了他一些生长迅速的萝卜种，10 天后萝卜发芽生叶，约翰高兴地吹着口哨。他又用竹子自制了一支横笛，吹奏自娱，老太太听了称赞道：“除了你没有人为我吹过笛子，约翰，真好听！”少年似乎渐渐有了生气，老太太便把他送到高中念书。

在求学那 4 年，他继续在菜园内种菜，也帮老太太做点零活。高中毕业，约翰白天在地下铁道工地做工，晚上在大学夜间部深造。毕业后，在盲人学校任教，他对那些失明的学生关怀备至。

"现在，我已相信，真有别人不能做只有我才能做的妙事了。"约翰对老太太说。

"你瞧，对吧？"老太太说，"你如果不是黑皮肤，如果不是孤儿，也许就不能领悟盲童的苦处。只有真正了解别人痛苦的人，才能尽心为别人做美妙的事。你15岁时，最需要的就是有人爱惜你，没有人爱惜，所以那时想死，是吧？你大声呐喊，说你要的根本不可能得到，根本就不存在——可是后来，你自己却有了爱心。"

约翰心悦诚服地点点头。

老太太意犹未尽，继续侃侃而谈："为别人做自己能做的事，不仅让别人快乐，而且让自己的生活更有意义。"

智慧箴言

真正了解别人的处境，尽心尽力为别人做好事，你就会得到别人的爱，也会领悟到人生的意义。

不要让你的爱心丢失

一天傍晚，安德鲁在单行道的乡村公路上孤独地驾着车回家。在这美国中西部小镇上谋生，他的生活节奏就像他开的老爷车一样迟缓。自从所在的工厂倒闭后，他就没有找到过固定工作，但他还是没有放弃希望。

天慢慢黑了，雪花越落越厚。他告诉自己，得加快回家的脚步了。

他差一点没有注意到那位困在路边的老爷爷。外面已经很黑了，这么偏远的地方，老爷爷要求援是很难的。

"我来帮他吧！"他一边想着，一边把老爷车开到老爷爷的奔驰轿车前停了下来。

尽管他朝老爷爷报以微笑，可是他看得出老爷爷非常紧张。他不知道安德鲁究竟是好人还是坏人。

他读懂了这位站在寒风中瑟瑟发抖的老爷爷的心思，便温和地说："我是来帮你的，老爹。你先坐到车子里去，里面暖和一点。别担心，我会帮助你的。"

老爷爷的轮胎爆了，换上备用胎就可以了。安德鲁钻到车底下，爬进爬出，不小心将自己的膝盖擦破了。等将轮胎换好，他的衣服脏了，手也酸了。

就在他将最后几颗螺丝上好的时候，老爷爷将车窗摇下，开始和他讲话。

老爷爷告诉他，自己是从大城市来的，从这里经过，非常感谢他能停下来帮自己的忙。

安德鲁一边听着，一边将坏轮胎以及修车工具放回老爷爷的后备厢，然后关上，脸上挂着微笑。

老爷爷问："我该付给你多少钱呢？你要多少钱，我都可以给你！"因为他能想象得出，如果安德鲁没有停下来帮他的话，在这种地方和这个时候，什么事情都可能发生。

帮这老爷爷忙是要向他要钱？安德鲁没有想过。他从来没有把帮助人当作一份工作来做。别人有难应该去帮忙，过去他是这样做的，现在他也不想改变这种做人的准则。他告诉老爷爷："如果您真的想报答我的话，那么，下次您看见别人需要帮助的时候，就去帮助别人。"

他看着老爷爷的车子走远。他的这一天其实并不如意，但是，现在他帮助了一个需要帮助的人，他一路开车回家的心情却变得很好。

老爷爷后来进了一家咖啡馆。

这是一家很旧的咖啡馆，女招待走过来给老爷爷送来了菜单，老爷爷觉得这位招待的笑容让他感到很舒服。她挺着大肚子，看起来起码有 8 个月的身孕了，可是，一天的劳累并没有让她失去待客的热情。老爷爷心想，是什么让这位怀孕的女人必须工作，而又是什么让她仍如此热情地招待客人呢？他想起了安德鲁。

女招待将老爷爷的 100 美元现钞拿去结账，老爷爷却悄悄地离开了咖啡馆。当女招待将零钱送还给老爷爷时，发现位置已经空了，正想着老爷爷跑到哪里去的时候，她注意到老爷爷的餐巾纸上写着字，在餐巾纸下，她发现另外还压着几百美元。

餐巾纸上是这样写着的："请你务必收下，我经历过你现在的处境。有人曾经像现在我帮助你一样帮助过我。如果你想报答我，就不要失去你的爱心。"

女招待读着餐巾纸上的话，眼泪夺眶而出。

那天晚上，她回到家里，躺在床上翻来覆去地睡不着，她想着那老爷爷留下的字条和钱。那老爷爷怎么知道她和她丈夫正在为钱犯愁呢？还有 2 个月孩子就要生了，费用却还完全没有着落，她和丈夫一直都在为此担心。现在好了，老爷爷真是雪中送炭。

她心里有种异常的感动，抱着丈夫说："晚安，安德鲁。"

智慧箴言

不要失去你的爱心，保持你的爱心，学会为他人施予爱心，尽管你的回报很少，但是"赠人玫瑰，留有余香"已足够。

微笑可以救命

安东尼有一段不寻常的经历。

他是优秀的飞行员，曾参加过在西班牙打击法西斯的战斗，不幸被俘虏入狱。在狱中，安东尼翻遍口袋找出一根香烟，但是没有火柴。看守看起来凶神恶煞。安东尼鼓足勇气向他借火。看守打量他一眼，冷漠地把火柴递给他。

"当他帮我点火时，眼光无意中与我的眼睛接触，这时我下意识地冲着他微笑。

"我不知道自己为何有这般反应，在这一刹那，这抹微笑如鲜花般打破了我们心灵之间的隔阂。

"受到了我的感染，他的嘴角也不自觉地出现了笑容，我知道他原无此意。

"他点完火后并没有立刻离开，两眼盯着我瞧，脸上仍然带着微笑。我也以微笑回应，仿佛他是个朋友。他看着我的眼神也少了当初的凶气。

"'你有小孩吗？'他开口问到。

"'有，你看。'我拿出皮夹，手忙脚乱地翻出了全家福照片。

"他也掏出照片，并且开始讲述他对家人的期望与计划。

"此时我的眼中充满泪水，我说我害怕再也见不到家人，我怕没有机会看到孩子长大……

"他听了以后流下了两行热泪。突然，他打开牢门，悄悄带我从后边的小路逃离监狱。他示意我尽快离去，之后便转身走了，不曾留下一句话。"

智慧箴言

真诚的微笑如春风化雨，润人心田。微笑的人给别人的印象是热情、富于同情心和善解人意。如果你在出门前对镜子笑一下，就会获得好心情和动力。对于微笑的理解是：没有人富到不需要它；也没有人穷到给不出一个微笑。

希望所有的人活得好一些

一个性格内向的年轻人，在很短的时间内父母相继病逝，情场又十分失意，事业上也频遭挫折，不断受到小人排挤。他万念俱灰，一天，他来到一家商店，想买一把锋利的刀，准备杀掉所有与自己有仇的人之后自绝于世。

他要了好几把刀，反复试着刀锋，终于选定了一把。付过钱后，正待离开，售货员小姐忽然叫住了他，把刀要了回来。他冷冷地站在那里，困惑地看着她往刀锋上缠着纸巾，缠了一层又一层，缠好之后，她手握刀锋，将刀柄一方朝着他，把刀递到他的手里。

“你这是干什么？”他问。

“这样就不容易碰伤人了。”女孩笑道。

“其实你不用管那么多，只需要卖刀就行了。”

“这里卖出的刀是去削水果还是去沾鲜血，的确和我没有一点儿关系。”女孩依然笑道，“可是我希望所有的人都能生活得好一些。”

他拿起刀走出了商店，心里忽然十分温暖。原来这世界并不是他想象的那么无情，原来还有人不为任何利益地关心着他。虽然不多，但一点点也就足够了。

那天下午，他买了许多水果，细细地用那把刀享受着果汁的芬芳与甘甜。他边吃边流泪，回想着那个女孩的善意规劝，如果不是那个陌生女孩，他的命运恐怕就要改写，从此就会有天壤之别。从此，这把刀成了他警诫自己的法宝。

智慧箴言

每个人都应该在心中播下仁爱的种子，如此方能绽放出绚烂的花朵。仁爱是稀有的珍珠，一个“爱”字，能把人从痛苦的深渊中拯救出来，并且带给他们希望。

相互呼应的敲击声

郭老师高烧不退，经透视发现胸部有一个拳头大小的阴影，怀疑是肿瘤。

同事们纷纷去医院探视。回来的人说：有一个女的，叫王端，特地从北京赶到唐山来看郭老师，不知是郭老师的什么人。又有人说：那个叫王端的可真够意思，一天到晚守在郭老师的病床前，倒水喂药端便盆，看样子跟郭老师可不是一般关系呀。就这样去医院探视的人几乎每天都能带来一些关于王端的花絮，不是说她头碰头给郭老师试体温，就是说她背着人默默流泪。更有人讲了一件令人不可思议的奇事，说郭老师和王端一人拿着一根筷子敲饭盒玩，王端敲几下，郭老师就敲几下，敲着敲着，两个人就神经兮兮地又哭又笑。心细的人还发现，对于王端和郭老师之间所发生的一切，郭老师的爱人居然没有表现出一丝一毫的醋意。于是，就有人毫不掩饰地艳羡起郭老师的“齐人之福”来。

十几天后，郭老师的病得到了确诊，肿瘤的说法被排除。不久，郭老师就喜气洋洋地回来上班了。

有人问起了王端的事。郭老师说：“王端是我以前的邻居。大地震的时候，王端被埋在了废墟下面，大块的楼板在上面一层层压着，王端在下面哭。邻居们找来木棒铁棍撬那楼板，可怎么也撬不动，就说等着用吊车吊吧。王端在下面哭得嗓子都哑了——她怕呀。她父母的尸体就在她的身边。天黑了，人们纷纷谣传大地要塌陷，于是就都抢着去占铁轨。只有我没动。我家就剩下我一个人，我把王端看成了可依靠的人，就像王端依靠我一样，我对着楼板的空隙冲下面喊：‘王端，天黑了，我在上面跟你做伴，你不要怕呀……现在，咱俩一人找一块砖头，你在下面敲，我在上面敲，你敲几下，我就敲几下——好，开始吧。’她敲当当，我便也敲当当，她敲当当当，我便也敲当当当……渐渐地，下面的声音弱了，断了，我也迷迷糊糊地睡去。不知过了多长时间，下面的敲击声又突然响起，我慌忙捡起一块砖头，回应着那求救般的声音，王端颤颤地喊着我的名字，激动得哭起来。第二天，吊车来了，王端得救了——那一年，王端 11 岁，我 19 岁。”

女同事们鼻子有些酸，男同事们一声不吭地抽烟。在这一份纯洁无瑕的生死情谊面前，人们为自己的庸俗而汗颜，一瞬间突然明白，原来生活本身比所有挖空心思的浪漫揣想都更迷人。

智慧箴言

危难中，没有比帮助更能感动人的了，对自卑者赋予一个真挚的信任，给失意者一个真诚的安慰，也许自己什么都没有失去，但是对于需要帮助的人来说，就是支持、宽慰。

将同情进行到底

托尔斯泰小时候经常跟着农民的孩子在森林里玩，在河里捉鱼游泳。托尔斯泰根本不在乎跟自己一起玩的是贵族家庭的少爷，还是下等人家里的小孩，只要玩得开心就好。可是往往正当他和那些小朋友玩得开心的时候，他们就被拉走了，只剩下托尔斯泰孤零零的一个人。父母也经常告诫他：你是少爷，不要跟那些下等人一起玩。托尔斯泰很生气：为什么农民的孩子就要低人一等呢？

随着年龄的不断增长，托尔斯泰这种意识越来越强烈。他看到农民特别是农奴辛辛苦苦地为农奴主干活，却常常吃不饱、穿不暖，还要挨打挨骂，非常同情他们。他想：如果解放农奴，让他们得到自由，再给他们一定的土地，他们就能够过上好日子了。

托尔斯泰开始在自己的庄园实践自己的主张。他把庄园由劳役制改为代役制，使农民摆脱了对庄园主的人身依附；他还放走了家里的农奴。其他的农奴主讥笑他，可是托尔斯泰坚信，自己做的是对的。

托尔斯泰还认为，教育在社会改革中能起重要作用。教育就像一根杠杆，可以改变整个社会结构。于是他开始兴办农民子弟学校，凡是愿意读书的农民子弟都可以免费入读。学校教孩子们读书、写字、唱歌、画画和做算术，托尔斯泰还亲自给孩子们上历史课。托尔斯泰很热爱教育工作，他把教育看成是“全身心奉献给人民”的事业，把从事教育这个时期看成他“生活中最幸福的时期”。

由于托尔斯泰不断和人民接近，他对人民的感情日益加深，他把他各个阶段的探索融入他的作品里，使他的作品更具有深度。他一生奋斗不息，创作出《战争与和平》《安娜·卡列尼娜》《复活》等非常优秀的文学作品。

智慧箴言

富有同情心是一个人美好心灵的展现。也许因你的同情心，而挽救了一个人的生命；因你的同情心，而温暖了一颗冰冷的心。也许，对于你来说，这些微不足道，却能换来他人的整个春天。

第 100 个客人

中午用餐高峰过去了，原本拥挤的小吃店，客人都已散去，老板正要喘口气看看报纸的时候，有人走了进来。是一位老太太和一个小男孩。

“一碗酸菜面要多少钱呢？”老太太坐下来数了数钱，叫了一碗热气腾腾的面，将碗推到小男孩面前。

小男孩吞了吞口水望着奶奶说：

“奶奶，您真的吃过午饭了吗？”“吃过了。”一晃眼，小男孩就把一碗面吃了个精光。

老板看到这个场面，走到两个人面前说：“老太太，恭喜您，您今天运气真好，是我们的第 100 个客人，所以午餐免费。”

后来又过了 1 个多月，小男孩蹲在小吃店对面像在数着什么东西，让无意间望向窗外的老板吓了一大跳。

原来小男孩每看到一个客人走进店里，就把一颗小石子放进他画的圆圈里，但是午餐时间都快过去了，小石子却连 50 颗都不到。

老板看得心头激动，他赶快打电话给所有的老顾客：“很忙吗？没什么事的话，来吃碗酸菜面，今天我请客。”像这样打电话给很多人之后，客人开始一个接一个到来。“70，71，72……”小男孩数得越来越快了。

终于当第 99 个小石子被放进圆圈里的那一刻，小男孩匆忙跑到一个胡同里拉着奶奶的手进了小吃店。

“奶奶，这一次换我请客了。”小男孩有些得意地说。真正成为第 100 个客人的奶奶，让孙子招待了一碗热腾腾的酸菜面，而小男孩就像之前奶奶一样，坐在那儿静静地看着。

“也送一碗给那孩子吧。”老板娘不忍心地说。

“那小孩现在正在学习不吃东西也会饱的道理呢！”老板回答。

吃得津津有味的奶奶问小孙子：“要不要留一些给你？”

没想到小男孩却拍拍他的小肚子，对奶奶说：“不用了，我已经吃饱了，奶奶您看……”

智慧箴言

一念善心助长一棵幼苗，棵棵幼苗可以成林。人人有爱，社会有情。

上帝总会回馈你的仁爱

多年以前，在荷兰一个小渔村里，一个勇敢的少年以自己的实际行动使全世界的人们懂得了无私奉献也会获得报偿。

由于全村的人都以打鱼为生，而海上瞬息万变、危机四伏。因此，为了应对突发海难，自愿紧急救援队的建立就显得十分的重要和必要。

那是一个漆黑的夜晚，海面上乌云翻滚，狂风怒吼，巨浪掀翻了一条渔船，船员的生命危在旦夕。他们发出了 SOS 的求救信号。救援队的船长听到了警报，火速召集自愿紧急救援队的成员，乘着划艇，冲入了汹涌的海浪中。忧心忡忡的村民们都聚集在海边，翘首眺望着云谲波诡的海面，他们每人都举着一盏灯，为救援队照亮返回的路。

1 个小时之后，救援队的划艇终于冲破浓雾，乘风破浪，向岸边驶来。村民们喜出望外，欢呼着跑上前去迎接。当他们精疲力竭地跑到海滩后，却听到自愿救援队的队长宣布：由于救援船容量的限制，无法搭载所有遇险的人，无奈只得留下其中的一个人，否则救援船就会翻覆，那样所有的人都活不了。

刚才还欢欣鼓舞的人们顿时安静下来，才落下的心又悬到了嗓子眼儿，人们又陷入了慌乱与不安之中。这时，救援队长开始组织另一队自愿救援者前去搭救那个最后留下来的人。16 岁的汉斯自告奋勇地报了名。他的母亲忙抓住了他的胳膊，用颤抖的声音说："汉斯，你不要去。你知道，10 年前，你的父亲就是在海难中丧生的；而 3 个星期前，你的哥哥保罗也出了海，可是到现在连一点消息也没有。孩子，你现在是我唯一的依靠了！求求你千万不要去！"

看着母亲那日渐憔悴的面容和近乎乞求的眼神，汉斯心头一酸，泪水在眼中直打转，但是他强忍住没让它流下来。"妈妈，我必须去！"他坚定地答道，"妈妈，您想想，如果我们每个人都说'我不能去，让别人去吧'，那情况将会怎样呢？妈妈，您就让我去吧，这是我的责任。只要有人要求救援，我们就得竭尽全力地去履行我们的义务。"汉斯张开双臂，紧紧地拥吻了一下他的母亲，然后义无反顾地登上了救援队的划艇，冲入无边无际的黑暗之中。10 分钟过去了，20 分钟过去了……1 小时过去了。这 1 个小时，对忧心忡忡的汉斯的母亲来说，真是太漫长了。终于，救援船再次冲破迷雾，出现在人们的视野中，只见汉斯正站在船头向岸上眺望。救援队长把手握成喇叭状，向汉斯高声喊道："汉斯，你找到留下来的那个人了吗？"

汉斯高兴地大声回答："我们找到他了，队长。请您告诉我妈妈，他就是我的哥哥——保罗！"

智慧箴言

仁爱已成为人们心灵的呼唤。很难想象，如果我们生存于一个无爱的世间，将是怎样的举步维艰与心酸？有首歌这样唱道："只要人人都献出一点爱，世界将变成美好的人间……"忘记仁爱的人们，请捡回你的仁爱之心吧！

白人女作家

在这个几乎都是黑人的居住区，没有人不认识她。她是个白人女作家，不是和他们住在一起，而是住在前面3千米处。

这儿有个偏僻小站，公交车每2小时才来一趟，而且这些公交车司机们都有一种默契，有白人才停车。这个女作家的住处前面也有一个车站，可是为了让这里的黑人顺利地坐上公交车，她每天坚持走3千米来这里上车。

一个没有太阳的冬日早晨，刺骨的寒气悄悄地渗进候车人的骨髓，等车的黑人时而翘首远方，时而抬头望着哭丧着脸的天空。突然，人群骚动起来，车来了，一辆中巴正不紧不慢地开了过来。奇怪的是，人们仍站在原地，仍在翘首更远的地方，他们似乎并不急于上车，似乎还在企盼着什么。原来，女作家还没有来。这时，远方隐隐约约出现了一个身影，人群又一次骚动起来。是她！她走得很急，有时还小跑一阵，最后，黑人们几乎是拥抱着将她送上了车。她天天如此，风雨无阻。

因为她的心中有爱，一切都纯如天然。女作家正是因为心中有爱，才会如此自然地做着他人觉得不可思议的"难"事。

智慧箴言

也许行善对于有的人来说是件比较困难的事情，因为他们的心里本来就没有善。一个充满爱与尊重的人，也将得到他人的爱和尊重。

意外的场外试题

一所幼儿园高薪聘请3名教师，报名的女孩达500多人，竞争十分激烈。小静刚从乡下到那座城市不久，也报了名。小静的自身条件不算差，可是与众多的佼佼者相比，未必胜券在握。考试那天，快进考场时，虽然周围拥挤吵闹，可一个小孩的哭声还是吸引了大家。小孩因找不着家人，哭得很伤心。考试开始了，大家都走了进去。小静看人们都离开了，犹豫一阵之后，走过去将小孩哄好，抱进考场，向监考人说明了情况，便匆匆忙忙地答卷。小静自己都认为录取是没有希望了，结局却出人意料，小静收到了聘书，而且被校方作为一个教育范例极力表扬。

原来，这是学校出的一道场外试题，只有小静一个人过关。校方认为，作为一名幼儿教师，最重要的是要有一颗爱心，任何的专业技能都能学，而爱心却难以在课堂上学到。

智慧箴言

这所幼儿园别出心裁的考试告诉我们，拥有爱心的人，会让平凡的世界变得更生动、更美丽。

卖菜的店主

小镇上有一家菜摊，平时顾客不多，因为这里的人都比较穷而买不起菜。不过，经常有些穷人家的孩子来这里转悠。虽然他们只是玩，可店主还是像对待大人一样与他们打招呼。

“孩子们，今天还好吧？”

“我很好，谢谢。老板，这些马铃薯看起来真不错。”

“可不是嘛。你妈妈身体怎么样？”

“还好，一直在好转。”

“那就好。你想要点什么吗？”

“不，先生。我只是觉得你的马铃薯真新鲜！”

“你要带点儿回家吗？”

“不，先生。我没钱买。”

“用东西交换也可以呀！”

“哦……我只有几颗赢来的玻璃球。”

“真的吗？让我看看。”

“给，你看。这是最好的。”

“看得出来。嗯，只不过这是个蓝色的，我想要个红色的。你家里有红色的吗？”

“差不多有吧！”

“这样，你先把这袋马铃薯带回家，下次来的时候让我看看那个红色玻璃球。”

“一定。谢谢你，老板。”

每次店主和这些小顾客交谈时，店主太太就会默默地站在一旁，面带微笑地看着他们。她熟悉这种游戏，也理解丈夫所做的一切。镇上很多贫困的人家没有钱买菜，也没有任何值钱的东西可以交换。为了帮助他们，他就这样假装和孩子们为一个玻璃球讨价还价。就像刚才的这个孩子，这次他有一个蓝色的玻璃球，可是店主想要红色的；下次他一准儿会带着红玻璃球来，到时候店主又会让他再换个绿的或橘红的来。当然打发他回家的时候，一定会让他捎上一袋上好的蔬菜。

许多年过去了，店主因病去世。镇上所有的人都去向他的遗体告别，包括以前那些和他玩交换东西的孩子们。现在他们都已经成了社会上的成功人士。

店主太太站在丈夫的灵柩前。小伙子们走上前去，逐一拥抱她，亲吻她的面颊，和她小声地说几句话。然后，她泪眼蒙蒙地目视他们在灵柩前停留，看着他们把自己温暖的手放在店主冰冷苍白的手上。

智慧箴言

多帮助别人，不图回报，能让短暂的生命很有价值，这本身就是一种回报。

掉在地上的 20 元钱

城里来了一个马戏团。8 个 12 岁以下的孩子穿着干净的衣裳，手牵着手排队跟在父母的身后，等候买票。他们不停地谈论着上演的节目，好像他们就要骑上大象在舞台上表演似的。

终于轮到他们了，售票员问要多少张票，父亲神气地回答："请给我 8 张小孩的、2 张大人的。"

售票员说出了价格。

母亲的心颤了一下，转过头把脸垂了下来。父亲咬了咬唇，又问："你刚才说的是多少钱？"

售票员又报了一次价。

父亲眼里流露出痛苦的眼神。他实在不忍心告诉他身后兴致勃勃的孩子们：我们的钱不够！

一位排队买票的男士目睹了这一切。他悄悄地把手伸进口袋，把一张 20 元的钞票拉出来，让它掉到地上。然后，他蹲下去，捡起钞票，拍拍那个父亲的肩膀说："对不起，先生，你掉了钱。"

父亲回过头，立刻明白了。他眼眶一热，紧紧地握住男士的手，感谢他在自己心碎、困窘的时刻帮了自己的忙："谢谢，先生。这对我和我的家庭意义重大。"

智慧箴言

善待社会、善待他人，并不是复杂、困难的事，只要心中常怀善念。生活中的小小善行，不过是举手之劳，却能给予别人很大帮助，何乐而不为呢？

第八章

每个孩子都是天使

每个孩子都是早晨刚升起的太阳，是崭新的希望；每个孩子都是春日初发的绿芽；每个孩子都是山谷中欢唱的小溪、可爱的天使……或许有的孩子没有极好的天赋，没有天使的羽翼，但他们同样可以飞翔，同样美丽，同样让人感动。

妈妈，我以后再也不烦你了

早在三四岁的时候，儿子就从他奶奶那里得知他是从妈妈肚子里生出来的，还看见了妈妈肚子上那一条像蜈蚣似的吓人的瘢痕。直到有一天从电视上看到做手术的真实场面时，他用他的小手把妈妈的头从电视上扭转过来，很严肃地问妈妈：

“妈妈，你生我的时候肯定流了很多血吧！”

“嗯。”

“有多少你跟我说嘛。”

“好多呢，”妈妈原本只想尽快地把他搪塞过去，“喏，像电视里的那么多。”其实，电视里只是血淋淋的，并没显示有多少。

“到底有多少？”儿子很认真地问。

这下倒把妈妈给难住了，妈妈含含糊糊地说：

“我也记不清了，当时我都痛得晕过去了。”

“晕了几天？”

“7天，”妈妈脱口而出，显然太夸大其词了，妈妈赶紧更正补充说，“晕了整整一天一夜，接着就发高热，躺在医院病床上整整打了3天吊针，一瓶接一瓶的。7天刀口才拆线，在医院住了10多天才回到家。”

儿子低垂着眼帘，很显然他在细细地咀嚼母亲所说的话。

妈妈的眼光还没来得及定格在电视机屏幕上，儿子的一双小手又把妈妈的脸扭转过来，一字一句地说：“妈妈，我以后再也不烦你了！”

心似乎被谁踢了一下，妈妈泪眼模糊了。

智慧箴言

有时候孩子的问题很简单，简单得让大人只想搪塞过去，可是正是孩子简单的问题透析出了他们明亮透彻的心，让我们感动。

请妈妈一定保重身体

父亲去世后，一家人的生活更加拮据，无奈之下，母亲带着两个孩子远走他乡，好不容易得到一家人的同情，把一个仓库的一角租借给她们母子三人居住。

在5平方米大小的空间里，她铺上一张席子，拉进一个没有灯罩的灯泡。一个炭炉，一个吃饭兼孩子学习两用的小木箱，还有几床破被褥和一些旧衣服，这是他们的全部家当。

为了维持生活，妈妈每天早晨5点离开家，先去附近的大楼做清扫工作，中午去学校帮助学生发食品，晚上到饭店洗碟子。结束一天的工作回到家里已是深夜十一二点钟了。于是，家务的担子全都落在了大儿子身上。

为了一家人能生活下去，母亲披星戴月，从没睡过一个安稳觉，生活还是那么清苦。他们就这样生活着，半年、7个月、1年……做母亲的哪能忍心让孩子这样苦熬下去呢？她想到了死，想和两个孩子一起离开人间，到丈夫所在的地方去。

有一天，母亲泡了一锅豆子，早晨出门时，给大儿子留下一张条子：“锅里泡着豆子，把它煮一下，晚上当菜吃，豆子烂了时少放点盐。”

这天，母亲干了一天活，累得疲惫不堪，实在失去了活下去的勇气。她偷偷买了一包安眠药带回家，打算当天晚上和孩子们一块儿死。

她打开房门，见两个儿子已经钻进席子上的破被褥里，并排入睡了。忽然，母亲发现当哥哥的枕边放着一张字条，便有气无力地拿了起来。上面这样写道：

“妈妈，我照您条子上写的那样，认真地煮了豆子，豆子烂时放进了盐。不过，晚上盛出来给弟弟当菜吃时，弟弟说太咸了，不能吃。弟弟只吃了点冷水泡饭就睡觉了。

“妈妈，实在对不起。不过，请妈妈相信我，我的确是认真煮豆子的。妈妈，求求您，尝一粒我煮的豆子吧。妈妈，明天早晨不管您起得多早，都要在您临走前叫醒我，再教我一次煮豆子的方法。

“妈妈，今晚上您也一定很累吧，我心里明白，妈妈是在为我们操劳。妈妈，谢谢您。不过请妈妈一定保重身体。我们先睡了。妈妈，晚安！”

泪水从母亲的眼里夺眶而出。

“孩子年纪这么小，都在顽强地伴着我生活……”母亲坐在孩子们的枕边，伴着眼泪一粒一粒地品尝着孩子煮的咸豆子。一种必须坚强地活下去的信念从母亲的心里升腾。

智慧箴言

是孩子的认真，孩子的坚强，孩子对母亲的关爱使一个母亲坚强地活下去。孩子的天真成了母亲生活的希望。

20 美元的价值

父亲加班到很晚才回来，还没有到家，他远远地就看见 4 岁的儿子站在路边等他。

“爸爸，我可以问你一个问题吗？”

“什么问题？”父亲显得有些不耐烦。

“你 1 小时可以赚多少钱？”

“这与你无关，你想干什么？”父亲生气了。

“我只想知道你 1 小时到底可以赚多少钱？”儿子低声说。

“我 1 小时赚 25 美元。”

“哦，”儿子低下了头，又问，“爸，可以借我 20 美元吗？”

父亲气得跳了起来：“如果你只是要借钱去买玩具的话，那就给我乖乖地回家去吧！好好想想你为什么这样过分，我每天辛辛苦苦地工作，你却只想向我不断地要钱，钱，钱！真受不了你！”

儿子被父亲的神情吓住了，看了他一眼，低头往前走了。父亲看着儿子有些落寞的背影，觉得自己刚才的表现有些过分，没有问孩子想要买什么东西，就这样来对待他，真的是不应该。于是，他又追上了儿子。

“爸爸刚才做得不对，”父亲拍着儿子的肩膀说，“我向你道歉，这是你要的20美元。”“爸爸，你真是太好了。”儿子高兴地接过20美元，接着又从自己的口袋里掏出几张皱巴巴的钞票，慢慢地数了起来。

“你要这么多钱干吗？”父亲又感到自己被欺骗了，他担心儿子拿着这么多的钱很容易学坏。

“我想凑钱买一份礼物送给你。”儿子拉着父亲的手说，“爸爸，明天是你的生日，你能早一点回来和我们共进晚餐吗？”

智慧箴言

男孩一个小小的想法就这样不经意地感动了自己的父亲。他用自己的一份小小心意让父亲知道，他深爱着父亲。

两个愿望

上学的第一堂作文课，语文老师出了一道作文题:《愿望》。他趴在桌子上想了半天，然后写下了两句话，高兴地交给了语文老师:“我有两个愿望，第一个愿望是妈妈每天笑眯眯地看着我，说:‘你真聪明。’第二个愿望是老师每天笑眯眯地看着我，说:‘你一点也不笨。’”

语文老师被他的作文打动了，给了他班上最高的分数，还在他的作文本上写下了两句话:“你很聪明，你写的作文非常棒。老师很喜欢你，你的妈妈一定也很喜欢你，大家一定都很喜欢你。”

他拿着作文本，高高兴兴地回家了。然而他并没有马上把作文交给妈妈看，他在等待一个美好时刻的到来。

那个美好的时刻终于来到了。一个阳光灿烂的早晨，他早早地起床，把自己的作文本装在一个精美的大信封里，并在信封上画了一个咧着嘴笑的男孩。然后，他来到妈妈的房间。等妈妈睁开眼睛的时候，他笑眯眯地走到妈妈跟前说:“妈妈，今天是您的生日，我要送给您一件珍贵的礼物。”

妈妈笑了:“什么礼物？快让妈妈看一看！”

他笑了一笑:“我的作文。”说着双手恭恭敬敬地递上那个大信封。

智慧箴言

孩子的纯真最容易打动人，因为他们的感情是最真的，也是最热烈的。

女儿的算命袋

刚吃过晚饭，母亲正在厨房里忙着。女儿不时推开哥哥的房门进进出出，样子还挺神秘的。不一会儿，儿子就有些显得不耐烦了。

“你今天真讨厌，人家还要做功课呢，难道你不知道自己去问妈妈吗？”

女儿有些低声下气地央求着哥哥：“不行啊，这件事情绝对不可以让妈妈知道。”

过了没多久，女儿两手背在身后，笑眯眯地来到母亲的面前说：“妈妈，明天就是您的生日了，我做了一个算命袋送给您。它很灵的，可以预测您以后的命运！”

接着，女儿递给母亲一个厚纸板做成的袋子。袋子上有 3 个用红色彩笔写成的字：“算命袋。”字的旁边还画了几朵小花儿。在袋子里放着 5 张折叠得严严实实的纸签。

“妈妈您抽抽看，试一试运气好不好？”女儿有些急不可待地对母亲说。

母亲看着女儿认真的表情，不忍拒绝她，顺手抽了一支，拆开来一看：“你以后会有一个非常体贴你的丈夫。”

“哇！”母亲故作惊喜地叫了起来，“这可是我一生中最期待的事情，没想到真的变成了现实。果然十分灵！”

女儿听了母亲的话，满脸的兴奋，她拉着妈妈的手又说：“妈妈加油，说不定还有更好的运气在后面等着您的。”

于是，母亲亲手一张一张地打开了女儿算命袋里的纸签：

“你将来会有一幢漂亮的房子。”

“你会年轻美丽，并且永远永远永远都不会变老。”

“你会活到 100 岁。”

当母亲拆开最后一张纸签时，她的眼睛湿润了：“你的女儿一定非常非常孝顺你。等你很老很老的时候，牙齿全部掉光了，她会用小火慢慢地熬稀饭给你吃。”

这时，女儿的脸更红了，低下头：“有好几个字我不会写，是哥哥告诉我的。”

智慧箴言

当你老了，满头白发地坐在炉火边打盹的时候，这时有人给你端来一碗热气腾腾的粥，这无疑是世界上最幸福的事了。

雨来了

近日来天气突然变热，热得让人喘不过气来，玛莉在家没好气地为丈夫熨衣服。

玛莉朝厨房里的挂钟望了一眼。如果她快一点儿的话，也许能在丈夫和儿子回家之前把衣服熨好，可晚饭肯定是要迟了。

玛莉刚俯下身，从篮子里拎起一件衬衣放到熨板上，恰在此时，她听见托尼在门口大声地喊:“妈妈，快来呀！”

“出事了吗？”玛莉不耐烦地在心里问了一句。要不是托尼那急切的叫喊，她是不会出去的。她立刻拔下熨斗的插头，奔了出去。

托尼站在门前的台阶上，手指含在嘴里。看上去，显然没有什么急事。

“怎么了？”玛莉问，“你不知道我正忙着吗？”

“你听呀！”托尼拉过妈妈，低声耳语道，“那是什么？”

过了一会儿，玛莉也听到一个模糊的声音从远处的树林中慢慢传来。她听着，有些困惑，这种声音她从来没有听到过。

突然，玛莉明白了。“那是雨！”她轻轻地说，几乎不能相信是她自己的声音。“哦，托尼！”她说，“雨来了。”

玛莉一把抱住托尼，简直是欣喜若狂。

多妙啊！他们听着那急骤的雨点落在地上的噼啪声，看着院子里和路上车辙里积聚着的雨水。于是，他们甩掉鞋子，光着脚跑进雨里，手拉着手，仰望着天空。很快他们就被雨水浇透了。真舒服，在可怕的热天过去之后，雨天显得是多么凉爽、新鲜啊！

他们惬意地一起呼吸着清新的空气和潮湿的泥土散发出的沁人肺腑的气息。

雨，下了一天一夜，雨停后，院子里留下了一片银亮亮的水洼。

但玛莉觉得那奇妙的感觉一点也没有消失，真的，好像老天爷这个魔术师依旧在挥动着它的魔棒。远处的草地上，冒出星星点点的白色的紫罗兰，在明媚的阳光下，绽开着鲜亮的花瓣，空气是潮湿的，弥漫着令人心醉的芳香。

那天晚上的衣服熨完了吗？晚饭做了吗？玛莉已记不得了。但是她却清晰地记着雨中那美妙的一瞬，仿佛世界上只有她和托尼看到了那动人的一幕，也许就真只有他们两个人——啊，多么令人销魂的辰光！

现在，好多年过去了，然而那天晚上的快乐，是那么让人留恋，成为玛莉最难忘的记忆。

托尼呢？他已经长大了，离开了家。但每当他回家修整院子里的杂草时，他总是不去碰那些经过春雨长起来的紫罗兰。

智慧箴言

每个孩子都是天使，就算大自然中再普通的东西在他们的眼里也是奇妙的发现，而孩子的快乐同样能给我们一种久违的快乐。

像平常一样过日子

每天，圣约翰和他的妹妹总会为该谁洗碗而争个不休，但这也没有影响其他人的生活。

一天放学后回到家，圣约翰他们正准备吃晚饭，传来了敲门声。原来是和叔叔一起在矿上做工的汤姆先生。他的脸色很白，双手在发抖，问圣约翰：“你父亲在家吗？”

“什么事情？”已经站在门口的爸爸把圣约翰推到一边，问道。

“出事了，乔治先生。”汤姆先生轻声说道。

“是威尔逊吗？”父亲用近乎耳语的声音问。

汤姆先生点点头，接着说：“还算运气，我们拦住了一辆快车，把他送到密歇根州一个设备良好的医院里去了。他的胳膊被皮带缠住了，正在对他进行全力抢救。”

父亲换了鞋，对围在门口的孩子们说：“现在，我要出去几天，你们要和平常一样，乖乖地上学，帮助妈妈、奶奶做些家务活。一切都不会有问题的。”

但是一切都有问题。几天后，妈妈去了趟密歇根州，回来后告诉圣约翰他们，叔叔的一只胳膊恐怕保不住了。实际上，叔叔的一只胳膊已被截掉了，只不过妈妈认为，像这样的坏消息，不要一下子，而要一点点地告诉孩子们。

父亲回来后，圣约翰他们知道了事情的真相，但是这个真相太残酷了，使他们小小的脑袋瓜接受不了。

父亲告诫他们："当叔叔回来时，你们不要在他面前哭，也不要表现出好像发生了什么大事的样子。日子要像平常一样过下去。你们知道，生活就是这样的，这才是叔叔的愿望。"

像平常一样过日子！是不是父亲受的刺激太大了，他这些话都有些语无伦次了。

叔叔是在夜里被人送回家的。圣约翰他们什么都听见了，但是假装睡觉。父亲说过："叔叔一路上回来会很累的，你们最好在早上见他。"

圣约翰觉得这一夜真长。"明天，我们将做什么？说什么？叔叔将会是什么样子……"

第二天早晨，叔叔坐在厨房壁炉旁的椅子里。他看上去白了，也瘦了。炉火照着他那长长的瘪瘪的袖子。圣约翰喉咙口噎住了。

当圣约翰站在叔叔身边，好像问候一个陌生人的时候，奶奶去食品贮藏室拿东西去了。母亲背对着他们，把已摆好的面包又摆弄了一遍。爷爷则提着桶去井边打水。

一切都不对头！奶奶从贮藏室里出来，是踮着脚尖走路的。爷爷从井边回来，连常说的关于早晨空气好的话都没说。在早饭桌上，妈妈把苹果黄油酱递给圣约翰时说："这是安娜太太送的。"但是她的声音太高了。

圣约翰和妹妹勉强吃了夹心饼干。往常他很浪费，喜欢把夹心挖出来，只吃外面的那层皮。但这次他把夹心也吃了，没有浪费。圣约翰觉得做得很对。唉！什么东西又堵在嗓子眼里了。日子要像平常一样过下去！可怎么过得下去！？

最后，妹妹把椅子往后一推，对圣约翰说："今天该轮到你洗碗了。"圣约翰明明记得，不该轮到自己，昨天晚饭后是他洗的碗，还打碎了一个奶奶喜爱的盘子。他憋着气什么也没有说。哼！在刚刚回到家，只有一只胳膊的叔叔面前，第一件事就是吵架，那自己不就是那个、那个什么词儿来着，噢，是"不知好歹""不懂事"的人吗？

"就该轮到你啦！"妹妹说，好像圣约翰已经说了不肯洗似的，她用的是平常吵架的那种调调。圣约翰吃惊地望着她，她是不是，哪个叫什么词儿？噢，她是不是"麻木不仁"！

"不该轮到我！"圣约翰像平常一样火了。

"就该是你！"

“孩子们！孩子们！”母亲用安详、自然、带点欣慰的口气阻止了他们。

他们走到母亲的身旁，眼睛扫过叔叔的脸。他在微笑，那是一切都好、心满意足、总算到了家的微笑。

智慧箴言

孩子的内心世界有着非常丰富的感情，他们对父母的爱是真诚的，只是他们往往喜欢用自己特殊的方式表达而已。

我们是朋友

“爸爸，”阿力的一声低唤似从远处传来，“爸爸，您醒了吗？”

“不知道。”爸爸睡意蒙胧地咕哝着。不过，他还是感到了夜色在渐渐消融。

“爸爸，您是我的朋友，对吗？”阿力小心地问。

“那还用说！”爸爸打着呵欠，感到既快乐又恼人。

“爸爸，您知道刚才我梦见了什么吗？”

“不知道。”

“我梦见我们都坐在我们的纸飞机上，飞过屋脊，飞到遥远的海上。天很黑，只见星星在闪光。但我一点也不怕，因为您跟我在一起。爸爸，您也怕过吗？”

“当然怕过。”

“很怕、很怕吗？”

“很怕、很怕。”

“我也很怕呀——当我们坐在那飞机上时——哦，不，不在那时，而在之后，当我醒来时——那时，我才很怕、很怕！”

“你怕什么？”

“我怕您不在床上了。”

“我当然在床上。我还能去哪里呢？”

“在飞机上。因为你开飞机走了，而我坐在月亮上。接着我就想你，一直在想。所以我一定得过来看看您究竟是否还在这儿。”

“看，我就在这儿，那只是一个梦罢了。”

“爸爸，您在床上还能待多久？”

“待不长了，我不能整天待在床上呀！”

“为什么？”

“你知道，我——”

“不行。因为您说过我们是朋友，是朋友就不能分开！得永远在一块儿！”

“我懂，可爸爸还得去上班呀。”

“不！”

“你也还得去幼儿园。”

“我不去！”

“当然你要去！想一想吧，在幼儿园里你有那么多好玩的东西，还有那么多好朋友，对吗？”

“不错，倒有些朋友，不过，世界上我只有一个最好的朋友！”

“你说的是我吧？”

“是啊！爸爸，还记得去年夏天我们一块儿去度假吗？那时我们都是从早到晚一直在一起，是吗？”

“没错。”

“真希望一直如此——因为那时候您不像现在这么忙。记得我们发现了两只小松鼠，它们紧紧地靠在一起躺着吗？”

“它们也是朋友，对吗？”

“是的，它们肯定是朋友。”

“让我紧靠着您躺一会儿吧，爸爸，只躺一小会儿。”

“行，小鬼，上床吧！”

“爸爸，把我抱紧——这样我才感到我们是朋友。好，真好。爸爸，给我念点什么吧，只念一会儿。”

“可惜时间不多。现在几点了？”

“时间不管用！朋友是从来不看表的——不必去上班、开会，也不必去幼儿园。”

“那么，你认为朋友们该干些什么事呢？”

“在树顶上盖房。爬上绳梯，把食物拿到树上去吃。还有鱼呢，轮换着读故事。爸爸，您能给我念上一会儿《三个强盗》吗？”

“行啊，不过不能从头到尾了，好吗？”

“好。爸爸，今天在办公室里，您能再为我折几只纸飞机吗？”

“我想可以的。”

“爸爸，他们会生气吗？”

“谁？”

“办公室里您的同事们。”

“不，不会生气。他们只会惊讶地瞅瞅。”

“问他们想不想试坐一下飞机！您可以将飞机开到窗外去！这样，他们也会愿意跟您交朋友的！”

“真是好主意！”

“现在我想上幼儿园去了，爸爸，因为当我回家来时，您也会马上到家的。是吗？”

“当然。我不会让你久等的。”

智慧箴言

再顽皮的孩子也有着天使般的心，每个孩子就是一株茁壮成长的小树、一条奋力上游的小鱼、一只自由翱翔的小鸟，他们每天都在快乐地成长，他们带给我们的是快乐。

童心可贵

女儿10岁，接到警署寄给她的信，她拆开时，妈妈好奇地问：“什么事？”

她说：“没什么。”

于是，妈妈把好奇挂在脸上，用表情继续问她“什么事”。女儿终于把信拿给妈妈看，说：“3个月前捡到一个漂亮纽扣，送到警署招领。现在漂亮纽扣没人领，警署说就属于我，要我去拿。”

她解释说：“纽扣镶有钻石，我想是假钻，有一点锈，不过不仔细看是看不出来的。”

妈妈看着信，吃吃笑起来，女儿把信收回，生气地说：“就知你会笑，有什么好笑的？”妈妈收住笑容。原来女儿知道妈妈会笑，才在一开始就不愿意告诉她这件事。

看着女儿鼓起腮把信收进书包，妈妈想起小时候被父母认为好笑的一件事。小时候崇拜古装电视剧里的英雄人物，于是跟邻人借来一具破筝，找不到祷天的长香，便点一盘蚊香，一本正经在院子里对着月亮弹起来，听到屋里有闷笑声，回头一看，爸爸妈妈躲在门背后，一边偷看一边拼命忍着笑，便生气地说：“这有什么好笑的？”从此再不碰那破筝。

但是今天妈妈打算跟女儿一起去领取纽扣。

智慧箴言

大人在讲大道理时，会赞美童心可贵，但是一回头又常说孩子：“小孩懂什么？”大人常以强者姿态熄灭孩子心中敏感执着的火花而不自觉。唯有在尊重中成长的孩子，才会以自重来塑造性格上的坚强。

儿子的发现

有一天，6岁的儿子忽然盯着爸爸妈妈看，说：“爸爸和妈妈长得真一样。”爸爸妈妈摇头，说儿子瞎说。要知道，爸爸又黑又胖，小眼粗眉，妈妈白且瘦，大眼细眉，怎能一样？儿子却坚持他的发现：“一样就是一样。”

这事过后不久，爸爸去一个同事家，第一次见到他的父母，突然发现，他俩长得惊人相似。爸爸悄悄对同事说：“你父亲母亲真像兄妹……”同事笑笑，告诉他说：“好多人都这么说。”爸爸不由想起儿子的话，但爸爸妈妈确实长得不相似。

再后来爸爸在一个远房亲戚家，又发现了类似的事情。亲戚家的小男孩是抱养的，打很远的地方抱来，从婴儿养成一个戴红领巾的少年。虽非亲生，这个小男孩的眉眼却和养父养母很像，尤其是举止，太像他的养父了。亲戚说：“我们待他跟亲生的一样，不像我们像谁？”是呀，他们把这个小男孩视如己出，精心呵护，虽然没有遗传基因，却有朝夕相处的影响，亲情的力量，早已使他们形神相似了。

这时候，儿子那天的发现，在爸爸心中突然得到答案。

智慧箴言

西方有句哲言说得好：“孩子是幸福的泉水。”是啊，孩子不仅是家庭幸福的源泉，还是人类纯洁而天真的花朵，帮你找回最美好的记忆。

这条小鱼在乎

有这么一个故事。

在暴风雨后的一个早晨，一个男人来到海边散步。他沿着海边走着，注意到，在沙滩的浅水洼里，有许多被昨夜的暴风雨卷上岸来的小鱼。它们被困在浅水洼里，回不了大海，虽然近在咫尺。被困的小鱼，也许有几百条，甚至几千条。用不了多久，浅水洼里的水就会被沙粒吸干，被太阳蒸干，这些小鱼都会被渴死的。

男人继续朝前走着。他忽然看见前面有一个小男孩，走得很慢，而且不停地在每一个水洼旁弯下腰去——他捡起水洼里的小鱼，并且用力把它们扔回大海。这个男人停下来，注视着这个小男孩，看他拯救小鱼们的生命。

终于，这个男人忍不住走过去："孩子，这水洼里有几百几千条小鱼，你救不过来的。"

"我知道。"小男孩头也不抬地回答。

"哦？那你为什么还在扔？谁在乎呢？"

"这条小鱼在乎！"男孩儿一边回答，一边拾起一条鱼扔进大海，"这条在乎，这条也在乎！还有这一条、这一条、这一条……"

智慧箴言

罗曼·罗兰曾经说过："即使在最丑的孩子身上，也有新鲜的东西、无穷的希望。"孩子的行为大多时候在大人看来是幼稚的，但是，正是孩子单纯的举动，填补了成人日渐空虚的灵魂。

没有口袋

一帮抢劫犯抢劫了附近的银行，当他们落荒而逃之时，警车围堵住了他们。

歹徒眼看难以脱身，施出最后一计，将钞票纷纷扬扬地撒满街，指望见钱眼红的人群能阻住警车……

然而歹徒失算了，他们束手就擒，而且，那些满地的钱，被许多双手捡回来之后，居然一张都没有少。

钱是被一队刚刚开完运动会排队走回学校的小学生捡着的。男孩女孩们穿着鲜艳的蓝白相间的运动服。他们将各人捡到的钱交给老师，老师又交给校长。校长与警方一同清点完毕，告诉孩子们，国家的钱完整无缺。孩子们都兴奋得鼓起掌来。

记者闻讯赶来采访，在按常规赞扬了孩子们几句之后，很打趣地提问："你们在捡钱的时候，都是怎么想的？一点点都没想过，要把钱装进自己的口袋里吗？"

孩子们七嘴八舌地说得让人听不清，这时有个最小的孩子（大概是个一年级学生）答得最好，他把自己浑身上下拍遍，说："叔叔你看，我们也没有口袋呀。"

围观者都笑了。

智慧箴言

"孩子知道各式各样的聪明话，虽然世间的人很少懂得这些话的意义。"这是著名诗人泰戈尔说过的。孩子虽小，但他们是最聪明的。

花的颜色

一朵鲜艳亮丽的小红花娉娉婷婷地绽放了。整个上午，小女孩伫立在花盆旁边，舍不得离开。

她对着盛开的小红花露出疼惜的微笑。早晨的阳光洒了她和她的小红花一身灿亮的金光。

含笑的小女孩抬起头对妈妈说："妈妈，花是红色的，好漂亮，我好喜欢。"

"如果开的是别的颜色的花，你就不喜欢它了吗？"妈妈与孩子开玩笑。

她却想也没想，回答："妈妈，我一开始并不知道它会开红色的花啊。"

智慧箴言

孩子的心灵是最纯洁的，她种花只是因为要种花，不管花是什么颜色的，她都喜欢。

孩子的想法很简单，但出乎意料

有一位教授，在一个周末的早晨，准备下周讲课的内容，他的妻子出去买东西了。那天在下雨，他的儿子吵闹不休，令他难静下心来。最后，这位教授捡起一本旧杂志，一页一页地翻阅，直到翻到一幅色彩鲜艳的大图画——一幅世界地图。他就从那本杂志上撕下这一页，再把它撕成碎片，丢在地上对儿子说："小圣路易斯，如果你能拼好这些碎片，我就给你2角5分钱。"

可是，不一会儿，小圣路易斯就把碎片拼好了。

"孩子，你是怎样把这件事做得这样快的？"

小圣路易斯说："这很容易。在另一面有一个人的照片。我就把这个人的照片拼到一起，然后把它翻过来。

教授微笑起来，给了他的儿子2角5分钱。他说："如果一个人是正确的，他的世界也就会是正确的。"

智慧箴言

如果你是正确的，你的世界也会是正确的。当你像小孩一样抱着这种积极的态度对待人生时，你所遇到的一些问题便不是问题了。

买票

一个5岁的小女孩，第一次和父母亲去看电影。对她来说，那是件大事，因为姐姐已经有资格看电影了，妹妹太小，还不能去看。她不知道看电影是怎么回事，只知道大人认为可以去看了，所以觉得非常神气。爸爸说，在戏院里要乖乖的，不许讲话。小女孩答应了。

到了电影院，爸爸去买票。要入场的时候，小女孩看见每人手里拿一张票，要交给收票的，让他撕一半才能进去，轮到他们的时候，她向爸爸要她的票。他却说："你不要票就可以进去。"

小女孩觉得非常不公道。为什么人人都有一张票而她没有？爸爸既然带她来，为什么不给她买票就要拉她进去？"我也要一张票。"她大叫，并哭起来。

“你这孩子真不讲道理，”爸妈同时说，“你不要票就可以进去，还在吵什么？”

小女孩继续大哭大闹。因为她要的只是平等待遇，人人都有票，她也要一张，这有什么不讲道理？他们挡在入口，别人都在看他们，很不耐烦，有的摇头，和她的父母亲一样，说：“这孩子真没有道理。”

他们愈说小女孩没有道理小女孩愈生气。爸爸拿她没办法，只好买一张票给她。她这才像别人一样，把票规规矩矩地交给收票的，让他撕掉一半，跟父母进了电影院，放的是什么电影小女孩完全没有印象，只在黑漆漆的戏院里静静地流眼泪，情绪还没有平复。

回家后，父母亲又教训了她一顿，说6岁以下的儿童不必买票，这么不讲道理，以后不带她去看电影。她听了才不在乎。5岁的她对金钱毫无认识，所以对白花钱替她买票也不觉得是冤枉的。

智慧箴言

不要把小孩当成特殊的群体，让他们在平等的空间里成长更有利于他们性格的塑造。

查尔斯的故事

圣路易斯上幼儿园了。

“幼儿园里好不好？”妈妈故意漫不经心地问道。

“还行。”

“你学到什么东西了？”他父亲问。

圣路易斯冷冷地白了父亲一眼，说：“我没有学任何东西。”

“任何东西，”妈妈强调，“没有学任何东西。”

“但是老师打了一个孩子的屁股，”圣路易斯接着补充说，“因为他淘气。”

“他怎么淘气了？”妈妈问，“这孩子是谁呀？”

“查尔斯，”圣路易斯想了片刻回答，“他淘气。老师打了他的屁股，还罚他站，哦，他太淘气了。”

“他干什么坏事了？”妈妈追问道，但是圣路易斯已经爬下椅子拿起一块饼扬长而去，他父亲还在对他说着：“哎，淘气鬼……”

第二天吃午饭时，圣路易斯一坐下就讲道：“查尔斯今天又犯坏了，”他咧着嘴笑，“查尔斯今天打老师了。”

“天哪，我想，他又挨打了吧？”

“他当然挨打了，”圣路易斯转向他父亲，“瞧这儿！”

他父亲抬起头：“干什么？”

“往下看——看我的大拇指！唉，你真是个大傻瓜。”他哈哈大笑起来。

妈妈赶紧岔开：“查尔斯干吗打老师？”

“老师要他用红蜡笔画，查尔斯偏用绿的，他就打老师了，老师就打他屁股了。老师还不让别的小朋友跟他玩，可是别的小朋友还是跟他玩。”

接下来的几天。查尔斯在故事课上大喊大叫，还给了一个小朋友腿上一脚，打得他哭了起来。星期五查尔斯放学后又被留下来，其他孩子也只好又留了下来。

圣路易斯去幼儿园两个星期，查尔斯仿佛成圣路易斯家庭的一员了。

就在接下来的两个星期，查尔斯变好了。星期四圣路易斯吃午饭时严肃地报告说：“查尔斯今天可真不错，老师奖给他一个苹果。”

“是吗？”妈妈问。爸爸小心翼翼加了一句：“你是说查尔斯？”

“对。他帮老师收本子，老师说他是个好帮手。”

“怎么会呢？”妈妈满腹狐疑地说。

“他帮了老师的忙，就这么回事。”圣路易斯耸了耸肩。

“下星期又要开家长会了，”一天晚上，圣路易斯的妈妈对丈夫说，“家长会上我一定得见见查尔斯的妈妈。”

爸爸说：“问问她查尔斯怎么变好的。”

“是的，我一定要问问。”妈妈说。

那天晚上，圣路易斯的妈妈准备去参加家长会，丈夫送她到门口，叮嘱说：“请她散会后到家里来喝杯茶，我想见见她。”

“她在就好了。”妈妈满怀希望地说。

“她肯定在的，”爸爸说，“没有查尔斯妈妈在场，他们开家长会还有什么意义？”

在会上，圣路易斯的妈妈很纳闷为什么没人提到查尔斯这个名字。

会后，圣路易斯的妈妈找到了圣路易斯的班主任，她手里拿着一杯茶和一块巧克力饼。

“我一直想见见您，我是圣路易斯的妈妈。”

“我们对圣路易斯都很感兴趣。”

“哦，他真的很喜欢幼儿园，他回家老说起幼儿园里的事。”

“开始的那两个星期他有些不习惯，”班主任认真地说，“但他现在表现不错，是老师的小帮手了。当然了，有时他也还会犯点小错误。”

“圣路易斯一向挺能适应环境，我想他是受了查尔斯的影响。”

“查尔斯？”

“是呀！”妈妈笑着说，“有查尔斯这样调皮的孩子在幼儿园里你一定很忙吧？”

“谁是查尔斯？我们幼儿园里没有叫查尔斯的呀！”

智慧箴言

孩子有时候真的很调皮，但是最重要的是他们有勇于改过的勇气，所以对于孩子犯下的错我们要学会原谅，让他们在宽松的环境里健康地成长。

妈妈的生日礼物

妈妈的生日快到了，丹尼尔很想买一件礼物送给妈妈过生日。他在福尔先生的商店里曾见过有一枚漂亮的别针，它佩带在妈妈的身上，一定非常漂亮。但需要 30 美元才能买到。

幸亏丹尼尔养的唯一一只兔子快要生小兔子了。丹尼尔想：妈妈的礼物全就看它的了。

看来要等兔子生出小兔子来，真是一件难事！丹尼尔着急得每天早晨都跑去查看笼子。终于，有一天早晨，笼子里多了 5 只小兔子！

照顾 6 只兔子对于丹尼尔来说是多了一点！但他很高兴地看着这 5 只小兔子长大。

有一天，丹尼尔认为这些小家伙可以卖掉了，于是，他抱着一只小兔子去试了试，结果得到了 5 美元，第二天他又卖了两只，最后丹尼尔把剩下的小兔子都卖掉了。

现在，他手里有了 25 美元。还差 5 美元，才能买得起福尔先生商店里的那一枚漂亮的别针，但他已经没有别的小兔子可以卖了，说什么也不能卖母兔子——他太喜欢它了！丹尼尔真不知道自己该怎么办才好。

最后，丹尼尔只好硬着头皮，带着那 25 美元来见福尔先生。

"我想为妈妈买下那枚漂亮的别针，"丹尼尔说，"我现在不能付清全部的钱，但我会想办法尽快得到剩下的 5 美元的。"

"好吧，"福尔先生说，"我会把别针给你留下来，把它装进生日礼物盒里的。"

临近妈妈生日那一天，丹尼尔来见福尔先生。"这是 5 美元。"他骄傲地说。

"你是怎么弄到的？"福尔先生问。

"我卖了母兔子的脚印。"丹尼尔说。

福尔先生脸上露出不解之色，丹尼尔笑了起来。

前两天下了一场雪，这雪使丹尼尔想起了兔子的脚印很受孩子们喜欢。他去问约翰夫人是否想买兔子的脚印，这将会成为她给她的小儿子的礼物。

她说如果让母兔子在她的院子里走一圈，她将给丹尼尔 1 美元。又有 4 位妈妈也想在院子里印上兔子的脚印，于是，丹尼尔就从这 5 位妈妈那儿得到了 5 美元。

"那天夜晚我带着母兔子去了那 5 个院子里，分别转了一圈，留下了许多脚印。"

福尔先生听丹尼尔说完后大笑起来。

智慧箴言

孩子用自己的聪明为母亲赚来了一份生日礼物，礼物虽小，但那是孩子对母亲的一份心意。

右臂畸形的小女孩

贝瑞的右臂在一次车祸中固定成了 V 字形，肩膀只能前后摆动，就像一只飞鸟的翅膀在扑动。因此，从那以后，哈里他们都叫她"翅儿"。

这样的一种不幸，要是落在其他人身上，多半会一蹶不振，但贝瑞却并不因此气馁。她仍是一个顽皮的姑娘，仍然穿着那种不成体统的顽皮姑娘所穿的衣服。她因为残了一臂而无法再去东河游泳，因此，她只得在河边做漫长的散步。

碰上这种情况，许多人多半会把自己局限于幽静而又沉寂的房中，诅咒他们的命运，痛恨世人，厌恶自己。

贝瑞不是！她追求新的生活——在河边。

一个女孩在男孩和男人的天地中，往往会因为她的畸形臂膀而成为取笑的对象。但贝瑞没有否定她作为一个人的存在价值，她没有自暴自弃。

贝瑞发现河滨世界，是在一个初夏的时候——商船驶进港口卸货；健壮的码头工人背负外来的货袋；工作辛勤的男人在阳光之下叫骂。

不久，她成了一个有固定工作的女子，在东河码头跑上跑下。她赚到了午餐，同时还有薪金可拿。

她做了她应该做的事情，也赢得了每一个人的敬重。

时值10月之末，干旱的气候来到，天气非常闷热。一帮孩子来到东河，跃下采砂船旁的河中。突然间，一个叫作小托尼的男孩大叫救命。

他的一条腿被卡住了，他被夹在一条泊船和码头的当中。

他非常恐惧。万一来一阵风把船吹向码头，那将会把小托尼挤扁！

有人去呼救。救星来了！那是贝瑞，她奔跑而来，一只臂膀摇来摆去，好像稻草人被风吹着一般。

她在码头边沿跪下，并且将左臂伸向小托尼，一下子将他拖出了危险地带。

哈里和其他男孩感到非常惊讶，不相信自己的眼睛所看到的一切。

由于她做码头工人的工作，她的左臂特别发达，所以她救了小托尼的命。

不久，这个残缺的、曾经不受欢迎的小女孩，就被哈里这帮孩子推为首领。

智慧箴言

不幸和磨难不是我们痛苦、失望、悲伤和堕落的借口，而是使我们成熟和清醒的财富。孩子们在不幸中表现得甚至比大人还坚强，困难在他们面前也会慢慢退缩。

第九章

用微笑把痛苦埋葬

霍兰德说："在最黑的土地上生长着最娇艳的花朵，那些最伟岸挺拔的树木总是在最陡峭的岩石中扎根，昂首向天。"而高普更是一语道破天机，他说："并非每一次不幸都是灾难，早年的逆境通常是一种幸运，与困难做斗争不仅磨炼了我们的人生，也为日后更为激烈的竞争准备了丰富的经验。"

把困难踩在脚下

一个农夫的驴子不小心掉进一口枯井里，农夫绞尽脑汁想救它，但几个小时过去了，驴子还在井里痛苦地哀号着。

最后，这位农夫决定放弃了，他想这头驴子已经老了，不值得大费周折把它救出来。于是他便请来邻居帮忙，打算将井中的驴子埋了，以免除它的痛苦。

农夫的邻居们人手一把铲子，开始将泥土铲进枯井中。这头驴子似乎意识到自己的处境，刚开始叫得很凄惨，但出人意料的是，一会儿这头驴子就安静下来了。农夫好奇地探头往井底一看，出现在眼前的景象令他大吃一惊。

当泥土落在驴子的背上时，它竟然将泥土抖落在一旁，然后站在泥土上面！就这样，驴子一层层地踩着要埋葬它的泥土，慢慢升到了井口！

最后，它在众人惊讶的注视下默默地跑开了。

智慧箴言

水声亦作琴声听，黄连可当蜂蜜品。转念一想，我们可以让生活化弊为利，让苦变甜，让恨生爱，让单调变得丰富，让呆板变得活泼。困难对人是一种打击，更是一种磨炼，关键是要把困难踩在脚下当作垫脚石。

拥抱痛苦，笑对坎坷的命运

有一个男孩子，刚出生时只有可口可乐罐子那么大，躺在观察室里奄奄一息。他的腿是畸形的，没有肛门，医生只好给他割了道深口，让他能痛苦地排便，而且他的膀胱和肠也不正常。医生断言，孩子几乎不可能活过 24 小时！然而，他挣扎着，活过了一周，又是一周……他顽强地活了下来。

他实在太小了，周围的一切对他来说都像庞然大物。胆怯的他对任何比他大的东西都充满恐惧，甚至家里的狗也经常欺负他。父亲经常对他说：“孩子，你必须自己面对一切恐惧，勇敢起来！”

当他背着比他个头还大的书包，坐在轮椅上开始憧憬新的生活时，他压根也没有想到迎接自己的却是噩梦。个头矮小的他成了学校调皮学生的玩偶：他们掀翻他的轮椅，弄坏他轮椅上的刹车让他从走廊直接“飞”进老师办公室，最恶劣的一次是，几个同学用绳子绑住他的手，用胶纸封住他的嘴，把他扔进垃圾箱里，接着在垃圾箱外点起了火，滚滚浓烟令他窒息，他恐惧极了，直到一位老师将他解救出来……

他终于无法忍受了，回到家，想着自己一次次被折磨、被侮辱的遭遇，他放声大哭。他想到了自杀，但他还是舍不得疼爱他的双亲……

高中毕业后，他决定给自己找个工作。每天早上，他趴在滑板上，敲开一家又一家的店门，问店主是否愿意雇用他。可等人家打开门时，根本就没有发现几乎趴在地上的他，就又把门关上了。

经过无数次应聘失败后，他终于找到自己的第一份工作。他每天凌晨 4 点半起床，赶火车到镇上，然后爬上他的滑板，从车站赶到几千米外的工厂。尽管生活艰辛，但是能够自食其力，他勇敢而快乐地活着。

他 12 岁起，就开始打室内板球，后来还喜欢上了举重与轮椅橄榄球。他对运动的执着与热爱，使他取得了一系列好成绩，相继获得了 1994 年澳大利亚残疾人网球赛的冠军以及 2000 年全国健康举重比赛第二名。他就是约翰·库缇斯。

后来，常有人追问他的种种故事；终于，在一次午餐会上，约翰应邀做了简短的演讲。他的经历与现状让在场的观众热泪盈眶，赢得了热烈的掌声。那次经历让约翰猛然发现了一个最适合自己的职业——在讲台上，讲出自己的挣扎与拼搏，讲出自己的恐惧与忧伤，讲出自己的渴望与梦想！

如今，约翰已在190多个国家作了800多场演讲，他用自己的亲身经历，激励和影响了无数听众……

智慧箴言

任何苦难我们都必须勇敢面对，如果输了就会输掉一切，如果赢了则赢得了命运。一切皆有可能，永远都不要放弃信念。面对坎坷的命运，我们应当拥抱痛苦笑对人生。

冲破大风雪，我们坐在雪橇上

西方圣诞节里不可缺少的歌——《铃儿响叮当》，它的作者是皮尔彭特。这是他在一个圣诞前夜，作为礼物，为邻居的孩子们写的。歌中没有耶稣，没有圣诞老人，有的只是风雪弥漫的冬夜，穿越寒风的雪橇上的清脆的铃铛声，有一路的欢笑歌唱，不畏风雪的年轻朋友的美好心灵。

皮尔彭特或许没有想到，他一生中偶一为之的作品居然产生如此巨大的影响。这与他的人生遭遇产生了强烈的反差。19世纪，美国人约翰·皮尔彭特从耶鲁大学毕业，遵照祖父的愿望，选择教师作为自己的职业。他的生活看上去充满希望。

然而，命运似乎有意捉弄他，皮尔彭特对学生是爱心有余而严厉不足，很快就为当时保守的教育界所不容，结果很快结束了教师生涯。

但他并不在意，依然信心十足。不久他当了律师，准备为维护法律的公正而努力。但他似乎一点都不理解当时流行的“谁有钱就为谁服务”的原则。他会因为当事人是坏人而推掉找上门来的生意；如果是好人受到不公正待遇，他又不计报酬地为之奔忙。

这样一个人，律师界感到难以容忍，皮尔彭特只好又离去，成了一位纺织品推销商。然而，他好像没有从过去的挫折中吸取教训，看不到竞争的残酷，在谈判中总让对手大获其利，而自己常吃亏。于是，只好再改行当了牧师。然而，他又因为支持禁酒和反对奴隶制而得罪了教区信徒，被迫辞职。

1886年，皮尔彭特去世了。在他81年的生涯中，似乎一事无成——除了一首大家熟悉的歌：

“冲破大风雪，我们坐在雪橇上，快速奔驰过田野，我们欢笑又唱歌，马儿铃儿响叮当，令人心情多欢畅……”

他虽然在事业上没有成功，但这并不说明他的理想和追求没有价值。今天，他的歌凝固在人们的心灵深处，不正是有力的说明吗？

智慧箴言

爱因斯坦曾说过：“通向人类真正的伟大境界的道路只有一条——苦难。”苦难换种角度看其实是上天对人的馈赠，只要在苦难中怀着坚定的信念并坚持下去，那苦难过后就是美好。

用左脚描绘出辉煌的人生

《夏天的影子》《茂盛的百合花》《锦绣前程》等名著都是爱尔兰作家克里斯蒂·布朗的遗著。

一直到5岁，小布朗还不会说话，头部、身躯、四肢也都不能活动，父母带着他四处求医，可情况始终没有什么好转。最后连家人也失去了信心，认为他可能要这样过一辈子了。

有一天，躺在床上的小布朗正看着妹妹用粉笔画画玩，他忽然伸出了自己的左脚，把妹妹手里的粉笔夹了过来，在床沿上乱画起来。

妹妹大声哭喊：“给我粉笔！给我粉笔！”哭喊声招来了妈妈。妈妈的眼光没有停留在妹妹身上，而是落在了小布朗的左脚上。她高兴地惊叫道：“他的左脚还能动！”

真是喜从天降啊。母亲认为自己的儿子还能在社会上生存下去。她开始教他用左脚写字。布朗并不笨，他第一天晚上便跟妈妈学会了英语字母“A”。1年后，26个字母他都能用脚写下来了。

他继续刻苦学习，除了写字，还要看书。全家人省吃俭用，节省下钱来为布朗买儿童读物和文学名著。布朗对文学作品表现出了浓厚的兴趣。

随着布朗一天天长大，他慢慢能说话了。他想要写信、做读书笔记，还想试着练习写作。这样一来，笨拙的左脚趾就不太胜任了。他对妈妈说他要一台打字机。

妈妈迟疑地对布朗说："孩子，买了打字机，你怎么使用呢？你没有健全的手啊！你能学会用脚趾打字吗？"

布朗回答妈妈说："是的，妈妈，我没有健全的手。但我有一只健全的脚，我要成为世界上第一个用脚趾打字的人！"

母亲想方设法替儿子买来了一台旧打字机。布朗把打字机放在地上，自己半躺在一把高椅上，用左脚按动键钮。他像着了迷一样，整天地练习。累了，就用左脚趾夹住笔画画。

由于脚趾掌握不好打字的力度，所以刚开始打出的字，不是模糊不清，就是打烂了纸。但布朗一点也不灰心。他仍然着迷似的坚持练习，不管是炎热的夏天，还是寒冷的冬天，他都没有中止过。他的左脚趾长出了老茧。终于，他打出了力度适中、清清楚楚的字，而且能熟练地给打字机上纸、退纸，还能用左脚趾整理稿件。

布朗学会打字后，写作的愿望变得更加强烈。他把自己想写一部小说的事告诉了母亲。母亲知道儿子是个有决心、有毅力的人，她也理解儿子的心情，可她知道写作比学习打字不知要难上多少倍，她担心儿子一旦失败会承受不了心灵上的创伤，她不想让这个不幸的孩子再受什么伤害、再平添许多痛苦。另外，她也觉得，儿子还是个小孩子，没有多少生活阅历，有什么可写的呢？于是她劝慰儿子："孩子，你有雄心壮志，妈妈很高兴。但是，人生的道路是很曲折的，不像你想的那么简单，万一失败了怎么办呢？我看你还是好好休养，读读小说、画画图画、玩玩打字机就行了，不要想得太多了。你现在年纪还小，等以后再说吧！"

"妈妈，人活着就应该有所追求。我是一个残疾人，丧失了生活中的许多乐趣，别人都看不起我，兄弟姐妹们也把我当成包袱。我要奋斗，我要让人们知道，我是一个有用的人。"

布朗躺在床上，静静地回忆着自己记事以来不幸而坎坷的人生经历，决定一定要把自己的生命历程写成一部自传体小说。他在心中酝酿着。

过了几个月，布朗已经用他的左脚打出了他第一部小说第一章的初稿。

他首先把它念给母亲听。母亲被小说主人公的痛苦遭遇和坚强性格深深打动，她流着泪听儿子念完，然后把儿子紧紧搂在怀里，对儿子说："孩子，一定要坚持下去，我相信你会成功！”

不知写了多少个日日夜夜，不知费了母子俩多少心血，不知克服了多少常人难以想象的困难，不知经历了多少次的失败和挫折，终于，在布朗21岁的时候，他的第一部自传体小说问世了。他把它取名叫作《我的左脚》。他想在小说的标题中，就开门见山地告诉人们：“我的左脚支撑起了我的整个生命，我的左脚在创造着自己不屈不挠的生活。”

布朗虽然只能用左脚来写小说，但这并不妨碍他在文学创作的道路上不断拼搏。16年之后，他的又一部自传体小说《生不逢辰》也出版了。再后来又出版了许多书，每部书都打动了读者，布朗一下子出名了。

智慧箴言

以顽强的意志、坚持不懈的精神同命运作斗争，原本暗淡的人生，也会变得灿烂。

限制因素的大小，取决于你的态度

弗兰克斯从西点军校毕业后如愿从了军，但是一次战争中一块手榴弹弹片戳进了他的左腿，没办法的情况下做了截肢手术。退伍似乎是唯一的选择。尽管弗兰克斯感到自己仍有许多值得发挥的东西，比如作战经验、技术知识、解决问题的能力，可以贡献给部队，不过他也知道，受过重伤的军人很少有回到现役的。他们必须通过每年1次的健康考核，包括徒步行军2千米。弗兰克斯吃不准自己戴着假肢能否通过考核。

手术后最让弗兰克斯感到悲哀的是，他再也不能在棒球场上一展雄姿了。他在西点军校时曾经是棒球队的队长。在每周举行的棒球赛中，轮到他击球时，都得靠别人代他跑垒。

有一天在等候击球轮次时，弗兰克斯注意到一名队友滑进了第三垒。他想：“如果我做同样的尝试，情况会怎样呢？”

当弗兰克斯击球时，他一棒把球击到了场中央。他挥手叫替其跑垒者让开，自己迈动僵硬的腿，开始了痛苦的跑步。在第一垒和第二垒之间，他瞅见外野手将球抛向第二垒的守垒员。他于是闭上眼，拼命往前冲，一头滑进了第二垒。裁判喊道:“安全入垒！”弗兰克斯欣慰地笑了。

几年后，弗兰克斯率领一个中队穿越恶劣的地形进行战地训练。上司怀疑一位截肢者能否接受这种挑战，但弗兰克斯用行动做出了肯定的回答。“这使我跟士兵们的关系更为密切，”他说，“每当我的假肢陷入泥泞时，我就叮咛自己:‘这便是你无腿可站时的情形。’”

今天，弗兰克斯已晋升为四星上将。“失去一条腿使我认识到，限制因素的大小，取决于你的态度。”他感慨地说，“关键是要全力集中于你所拥有的，而不是你所没有的。”

智慧箴言

康德曾经说过:“只有乐观与希望，才能有助于我们生命的滋长，能够鞭策我们继续奋斗，产生无穷的力量。”乐观的态度总能让你从黑暗中走出来。

接受考验才能脱颖而出

约翰尼·卡许从小就想当一名歌手，可是，没人请他唱歌，就连电台唱片音乐节目广播员的职位也没能得到。他只得靠挨家挨户推销各种生活用品维持生计，不过他还是坚持练唱。他组织了一个小型的乐队在各个教堂、小镇上巡回演出，为歌迷们演唱。最后，他灌制的一张唱片奠定了他音乐工作的基础。他吸引了 2 万名以上的歌迷，这使他获得了成功。

然而，第一次考验刚过，第二次考验又来了。经过几年的巡回演出，他被那些狂热的歌迷拖垮了，晚上须服安眠药才能入睡，而且还要吃些“兴奋剂”来维持第二天的精神状态。他开始沾染上一些恶习——酗酒、服用催眠镇静药和刺激兴奋性药物。他的恶习日渐严重，以致对自己失去了控制能力。他不是出现在舞台上而是更多地出现在监狱里了。到了 1967 年，他每天须吃 100 多片药。

一天早晨，当他从佐治亚州的一所监狱刑满出狱时，一位行政司法长官对他说:“约翰尼·卡许，我今天要把你的钱和麻醉药都还给你，因为你比别人更明白你能充分自由地选择自己想干的事。看，这就是你的钱和药片，你现在就把这些药片扔掉吧，否则，你就去麻醉自己、毁灭自己，你选择吧！”

卡许选择了生活。他又一次对自己的能力做了肯定，深信自己能再次成功。

他回到纳什维利，并找到他的私人医生。医生不太相信他，认为他很难改掉吃麻醉药的坏毛病，医生告诉他："戒毒瘾比找到上帝还难。"

卡许并没有被医生的话所吓倒，他知道上帝就在他心中，他决心找到上帝，尽管这在别人看来几乎不可能。他开始了他的第二次奋斗。他把自己锁在卧室闭门不出，一心一意就是要根绝毒瘾，为此他忍受了巨大的痛苦，经常做噩梦。当时摆在他面前的，一边是麻醉药的引诱，另一边是他奋斗目标的召唤，结果他的信念占了上风。9 个星期以后，他又恢复到原来的样子了，睡觉不再做噩梦。他努力实现自己的计划。几个月后，他重返舞台，再次引吭高歌。他不停息地接受考验，终于又一次成为超级歌星。

智慧箴言

西方有位哲人指出："人生乃是长期在考验我们的毅力，唯有那些能够坚持不懈的人，才能得到最大的奖赏。坚定的毅力可以移山，也可以填海，更可以让人从芸芸众生中脱颖而出。"

我永远活在光明之中

1894 年，朝鲜爆发了一场农民战争。

半个世纪后，朝鲜作家朴泰源决心把这一段波澜壮阔、可歌可泣的历史再现出来。

一旦下定了决心，朴泰源就废寝忘食地忙碌了起来。他的工作节奏是那么快，而且常常通宵达旦。也许是由于他太过于折磨自己的眼睛了，渐渐地，他的眼睛突然像蒙上了一层什么，视力急剧下降。医生告诉他，他患的是双眼视神经萎缩和色素性视网膜炎，并劝他停下手中的工作，休息、检查、治疗。

医生的劝告，一些好心人的善意关怀，朴泰源都很感激，而且也反反复复地想过，但他却怎么也放不下手中写着的书，他觉得自己不能让工作半途而废。他决心争分夺秒地和黑暗来临之前的时间比赛。

朴泰源的视力越降越低，不幸的时刻终于来临了。

一天，他正在洒满阳光的书房里专心整理资料，突然感到眼前一片黑暗。他惊奇地问妻子："亲爱的，怎么突然天黑了？"妻子没有回答，她抑制着自己的哭声，她心里明白，她亲爱的丈夫此刻已完全失明了，她等待着，等待着奇迹发生：一瞬间丈夫会突然重见光明，她希望眼前的一切都是假象。桌上的闹钟在滴答滴答往前赶，什么奇迹也没发生。

朴泰源说话了："亲爱的，太阳躲进了我心中，跳进我脑中了，我永远在光明之中。"

妻子完全能够养活他，单位也同意承担他将来的全部生活费。可朴泰源偏要和自己过不去。他还要继续写书，他开始了一场与厄运的搏斗。他请人做了一块大小和稿纸差不多的硬纸板，在板上刻下横的竖的空格，装上能固定稿纸的夹子。朴泰源利用自己"发明"的这个工具，又开始了写作生活。

妻子每天早晨上班之前，给他准备好纸和笔，晚上回来帮他校对，誊清当天的手稿，然后念给他听。妻子一边念，一边按他的要求进行修改，直到他完全满意为止。

可是，命运再一次跟他过意不去。1975 年，正当他在艰难中坚持创作的时候，身体的左半边瘫痪了，不久右半边也完全麻木不能转动了，接着双手也不听使唤了，只剩下一张能说话的嘴。他没有向命运屈服，仍继续他的创作。

他静静地躺在床上，嘴里一字一句地念着小说的情节，让别人记下来。看到他艰难、痛苦的样子，身边的人都替他感到难过，他却常常安慰他们："不要难过，疾病给我留下的时间不多了。别人过一秒，对我来说，等于过 10 年，只要我能争取这一秒一秒的时间，让它来帮助我完成事业，我就很幸福了。"不知过了多少个日日夜夜，长篇巨著《甲午农民战争》的第一卷终于在 1977 年 4 月出版了。又经过异常艰苦的 3 年多时间，小说的第二卷也脱稿出版了。朝鲜政府为此授予他 2 枚国旗一级勋章，并称誉他为"朝鲜的奥斯特洛夫斯基"。

智慧箴言

人生在世，不可能事事如愿，但是无论遇到了什么样的苦难，都不必灰心丧气，即使跌倒一百次，也要一百次站起来。

变悲痛为再生的力量

埃德加是一位非常博学聪慧的老作家，他多年的写作和教学曾帮助过许许多多身处逆境的人们，现在不得不用自己的智能滋养着自己。老人因意外地受到了重物的撞击，身体的右半侧失去了知觉，甚至丧失了说话能力。医生们的预测是很不乐观的，他们告诉他的夫人：想恢复说话能力是不可能的了。可是几个星期后，老人不仅又能进行交谈了，而且还决心要获得更多的才能。在一个晴朗的晚冬日子，戴维专程拜访了他。

埃德加拄着手杖，起身步履缓慢地迎接戴维，戴维告诉他，失败的事实仍然使他感到悔恨和悲痛，甚至无力自拔。

“现在你需要的就是痛心疾首地反省自己的失败，学会从悔恨和悲伤中寻找安慰。”他接着劝诫戴维，“一些人，他们不因悔恨的震惊而醒悟，因此无法得到安慰；但是那些真正懂得悲痛的人，就能获得新的灵感和更加充实的信念。”

“我给你看一样东西。”他指向窗外远处的光秃秃的杨树，那些杨树是环绕着那片牧场栽种的。他们从边门走出去，踩着嘎吱嘎吱作响的积雪，慢慢走向牧场。

戴维注意到，在每一棵大树之间都有绞扎在一起、锈迹斑斑的、带着铁刺的铁刺网串接着。埃德加告诉戴维：“60年前，这家主人种下了这些树，用来拉铁丝网当作圈围牧场的栅栏，这样就省得挖坑埋桩了。可是，把铁丝网钉进幼嫩的树皮里，却是那些小树的极大不幸。一些树进行反抗，一些树也就接受了。你看这儿，铁丝网已经长进树里去了。”

他又指向一棵因铁丝的伤害已严重畸形的老树：“为什么那棵树用损伤自己来反抗，这棵树却接受了铁丝网而不是牺牲自己？”

“这片老树使我想得很多，”回来的路上埃德加对戴维说，“是内在的力量使老树能够克服铁丝网的伤害，它们不愿让铁丝网葬送掉自己的余生！那么一个人又怎样变不幸、悲痛为再生的力量，而不是让它成为自己生活的障碍呢？”

埃德加也无从了解发生在老树身上的奇迹：“但对于人来说，我们有勇敢地面对逆境和超越痛苦的途径：为自己描绘一幅富于朝气和活力的前景，不要害怕痛苦与失败，尽量对自己宽容——这是最重要也是最费力气的了，应该在自己身上花大工夫。我们许多人总是对自己过于苛刻，我觉得我们每个人都应该和自己签订一个条约——忘掉自己那些已经造成的愚蠢错误吧！”

进屋时，他望着那片树林深沉地说：“如果我们能理智地驾驭不幸，如果我们能彻底地反省自己的过失，‘铁丝网’就不会得胜，我们就能够克服任何不幸，我们就能够成功地生活下去。”

戴维被深深地打动了。

智慧箴言

对于我们来说，我们有勇敢地面对逆境和超越痛苦的途径：为自己描绘一幅富于朝气和活力的前景，不要害怕别人的怨恨和嘲笑，尽量对自己宽容，在自己身上花些工夫是值得的。

苦难并不可怕

在一次火灾事故中，人们从废墟中救出了一对孪生兄弟，他们是这次灾难中仅存的两个人。

尽管他们从死神手中逃了出来，然而却被无情的大火烧得面目全非。他们被送往当地的一家医院。后来，哥哥经常对医生唉声叹气地说："我被烧成了这个样子，以后还怎么出去见人，还怎么养活自己呢？与其这样还不如死了算了。"弟弟则经常劝哥哥说："这次大火只有我们得救了，因此我们的生命显得尤为珍贵，我们的生活最有意义。"

兄弟俩出院后，哥哥整日生活在灾难的阴影中，面对别人的讥讽，始终抬不起头来。后来对生活完全失去了信心，再也没有了活下去的勇气了，于是偷偷地服了大量的安眠药，结束了自己年轻的生命。弟弟却时常提醒自己："我的生命价值比谁都高贵。"无论遇到多大的冷嘲热讽，他都咬紧牙关昂首挺过去，坚强地生存了下来。

一天，弟弟在为别人送货的路上发现不远处的一座桥上站着一个人。他预感到情况不太妙，于是急忙停车向那个人跑去。可是没等他跑到跟前，年轻人已经跳下了河。这时，他勇敢地跳下河，将年轻人救了上来。

原来这个年轻人十分富有，只因经受不了情人背叛的打击而产生了轻生的念头。后来，年轻人决定帮助他干事业。这样，这位弟弟从一个积蓄微薄的送货司机，凭着自己的诚信经营，逐渐发展起了一个有数百万资产的运输公司。

智慧箴言

再苦也要笑一笑。苦难并不可怕，可怕的是在苦难面前我们举手求饶，打了退堂鼓。在苦难中，我们如果能昂首阔步去迎接外来的各种压力，就能赋予自己新的生命。

没什么大不了的

一个人在46岁的时候，在一次很惨的机车意外事故中被烧得不成人形，4年后又在一次坠机事故后腰中部以下全部瘫痪。

但他最终变成了百万富翁、受人爱戴的公共演说家、洋洋得意的新郎官及成功的企业家。

在经历了两次可怕的意外事故后，他的脸因植皮而变成一块彩色板，手指没有了，双腿如此细小，无法行动，只能瘫痪在轮椅上。

那次机车意外事故，把他身上6成以上的皮肤都烧坏了，为此他动了16次手术。手术后，他无法拿起叉子，无法拨电话，也无法一个人上厕所，但他——以前曾是海军陆战队员的米契尔从不认为自己被打败了。他说："我完全可以掌控我自己的人生之船，那是我的浮沉，我可以选择把目前的状况看成倒退或是一个起点。"6个月之后，他又能开飞机了！

米契尔为自己在科罗拉多州买了一幢维多利亚式的房子，另外也买了房地产、一架飞机及一家酒吧，后来他和两个朋友合资开了一家公司，专门生产以木材为燃料的炉子，这家公司后来变成佛蒙特州第二大的私人公司。

机车意外事故发生后4年，米契尔所开的飞机在起飞时又摔回跑道，把他的12根脊椎骨压得粉碎，腰部以下永远瘫痪！

米契尔仍不屈不挠，日夜努力使自己能达到最高限度的独立自主，他被选为科罗拉多州孤峰顶镇的镇长，以保护小镇的美景及环境，使之不因矿产的开采而遭受破坏。米契尔后来竞选国会议员，他用一句"不只是另一张小白脸"的口号，将自己难看的脸转化成一项有利的资产。

尽管他面貌骇人、行动不便，但米契尔觉得没什么大不了的，他坠入爱河且完成终身大事，他拿到了公共行政硕士，并持续他的飞行活动、环保运动及公共演说。

米契尔坚强不屈的人生态度，使他得以在《今天看我秀》及《早安美国》节目中露脸，同时《前进杂志》《时代周刊》《纽约时报》及其他出版物也都有米契尔的人物特写。

米契尔说："我瘫痪之前可以做1万件事，现在我只能做9000件，我可以把注意力放在我无法再做的1000件事上，或是把目光放在我还能做的9000件事上。告诉大家，我的人生曾遭受过2次重大的挫折，而我不能把挫折当成放弃努力的借口。或许你们可以用一个新的角度，来看待一些一直让你们裹足不前的经历。你可以退一步，想开一点，然后，你就有机会说：‘或许那也没什么大不了的！’”

智慧箴言

这世上很多的事情都是我们无法左右的，幸与不幸随时会光临我们。当不幸来临时，无论发生什么事，都要保持一种积极向上的心态和顽强的拼搏精神。我们要告诉自己：不能把挫折当成放弃努力的借口。这样，我们会做得更好。

闯过生命的障碍，做自强不息的人

胡春香从娘胎里出来，就无手无脚，手脚的末端只是圆秃秃的肉球。8岁时，有了思想的她就想到了死。但可悲的是，她无法找到死的方法：用头撞墙，因为没有四肢支撑，在碰得几个血泡、摔得一脸模糊后还是安然活着；绝食，又遭到母亲怒骂：“8年，我千辛万苦拉扯你8年了……”看着母亲辛酸的眼泪，她毅然决定要像常人一样活下去！

她开始训练拿筷子。她先将一只手臂放在桌边，再将另一只手臂从桌面上将筷子滑过去，然后，两个肉球合在一起。她从用一根筷子开始，再到用两根筷子，日复一日，血痕复血痕，9岁那年，她终于吃到了自己用筷子夹起的第一口饭。

学会拿筷子后，她又开始学走路。她将腿直立于地面，努力保持身体的平衡，和地面接触的部位从血痕到血泡，从血泡到厚茧，摔倒爬起，爬起摔倒，血水夹汗水，汗水夹泪水。

10岁那年，她学会了走路，也就在这年，她有了读书的念头。在父母及老师的帮助下，她成了村里一所小学的一名编外生。于是，她用胶皮缠在腿上，不论寒暑和风雨，总是早早到校。她用手臂的末端夹笔写字，付出比常人多数十倍的努力，从小学到初中，再到自学财务大专。

1988年，云南省的一家工厂破格录用她为会计。后来，她为了回报父母的养育之恩返回父母身边。回家后，她自谋出路贩卖水果。再后来，她不仅成了远近闻名的孝女，而且“贩回”一个高大健康的丈夫，膝下有一对活泼可爱的儿女，一家人温馨、甜蜜，其乐融融。

智慧箴言

生命如船，在猝不及防的情况下可能遭遇狂风暴雨、惊涛骇浪、冰山暗礁，勇敢地闯过这些生命中的障碍，等待你的将是风和日丽的美好人生。

站起来，挫折、困难都不是你的对手

里士满在一部名为《动物园观察》的著作中描绘了一只新生的长颈鹿如何学习它的第一课。

把一只长颈鹿带到世上是一个艰难的过程。长颈鹿胎儿从母亲的子宫里掉出来，落大约3米掉到地面上，通常后背着地。几秒钟内，它翻过身，把四肢蜷在身体下。依靠这个姿势，它第一次得以审视这个世界，并甩掉眼睛和耳朵里残存的一点羊水。然后，长颈鹿母亲便用粗暴的方式把她的孩子带到现实生活中。

长颈鹿母亲低下头，以看清小长颈鹿的位置，将自己确定在小长颈鹿的正上方。她等待了大约1分钟，然后做出最不合常理的事——她抬起长长的腿，踢向她的孩子，让它翻了一个跟斗后，四肢摊开。

如果小长颈鹿不能站起身，这个粗暴的动作就被长颈鹿妈妈不断地重复。小长颈鹿为站起来，拼命努力。疲倦时，小长颈鹿有时会停止努力。母亲看到，就会再次踢向她，迫使她继续努力。最后，小长颈鹿终于第一次用她颤动的四条腿站起来。

这时，长颈鹿母亲再次把小长颈鹿踢倒。为什么？它想让孩子记住自己是怎么站起来的。在荒野中，小长颈鹿必须能够以最快的速度站起来，以免自己与鹿群脱离，在鹿群里它才是安全的。狮子、土狼等野兽都喜欢猎食小长颈鹿，如果长颈鹿母亲不教会它的孩子尽快站起来，与大部队保持一致，那么孩子就会成为这些野兽的猎物。

智慧箴言

丘吉尔曾说过：“一个人绝对不可在遇到危险时，背过身去试图逃避，如果这样做，只会使危险加倍。但是如果立即面对它毫不退缩，危险便会减半。”在生活中遭受挫折和打击是难免的，如果一个人每次被击倒后，都努力站起来，任何挫折和磨难都将不是他的对手。

失败了也要昂首挺胸

1954 年，几乎所有的巴西人都一致认为，巴西足球队一定能够在世界杯中荣获冠军。然而，赛事难以预测。在半决赛时，巴西队却意外地输给了法国队，最终没能将那个金灿灿的奖杯带回祖国。

足球是巴西的国魂，球员们比任何人都更明白这一道理。在返回途中，他们懊悔至极，感到无脸面对家乡父老，他们知道自己面对的将是球迷们的辱骂与嘲笑。

然而，当飞机降落在巴西首都机场的时候，他们看到的却是大大出乎他们意料的场景：巴西总统和数万名球迷默默地站在机场，一条格外醒目的横幅摆在人群中间，上面写道：

“失败了也要昂首挺胸，一切都会过去！”

面对这种场面，所有球员顿时泪流满面。总统和球迷们都没有讲话，只是默默地目送球员们离开了机场。

4 年后，巴西足球队果然不负众望，为巴西人民赢回了世界杯冠军。

智慧箴言

只有遍尝黄连的苦涩之后，才能体会美酒的芳香醉人；只有经过生活的挫折后依然昂首挺胸，才能真正找到生活的意义。

没有理由可以绝望

杰克逊进入军中服役，并且奉命参加以色列和阿拉伯之间的战争。他在一次战斗中受了严重的眼伤，眼睛因此看不见东西。虽然他受了这么大的伤痛和苦楚，但他的个性仍然十分乐观。他常常与其他病人开玩笑，把自己的东西分给病友。

医师们都尽心尽力想恢复杰克逊的视力。一天，主治大夫走进杰克逊的房间对他说道：

“先生，我必须把一个不好的消息告诉您，您的眼睛视力恢复不了了。”

时间似乎停下来，房间里呈现可怕的静默。

杰克逊终于打破沉寂，平静地回答道：“其实，我一直都知道会有这个结果。非常感谢你为我费了这么多心力。”

几分钟之后，杰克逊对他的朋友说：“我觉得我没有任何理由可以绝望。不错，我的眼睛瞎了，但我还可以听得很好、讲得很好呢！我的身体强壮，不但可以行走，双手也十分灵敏。何况，就我所知，政府可以协助我学得一技之长，以让我维持生计。我现在所需要的，就是适应一种新生活罢了。”

智慧箴言

不因幸运而故步自封，不因厄运而一蹶不振。真正的强者，善于从顺境中找到阴影、从逆境中找到光亮，时时找准自己前进的目标。在不幸中最大的幸福就是，找到不幸中的幸运。

第二篇
最精彩的成功故事

第一章

人一定要有梦想

听从梦想的召唤。梦想是成长的动力，是搏击巨浪的双桨，是披荆斩棘的利斧，是划破长空的流星。梦想在我们的生命中就像一盏指航灯，失去了梦想，我们就会像一艘失去方向的船，迷失在茫茫大海中，漫无目的地漂泊却无法到达成功的彼岸。人人都应该有自己的梦想，怀着一颗蠢蠢欲动的壮志雄心，为自己的精彩成长去打拼，去努力奋斗。

目标引领成功

伟大的目标才能产生伟大的动力。

康拉德·希尔顿开始涉足旅馆业时，手头只有5000美元。“我如何创业？”希尔顿向母亲请教。

这是一位伟大的母亲，她严肃而又坚定地告诫儿子：“你必须找到你自己的世界。与你父亲一起创业的老友曾经说过：‘要放大船，必须先找到水深的地方。’”于是，希尔顿来到了当时因发现石油而聚集了无数冒险家的得克萨斯州。一天，希尔顿来到马路对面的一家名为“莫布利”的旅馆想住上一晚，谁知旅馆却客满了。

而后，一个铁青着脸的先生开始清理客厅，驱赶人群。他口气生硬地对希尔顿说：“请快点离开，8小时后再来碰运气，看有没有腾空的床位，因为我们这里是每天24小时做三轮生意的。”希尔顿正想发火，忽然灵机一动，问：“你是这家旅馆的主人吗？”

对方却诉起苦来，想把酒店转让。

“你的意思是，”希尔顿压抑住内心的兴奋，故意满不在乎地问，“这家旅馆准备出售？”

“只要有人出 5 万美元，今晚就可以拥有这儿的一切，包括我的床。”旅店老板卖店的决心已定。希尔顿在仔细查阅了莫布利旅馆账簿的基础上，决定买下这家旅馆。经过一番讨价还价，卖主最后同意以 4 万美元出售。希尔顿立即四处筹措现金，终于在一星期期限截止前几分钟将钱全部送到。希尔顿成了莫布利旅馆的主人。

当晚，莫布利旅馆全部客满，连希尔顿的床也让给客人住了。随着莫布利旅馆的经营成功，雄心勃勃的希尔顿又与人合伙买下了华斯堡的梅尔巴旅馆、达拉斯的华尔道夫旅馆。希尔顿的旅馆业开始蒸蒸日上。但他并不满足，他决定要建造自己的新旅馆。

1925 年 8 月 4 日，“达拉斯希尔顿大饭店”终于落成，并举行了隆重的揭幕典礼。在阿比林、韦科、马林、普莱思维尤、圣安吉诺和拉伯克等地相继建起了希尔顿饭店。希尔顿的事业越做越大。他成立了希尔顿饭店公司，把所有的连锁店统一起来。他决心向更广阔的世界扩展。

1937 年夏天，希尔顿看上了旧金山一家名为“德雷克爵士”的旅馆。这家旅馆有 450 个房间，高 22 层，还有一个价值数十万美元的豪华夜总会。老板正急于将这家旅馆转让。希尔顿不失时机地筹集资金，在 1938 年 1 月将“德雷克爵士”旅馆买了下来。1939 年，他又买下了长堤的“布雷克尔斯饭店”。这几次收购均告成功，希尔顿并没有满足，反而激发更大的野心。

希尔顿又把目光瞄向当时世界上最大的饭店——芝加哥的史蒂文斯大饭店。他特地在 1939 年年底亲自去调查了该饭店。它可谓饭店中的“巨无霸”，拥有 3000 个带卫生间的客房，宴会厅一次可接待 8000 位来宾。1945 年，机会来了，希尔顿与史蒂文斯饭店老板经过几个回合的讨价还价，终于以 150 万美元买下了这家饭店。不久，他又以 1940 万美元的巨款买下芝加哥另一家豪华的饭店——帕尔默饭店。

永不满足的希尔顿又把下一个目标瞄向了被誉为“世界旅馆皇后”的华尔道夫大饭店。

1954 年 10 月，希尔顿创造了他一生中最辉煌的一页，用 1.1 亿美元的巨资买下了有“世界旅馆皇帝”美称的“斯塔特拉旅馆系列”，这是一个拥有 10 家一流饭店的连锁旅馆。

希尔顿终于登上了美国旅馆业大王的宝座。他没有止步，而是放眼世界旅馆事业，成立了国际希尔顿旅馆有限公司，将他的旅馆王国扩展到世界各地。希尔顿的事业跃上了新的巅峰，他成了世界旅馆业之王。

智慧箴言

的确，树立明确的目标，能燃起人追求成功的欲望。希尔顿在成长的阶段不断地给自己树立目标，实现一个再定下一个，永不停止地奋斗，放眼世界，将征服世界作为他的终极目标，经过奋力拼搏而获胜。

期望你要得到的东西

野心可以改造一个人的思想，影响他的行动。如果你期望自己得到什么，那么你就要使自己努力地朝这个方向发展。

巴拉昂是一位年轻的媒体大亨，以推销装饰肖像画起家，在不到 10 年的时间里，迅速跻身于法国 50 大富翁之列。临终前，他留下遗嘱，把他 4.6 亿法郎的股份捐献给博比尼医院，用于前列腺癌的研究，另有 100 万法郎作为奖金，奖给揭开贫穷之谜的人。

巴拉昂去世后，法国《科西嘉人报》刊登了他的遗嘱。遗嘱上说："我曾是一个穷人，去世时却是以一个富人的身份走进天堂的。在跨入天堂的门槛之前，我不想把我成为富人的秘诀带走，现在秘诀就锁在法兰西中央银行我的一个私人保险箱内，保险箱的 3 把钥匙在我的律师和两位代理人手中。谁若能通过回答'穷人最缺少的是什么'而猜中我的秘诀，他将能得到我的祝贺。当然，那时我已无法从墓穴中伸出双手为他的睿智欢呼，但是他可以从那只保险箱里荣幸地拿走 100 万法郎，那就是我给予他的掌声。"

遗嘱刊出后，《科西嘉人报》收到大量信件。

大部分人认为，穷人最缺少的是金钱。有一部分人认为，穷人最缺少的是机会。一些人之所以穷，就是因为没遇到好时机，股票疯涨前没有买进，股票疯涨后没有抛出，总之，穷人都穷在背时上。另一部分人认为，穷人最缺少的是技能。现在能迅速致富的都是有一技之长的人，一些人之所以成了穷人，就是因为学无所长。还有人认为，穷人最缺少的是帮助和关爱。总之，答案五花八门、应有尽有。

巴拉昂逝世周年纪念日，他的律师和代理人按巴拉昂生前的交代，在公证部门的监督下打开了那只保险箱。在48561封来信中，有一位叫蒂勒的小姑娘猜对了巴拉昂的秘诀。蒂勒和巴拉昂都认为穷人最缺少的是野心。

在颁奖之日，《科西嘉人报》带着所有人的好奇，问年仅9岁的蒂勒，为什么想到的是野心，而不是其他的。蒂勒说：“每次，我姐姐把她11岁的男朋友带回家时，总是警告我说：‘不要有野心！不要有野心！’我想，也许野心可以让人得到自己想得到的东西。”

智慧箴言

人有野心，这是一件最正常不过的事情。因为人一旦有了野心，就会不满足于现状，才会产生改变现状的想法，激发内在向上的动力和热情，并且开始有条不紊地按照自己的计划去做每一件事情。只有这样，对生命来说才是最有意义的。当然，有了野心还需要通过自己的辛勤努力去实现自己的梦想，而不能为了达到目的不择手段。

不同的目标，不同的人生

不要把安逸和快乐看作是生活的目的——这种伦理基础，被称为猪栏的理想。

有两个从农场外出谋生的年轻人，他们一个人买了去纽约的票，一个人买了去波士顿的票。他们到了车站，一打听才知道纽约人很冷漠，指个路都想收钱；波士顿的人特别质朴，见了露宿街头的人会特别同情。

去纽约的人想，还是波士顿好，挣不到钱也饿不死，幸亏车还没到，不然真掉进火坑了。去波士顿的人想，还是纽约好，给人带路都能挣钱，幸亏还没上车，不然真失去致富的机会了。最后，两个人在换票地点相遇了，原来要去纽约的去了波士顿，打算去波士顿的去了纽约。去波士顿的人发现，这里果然好。他初到那里的一个月，什么都没干，大商场里有欢迎品尝的点心可以白吃。

去纽约的人发现，纽约到处都可以发财。只要想点办法，再花点力气就可以衣食无忧。凭着乡下人对泥土的感情和认识，第二天，他在建筑工地装了10包含有沙子和树叶的土，以“花盆土”的名义，向找不见泥土而又爱花的纽约人兜售。当天他在城郊往返6次，净赚了50块钱。一年后，他竟然凭着“花盆土”拥有了一间小小的门面。

在常年的走街串巷中，他又有了一个新的发现：一些商店楼面亮丽而招牌较黑，一打听才知道这是清洗公司只负责洗楼不负责洗招牌的结果。他立即抓住这一机会，买了“人”字梯、水桶和抹布，办起了一家清洗公司，专门负责擦洗招牌。如今他的公司有了150多个员工，业务还发展到了附近的几个城市。

有一次，他坐火车去波士顿旅游。在路边，一个捡破烂的人伸手向他乞讨，仔细一看，两人都愣住了，因为5年前，他们曾换过一次票。

智慧箴言

一位名人曾经说过，要想拥有高质量的人生，就要敢冒更大的风险。两张车票带来两种人生。不同目标的人做出不同的选择，不同的选择决定不同的命运，老板和乞丐在这里有了分水岭。

生命不需要被保证

宿命论是那些缺乏意志力的弱者的借口。如果将自己的发展依赖于别人的定位，而没有自我实现的欲求，就不可能做出一番事业。

一位成功人士在回忆他的成长经历时说——

“小学六年级的时候，我考试得了第一名，老师送我一本世界地图。我好高兴，跑回家就开始看这本世界地图。很不幸，那天轮到我为家人烧洗澡水。于是，我就一边烧水，一边在灶边看地图。看到一张埃及地图，想到埃及很好，埃及有金字塔，有埃及艳后，有尼罗河，有法老王，还有很多神秘的东西，心想长大以后有机会我一定要去埃及。

“正当我看得入神的时候，突然有一个人从浴室冲出来，围着一条浴巾，用很大的声音跟我说：‘你在干什么？’我抬头一看，原来是爸爸，我说：‘我在看地图！’爸爸很生气，说：‘火都熄了，看什么地图！’我说：‘我在看埃及的地图。’我父亲跑过来‘啪、啪’给了我两个耳光，然后说：‘赶快生火！看什么埃及地图。’打完后，还踢我屁股一脚，用很严肃的表情跟我讲：‘我给你保证！你这辈子都不可能到那么遥远的地方去！赶快生火！’

“我当时看着我爸爸，呆住了，心想：我爸爸怎么给我这么奇怪的保证？真的吗？这一生真的不可能去埃及吗？20年后，我第一次出国就去了埃及，我的朋友都问我：‘去埃及干什么？’我说：‘因为我的生命不要被保证。’于是，自己就跑到埃及旅行。

“有一天，我坐在金字塔前面的台阶上，寄了张明信片给我爸爸。我写道：‘亲爱的爸爸，我现在在埃及的金字塔前面给你写信。记得小时候，你打我两个耳光，踢我一脚，保证我不能到这么远的地方来，现在我就坐在这里给你写信。’”

智慧箴言

被别人保证，并且照着别人的保证去做的人，他的生命注定只能平淡无奇、碌碌无为。只有对自己的生命充满梦想的人，才会不断地超越自己，达到一个又一个高峰，人生也才会因此而绚丽多彩。

梦想在坚持中延伸

在为梦想奋斗的过程中，能够让我们获得荣誉的最关键因素，来源于内心的信念。

24岁的约翰逊是一位平凡的美国人，他以母亲的家具做抵押，得到了500美元贷款，开办了一家小小的出版公司。

他创办的第一本杂志是《黑人文摘》。为了扩大发行量，他有了一个非常大胆的想法：组织一系列以《假如我是黑人》为题的文章，请白人在写文章的时候把自己放在黑人的位置上，严肃地来看待这个问题。他想，如果请罗斯福总统的夫人埃莉诺来写一篇这样的文章是最好不过了。于是，约翰逊便给罗斯福夫人写了一封请求信。

罗斯福夫人给约翰逊回了信，说她太忙，没有时间写。约翰逊见罗斯福夫人没有说自己不愿意写，就决定坚持下去，一定要请罗斯福夫人写一篇文章。

一个月后，约翰逊又给罗斯福夫人发去了一封信。罗斯福夫人回信仍说太忙。此后，每过一个月，约翰逊就给罗斯福夫人写一封信。罗斯福夫人也总是回信说连一分钟的空闲也没有。约翰逊依然坚持发信，他相信，只要他坚持下去，总有一天罗斯福夫人是会有时间的。

一天，他在报上看到了罗斯福夫人在芝加哥发表谈话的消息。他决定再试一次。他打了一份电报给罗斯福夫人，问她是否愿意趁在芝加哥的时候为《黑人文摘》写一篇文章。

罗斯福夫人终于被约翰逊的毅力感动了，寄来了文章。结果，《黑人文摘》的发行量在一个月之内由5万份增加到15万份。这次事件成为约翰逊事业的重要转折点。

后来，约翰逊的出版公司成为美国第二大黑人企业。

智慧箴言

年轻的生命本来都是朝气蓬勃、充满希望的，每颗年少的心都有一个青春的梦。在扬帆起航的时候，每个人都一样充满希望、满怀斗志。然而在经历了风霜雨雪后，有的人如秋草般衰落，一蹶不振，把梦想过早地丢在起航的地方；但另一些人执着地追求，坚持到底，成功就属于这一部分人。

任何时候都可以有梦想

要迎着晨光实干，不要面对晚霞幻想。

海伦很小的时候就爱上了船，11 岁时她已经是一个划船高手，她非常迷恋驾着一叶孤舟、纵横水上的感觉。

海伦的父亲拉罕姆是一个优秀的弄潮儿，他的人生梦想就是以最快的速度驾舟横渡大西洋。在海伦 23 岁那年，拉罕姆决定实施伟大的横渡计划，但他拒绝带着一心想与他同行的海伦上路，因为他担心航途莫测的危险会吞噬心爱的女儿。就这样，拉罕姆只身驾舟，不久，一项新的吉尼斯世界纪录就在他手中诞生了。

海伦的心在那一片辽阔的大海上摇曳。当一个叫约翰的青年驾着一艘自己设计的帆船向她驶来的时候，她毅然嫁给了他。她开始寄希望于自己的爱侣，希望能与他一道去享受那一片蔚蓝。然而，水波不兴的甜美水草般的生活羁绊住两个人的手脚，那条帆船在岸上做起了与水无关的梦……

拉罕姆走了，约翰走了，转眼就有 11 个孩子追着海伦喊祖母了。

海伦重新走向那条闲置已久的帆船。她知道，如果再不行动，她的梦想就再也无法实现了。

2000 年 8 月，一个阳光灿烂的日子，89 岁的海伦只身离开英格兰，开始了她梦想已久的大西洋之旅。

在那一片蔚蓝中她梦见了自己离别已久的父亲，沿着他当年的航道，追随着他当年的足迹，她跟过来了。在死神衣袂飘忽的海上，她没有给自己丝毫畏惧的权利，毕竟，与那生长了差不多一辈子的梦想相比，风浪显得太微不足道了。海伦成功了。她以“最年迈的老人驾舟横渡大西洋”刷新了一项世界纪录，而让她最高兴的是，她终于圆了自己一生的梦。

海伦成功了，她的成功让我们感动的同时也让我们有所感悟，一个 89 岁的老人横渡大西洋，绝不仅仅是一个可望而不可即的梦想，只要你能珍惜自己的时间，活在当下。

智慧箴言

一个人要想实现梦想，其实很简单，那就是从现在开始着手。成功不在难易，而在于“谁真正去做了”。要想实现自己的梦想，一味地等待只会一事无成，唯有从现在开始努力，抓紧时间才能实现自己的梦想。

大胆地去实现你的愿望

只要你想干某件事情，就要大胆地去做，努力实现自己的意愿。

在华盛顿国立女性艺术博物馆，曾举行过一场名为“摩西奶奶在 20 世纪”的画展。该画展除展出摩西奶奶的作品外，还陈列了一些来自其他国家有关摩西奶奶的私人收藏品。其中最引人注目的是一张明信片，它是摩西奶奶 1960 年寄出的，收件人是一位名叫春水上行的日本人。

这张明信片是第一次公之于众，上面有摩西奶奶画的一座谷仓和她亲笔写的一段话：“做你喜欢做的事，上帝会高兴地帮你打开成功之门，哪怕你现在已经 80 岁了。”

摩西奶奶为什么要写这段话呢？原来这位叫春水上行的人很想从事写作，他从小就喜欢文学。可是大学毕业后，他一直在一家医院里工作，这让他感到很烦恼。马上就 30 岁了，他不知该不该放弃那份令人讨厌却收入稳定的职业，以便从事自己喜欢的文学。于是他给耳闻已久的摩西奶奶写了一封信，希望得到她的指点。对于春水上行的信，摩西奶奶很感兴趣，因为过去的大多数来信，都是恭维她或向她索要绘画作品的，这封信却是谦虚地向她请教人生问题。

摩西奶奶是美国弗吉尼亚州的一位农妇，76 岁时因关节炎放弃农活，开始了她梦寐以求的绘画。80 岁时，到纽约举办画展，引起了意外的轰动。她活了 101 岁，一生留下绘画作品 600 余幅，在生命的最后一年还画了 40 多幅。

那么，到底是什么原因让人们异常关注那张明信片呢？原来，那张明信片上的春水上行，正是在日本乃至全世界都大名鼎鼎的作家渡边淳一。也许正是这个原因，每当讲解员向参观的人讲解这张明信片时，总要附带地说上这么几句话：

“你心里想做什么，就大胆地去做吧！不要管现在的生活状况如何，因为，你想做什么和你能否取得成功，与这些没有什么关系。”

智慧箴言

有人总抱怨太晚了，可时间就在抱怨声中悄悄流逝。如果你想改变你的生活、实现你的梦想，那么再没有什么比大胆行动更合适的了。倘若不为你的梦想做点实际行动，那么再好的想法也只能付诸东流，那些曾经美妙的思考最后将会在光阴的年轮中被搁浅。

梦想是人生最大的希望

如果一个人有足够的信念，那么他就能创造奇迹。

亨利从小家里就很穷，但是家里却充满了爱和关心，所以，他是快乐而有朝气的。他知道，不管一个人有多穷，他仍然可以做自己的梦。

亨利的梦想就是运动。在他 16 岁的时候，他就能够压碎一只棒球，能够以每小时 145 千米的速度扔出一个快球，并且撞到足球场上移动着的任何一件东西上。他的高中教练是奥利·贾维斯，他不仅相信亨利，而且还教他怎样自己相信自己。他让亨利知道，拥有一个梦想和足够的自信，会使自己的生活有怎样的不同。

贾维斯教练对亨利所做的一件特殊的事情，永远地改变了他的生活。

那是在亨利由低年级升入高年级的那个夏天，一个朋友推荐他去做一份暑期工。这是一个意味着他的口袋里可以有钱的机会，有钱可以和女孩子约会，当然，有钱还可以买一辆新自行车和新衣服，还意味着为他的母亲买一座房子的储蓄的开始。这份夏日的工作对他来说是极具诱惑力的，这使他高兴得跳了起来。

接着，他意识到如果他去做这份工作，他就必须放弃暑假的棒球运动，那意味着他必须得告诉贾维斯教练他不能去打球了。他害怕这一点，当他把这件事告诉贾维斯教练的时候，教练真的像他预料的一样生气了。

“你还有一生的时间可以去工作，”教练说，“但是，你练球的日子是有限的，你根本浪费不起！”

亨利低着头站在教练面前，努力想向他解释，为了那个替他妈妈买一座房子和口袋里有钱的梦想，即使让教练对他失望，他认为也是值得的。

“孩子，你做这份工作能挣多少钱？”教练问道。

“每小时3.25美元。”

教练继续问道：“你认为，一个梦想就值1小时3.25美元吗？”

那年暑假，亨利全身心地投入运动中去，同一年，他被匹兹堡海盗队挑选去做队员，并与他们签订了一份价值2万美元的合同。后来，他在亚利桑那州的州立大学里获得了足球奖学金，那使他获得了接受大学教育的机会；在全美国的后卫球员中，他两次被公众认可，并且在美国国家足球联盟队队员的挑选赛中，他排在了第7名。

1984年，亨利与丹佛的野马队签署了170万美元的合同。他终于为他的母亲买了一座房子，实现了他的梦想。

智慧箴言

梦想是人生最大的希望，有了这个信仰的力量，它才会推动着人不断超越自我，向理想的殿堂迈进。梦想的实现要求每一个人必须具有高瞻远瞩的目光，因为一旦被眼前利益绊住双脚，人生就注定会平庸。

不要偏离目标的方向

漫无目标的飘荡终归会迷路，而你心中本来就有的无限的潜能宝藏也终会因疏于开采而逐渐贫瘠。

有一位父亲带着3个孩子到沙漠去猎杀骆驼。

他们到达了目的地。

父亲问老大：“你看到了什么呢？”

老大回答：“我看到了猎枪、骆驼，还有一望无际的沙漠。”

父亲摇摇头说：“不对。”

父亲以相同的问题问老二。

老二回答：“我看到了爸爸、大哥、弟弟、猎枪、骆驼，还有沙漠。”

父亲又摇摇头说：“不对。”

父亲又以同样的问题问老三。

老三回答："我只看到了骆驼。"

父亲高兴地说："答对了。"

智慧箴言

朝着一定目标走去是人生之"志"，一鼓作气、中途绝不停止是立世之"气"。两者结合起来就是"志气"。一切事业的成败都取决于此。播撒目标的种子，要求你所追求的理想目标应当详细而明确。漫无目的地播撒目标或者连自己都无法确定目标的人，只能是个失败者。只有那些不满足于现状、渴望着点点滴滴地改进自己、时刻希望攀登上更高层次的人生境界，并愿意为此挖掘自身全部潜能的年轻人，才会有精彩的人生。

只要你想做，你就能成功

甘泉代表的不仅仅是希望，还有一个小男孩的信念。正是因为他的信念而成就了一个梦想，并给人们带来了希望。

电视上正在播放非洲孩子因为没有水喝而渴死的报道，主持人在节目结束的时候呼吁大家："只要捐出 70 美元就能给这些非洲孩子挖出一口水井，请大家热心地帮助这些可怜的人吧！"电视机前的小男孩看到这里伤心地哭了。他拉着妈妈的手央求道："妈妈，我要捐 70 美元给非洲的孩子挖一口井。"面对他的请求，妈妈根本就没当回事，小男孩只好沮丧地走开了。可是一整天，他脑子里都在想着这一件事。

晚饭时，小男孩又向爸爸妈妈提起了这件事。"不，"妈妈说，"光是 70 美元并不能解决问题。况且你也是个孩子，你没有这个能力！"小男孩把求助的目光投向了爸爸。

"这是个可笑的想法，我的孩子……"爸爸还想说下去，小男孩哭着叫道："你们根本就不明白！那里的人们没有干净的水喝，孩子们正在死去，他们需要这笔钱！"

小男孩每天都要向父母请求，小男孩的爸爸妈妈不得不认真地讨论这件事，然后，他们告诉小男孩："如果你真的想要，你可以通过自己的劳动凑齐这一笔钱，比如，打扫房间、清理垃圾，我们会给你报酬。"

小男孩的第一份"工作"就是帮助妈妈打扫客厅的卫生，最后，他从妈妈那里得到了2美元。

祖父知道了这件事情之后，有些心疼自己的孙子，就对孩子的爸爸说："你们为什么不直接给他这一笔钱呢？还得这样来对待自己的孩子吗？"小男孩的爸爸说："这样做主要是锻炼他的劳动能力。他很快就会厌烦的。"妈妈也附和道："一个6岁小孩的想法太可笑了，根本就有些不可思议……谁会认真对待这种胡思乱想呢？"

可一年过去了，小男孩非但没有放弃，反而干得更加卖力了。每当爸爸妈妈劝他放弃时，小男孩就说："我一定要赚到足够的钱，为非洲的孩子挖一口水井！"

小男孩每天睡觉前都要祈祷一次：让非洲的每一个孩子都喝上洁净的水。

附近的人知道了小男孩的梦想，他们被小男孩的执着感动了，纷纷帮助他。不久，小男孩的故事上了报纸和电视台，他的名字也传遍了整个国家。

一个月后，在小男孩家的邮筒里出现了一封陌生的来信，里面有一张30万元的支票，还有一张便条："但愿我可以为你和非洲的孩子们做得更多。"

在不到两个月的时间里，就有上千万元的汇款来支持小男孩的梦想。四年过去了，这个梦想竟成为有上万人参加的一项事业。如今，他的梦想已基本实现，在缺水最严重的非洲乌干达地区，有56%的人能够喝上纯净的井水了。

有人问他："你为什么要这样做呢？"

小男孩说："这是我的梦想，我坚信这个世界上没有什么事情是不可能的，只要你想做，你就能成功！"

智慧箴言

在成长的路上，首先应该给自己一个梦想。有些人不能成功就是因为他们过分地夸大了自己与成功的距离，自己给自己的前进之路设置了障碍，连一个想法都不曾拥有过，就把自己隔离在成功的大门外。只要你敢想，就比别人离成功又近了一步。

保存儿时的梦想

梦想是放飞在蓝天上自由翱翔的风筝，它的命运掌握在人的手里。在人的手中，握住的就是梦想的根。

老教师就要退休了，他开始整理自己办公室里的文件。他翻出一个抽屉，被里面的一叠小学生作文吸引住了，作文的题目是《我的梦想》，孩子们都在作文本上写下了自己的想法。

一个学生写道："我以后一定要当一艘超级轮船的船长，因为有一次在海里游泳时，我喝了 3 升海水都没被淹死。"一个学生说："我将来必定是法国的总统，因为我能背出 29 个法国城市的名字，而同班的其他同学最多只能背出 9 个……"最让老教师觉得不可思议的是一个叫戴维的学生，他说他一定要成为英国的一位内阁大臣，因为在英国还没有一个盲人进入过内阁。

总之，孩子们都在作文中认真地描绘着自己的未来，五花八门，什么样的想法都有。

老教师读着这些作文，突然有一种冲动，他想写信给这些孩子们，看 25 年后的现在他们是否都实现了自己最初的梦想。

很快，他就收到了学生们的回信，他们都向老教师致谢，感谢老教师仍然保存着他们年幼时的梦想，并且他们希望得到那本作文簿，重温儿时的梦想。这中间有商人、学者及政府官员，更多的是普普通通的人。

老教师满足了他们的愿望。但他觉得奇怪的是，只有那个叫戴维的盲学生没有来信。

一年过去了，老教师仍然没有收到戴维的来信。老教师想，或许那个叫戴维的人已经不在人世。毕竟 25 年了，25 年什么事都会发生。

就在老师准备把这个本子送给一家私人收藏馆时，内阁教育大臣寄来了一封信："我是您当年的学生戴维，感谢您还为我们保存着儿时的梦想。不过我已经不需要那个本子了，因为从那时起，我的梦想就一直在我的脑子里。我现在已经实现了那个梦想。我一直相信只要不让年轻时的梦想随岁月飘逝，成功总有一天会出现在你的面前。"

作为英国第一位盲人大臣，戴维用自己的行动证明了一个真理：假如谁能把儿时想当总统的愿望保持 30 年，那么他现在一定已经是总统了。

智慧箴言

有一位名人曾经说过这样的一句话：终生去做一件事，便可成功。梦想也是一样，只要你咬定青山不放松，坚持自己当初的梦想不放弃，不因为面临各种压力而放弃，坚持到最后，你就会拥有一个精彩的人生。

如何实现大目标

一米一米地前进，总比十米十米地前进要轻松得多。

1984年，东京国际马拉松邀请赛中，原本名不见经传的日本选手山田本一，在众人的意料之外夺得了世界冠军。当记者问他是如何获胜时，他只说了一句话：“我是用智慧战胜对手的。”

当时很多人都认为山田本一是在故弄玄虚，毕竟马拉松是凭借体力和耐力的运动，爆发力和速度都还在其次，只要选手的身体素质好、耐力够，就有成为冠军的希望。所以，智慧对马拉松选手来说会有帮助，这个说法实在有些勉强。

两年后，意大利国际马拉松邀请赛在意大利的北部城市米兰举行。山田本一代表日本参加比赛，并且再度获得了世界冠军。

面对山田本一时，记者们再度问到了获胜的关键。

性情木讷的山田本一原来就不善言辞，所以这次的回答还是和上次一样：“用智慧战胜对手。”

不过，这次记者们并没有在报纸上挖苦他，仍然对他所谓智慧的说法一头雾水。

10年后，山田本一在他的自传中，明白地解释了他的“智慧”：

“每次比赛前，我都会先把比赛的路线仔细地看一遍，并且把沿途比较醒目的标志记下来。比如第一个标志是银行，第二个标志是一棵大树，第三个标志是一座红房子……就这样一直记到赛程的终点。

“等到真正比赛时，我会奋力地向第一个目标冲刺，等到达第一个目标后，再用同样的速度跑向第二个目标。

“这样一来，不管多远的赛程，只要分解成几个小目标，我就可以轻松地跑完全程了。

“刚开始时我不明白这个道理，把目标定在40千米外的终点线，结果跑不到十几千米便疲惫不堪，被前面遥远的路程给吓倒了。”

智慧箴言

如何实现已定下的目标呢？看来的确需要一点智慧，那就是分段实现大目标。当人们面对一个巨大的目标时，往往产生的不是强大的动力，而是无比畏惧的压力，此时目标会如一块巨石般压在自己心头。

但假如学会把它分成若干个小小的目标，再逐个实现小目标，那样就会轻松得多，而且会因此而产生一种强烈的成就感，激励自己朝下一个目标前进。这是人生的智慧，也是实现理想的秘诀之一。

没有希望的病人

人类的一切疾病都有医治的可能，但倘若一个人的内心不再有任何希望，那么再高明的医生也回天乏术。

在一家医院里，一位病人已经病入膏肓，家人也都很痛苦。但医生仍感觉还有一线生机，便按照平常的惯例来询问病人："先生，您想吃点儿什么吗？"病人摇了摇头，默不作声。"先生，那您有什么喜好吗？"医生想用心理疗法来给他治疗。但病人还是摇了摇头。"那您对打牌、喝酒，甚至是找女人都没有兴趣吗？"医生仍不死心。

这一次，病人用一种极其微弱的声音回答道："没兴趣。"医生想继续问下去，病人的家属在一边赶紧说："医生，没有用的，他健康时都没有什么爱好，更别说现在这个样子了。"

医生听了之后，神情一下子忧郁起来，他叹了口气，转身走了出去。家属们一看，不明白发生了什么事情，急忙赶上去追问："医生，是不是有不好的情况？"医生说："我医治过成千上万的病人，每次都是全力以赴，但这个病人，我想是彻底没有希望了，因为他是一个失去了一切欲望的人。这样的人对生活没有任何留恋，也不会有信心活下去，所以，并不是完全单靠我们的医治，就能好转起来的。"

智慧箴言

人们总爱说"好死不如赖活着"，但是为什么"活着"比"死亡"好呢？这是因为活着代表有生命、有希望，而死亡则是静止、结束。

只有在心中长存一个希望，才能对得起父母馈赠给自己的生命，也才不会辜负青春韶华。

大火烧不掉的信念

成功的哲学就是屡败屡战，跌倒了要有再站起来的勇气。

1914年12月，大发明家爱迪生的实验室，在一场大火中化为灰烬。因为实验室是钢筋混凝土结构，按理说应该是防火的，因而爱迪生只投保了23.8万美元的保险，但这次火灾损失，经过实际估计，却超过200万美元。

那个晚上，爱迪生一生的心血和成果，就在熊熊大火中化为灰烬了。

大火烧得最凶猛的时候，爱迪生24岁的儿子查里斯在浓烟和废墟中发疯似的寻找着父亲。最后，他终于找到了，爱迪生平静地看着火势，他的脸在火光摇曳中闪亮，他的白发在寒风中飘动着。

“我真为他难过，”查里斯后来写道，“当时，他都67岁了，已经不再年轻，可是这一切却付诸东流了。但他看到我时竟嚷道：‘查里斯，你母亲去哪儿了？去，快去把她找来，她这辈子恐怕再也见不着这样壮观的场面了。’”

第二天早上，爱迪生看着一片废墟说道：“灾难自有它的价值。瞧，我们以前所有的谬误、过失都给大火烧个一干二净，感谢上帝，这下我们又可以从头再来了。”

大火并没有烧掉爱迪生的发明热忱，火灾才刚过去3个星期，爱迪生就推出了他的第一部留声机。

智慧箴言

信念与梦想就如我们心中的一盏指路明灯，它让人们在灰色的岁月里相信自己、超越自己，并最终走出困境。

信念还是希望的马达，为自己的人生提供源源不断的动力。一个面对失败满怀信念的人，一定能够东山再起，就如同大发明家爱迪生一样，能够在一场大火之后，很快就让世界上第一部留声机问世。

正是信念与梦想在爱迪生的内心默默支持着他，让他的心灵更强健，在面对人生的暴风骤雨时能从容、淡定。

终于圆了足球梦

梦想是心中盛开的一朵永不凋谢的花。

在一个贫民区里，曾经有一个很喜欢足球的男孩。但是，由于家境清寒，这个男孩只能从垃圾箱中捡来椰子壳、汽水罐等，学习踢足球的技巧。

有一天，男孩来到一个已经干涸的水塘中玩耍，在他的脚下，正踢着一个大猪蹄。这时，恰巧有个足球教练经过，发现男孩踢猪蹄的脚力很强，于是，便好奇地问男孩为什么要踢这个猪蹄。男孩瞪大了眼说："我在踢足球，不是踢猪蹄！"

教练听完，笑了笑说："猪蹄不适合你，我送你一个足球吧！"

男孩开心地拿到了足球，每天更卖力地练习，渐渐地，能够精准地把球踢进10米外的水桶中。

到了圣诞节的那天，男孩对妈妈说："妈，我们没有钱买圣诞礼物给那位送我足球的好心人，不如这样，今天晚上祈祷的时候，我们一起为他祷告吧！"

男孩与妈妈祷告完毕后，向妈妈要了一个铲子，便跑了出去。

男孩来到一个别墅的花圃中，努力挖出一个凹洞，就在他快要完成时，教练走过来，问他在做什么。

男孩抬起红彤彤的脸，甩了甩脸上的汗珠，开心地说："教练，圣诞节我没有礼物送给您，只好帮您挖一个放圣诞树的坑。"

教练哈哈大笑地看着男孩，说："孩子，这是我今天得到的世界上最好的礼物，你明天到我的训练场来吧！"

3年后，这位17岁的男孩在第6届世界杯足球赛上，一人独进21个球，为巴西捧回了第一个金杯。他就是球王贝利。

智慧箴言

没有梦想的人注定只会浑浑噩噩地生活，没有目标，一切都显得很糟糕。

梦想没有卑微和高贵之分，只要自己心中抱定一个坚定的信念，最终就会如球王贝利一样获得属于自己的那一份荣耀。

我有一个梦

1940 年 6 月 23 日，在美国一个贫困的铁路工人家庭，一位黑人妇女生下了她一生中的第 20 个孩子，这是个女孩，取名威尔玛·鲁道夫。众多的孩子让这个贫困的家庭更加捉襟见肘，连怀孕的母亲也常常饿肚子，孕妇营养不良使得威尔玛早产，这就注定了威尔玛先天性发育不良。

4 岁那年，威尔玛不幸同时患上了双侧肺炎和猩红热。在那个年代，肺炎和猩红热都是致命的疾病。母亲每天抱着小威尔玛到处求医，医生们都摇头说难治，她以为这个孩子保不住了。然而，这个瘦小的孩子居然挺了过来。威尔玛勉强捡回来一条命，她的左腿却因此残疾了，因为猩红热引发了小儿麻痹症。从此，幼小的威尔玛不得不靠拐杖来行走。看到邻居家的孩子追逐奔跑时，威尔玛的心中蒙上了一团阴影，她沮丧极了。

在她生命中那段灰暗的日子里，经历了太多苦难的母亲却不断地鼓励她，希望她相信自己并能超越自己。母亲的鼓励给了威尔玛希望的阳光，威尔玛对母亲说："我的心中有个梦，不知道能不能实现。我想比邻居家的孩子跑得还快！"

母亲虽然一直不断地鼓励她，可此时还是忍不住哭了，她知道孩子的这个梦想难以实现，除非奇迹出现。

在威尔玛 5 岁那年，一天，母亲听说城里有位善良的医生免费为穷人家的孩子治病。母亲便把女儿抱进手推车，推着她走了 3 天，来到城里的那家医院。母亲满怀希望地恳求医生帮助自己的孩子。医生仔细地为威尔玛做了检查，说："你的孩子患的是严重的小儿麻痹症，只有借助拐杖才能行走。"

坚强的母亲没有放弃希望，她从朋友那里打听到一种治疗小儿麻痹症的简易方法，那就是泡热水和按摩。母亲每天坚持为威尔玛按摩，并号召家里的人一有空就为威尔玛按摩。母亲还不断地打听治疗小儿麻痹症的偏方，买来各种各样的草药为威尔玛涂抹。

奇迹终于出现了！ 9 岁那年的一天，威尔玛扔掉拐杖站了起来。母亲一把抱住自己的孩子，泪如雨下。4 年的辛苦和期盼终于有了回报！

11 岁之前，威尔玛还是不能正常行走，她每天穿着一双特制的钉鞋练习走路。开始时，她在母亲和兄弟姐妹的帮助下一小步一小步地行走，渐渐地能穿着钉鞋独自行走了。11岁那年的夏天，威尔玛看见几个哥哥在院子里打篮球，她一时看得入了迷，看得自己心里也痒痒的，就脱下笨重的钉鞋，赤脚去和哥哥们玩篮球。一个哥哥大叫起来："威尔玛会走路了！"那天威尔玛可开心了，赤脚在院子里走个不停，仿佛要把几年里没有走过的路全补回来似的。全家人都集中在院子里看威尔玛赤脚走路，他们觉得威尔玛走路比世界上其他任何节目都好看。

13岁那年，威尔玛决定参加中学举办的短跑比赛。学校的老师和同学都知道她曾经得过小儿麻痹症，直到此时腿脚还不是很利索，便都好心地劝她放弃比赛。但威尔玛决意要参加比赛，老师只好通知她母亲，希望她母亲能好好劝劝她。然而，母亲却说："她的腿已经好了。让她参加吧，我相信她能超越自己。"事实证明母亲的话是正确的。

比赛那天，母亲也到学校为威尔玛加油。威尔玛靠着惊人的毅力一举夺得100米和200米短跑的冠军，震惊了校园，老师和同学们也对她刮目相看。从此，威尔玛爱上了短跑运动，想办法参加一切短跑比赛，并总能获得不错的名次。同学们不知道威尔玛曾经不太灵便的腿为什么一下子变得那么神奇，只有母亲知道女儿成功背后的艰辛。坚强而倔强的女儿为了实现比邻居家的孩子跑得还快的梦想，每天早上坚持练习短跑，即使练到小腿发胀、酸痛也不放弃。

在1956年奥运会上，16岁的威尔玛参加了4×100米的短跑接力赛，并和队友一起获得了铜牌。1960年，威尔玛在美国田径锦标赛上以22秒9的成绩创造了200米的世界纪录。在当年举行的罗马奥运会上，威尔玛迎来了她体育生涯中辉煌的巅峰。她参加了100米、200米和4×100米接力比赛，每场必胜，接连获得了3块奥运金牌。

智慧箴言

即使面临巨大困难与挫折，也请你一定要在心中种下一粒梦想的种子。因为只要有了它，在阳光的照耀下，配以苦难的泪水与辛勤的汗水，就一定会萌芽、开花、结果。

第二章

告诉自己：我真棒

自信是走向成功的最重要的力量之一。一个人的自信决定了他的能量、热情以及自我激励的程度。一个高度自信的人，一定有强大的个人力量，而他做任何一件事也都会成功。要告诉自己，你真棒，那么你就有了迈向成功的强大动力。

你能行的

自信是走向成功之路的第一步，缺乏自信是失败的主要原因之一。

松岛美子是日本某市的居民。在她十几岁的时候，她就常常憧憬自己有朝一日能够去美国，她说："我脑际中常常出现这样一幅画面：父亲坐在客厅沙发上看报，母亲在忙着烘烤糕点，他们 19 岁的女儿正在精心打扮，准备和男友一起去看电影。"

松岛美子终于如愿到加州完成她的大学学业。当她到那里时，她发现那里与她梦想中的世界大相径庭。"人们为各种各样的麻烦事所困扰，他们看上去紧张而压抑，"她说，"我感到孤独极了。"

最让她感到头痛的课程之一是体育课。"我们打排球。其他的学生都打得很棒，可我不行。"一天下午，教师示意松岛美子将球传给队员，以便让她们接受扣球训练。最简单不过的一件事却让松岛美子胆怯了，她担心失败后将遭到队友的嘲笑。这时，一个年轻人大概体会到了她的心境。"他走上来对我小声说：'来，你能行的！'你也许永远都不能体会到这短短的一句话多么令我振奋，4 个字：你能行的。我几乎快感动得哭出声来。我整节课都在传球，也许是为了感激那个年轻人，我自己也说不清。"松岛美子说。

6年过去了，松岛美子已经27岁，她又回到了日本，当起了推销员。“我从未忘记过这句话，”她说，“每当我感到胆怯时，我便会想起它——你能行的。”她确信那个青年一定不知道他那简单的一句话对她来说意味着什么。“他也许根本就不记得了。”松岛美子此后一直在日本，然而她始终记得这么一句话：你能行的。

智慧箴言

在生活和成长的道路上，自信对于一个人的人生具有非常大的影响。自信的人往往敢于面对挑战，能以火热的激情拥抱生活，所以，在成功的路上，要充满自信地面对生活与学习。

毛遂自荐

自信是承受大任的第一要件。

毛遂是战国时代赵国平原君门下一名宾客，原本名不见经传。

公元前260年，秦国大将白起率大军攻打赵国，两年后，兵临赵国都城邯郸。赵王紧急指派本国的平原君赵胜为使者，向楚国求救。平原君赵胜决定精选20名文武兼备的门客，组成使团前往楚国。

但他手下虽号称宾客数千人，这时候居然凑不齐20个。这时有个叫作毛遂的人自我推荐。赵胜不曾见过毛遂，对他毫无印象，便问：“先生在我门下几年了？”“3年。”毛遂答。赵胜一听，冷冷地说：“贤才处于世间，就像锥子在布袋里，锥尖自然会露出来。如今先生在我门下3年，没人称赞推举过你，可见你没什么能耐。你不适合去，留下来吧！”毛遂对这套说辞不以为然，他充满自信地反驳道：“如果早让我在布袋里，就会脱颖而出，岂止露个尖端而已？”赵胜见毛遂这么机灵，便让他参与，另外19人都嘲笑他不自量力，只有毛遂自己显得胸有成竹。

赵胜一行人到了楚国，游说工作颇不顺利，从旭日初升到日正当中，向楚王阐述联合抗秦的重要，楚王只是犹豫不决。在一旁的毛遂看在眼里，急在心里，他手按佩剑跨上台阶，大声对赵胜说：“合纵抗秦一事，利害得失一句话说清楚就可以定夺，怎么从日出谈到中午还不能决断？”

楚王见毛遂倨傲无礼，怒斥说："还不下去？我和你主人讲话，你来干什么？"

毛遂果然胆识过人，他毫不退让，继续按剑向前说："大王斥责我，是仗着楚国人多势众。但现在咱们相距不到十步，人多势众没有用，你的性命恐怕还操在我手上。"接着毛遂话锋一转，盛赞楚国兵多将广，地大人多，有称霸的本钱，却臣服于秦，岂不是很窝囊？毛遂说："白起，只是一个小角色，却率数万之众攻打楚国，火烧夷陵，毁去楚国宗庙，羞辱了楚国祖先（此事距当时20年），这是百世难解的怨仇，连我赵国都为你羞愧，大王却不以为耻。现在提倡联合抗秦，其实是为楚国着想啊！"

毛遂一席话，说得楚王哑口无言。当即，楚王和赵胜等一行人歃血为盟，订立同盟。赵胜圆满完成任务，回国后即将毛遂奉为上宾。

智慧箴言

自信需要胆识的衬托，而能将自信通过勇气表达出来，则需要过人的胆识，这才是令人佩服的自信。夸夸其谈、自我赞美的人就如自作聪明的孔雀，只能引来一片嘲笑和不屑。

创造奇迹的条件

我们必须有恒心，尤其要有自信！必须相信我们有能力把事情做好。

1858年，瑞典的一户大富人家生下一个女儿。然而不久，孩子突然患了一种无法医治的瘫痪症，丧失了走路的能力。

一次，女孩和家人一起乘船旅行。船长的太太给孩子讲船长有一只美丽的天堂鸟，女孩对这只鸟非常有兴趣，极想看一看。于是保姆把孩子留在甲板上，自己去找船长。孩子却耐不住性子等待，她要求船上的服务生立即带她去看天堂鸟。那服务生并不知道她的腿不能走路，而只顾带着她一道去看那只美丽的小鸟。奇迹发生了，孩子因为过度地渴望，竟忘我地拉住服务生的手，慢慢地走了起来。从此，孩子的病痊愈了。也许是由于有了童年时忘我而战胜了疾病的经历，女孩子长大后，又忘我地投入到文学创作中，最后成为第一位荣获诺贝尔文学奖的女性，她就是茜尔玛·拉格萝芙。

还有一位女孩，有一副美丽动听的歌喉，但却长着一口龅牙。

有一次，她去参加歌唱比赛，上了台，她只顾掩饰难看的牙齿，让观众和评委都感到好笑。结果她失败了。但有位评委却认为她的音乐潜质极佳，便到后台找到她，很认真地告诉她："你肯定会成功，但必须忘记你的牙齿。"在"伯乐"的帮助下，女孩慢慢走出了龅牙的阴影。后来，她在一次全国性大赛中，以极富个性化的表演和歌唱倾倒观众和评委，脱颖而出。她就是卡丝·黛莉，美国一位著名的歌唱家。她的龅牙同她的名字一样有名，歌迷们还称她的牙很漂亮。

忘我是走向成功的一条捷径。为什么这么说？因为在这种境界中，人常会超越自身的束缚，释放出巨大的能量。

智慧箴言

一个对生命负责的人，绝不会让自卑尘封住内心的宝藏，正如威廉·詹姆斯所说："我们的缺陷对我们有意外的帮助。"研究一下那些有成就的人，你就会深刻地感受到，许多人之所以成功，是因为他们开始的时候有一些阻碍其发展的缺陷，但正是这些缺陷成了他们加倍努力的动力，从而使他们最终获得了努力的报偿。

不要忘记身边的宝藏

那些即使遇到了机会，仍不敢自信必能成功的人，只能失败。

很久以前，在印度有一个生活富足的农夫，名叫阿利·哈费特。

一天，一位老者拜访阿利·哈费特时说道："倘若您能得到拇指大的钻石，就能买下附近全部的土地；倘若能得到钻石矿，还能够让自己的儿子坐上王位。"

钻石的价值深深地印在了阿利·哈费特的心里。从此，他对什么都不感到满足了。

那天晚上，他彻夜未眠。第二天一早，他便叫起那位老者，请他指教在哪里能够找到钻石。老者想打消他的念头，但无奈阿利·哈费特听不进去，执迷不悟，不停地缠着他，最后他只好告诉他："您到很高很高的山里寻找淌着白沙的河。倘若能够找到，白沙里一定埋着钻石。"

于是，阿利·哈费特变卖了自己所有的地产，让家人寄宿在街坊邻居家里，自己出去寻找钻石。但他走啊走，始终没有找到宝藏。他非常失望，最终在西班牙的大海边投海死了。

可是，这故事并没有结束。

一天，买了阿利·哈费特的房子的人，把骆驼牵进后院，想让骆驼喝水。后院里有条小河，骆驼把鼻子凑到河里时，他发现沙中有块发着奇光的东西。他从那里挖出一块闪闪发光的石头，带回家，放在炉架上。

过了些时候，那位老者又来拜访这户人家，进门就发现了炉架上那块闪着光的石头，他不由得奔跑上前。

“这是钻石！”他惊奇地嚷道，“阿利·哈费特回来了！”

“不！阿利·哈费特还没有回来。这块石头是在后院小河里发现的。”新房主答道。

“不！您在骗我。”老者不相信，“我走进这房间，就知道这是钻石啊。别看我有些唠唠叨叨，但我还是认得出这是块真正的钻石！”

于是，两人跑出房间，到那条小河边挖掘起来，接着便露出了比第一块更具光泽的石头，而且以后又从这块土地上挖掘出了许多钻石。戈尔康达钻石矿就是这样发现的，这是人类历史上价值最大的钻石矿。俄国沙皇皇冠上的奥尔洛夫钻石、世界上最大的钻石，就是从这个钻石矿里挖掘出来的。

如果阿利·哈费特待在家里，挖一挖自己的地窖、麦田、花园，而不是历尽艰难困苦，在陌生的土地上盲目地寻寻觅觅，以至最后自杀身亡，他就会拥有自己的钻石宝地。他的农场的每一块土地，后来都挖出了钻石，这些钻石镶嵌在了国王和王后们的冠冕上。这好比千千万万的世人，因为没有意识到自己身上具有巨大的潜能，从而也就没有找准实现目标的方向，结果与梦寐以求的东西擦肩而过。

智慧箴言

许多人之所以总是难以找到自信、缺乏足够的勇气，就是由于他们总是去注意别人身上的闪光点，被他人所吸引，而忽略了自己身上蕴藏的宝藏。殊不知，钻石其实就在你身边。

坚持你的自信

发明家全靠一股了不起的信心支持，才有勇气在未知的天地中前进。

他是英国一位年轻的建筑设计师，很幸运地被邀请参加了温泽市政府大厅的设计。他运用工程力学的知识，根据自己的经验，很巧妙地设计了只用一根柱子支撑大厅天顶的方案。一年后，市政府请权威人士进行验收时，对他设计的一根支柱提出了异议。他们认为，用一根柱子支撑天花板太危险了，要求他再多加几根柱子。

年轻的设计师十分自信，他说："只要用一根柱子便足以保证大厅的稳固。"他详细地通过计算和列举相关实例加以说明，拒绝了工程验收专家们的建议。

他的固执惹恼了市政官员，年轻的设计师险些被送上法庭。

在万不得已的情况下，他只好在大厅四周增加了 4 根柱子。不过，这 4 根柱子全部都没有接触到天花板，其间相隔了无法察觉的 2 毫米。

时光如梭，岁月更迭，一晃就是 300 年。

300 年的时间里，市政官员换了一批又一批，市政府大厅坚固如初。直到 20 世纪后期，市政府准备修缮大厅的天顶时，才发现了这个秘密。

消息传出，世界各国的建筑师和游客慕名前来，观赏这几根神奇的柱子，并把这个市政大厅称作"嘲笑无知的建筑"。最令人们称奇的是这位建筑师当年刻在中央圆柱顶端的一行字：自信和真理只需要一根支柱。

这位年轻的设计师就是克里斯托·莱伊恩，一个很陌生的名字。今天，有关他的资料实在微乎其微了，但在仅存的一点资料中，记录了他当时说过的一句话："我很自信。至少 100 年后，当你们面对这根柱子时，只能哑口无言，甚至瞠目结舌。我要说明的是，你们看到的不是什么奇迹，而是我对自信的一点坚持。"

智慧箴言

坚持己见源于对自己足够的信心，真理往往掌握在少数人手中。因此，正确的事情需要你毫不动摇地坚持下去，总有一天，你会成功的。

5块钱的价值

信心是一种心境，有信心的人不会在转瞬间就消沉沮丧。

那一年，孙明9岁。一天，他拿着一张筹款卡回家，很认真地对妈妈说："学校要筹款，每个学生都要叫人捐钱。"

对小孩子来说，首先想到的捐钱的人就是自己的家长。

孙明的妈妈取出钱，交给他，然后在捐款卡上签名。孙明静静地看着妈妈签名，想说什么，却没有开口。妈妈注意到了，问他："怎么啦？"

孙明低着头说："昨天，同学们把筹款卡交给老师时，捐的都是100块、50块。"

孙明就读的是当地著名的"贵族学校"，校门外，每天都有小轿车等候放学的学生。孙明的班级是排在全年级最前面的，班上的同学，不是家里捐献较多，就是成绩较好，当然，孙明不属于前者。

那一天，孙明说，不是想和同学比，也不是自卑。他一向都认真对待老师交代的功课，这一次，也想把自己的"功课"做好。况且，学校还举行班级筹款比赛，他的班已经领先了，他不想拖累整个班。

妈妈把孙明的头托起来说："不要低头，要知道，你同学的家庭背景，非富即贵。我们必须量力而为，我们所捐的5块钱，其实比他们的500块还要多。你是学生，只要以自己的成绩尽力为校争光，就是对学校最好的贡献。"

第二天，孙明抬起头，从座位走出去，把筹款卡交给老师。当老师在班上宣读每位同学的筹款成绩时，孙明还是抬着头。自此以后，孙明在达官贵人、富贾豪绅的面前，一直抬着头做人。妈妈说的那番话，深深地刻在孙明心里。那是生平第一次，他面临由金钱来估量人的"成绩"的无言教育。非常幸运，就在这一次，他学习到了"捐"的意义，以及自己独一无二的价值。

智慧箴言

自身的价值不是仅仅通过金钱来体现的，一个人的价值也不是能用物质等外在形式可以衡量的。不要用这些世俗的标准去否定自己的价值，从而看低了自己。因为，你所拥有的长处也是别人所没有的，所以，不要拿别人的优势与自己的劣势相比。

曼森太太的改变

什么是人的首要责任？答案是简单的：保持自我。

曼森太太在回忆往事时曾这样说："我从小就因特别敏感而腼腆，我的身体一直太胖，而我的一张脸使我看起来比实际还胖得多。我有一个很古板的母亲，在她的教育下，我变得非常的害羞，觉得自己跟其他人都不一样，完全不讨人喜欢。

"长大之后，我嫁给一个比我大好几岁的男人，可是我并没有改变。我丈夫一家人都很好，也充满了自信。他们就是我想成为的那种人。我尽最大的努力要像他们一样，可是我办不到。他们为了使我开朗而做的每一件事情，都只是令我更退缩到我的壳里去。我变得非常紧张不安，躲开了所有的朋友，情形坏到我甚至怕听到铃响。我知道我是一个失败者，又怕我的丈夫会发现这一点，所以每一次我们到公共场合的时候，我都假装很开心，结果常常做得太过分。事后我会为这个而难过好几天，最后不开心到使我觉得再活下去也没有什么意思了，我开始想自杀。"

是什么事改变了这个不快乐的女人的生活呢？只是一句随口说出的话。

曼森太太说道："有一天，我的婆婆谈她怎么教育她的几个孩子，她说：'不管事情怎么样，我总会要求他们保持本色。'就是'保持本色'这句话！在那一刹那间，我才发现我之所以那么苦恼，就是因为我一直在试着让自己适应一个并不适合我的模式。

"在一夜之间我整个人都改变了。我开始保持本色。我试着研究自己的个性，试着找出我究竟是怎样的人，我研究我的优点，尽我所能地去学色彩和服饰知识，尽量以适合我的方式去穿衣服。我主动去交朋友，我参加了一个社团组织。我每发一次言，就增加一点勇气。今天我所有的快乐，是我改变前从未得到的。在教育我自己的孩子时，我也总是把我从痛苦的经历中所学到的东西教给他们：不管事情怎么样，总要保持本色。"

智慧箴言

本色是一个人拥有的独一无二的东西，也是最宝贵的。谁也偷不走你的本色，任何人也无法复制你的本色，保持你的本色不变，就是你通行整个世界的独特标志。自信就是对自我的肯定，对自我本色的坚持。

认识你自己

世界上最重要的事就是认识自我。

禅院新来了一个小和尚，他主动地去见智空禅师，诚恳地说："我新来乍到，先干些什么呢？请大师支使和指教。"

智空禅师微微一笑，对小和尚说："你先认识、熟悉一下寺里的众僧吧。"

第二天，小和尚又来见智空禅师，诚恳地说："众僧我都认识了，下边该做什么呢？"

智空禅师微微一笑，说："肯定还有遗漏，接着去了解、去认识吧。"

三天后，小和尚再次来见智空禅师，满有把握地说："所有僧侣我都认识了，我想做些事情。"

智空禅师微微一笑，因势利导地说："还有一人，你没认识，而且，这个人对你特别重要！"

小和尚满腹狐疑地走出禅师的禅房，一个人一个人地询问着，一间屋一间屋地寻找着。在阳光里、在月光下，他一遍遍地琢磨，一遍遍地寻思着。

不知过了多少天，一头雾水的小和尚，在一口水井里忽然看到自己的身影，他豁然醒悟了，赶忙跑去见老禅师……

对自己充满信心，首先要对自己有个全面的认识。若你连自己都不了解，又怎么产生对自我的肯定和坚持呢？小槐树的故事也说明了这个道理。

有一个美丽的花园，里面长满了苹果树、橘子树、梨树、槐树和玫瑰花，这里真是一个幸福的天堂，每一个鲜活的生命都是那么生机盎然，它们相依相伴，每天都尽情地享受着大自然的清新，享受生活的无穷乐趣，满足地生活在这一方小小的天地之中。

可是，在这之前的一段时间里，花园里的情形却不是这样，有一棵小槐树总是愁容满面。可怜的小家伙一直被一个问题困扰着，它不知道自己是谁。大家众说纷纭，更加让它困惑不已。

苹果树认为它不够专心："如果你真的尽力了，一定会结出美丽的苹果，你看多容易。你还需要更加努力。"

小槐树听了它的话，心想："我已经很努力了，而且比你们想象的还要努力，可就是不行。"越想，它就越发伤心。

玫瑰说："别听它的，开出玫瑰花来才更容易，你看我多漂亮。"失望的小槐树看着娇艳欲滴的玫瑰花，也想和它一样，但是它越想和别人一样，就越觉得自己失败。

一天，鸟中的智者雕来到了花园，看到可爱的小槐树在一旁闷闷不乐，便上前打听，听了小槐树的困惑后，它说：

"你的问题并不严重，地球上许多人都面临着同样的问题，我来告诉你怎么办。你不要把生命浪费在去变成别人希望你成为的样子，你就是你自己，你永远无法变成别人，更没有必要变成别人的样子。你要试着了解你自己，做你自己，要想知道这一点，就要聆听自己内心的声音。"说完，雕就飞走了，留下小槐树独自思考。

槐树自言自语道："做我自己，了解我自己？倾听自己的内在声音？"突然，小槐树茅塞顿开，它闭上眼睛，敞开心扉，终于听到了自己内心的声音："你永远都结不出苹果，因为你不是苹果树；你也不会每年春天都开花，因为你不是玫瑰。你是一棵槐树，你的命运就是要长得高大挺拔，给鸟儿们栖息，给游人们遮阴，创造美丽的环境。你有你的使命，去完成它吧！"

小槐树顿时觉得浑身上下充满了自信和力量，它开始为实现自己的目标而努力，很快它就长成了一棵大槐树，赢得了大家的尊重。这时，才真正实现了花园里每一个生命都快乐。

智慧箴言

每一个生命都是上天创造的奇迹，每一个个体都是上苍对自然的恩赐。我们要了解自己、热爱自己，清楚自己的使命和价值，才不会愧对上苍给我们的这些珍贵的财富。

不要太在意别人的看法

凡是有点干劲、有点能力、有点主见的人，总是相信自己。

阿瑟刚当上军官时，心里很高兴。

每当行军时，阿瑟总是喜欢走在队伍的后面。

一次在行军过程中，嫉妒他的人取笑他说："你们看，阿瑟哪儿像一个军官，倒像一个放牧的。"

阿瑟听后，便走在了队伍的中间，嫉妒他的人又讥讽他说："你们看，阿瑟哪儿像个军官，简直是一个十足的胆小鬼，躲到队伍中间去了。"

阿瑟听后，又走到了队伍的最前面，嫉妒他的人又说："你们瞧，阿瑟带兵打仗还没打过一个胜仗，他就高傲地走在队伍的最前边，真不害臊！"

阿瑟听后，心想：如果什么事都得听别人的话，连路都不会走了。从那以后，他想怎么走就怎么走了。

智慧箴言

"走自己的路，让别人说去吧！"自己的路自己走，与人何干？谁能代替你走路吗？谁能代替你做决定吗？答案当然是否定的。每个人必须明白，自己的人生要自己做主，自己的命运需要自己主宰。人，要有自己的主见，不能总被他人的意见所左右。这不是说要一意孤行、不接受他人意见，但关键的时候，能够依靠的只有自己。

自我欣赏

衡量一个人，应以他在不幸之下保持勇气、信心的方式为准。

安妮是一位从小就患脑性麻痹的女孩。她的形象差强人意，没有肢体平衡感，缺乏发声能力，基本不会说话。而且，由于长期受疾病困扰，举止极为不方便、不得体。她有时会挥舞着她的双手；有时仰着头，脖子伸得好长好长，与她尖尖的下巴连成一条直线；偶尔，她口中也会咿咿呀呀，不知在说些什么；她的听力很好，只要对方猜中并且说出她的意思，她就会乐得大叫一声，伸出右手，用两个指头指着你，或者拍着手，甚至会歪歪斜斜地向你走来，送你一张她用自己的画制成的明信片。

这样的女孩，她的成长必然充满艰辛。谁能想象得到在这种情况下，她依然保持一颗自信的心，凭借自己的奋斗，获得了美国普林斯顿大学的艺术博士学位。

一次，有一个学生小声问她："请问安妮博士，你从小就长成这个样子，你怎么看你自己？你没有怨恨过吗？"

安妮用粉笔在黑板上重重地写下了这样几个字——我怎么看自己。然后停下笔来，歪着头，回头看了看那位发问的同学，她微微一笑，又回过头来，在黑板上龙飞凤舞地写下了以下的内容：

（1）我好可爱！

（2）我的腿很美！

（3）爸爸妈妈这么爱我！

（4）上帝这么爱我！

（5）我会画画！我会写稿！

（6）我有只可爱的猫！

（7）还有……

教室里立刻一片寂静，鸦雀无声，再没有人讲话。她坚定地看着大家，最后在黑板上写下了她的结论——我只看我所有的，不看我所没有的。

掌声响起。安妮倾斜着身子站在台上，满足地微笑着，她的脸上呈现出一种永远不被命运击败的自信。

智慧箴言

不管生活多么不幸，不论命运多么坎坷，拥有生命就是最大的幸运，关键在于你怎样看自己。生活的道路布满荆棘，相信自己、欣赏自己，生命的道路就会越来越宽广。

你本来就能做到

要有自信，然后全力以赴——假如有这种信念，任何事情十有八九都能成功。

1796年的一天，德国哥廷根大学，一个很有数学天赋的19岁青年吃完晚饭，开始做导师单独布置给他的每天例行的 3 道数学题。

前两道题在两个小时内就顺利完成了。第三道题写在另一张小字条上：要求只用圆规和一把没有刻度的直尺，画出一个正 17 边形。

他感到非常吃力。时间一分一秒地过去了，第三道题竟然毫无进展。这位青年绞尽脑汁，但他发现，自己学过的所有数学知识似乎对解开这道题都没有任何帮助。

困难反而激起了他的斗志："我一定要把它做出来！"他拿起圆规和直尺，一边思索一边在纸上画着，尝试着用一些超常规的思路去寻求答案。

当窗口露出曙光时，青年长舒了一口气，他终于完成了这道难题。

见到导师时，青年有些内疚和自责。他对导师说："您给我布置的第三道题，我竟然做了整整一个通宵，我辜负了您对我的栽培。"

导师接过学生的作业一看，当即惊呆了。他用颤抖的声音对青年说："这是你自己做出来的吗？"

青年有些疑惑地看着导师，回答道："是我做的。但是，我花了整整一个通宵。"

导师请他坐下，取出圆规和直尺，在书桌上铺开纸，让他当着自己的面再做出一个正 17 边形。

青年很快做出了一个正 17 边形。导师激动地对他说："你知不知道？你解开了一桩有两千多年历史的数学悬案！阿基米德没有解决，牛顿也没有解决，你竟然一个晚上就解出来了。你是一个真正的天才！"

原来，导师也一直想解开这道难题。那天，他是因为疏忽，才将写有这道题目的字条交给了学生。

每当这位青年回忆起这一幕时，总是说："如果有人告诉我，这是一道有两千多年历史的数学难题，我可能永远也没有信心将它解出来。"

这位青年就是"数学王子"高斯。

智慧箴言

一些问题之所以没有解决好，也许是因为我们把它们想象得太难了，以至于无法面对。因为在面对更多困难和挑战的时候，我们不是输给了困难本身，而是输给了自身对困难的畏惧。

当高斯不知道这是一道2000多年的数学悬案，仅仅把它当作是一般的数学难题时，只用了一个晚上就解出了它。高斯的确是天才，但如果当时老师告诉他那是一道连阿基米德和牛顿都没有解开的难题，结果可能是另一番情景。事实上，每一个人都如高斯一样，相信自己能做好它，就一定能够做好。

永远坐在前排

凡是能冲上去、能散发出来的焰火，都是美丽的。

20世纪30年代，英国一个不出名的小镇里，有一个叫玛格丽特的小姑娘，自小就受到严格的家庭教育。父亲经常对她说："孩子，永远都要坐在前排。"父亲极力向她灌输这样的观点：无论做什么事情都要力争一流，永远走在别人前头，而不能落后于人。"即使是坐公共汽车，你也要永远坐在前排。"父亲从来不允许她说"我不能"或者"太难了"之类的话。

对年幼的孩子来说，他的要求可能太高了，但他的教育在以后的年代里被证明是非常宝贵的。正是因为从小就受到父亲的"残酷"教育，才培养了玛格丽特积极向上的决心和信心。在以后的学习、生活或工作中，她时时牢记父亲的教导，总是抱着一往无前的精神和必胜的信念，尽自己最大的努力克服一切困难，做好每一件事情，事事必争一流，以自己的行动实践着"永远坐在前排"。

玛格丽特在学校永远是最勤恳的学生，是学生中的佼佼者之一。她以出类拔萃的成绩顺利地升入当时许多人不敢奢望的文法中学。

在玛格丽特满17岁的时候，她明确了自己的人生追求——从政。然而，那个时候，进入英国政坛要有一定的党派背景。她出生于保守党派氛围浓厚的家庭，但要想从政，还必须要有正式的保守党关系，而当时的牛津大学就是保守党员最大俱乐部的所在地。由于她从小受化学老师影响很大，同时又想到大学学习化学专业的女孩子比其他任何学科都少得多，如果选择某个文科专业，那竞争就会很激烈。

于是，一天，她终于勇敢地走进校长吉利斯小姐的办公室说："校长，我想现在就去考牛津大学的萨默维尔学院。"

女校长难以置信，说："什么？你是不是欠缺考虑？你现在连一节课的拉丁语都没学过，怎么去考牛津？"

“拉丁语我可以学习掌握！”

“你才17岁，而且你还差1年才能毕业，你必须毕业后再考虑这件事。”

“我可以申请跳级！”

“绝对不可能，而且，我也不会同意。”

“你在阻挠我的理想！”玛格丽特头也不回地冲出校长办公室。

回家后她取得了父亲的支持，就开始了艰苦的备考工作。这样在她提前几个月得到了高年级学校的合格证书后，就参加了大学考试并如愿以偿地收到了牛津大学萨默维尔学院的入学通知书。玛格丽特离开家乡到牛津大学去了。

上大学时，学校要求学5年的拉丁文课程。她凭着自己顽强的毅力和拼搏精神，在1年内全部学完了，并取得了相当优异的考试成绩。其实，玛格丽特不光学业上出类拔萃，她在体育、音乐、演讲及学校活动方面也颇赋才艺。所以，她所在学校的校长也这样评价她说：“她无疑是我们建校以来最优秀的学生，她总是雄心勃勃，每件事情都做得很出色。”

40多年以后，这个当年对人生理想孜孜以求的姑娘终于得偿所愿，成为英国乃至整个欧洲政坛上一颗耀眼的明星，她就是连续4年当选保守党党魁，并于1979年成为英国第一位女首相，雄踞政坛长达11年之久，被世界政坛誉为“铁娘子”的玛格丽特·撒切尔。

智慧箴言

很多人正值大好的青春年华，有如人生的早春季节，正是适合为未来做好打算的时节，何不趁机认真思考一下？

立志当要存高远，崇高的理想能激发人们崇高的信念与动机。

信心让他突破一切

要想摘一朵冰雪中的雪莲，就要有不怕严寒爬上高山的信心和勇气。

《不带钱去旅行》的作者犹太人麦克·英泰尔，在37岁那一年，放弃了收入丰厚的记者工作，做出一个令人吃惊的疯狂决定，他要以搭便车的方式，走遍美国。他将身上最后的3美元捐给一个流浪汉之后，带上衣服，就只身从阳光明媚的加州出发了。

然而，这个决定是他在精神快崩溃时所做的仓促决定，而这趟旅程的目的地，则是美国东岸北卡罗来纳州的恐怖角。

一切缘起于某个午后，他莫名地哭了起来，因为他问了自己一个问题："如果有人通知我，今天就要死了，我会不会后悔？"

停顿了一会儿，英泰尔肯定地说："会！"

面对一直以来平顺的日子，他发现，他的生活中从来没有激起过丁点火花，甚至连一场小赌注他都不玩。

继续回想这30多年的时光，他又发现，因为他没有自信，即使有机会做自己想做的事，也总是因为"害怕"两个字，而一再退缩。

他不断地回想、反省，懊恼地对自己说："什么都怕，活着能干什么？什么都听别人的，活着有什么意义？"

当他强烈质疑着自己的存在价值时，他下定决心："我一定要突破这一切！"

一个没有自信的人，要独自来到传说中的恐怖角，确实需要很大的信心。亲友们甚至语带恐吓与嘲讽地说："你确定自己行吗？这一路你恐怕会遇到各种麻烦，你一定很快就会退缩。"

"不会的！"英泰尔对亲友们说，也向自己保证。

凭着信心和一份坚强的毅力，英泰尔真的成功了。他依靠82位陌生人的帮助，完成了4000多千米的路程，终于抵达了目的地。

1毛钱也没有花的英泰尔，在成功抵达目的地时，立即对那些等待着他的人们说："我不是要证明金钱无用，这项挑战最重要的意义是，我终于克服了心里的恐惧！"

抵达了目的地，英泰尔深有感触地望着"恐怖角"的路标说："其实恐怖角就有如我内心的恐惧，是没有什么值得害怕的。现在我才明白这个道理，才发觉过去的我对自己是多么的没信心。"

智慧箴言

走向成功就是在不断的尝试中向前迈进，不断地鼓励自己向生命的高处攀登。"没有什么好怕的！"当你有机会做你想做的事时，不要退缩，用这句话增强自己的信心，相信你终将成功攀上顶峰。

凡事靠自己

危急之际，唯有依靠自己，不靠他人，才是硬道理。

一人在屋檐下躲雨，看见观音正撑伞走过，于是这人说：“观音菩萨，都说您普度众生，请带我一段吧。”

观音说：“我在雨里，你在檐下，而檐下无雨，你不需要我来度。”

这人立刻跳出檐下，站在雨中，说：“现在我也在雨中了。您该度我了吧？”

观音说：“你在雨中，我也在雨中，我不被淋，因为有伞；你被雨淋，因为无伞。所以不是我度自己，而是伞度我。你要想度，不必找我，请找伞去！”说完便走了。

第二天，这人遇到了难事，便去寺庙里求观音。走进庙里，才发现观音的像前也有一个人在拜，那个人长得和观音一模一样。

这人问：“您是观音吗？”

那人答道：“我正是观音。”

这人又问：“那您为何还拜自己？”

观音笑道：“我也遇到了难事，但我知道，求人不如求自己。”

求人不如求己，凡事只能靠自己。只有学会独立，才能在将来有所作为。

智慧箴言

凡事都要靠自己，是一种气魄，也是一种能力。成长之初，很多人或许还不曾具备这种能力，但这种气魄不可缺少。能力可以在将来培养，但依靠自己的信心不能动摇，这就是自强。相信自己、依靠自己，这样才会走向成功的彼岸。

勇气伴随自信而生

一个人除非自己有信心，否则不能带给别人信心；已经信服的人，方能使人信服。

乔治·邦尼是一个经营小本买卖的本分的美国人，几年前，他拥有平凡而普通的生活。然而，他觉得仍然不够理想，因为他们没有多余的钱去买他们想要的东西，他的妻子尽管没有抱怨，但显然她也不高兴。

于是，邦尼的内心深处变得越来越不满。当他意识到爱妻和他的两个孩子并没有过上好日子的时候，心里就感到深深地刺痛。

但是今天，一切都有了极大的变化。现在，邦尼有了一所占地200平方米的漂亮新家，他和妻子再也不用担心能否送他们的孩子上一所好的大学了，他的妻子在花钱买衣服的时候也不再有那种犯罪的感觉了。明年夏天，他们全家都将去欧洲度假。邦尼过上了真正幸福的生活。

邦尼说："这一切的发生，是因为我利用了信念的力量。五年以前，我听说在底特律有一个经营农具的工作。那时，我们还住在克利夫兰。我决定试试，希望能多挣一点钱。我到达底特律的时间是星期天的早晨，但公司与我面谈还得等到星期一。晚饭后，我坐在旅馆里静思默想，突然觉得自己是多么的可憎。'这到底是为什么？'我问自己，'失败为什么总属于我呢？'"

邦尼不知道那天是什么促使他做了这样一件事：他取了一张旅馆的信笺，写下几个他非常熟悉的、在近几年内远远超过他的人的名字。他们取得了更多的权力和工作职责。其中两个原是邻近的农场主，现已搬到更好的边远地区去了，其他两个朋友曾经为他们工作过，最后一位则是他的妹夫。

邦尼问自己：什么是这5位朋友拥有的优势呢？他把自己的智力与他们做了一个比较，邦尼觉得他们并不比自己更聪明；而他们所受的教育，他们的正直、个人习性等，也并不拥有任何优势。终于，邦尼想到了另一个成功的因素，即主动性。邦尼不得不承认，他的朋友们在这点上胜他一筹。

当时已经快深夜3点钟了，但邦尼的脑子却还十分清醒。他第一次发现了自己的弱点。他深深地挖掘自己，发现缺少主动性是因为在内心深处，他并不看重自己。

邦尼坐着度过了残夜，回忆着过去的一切。从他记事起，邦尼便缺乏自信心，他发现过去的自己总是在自寻烦恼，自己总对自己说"不行，不行，不行"！他总在表现自己的短处，几乎他所做的一切都表现出了这种自我贬值。

邦尼终于明白了：如果自己都不信任自己的话，那么将没有人信任你！

于是，邦尼做出了决定："我一直都是把自己当成一个二等公民，从今后，我再也不这样想了。"

第二天上午，邦尼仍保持着那种自信心。他暗暗把这次与公司的面谈作为对自己自信心的第一次考验。在这次面谈以前，邦尼希望自己有勇气提出比原来工资高750甚至1000美元的要求。但经过这次自我反省后，邦尼认识到了他的自我价值，因而把这个目标提到了3500美元。结果，邦尼达到了目的，他获得了成功。

智慧箴言

突破自我需要勇气，然而这勇气常常是伴随着信心而生。自信是摘取成功硕果的手杖，每一个人都要明白，没有人能打败你，除了你自己！

第三章

成功从来没有捷径

追求成功是艰难的，需要意志的支撑，需要毅力的支持。

在成功的征途中，坚持的过程往往就是积累的过程。一步一步地积累，能使人不断获取成就感，不断得到鼓舞与激励，不断获得与困难作斗争的动力，进而坚持不懈地到达成功的彼岸。追求成功的过程往往不是一帆风顺的，在成长的征途中，失败常常与人做伴。但强者总是不言失败的，而且屡败屡战，最终取得成功。

坚强可以创造奇迹

这是生命的奇迹，也是信心的奇迹，更是钢铁般意志所创造的奇迹。精神的力量到底有多大，谁也说不清楚，但有一点可以肯定，那就是精诚所至，金石为开。

1917年10月的一天，在美国堪萨斯州洛拉镇，一家小农舍的炉灶突然发生爆炸。当时，屋里有一个8岁的小男孩，很不幸的是，他没有逃过这次劫难，孩子的身体被严重灼伤。

虽然父母迅速将孩子送进医院，伤势得到了及时的控制，但医生最终表示无能为力，他无奈地告诉孩子的父母："孩子的双腿伤势太严重，恐怕以后再也无法走路了。"

医生的话宛如晴天霹雳，父母伤心欲绝，他们不敢面对这个事实，也不敢将这个坏消息告诉儿子，但是，能隐瞒多久呢？随着双腿越来越没有知觉，小男孩终于知道了自己将要面对的悲惨现实。

男孩没有哭，也没有就此消沉，他暗暗下定决心：一定要再站起来。

男孩在病床上躺了好几个月，终于可以下床了。他拒绝坐轮椅，坚持要自己走，但是，他连站起来的力气都没有，怎么可能走路呢？男孩试了一次又一次，都没有成功。

看着男孩倔强的样子，医生劝他："还是坐在轮椅上吧！以你现在的身体状况，是绝对不可能站起来的。"听到这话，母亲忍不住大声痛哭起来。

男孩颓然地倒在床上，他一动不动地盯着天花板，没有任何表情，谁也不知道他在想什么。

在以后的日子里，父母看见儿子终日试图伸直双腿，不管在床上，还是在轮椅上，累了就歇一会儿，然后接着练。就这样足足坚持了两年多，男孩终于可以伸直右腿了，这一下，家人对他都有了信心，只要有机会，大家都会帮着男孩练习。一段时间后，男孩竟然可以下地了，但他只能一瘸一拐地走路，很难保持平衡，走几步就会摔倒。又过了几个月，男孩能正常走路了，虽然拉伸的肌肉让他疼得说不出话来。

这时，男孩想起医生曾说过自己再也不可能走路，也曾劝阻过他，让他不要这么倔强，但现在，自己做到了，他不由得脸上露出笑容，进而作出一个大胆而伟大的决定：从明天开始，每天跟着农场上的小朋友跑步，直到追上他们为止。经过努力的锻炼，男孩腿上松弛的肌肉终于再次变得健康起来，多年之后，他的腿和从前一样强壮，仿佛从来没有发生过那次意外。

男孩进入大学后，参加了学校的田径赛，他的项目是 2 千米赛跑，因为他立志成为一名长跑选手。

从此以后，男孩的一生都和长跑运动紧密相连。这个被医生判定永远不能再走路的男孩，就是美国最伟大的长跑选手之一——格连·康宁罕。

智慧箴言

在成长的某个阶段，也许命运会对我们不公，会让我们陷入许多难以预料的困境，但是，同样是困难，人们所收获的结果有时却大相径庭。那些被困难压倒的人，其失败的真正原因，不是因为遇到的阻力或障碍太大，而是因为自己过早地放弃或屈服；那些不畏困难而取得胜利的人总是能忍受不幸，进而战胜不幸，因为他们相信困难是有限的，人的潜力是无限的，只要有坚定的意志，就一定能渡过难关，将最初的"不可能"战胜的困难变成最终的"可能"收获的成就。

坚强意志是劈开命运的利剑

一条意志坚强的大马哈鱼不会在乎环境的变化，它能够适应环境的各种变化，这是它在“优胜劣汰”的自然法则中生存下来的最大保证。

福韦尔·柏克斯顿曾经是一个头脑简单、四肢发达的顽童，他的与众不同之处就在于他顽强的意志力，这种顽强意志力在他幼年时曾表现为喜欢暴力、飞扬跋扈和固执己见。

他自幼丧父，所幸的是他的母亲很有见识。她敦促他磨炼自己的意志，在强迫他服从的同时，对一些他力所能及的事情，她总是鼓励他自作主张地去做。他母亲坚信形成一个有价值的目标的坚强意志，对于一个人来说是最难能可贵的品质。当别人向她谈及儿子的任性时，她总是淡然地说：“没关系的，他现在是固执，但是你会看到这最终给他带来的好处。”当柏克斯顿处于形成正义还是邪恶的人生目标这一人生转折的关键时期，他幸运地与一个以良好的社会品行著称的姑娘结了婚。

他的顽强意志，在他小时候使他成为一个难以管束的顽童，但现在却使他从事什么职业都不知疲倦并且精力充沛。身为酿酒工的他曾自豪地说：“我可以先酿1个小时的酒，再去做数学题，再去练习射击，而且每件事都能聚精会神地去做。”

当他成为一个酿酒公司的经理后，事无巨细的他对工作一一过问，使公司生意空前兴隆。即便工作再忙，他仍然每天晚上坚持学习、研究和消化孟德斯鸠等人关于英国法律的评论。他读书的原则是：“看一本书绝不半途而废。”“对一本书不能融会贯通熟练运用，就不能说已经读完。”“研究任何问题都要全身心地投入。”

后来，柏克斯顿幸运地跻身于英国议会。在他刚刚步入社会时，他目睹奴隶贸易和奴隶制度的种种黑暗和残酷，便下定决心把解决奴隶的问题作为自己最大的人生目标。在他进入英国议会后，他更是把在英国本土及殖民地上彻底实现奴隶的解放作为自己的奋斗目标，并矢志不渝地努力奋斗。废除英国本土及其殖民地上的奴隶贸易及奴隶制度，既要与传统势力作斗争，又要与维护自身利益的贵族斗争，这项推动历史进程的工作，其艰难可想而知，但柏克斯顿做到了。

显然，柏克斯顿不是天才，也不是最有才智的领导者，更不是一位发明家，他只不过是一位热心、直率、坚毅而又精力充沛的普通人。事实上，他的全部性格特征大致可以用他自己的一段话概括。

他说："随着岁月的增长，我越来越体会到，人与人之间，弱者与强者之间、大人物与小人物之间最大的差异就在于意志的力量，即所向无敌的决心。一个目标一旦确定，那么，不在奋斗中死亡，就在奋斗中成功。若不具备这种品质，无论你拥有怎样的机会，你都不能使一个两脚动物成为一个真正的大写的人。"

智慧箴言

事实上，在我们的每一种追求中，作为成功保证的，与其说是才能，不如说是不屈不挠的意志。坚强是行动的动力之源，是你们改变命运的一把利剑。实际上，你们真正的希望都要以它为基础，因为，它是使你们现实生活绚丽多彩的希望。

人生就是一场马拉松式的长途奔跑，你只需认真地走好脚下的路。你可能会遇到无比的竞争压力，也可能会背负无形的包袱，但只要你拥有积极的心态，用心去跑、用心去感受，必将跑出精彩纷呈的未来。

永不屈服，生命不止

世间不存在人无法克服的艰难和困苦，只要你再坚持一下、奋力拼搏一下，困难就会被你征服。

旱季悄然来了，河床也随之即将干涸了。

在非洲，曾经湍急的河流已经变成了一个个浅浅的小水洼，炎炎烈日下，龟裂的河床在急速扩展，远处，却隐隐传来了大江的涛声，鱼儿们从一个水洼跳到另一个水洼，奔涛声而去。

"还有多远呢？"一个小小的水洼里，一条大鱼喘着粗气，有气无力地问躺着歇息的一尾小鱼。

"还远着呢！别费劲了，我看咱们是到不了大江了。"小鱼悠闲自在地在水洼里游了一圈说，"做什么大江的梦啊，现实点，就在这儿待着吧！"

"可是用不了多久，这水洼里的水就会干的。"

"那又怎样？长路漫漫，你又能走多远呢？离大江 50 步和离大江 100 步有什么区别？结果都是一样的，要看结果，懂吗？"

"即便结果真的到不了大江，只要我已经尽力了，也不后悔。"

"你已经遍体鳞伤了，老兄！"小鱼自如地扭动着自己保养得很好的身体，嘲弄着在小水洼里已经转不开身的大鱼，“像你这样笨重的身材，不老老实实在原处待着，还奔什么大江啊？你以为自己还年轻啊？就算真的有鱼能到达大江，也轮不到你！”

小鱼戳到了大鱼的痛处，它望着小鱼说：“真的很羡慕你们有如此娇小的身材，在越来越浅的水洼里，只有你们才能自如地呼吸。可是，再苦再难，我们大鱼也得朝前奔啊，我们得把握自己的命运。”大鱼说完，一个纵身，跳入了下一个水洼，它听见了小鱼抑制不住的笑声。它知道自己的动作很笨拙，它看见自己的鱼鳞又脱落了几片，而肚皮已渗出斑斑血迹，但它对自己说：此时此刻，除了向前，已别无选择。

水洼的面积变得越来越小，大鱼知道，前面的路将越发艰难，它已很难再喝到水了，偶尔滋润干唇的是自己的泪。一路上，它看见大片大片的鱼变成了鱼干，其中，有许多是比它灵活得多的小鱼。

每一个水洼里都躺着懒得再动的伙伴，它们大口大口地喘着粗气，对大鱼说：“别跳了，省点力气吧！没用的。”

大鱼却分明听见了越来越近的涛声。“坚持，”它对自己说，“唯有坚持，才有希望。”

不知跳了多久，大鱼终于看见了大江的波涛，可是，它的体力已经在长途跋涉中消耗殆尽，通向大江的路上，最后一个水洼也干涸了。虽然只有一步之遥，可大鱼想，它是到不了大江了。就在这时，它听见了水声，接着，便看见一股小小的水流缓缓流来，这是行将干涸的河床在这个夏季最后的一股水流吧？大鱼抓住了这个机会，在水流的帮助下，一鼓作气奔向大江。而那些留在水洼里的鱼儿，却只是让这股水流稍稍往前带出了一小步而已，大江离它们依旧遥不可及，而干旱却以无法阻挡的步伐占领了这片土地。

面对已然干涸的河床，只有跳入大江的鱼儿知道，机遇曾经来过。

智慧箴言

在成功的路上，只有强者才能掌握自己的命运，就像故事中的大鱼一样，以一种永不屈服的斗志、昂扬的精神和坚强的毅力，克服了种种困难，奔入大海，拥有自由，延展生命。

我们从小就要有恒心做一个生活的强者。要做一个强者，首先是做一个精神上的强者，一个坚忍不拔、威武不屈的人。世间不存在人无法克服的艰难和困苦，在你面临绝境、行将没顶时，在你气喘吁吁甚至筋疲力尽时，你只要再坚持一下、奋力拼搏一下，困难就会被你征服。

坚持到最后

也许你的力量很小，但只要你拥有了锲而不舍的毅力，便没有不可征服的高峰；也许你的智力驽钝，但只要你拥有坚忍不拔的毅力，便没有不可逾越的障碍。

14世纪，苏格兰在与英格兰军队的战斗中，竟然连续6仗都惨败。国王布鲁斯不得不率领部下躲进了森林和群山深处。森林里的生活是非常艰苦的，这里没有粮食，没有药品，有的只是毒蛇和野兽，还有伤员的哀号与呻吟声，士气低落到了极点。

一个阴郁的雨天，布鲁斯躺在深山中一间简陋的茅屋里，听着顶上淅淅沥沥的下雨声，他感到疲惫不堪，心乱如麻。他一遍一遍地问自己："难道就这样向英格兰人举手投降吗？苏格兰人就这么心甘情愿成为别人的俘虏？苏格兰王国就这样毁灭在我们这一代的手中？"无限的伤感与绝望涌上心头，年轻的国王不禁泣不成声，觉得做任何努力也是徒劳的。

正当他万念俱灰的时候，猛一抬头，看见一只蜘蛛在他头顶的屋角上正忙着来回织网。布鲁斯注视着这只蜘蛛慢条斯理地、小心翼翼地劳作着。这只蜘蛛连续6次试图把那纤细的蛛丝从这一道梁连到另一道横梁上去，结果6次都失败了。

"哎，可怜的小家伙！"布鲁斯暗自叹息道，"你也尝到失败是什么滋味了吧。"

但是，眼前这只小蜘蛛并没有像布鲁斯那样灰心丧气，只见它更加小心谨慎地开始了第7次努力。布鲁斯目不转睛地看着蜘蛛在柔弱的细丝中摆动着自己不知疲倦的身体，他几乎忘记了自己所有的烦恼。它还会失败吗？布鲁斯不由自主地从床上坐了起来，十分紧张地注视着蜘蛛，为它的命运担忧起来。

"啊！成功了！它成功了！"那根蛛丝终于被这只勇于挑战的蜘蛛稳妥地带到了另一道横梁上，而且牢牢地粘在那儿了。布鲁斯兴奋得从地上跳了起来："蜘蛛是我的榜样！我要学蜘蛛！我也要做第7次尝试！"他边喊边冲出了茅屋，迅速地把心灰意冷、垂头丧气的战士们召集起来。

"我的勇士们！快，快围过来！我要告诉你们一件事，这是一只蜘蛛带给我的启示。"

战士们迅速围拢在他的周围，布鲁斯娓娓道来他从蜘蛛那儿得到的启示。“我知道，如果第7次又失败了，这只蜘蛛会继续努力的。我看不出它有任何沮丧和灰心，它只是不屈不挠地朝着自己的目标奋斗。难道我们还不如这只小小的动物吗？不！我们要向敌人进行第7次乃至无数次的斗争，直至把英格兰军队赶出我们的家园为止。”布鲁斯的一番话深深地打动了战士们，他们决心跟国王重整旗鼓。布鲁斯又组成了一支英勇善战的苏格兰军队，决心再同英格兰士兵进行第7次战斗。

1322年，战斗再次打响了。这是一场关乎生死存亡的大决战，在敌强我弱的情况下，苏格兰士兵毫不畏惧，将手中的矛直逼英格兰士兵。英格兰军队一直令对手望风而逃，现在竟然士气大减，不是死于长矛之下，就是陷于泥潭之中，英格兰军队大败。就这样，不经意间的一次发现改变了布鲁斯的人生，也改变了整个苏格兰的命运。

智慧箴言

胜利贵在坚持，要取得胜利就要坚持不懈地努力，饱尝了许多次的失败之后才能成功，即所谓的失败乃成功之母。坚持也就是胜利的标志，也可以这样说，坚持就是胜利。

可想而知，如果没有坚持，没有坚定的毅力，那么前面的几次失败都将毫无意义。

在学习和生活中，一定要学会坚持，只有坚持才能取得成功，所以说，坚持就是胜利。

狭路相逢勇者胜

运气喜欢在某些时刻撤退，为的是要你以坚忍的意志把它重新召回。

在一次新兵入伍欢迎大会上，有一个老兵讲了这样一则故事：

在美国内战的时候，老兵十分荣幸地参加了战斗。

战斗进行得异常激烈，但持续时间不长就结束了，老兵端着步枪搜索着残余的敌人。他刚转过一块大岩石，迎面撞上了一个也端着步枪的人。两个人同时将枪口对准了对方的胸膛。要想都保全性命，就必须得有一方投降。

双方对峙着，枪口对着枪口，目光对着目光，意志对着意志。当时老兵的大脑中一片空白，他征战沙场多年，却还从来没遇到过这种情况。但此时只有一个信念支撑着他："必须有一方投降，但投降的绝不能是我！"双方僵持了很长时间，老兵眼睁睁看着对方的精神垮掉，最后那个人扔掉了步枪，扑通一声跪了下去，连喊饶命。

老兵努力控制自己，才没有晕厥过去。当押着敌人见到自己人时，他再也坚持不住了，一屁股跌坐在地上。

老兵的故事讲完了，但这个故事永远刻在了新兵们的脑海里。新兵们在接下来的几年中，不论遭遇多么大的坎坷与挫折，他们总是用老兵的那句话鼓励自己："必须有一方投降，但投降的绝不能是我！"

智慧箴言

生命和希望常相伴随，有时候，两个人的较量实际是意志的较量，坚持到最后的一方才是胜者。狭路相逢勇者胜。获得成功有两个重要的前提：一是坚决，二是忍耐。人们最相信的就是意志坚决的人，当然意志坚决的人有时也许会遇到艰难，碰到困苦、挫折，但他绝不会惨败得一蹶不振。

在绝境中看到希望

成功者与失败者之间的区别，常在于成功者能由错误中获益，并以不同的方式再尝试。

1967年夏天，美国跳水运动员乔妮·埃里克森在一次跳水事故中身负重伤，除了脖子没有受伤之外，全身瘫痪。

她曾经绝望过。但最终，她拒绝了死神的召唤，开始冷静思索人生的意义和生命的价值。

她借来许多介绍前人如何成才的书籍，一本一本认真地读了起来。

她虽然双目健全，但读书也是很艰难的，只能靠嘴衔根小竹片去翻书，劳累、伤痛常常迫使她停下来。休息片刻后，她又坚持读下去。通过大量的阅读，她终于领悟到："我是残了，但许多人残了后，却在另外一条道路上获得了成功，他们有的成了作家，有的创造了盲文，有的创作出美妙的音乐，我为什么不能？"于是，她想到了自己中学时代曾喜欢画画。为什么不能在画画上有所成就呢？这位纤弱的姑娘变得坚强起来，变得自信起来了。她捡起了中学时代曾经用过的画笔，用嘴衔着，开始练习。

这是一个多么艰辛的过程啊。用嘴画画，她的家人连听也未曾听说过。

他们怕她因不成功而伤心，纷纷劝阻她："乔妮，别这样了，哪有用嘴画画的，我们会养活你的。"

可是，他们的话反而激起了她学画的决心："我怎么能让家人一辈子养活我呢？"她更加刻苦了，常常累得头晕目眩，汗水把双眼弄得火辣辣的痛，甚至有时委屈的泪水把画纸也打湿了。为了积累素材，她还常常乘车外出，拜访艺术大师。

好些年过去了，她的辛勤劳动没有白费，她的一幅风景油画在一次画展上展出后得到了美术界的好评。

不知为什么，乔妮又想到要学文学。她的家人及朋友们又劝她了："乔妮，你绘画已经很不错了，还学什么文学，那会更苦了你自己的。"她是那么倔强、自信，她没有说话，她想起一家刊物曾向她约稿，要她谈谈自己学绘画的经过和感受，她用了很大力气，可稿子还是没有写成，这件事对她刺激太大了，她深感自己写作水平差，必须一步一步来。

1976年，她的自传《乔妮》出版了，轰动了文坛，她收到了数以万计的热情洋溢的信。两年又过去了，她的《再前进一步》一书又问世了，该书以作者的亲身经历告诉残疾人，应该怎样战胜病痛，立志成才。后来，这本书被搬上了银幕，影片的主角由她自己扮演，她成了青年们的偶像，成了千千万万个青年自强不息、奋进不止的榜样。

智慧箴言

"失败不是气馁的来源，而是新鲜的刺激。"确实如此，上帝不会把所有的门窗同时关死，它总会留下一线希望、一线生机，等待我们去发现。只要我们用辛勤＋耐心＋等待去寻找，那么，就一定会寻找到一线来自天堂的光明。

磨难成就天才

上帝像精明的生意人，给你一分天赋，就搭配几倍于前者的苦难。

小提琴家帕格尼尼就是一位同时接受两种馈赠又善于用苦难的琴弦把音乐演奏到极致的人。

他是一位苦难者。4 岁时一场麻疹和强直昏厥症，险些使他白布裹尸装入棺材。7 岁险死于猩红热，13 岁患上严重肺炎，不得不大量放血治疗。40 岁牙床突然长满脓疮，只好拔掉大部分的牙齿。牙病刚愈，又染上了可怕的眼疾，幼小的儿子成了手中拐杖。50 岁后，关节炎、肠道炎、喉结核等多种疾病吞噬着他的肌体。后来声带也坏了，靠儿子按口型翻译他的意思。他活到 57 岁时口吐鲜血而亡。死后尸体也备受磨难，先后搬迁了 8 次。

但帕格尼尼似乎觉得这还不够深重，又给生活设置了各种障碍和漩涡。他长期把自己囚禁起来，每天练琴 10 ~ 12 个小时，忘记了饥饿和死亡。13 岁起，他就周游各地，过着流浪生活。他一生和 5 个女人发生过感情纠葛，其中有拿破仑的遗孀和两个妹妹。姑嫂间为他展开激烈争夺，但他不齿于上流社会生活，认定人该受苦受难。在他眼中这也不是爱情，而只是他练琴的教场和获得唯一一个儿子的公平交易。除了儿子和小提琴，他几乎没有一个家和其他亲人。

他也是一位天才。3 岁学琴，12 岁就举办首场音乐会，并一举成功，轰动舆论界。之后他的琴声遍及法、意、奥、德、英、捷等国。他的演奏使帕尔玛首席提琴家罗拉惊异得从病榻上跳下来，木然而立，无颜收他为徒。他的琴声使卢卡观众欣喜若狂，宣布他为共和国首席小提琴家。在意大利巡回演出产生神奇效果，人们到处传说他的琴弦是用情妇的肠子制作的，魔鬼又暗授妖术，所以他的琴声才魔力无穷。歌德评价他“在琴弦上展现了火一样的灵魂”。

智慧箴言

在成长的早期，经历一些失败，有着极大的实际好处。因为人的生命似洪水在奔流，不遇着岛屿、暗礁，难以激起美丽的浪花。不因幸运而故步自封，不因厄运而一蹶不振，真正的强者，善于从顺境中找到阴影，从逆境中找到光亮，时时校准自己前进的目标。

失败是坚韧的最后考验

每一次的失败，都是走上成功的一阶。

他是一家大保险公司的董事长，当他还是个孩子时，就为了生计到一家餐馆贩卖报纸。餐馆老板赶了他好多次，但是他却一再地溜进去，并且手里拿着更多的报纸。那里的客人为其勇气所感动，纷纷劝说餐馆老板不要再把他踢出去，并且都掏钱买他的报纸。

就这样，他的屁股都被踢疼了，但口袋里却装满了钱。

当他 16 岁时，走进了一座办公大楼，开始了推销保险的生涯。每当他因胆怯而发抖时，他就会想起自己小时卖报纸的经历。

就这样，他抱着“若被踢出来，就试着再进去”的念头推开了第一间办公室。他没有被踢出来，那天只有两个人买了他的保险。然而，这是个零的突破，他从此有了自信，不再害怕被拒绝，也不再因别人的拒绝而感到难堪。

第二天，他卖出了 4 份保险。第三天……

20 岁时，他设立了只有他一个人的保险经纪社。开业第一天，销出了 54 份保险单，有一天更创造了 122 份的令人瞠目的纪录。

在不到 30 岁时，他就成了一家大保险公司的董事长。他在总结自己成功的人生时总是说：“如果你想做一件事，不要考虑自己的损失，只要想到会有收获，那就放手去做。”

智慧箴言

谁都会遇到困难和挫折，就看你能不能战胜它。战胜了，你就是英雄，就是生活的强者，就能在不利与艰难的遭遇里百折不挠。如果怕被人拒绝就永远不要开口，如果怕挫折就永远不要渴望成功。如果想成就一项伟大的事业，就不要怕自己会遇到多大的困难，只要坚持，想要有收获，就大步朝前走吧！

跌倒，别忘了爬起来

底特律的知名店铺——“法兰克礼服出租店”是由安东尼兴办的。他为什么会如此知名呢？安东尼 14 岁的时候来到美国，因为他从 7 岁起就跟着裁缝师学裁缝，所以到了美国之后，很顺利地就在一家裁缝店中找到了工作。

到了 18 岁时，安东尼决定要成立一家属于自己的店。

于是，他和弟弟及其他合伙人共同买下了一间礼服店，他更是信心十足地把所有的积蓄都投资在这里。但是，接下来发生的许多事情，却不断地考验着安东尼开店的决心。

先是在即将开业的前一天晚上，被小偷偷走了将近 8 万美元的存货；接下来他再度进的货，又在一场意外大火中付之一炬。

后来，他才发现保险经纪人欺骗他，根本没有把他支付的保险费支票交给保险公司，所以这场火灾等于没有保险。

更惨的是，可以证明公司存货内容和价值的一位重要证人，却正好在这个时候去世了。

接二连三的打击实在让安东尼受够了，他决定到别的裁缝店工作。但是，过了没多久，他渴望拥有自己事业的欲望又开始蠢蠢欲动起来。

于是，他再度鼓起勇气，开了一家裁缝兼礼服出租店。这一次，他决定多采纳别人的意见，但在大方向上他依然坚持自己做决定。因为，他始终相信，如果因此跌倒了，是他自己跌倒的，如果他站了起来，那也是靠自己站起来的。

因为安东尼坚持着这个信念，最终他成功了。

智慧箴言

跌倒的目的，就是为了让你在爬起来的时候，能看到更美好的东西！

困难都是自己想出来的

打从艾丽嫁到这座农场来，那个树桩就已经在这里了。树桩的位置刚好在后院的屋角，而且是一个形状怪异、颜色阴暗的树桩。如果不小心的话，随时都有可能被它绊倒。

有一次，当艾丽使用割草机清除后院的杂草时，不小心碰到了树桩，割草机高速运转的刀片就这样被碰断了。因为常常造成不便，所以玛丽就对丈夫说："能不能想个办法，把这个树桩挖走呢？"

"不可能挖起来的。"丈夫这么回答，艾丽的公公也表示同意。

"这个树桩埋得很深。"公公对艾丽说，"从我小时候，这个树桩就在这里了，从来没有人尝试把它挖起来。"

树桩就这样继续留在后院里。年复一年，艾丽的孩子们出生，然后离家，接着是艾丽的公公去世，到最后，艾丽的丈夫也去世了。

在丈夫的葬礼过后，艾丽开始打起精神整理房子，这个时候她看见了那个树桩，因为它的关系，周围的草坪始终无法生长良好。

于是艾丽拿出了铁铲和手推车，准备花上一整天的时间挖走这个树桩。没想到才过了 5 分钟，树桩就开始松动，而且一下子就被艾丽给挖出来了。

原来，这块树桩在土里只不过几十厘米深而已。就这样，那个原本几代人都认定没办法移动的树桩，就这样简单地被移走了。

智慧箴言

困难到底是不是困难，必须动手去尝试才会知道。如果你只会在一旁空想，那么这个世界对你而言，将会是个被重重“困难”包围的可怕世界，而你，永远也无法破除困难，往前再进一步！

像牛一样活着

20 世纪 60 年代，他，一位老教授被下放到农村放牛。

运动来了，他就得上台，被人骂被人斗。折磨够了，就被押往牛棚。

这种非人的生活使很多过来人都想到了死。老教授也是，他想以死来抗争这疯狂的世界。

但是，是牛救了他，是牛的眼神让他的心灵感到一种无言的震撼。他对着牛哭，牛只是看着他，很平静很安详地看着他。这种眼神，像是在告诉他：“你为什么要这样做。”又好像是在取笑他：“你太懦弱了。”

挂在牛棚上的绳子被他解下来扔了。在那个时代活着，是要付出代价的。

以当时的政策，牛是不能被屠杀的。但那个时候，一年到头，村人难得见到油腥。年关将近，为了能吃到肉，他们想到了一个办法，就是弄死一头牛。

最终，他们想到了老教授。大队长命令老教授把一头老牛牵到一处悬崖边，然后把牛推到悬崖下，这样会让人以为牛是失足摔死的。

老教授在队长的威逼下这样做了。老牛在滑向悬崖的时候，用前脚拼命扒住了一块石头，眼神里仍然平静，但奇怪的是，牛的眼眶里满是泪水。

牛坚持不了多长时间，就摔下悬崖……那个年关，全村的人都吃到了牛肉。

不久，厄运降临了。有人告发了这件事，一切的罪责都落到了老教授的身上。他以破坏生产罪被判了 15 年徒刑。

在北大荒的 15 年，他受尽非人的待遇，但每当想到自杀的时候，总是想起那头牛摔落悬崖时的眼神。

他要活着，像牛一样地活着，终于，老教授坚强地活下来了。只有活着才会感觉这世界上的一切——痛苦与欢乐。

智慧箴言

“困难与折磨对于人来说，是一把打向坯料的锤，打掉的是脆弱的铁屑，锻成的将是锋利的钢刀。”活着就是一种幸福，再苦再难都要珍惜难得的生命。

活着就要忍受痛苦

他是一个天性多愁善感的王子，就是死了一只蚂蚁，他都会流泪。每当左右的人向他禀报天灾人祸的消息，他就流着泪叹息道：“天啊，太可怕了！这事落到我头上，我可受不了。”

人有旦夕祸福，一年之后，灾难降临到他身上。在一场突如其来的战争中，他的父母被杀，他自己也被敌人掳去当了奴隶，受尽非人的折磨。他最终逃出虎口时，只有一条腿了，无奈成了可怜的乞丐。

当人们得知他的身世，都流下同情的眼泪，继而发出他曾经发过的同样的叹息：“天啊，太可怕了！这事落到我头上，我可受不了。”

此时的他慢慢地说道：“先生，请别说这话，凡是人间的灾难，无论落到谁头上，谁都得受着，而且都受得了——只要他不死。”

智慧箴言

“凡是人间的灾难，无论落到谁头上，谁都得受着。”任何人只要有勇气承受一切，他就是勇敢者，勇气使你拒绝害怕，尽管痛苦，但还是继续向前走。

困难原来就这样

教室外是暴风雨，学生们都在喊冷，读书的心思似乎已被冻住了，一屋的跺脚声。

鼻头红红的刘老师挤进教室时，等待了许久的风席卷而入，墙壁上的《中学生守则》一鼓一顿，开玩笑似的卷向空中，又一个跟头栽了下来。

往日很温和的刘老师一反常态，满脸的严肃庄重甚至冷酷，一如室外的天气。

乱哄哄的教室静了下来，同学们惊异地望着刘老师。

“请同学们穿上胶鞋，我们到操场上去。”

几十双眼睛盯着老师像是在发问。

"因为我们要在操场上立正5分钟。"即使刘老师下达了"不上这堂课，就永远别上我的课"的恐吓之词，可还是有几个娇滴滴的女生和几个很横的男生没有走出教室。

外面实在太冷了。同学们挤在教室的屋檐下，不肯迈向操场半步。

刘老师没有说什么，面对同学们站定，脱下羽绒衣、毛衣，脱到一半，风雪便帮他完成了另一半。"都到操场上去，站好！"刘老师脸色苍白，一字一顿地对学生们说。

谁也没有吭声，同学们老老实实地到操场上排好了三列纵队。

瘦削的刘老师只穿了一件白褂子，褂子紧裹着他，显得更加单薄。

后来，同学们规规矩矩地在操场上站了5分多钟。

在教室里的时候，同学们都以为自己敌不过那场暴风雪，事实上，叫他们站上半个小时，他们也能顶住，叫他们只穿一件衬衫，他们也同样可以顶住。

智慧箴言

面对困难，许多人戴了放大镜，但真正和困难拼搏一番，你会发觉，困难不过如此。正如生命中的许多伤痛一样，其实并不如自己想象得那么严重，如果不把它当回事，它是不会那么痛的。

从风雨中走过

艾尔·史密斯家里非常穷，父母连供他念完小学的钱也没有。当他父亲过世的时候，还得靠他父亲的朋友们募捐，才把丧事办了。父亲死后，他母亲在一家制伞厂里做事，每天工作10个小时，还要带一些工作回家，做到晚上11点。

小时候，艾尔·史密斯曾参加当地教堂举办的一次业余戏剧演出，这使他觉得非常过瘾，因此，他决定去学演讲。他的演讲很有感染力，这种能力又引导他进入政界，30岁的时候，他就当选为纽约州的议员。

可是，他对自己的能力毫无信心。当他研究那些要他投票表决的既长又复杂的法案时，他很难看懂，就好像那是用印第安文字所写的一样；在他当选为森林问题委员时，他觉得既惊异又担心，因为他从来没有进过森林一步；当他当选州议员金融委员会委员时，他也很惴惴不安，因为他甚至从未在银行里开过户头。他当时紧张得几乎想从议会辞职，只是羞于向他的母亲承认自己的失败，才坚持下来。

在绝望之中，他下决心充实自己，每天苦读16个小时。努力的结果，使他从一个当地的小政治家变成一个全美知名的人物，他成为纽约州最有权威的人，曾4度当选为纽约州长——这是一个空前绝后的纪录。而且，先后有6所大学将名誉学位赠给这个甚至连小学都没有毕业的人。

智慧箴言

只有那些从风雨中走过的人，才能真正明白苦难的内涵。人的生命似洪水在奔流，不遇着岛屿、暗礁，难以激起美丽的浪花。

唯一幸存的人

有一个阿拉伯富翁，在一次生意中亏光了所有的钱，并且欠下了债，他卖掉房子、汽车，还清了债务。

此刻，他孤独一人，无儿无女，穷困潦倒，唯有一只心爱的猎狗和一本书与他相依为命，相依相随。在一个大雪纷飞的夜晚，他来到一座荒僻的村庄，找到一个避风的茅棚。他看到里面有一盏油灯，于是用身上仅存的一根火柴点燃了油灯，拿出书来准备读。但是一阵风忽然把灯吹灭了，四周立刻漆黑一片。这位孤独的老人陷入了黑暗之中，对人生感到痛彻的绝望，他甚至想到了结束自己的生命。但是，立在身边的猎狗给了他一丝慰藉，他无奈地叹了一口气沉沉睡去。

第二天醒来，他忽然发现心爱的猎狗被人杀死在门外。抚摩着这条相依为命的猎狗，他突然决定要结束自己的生命，世间再没有什么值得留恋的了。于是，他最后扫视了一眼周围的一切。这时，他发现整个村庄都沉寂在一片可怕的寂静之中。他不由急步向前，啊，太可怕了，尸体，到处是尸体，一片狼藉。显然，这个村庄昨夜遭到了匪徒的洗劫，连一个活口也没留下来。

看到这可怕的场面，老人不由心念急转："啊！我是这里唯一幸存的人，我一定要坚强地活下去。"此时，一轮红日冉冉升起，照得四周一片光亮，老人欣慰地想："我是这里唯一的幸存者，我没有理由不珍惜自己。虽然我失去了心爱的猎狗，但是，我得到了生命，这才是人生最宝贵的。"

老人怀着坚定的信念，迎着灿烂的朝阳又出发了。

智慧箴言

不管过去的一切多么痛苦、多么顽固，把它们抛到九霄云外。不要让担忧、恐惧、焦虑和遗憾消耗你的精力。把你的精力投入到未来的创造中去吧。

请记住：生命在，希望就在！

付出痛苦的努力才会有结果

有一条毛毛虫，它一缩一伸、一伸一缩，终于爬上了一片树叶，从这里它能观望四周昆虫们的活动。它好奇地看着它们唱呀，跳呀，跑呀，飞呀，一个比一个来劲儿。在它的身边，一切生命都顽强地表现出它们的活力。可就只有它，可怜巴巴的，没有嘹亮的歌喉，天生不会跑、不会飞。它只能蠕蠕爬动，连这样一点点往前移动都深感不易。当毛毛虫艰难地从一片叶子爬到另一片叶子上，它觉得它似乎走完了茫茫征程、周游了整个世界。虽然它过得这样艰难，可它倒是从来不抱怨自己命运不好，也从不嫉妒那些活蹦乱跳的昆虫们。它知道，昆虫各有各的不同。它呢，只是一条毛毛虫，当务之急是学会吐出细细亮亮的柔丝，好用这些细丝编织起一个结结实实的茧子来。

毛毛虫没有时间胡思乱想，它得使劲儿干，在有限的时间里把自己从头到脚严密地包裹在一个温暖的茧子里。

“那么接着我该做什么呢？”它在与世隔绝的全封闭的小茧屋里自问道。

“该做的事会一件一件来的！”它仿佛听到有人在回答它，“耐着性子吧，马上就会知道下一步该做什么了！”

终于，它熬到了清醒的时候，发现自己已经不再是从前那条行动笨拙的毛毛虫。它灵活地从小茧屋中爬出来，摆脱了那个狭小的天地，此时，它惊喜地看到自己已经长出了一对轻盈的翅膀，五色斑斓、鲜丽可爱。它快活地扇了扇，这身子简直像羽毛一样轻盈。它于是翩翩地从这片叶子上飞起，在那片叶子上落下，飘飘逸逸，融入了蔚蓝的雾霭之中。

智慧箴言

在现实生活中，很多人企图不劳而获、坐享其成，结果都为此付出了惨重的代价，或越来越贫穷或走上了邪路。天上不会掉下馅饼，想要收获，就必须付出自己的努力。天下没有免费的午餐，这是一个千古不变的真理。

第四章

学无止境，享受阅读的时光

中国古代学者刘向曾说：“少而好学，如日出之阳；壮而好学，如月中之光；老而好学，如秉烛之明。”要明白自己为谁而读书。其实读书也是一件很幸福的事。所以，每一个人都要珍惜这种机会，把读书学习视为自己的终身事业，这样才能使自己跟上时代的步伐，并不断取得进步。

在学习中解决疑问

经常不断地学习，你知道的东西就越多。你知道得越多，你就越有力量。

大家都知道伟大的富兰克林，但是谁都不会想到他在幼年的时候也不喜欢学习。他有时候拿起书来想看，但是只要外面有伙伴叫他去玩或者街道上发生了什么事情，他就会把书一扔，飞快地跑出去看。

他家里虽然经济条件不是很好，但是父母还是为孩子买了很多有意思的书籍，并把这些书籍放在很显眼的地方。

有一天，小富兰克林跑了进来，对他母亲说：“妈妈，你能告诉我埃及金字塔是怎么一回事吗？我的一个伙伴在考我。”

他母亲就给他讲解起来：“这个埃及金字塔其实就是埃及法老的坟墓，但是它的样子很是奇特……”

他母亲把关于金字塔的各种知识都详细地告诉了他。

小富兰克林听得很入神，心里想：“哇，原来世界上还有这么有趣的东西啊！我以前怎么不知道呢？”

他对母亲说：“妈妈，你真是太厉害了，怎么什么都知道啊？我希望以后变得像你这么聪明，有这么多渊博的知识。”

“孩子，妈妈不是什么都知道，妈妈这些也都是从书上看来的。其实书上的知识很丰富，而且很多都是很有意思的，只要你去看、去发掘，就能变成和妈妈一样懂得这么多，甚至比妈妈懂得还要多。”

“是吗，妈妈？”小富兰克林更加不解了。

“当然了，妈妈没有去过埃及，本来根本就不知道这个事情，是书籍给了我知识。孩子，刚才你说你希望成为像我这样的人，那么你就要从现在开始多多地看书，汲取里面的精华，把它变为自己的东西，这样你就一定会比妈妈厉害。”他母亲继续引导他。

“好的，妈妈，我知道了。以后我一定要好好地看书，把这些知识都学到我的脑子里去。”小富兰克林高兴地回答。

从此，小富兰克林就对书籍产生了兴趣，经常翻阅书籍，津津有味地学习里面的内容。

他母亲看到这些，心里很是安慰，但是小富兰克林还是有点缺乏自制力，有时还会被别的事情分散注意力。

所以他母亲经常在他看书的时候对他说：“孩子，你现在看书，不要去管别的事情，你看完了再去和小伙伴们玩，好吗？”

“好的，妈妈。我喜欢看书。”小富兰克林大声地回应着。

然后母亲就会把他的玩具放到别的屋子里去，同时把房间的窗户关好，尽量不让别的事情来影响孩子学习。

就这样，慢慢地，小富兰克林能够很好地控制自己了。他不会再因外界而受影响，所以才有了后来的辉煌。

智慧箴言

现在，我们迈入了以信息化为标志的知识经济时代，生产的信息化，使劳动也具有鲜明的智能化特征。知识经济是以学习为基础的经济，与之相适应的社会是学习型社会。面对信息爆炸的时代和科学技术日新月异的飞速发展，只有坚持不懈地学习，才能使用日新月异的劳动工具；也只有不断学习新的技能，才能在生存竞争中立于不败之地。

只要能学习

在知识经济时代，谁不善于学习，谁就没有未来。

1979年获诺贝尔奖的英国化学家布朗从小父亲就很支持他读书，所以尽管家里并不宽裕，父亲还是把小布朗送到了一所较好的学校去读书。学校里富人多穷人少，而富人孩子欺负穷人孩子也就成了家常便饭。布朗在班里是学习最好的学生，也是最穷的学生。由于他的勤奋和聪明很得老师的喜欢，那些富家子弟开始对布朗不满起来，总想找机会教训他。

在一次数学课上，老师在黑板上写出了一道题让同学来做，调皮的约翰又在下面捣蛋，老师点名批评了他，并说："要是你能像布朗那样听话、爱学习，你的成绩就不会那样糟糕了！"说完让他上讲台做题，不爱学习的约翰当然做不出来了，被罚站在一边。接着老师又让布朗来做，结果小布朗走到黑板前，很快就做完了，而且结果完全正确，老师又一次夸奖了布朗。老师没想到这件事给小布朗带来了灾难。

那天放学后，小布朗走出校门，正要拐弯，却见约翰和几个小孩拦在了自己前面，他们几个不由分说就把布朗按在地上，对他一阵拳打脚踢，打得布朗躺在地上动弹不得。

约翰对布朗说："谁叫你那么逞能呀，下次再敢逞能打扁你！"

当布朗青一块紫一块、一瘸一拐地回到家时，父母都吓坏了，他们问明白情况后非常难过，妈妈甚至抱着布朗说："以后不要上学去了。"

布朗听了连忙说："不，我要上学，我要读书！"

"可是他们还是会欺负你的！"

布朗听到这里低下了头，过了一会儿他抬起头来，眼睛里含着两颗大大的泪珠说："爸爸，帮我转学吧！"

于是，父亲只得把布朗转到离家很近的一所黑人贫民学校。可是这所学校的条件很差，教室昏暗，环境脏乱，傲慢的白人老师不肯按时来上课。但这一切都不能阻止布朗求学的决心，他学习非常勤奋。

布朗回到家里还要自学，家里舍不得晚上开灯，他就到光线很暗的路灯下学习。久而久之，大家都知道有一个13岁左右的小孩子风雨无阻地每天晚上在路灯下看书，下雨雪的时候撑把伞，寒冷的时候加件衣服。

一次，父亲很心疼地问他："布朗，你觉得自己辛苦吗？"

布朗摇摇头说："只要能读书、能上学，再苦再累都值得。"听他这样说，父亲的眼睛一下子湿润了。

智慧箴言

布朗之所以能取得最终的成就，就在于他对学习的一种热爱与执着。恶劣的环境并没有阻挡布朗的好学精神，学习使他插上了梦想的翅膀，从此创造了他人生的辉煌。

在竞争如此激烈的年代，学习更成为现代人生存和发展的必然方式和最佳方式。只有学习才能让我们掌握生存的技能，才能让我们体味人生的意义。因此，我们要像故事中的布朗那样，热爱学习，执着于学习，积极学习。

品味成功的乐趣

学习这件事不在于有没有人教你，最重要的在于你自己有没有觉悟和恒心。

沈诞琦，复旦附中高二理科班学生。2005年8月，她从年级组里最优秀的10名学生中脱颖而出，被美国著名中学TAFT寄宿制高中选中，作为复旦附中参加国际交流的学生，去该校完成高中学业。美国的学校向来重视多元文化的建设，因此，吸引TAFT寄宿制高中的不仅是沈诞琦每门学科的优异成绩，还有她各方面的综合能力。在复旦附中，沈诞琦曾多次组织大型论坛、演讲赛，并获得好评；而作为上海市青少年环保协会的副理事长，她还利用课余时间参与了多项课题研究。沈诞琦为什么如此幸运呢？

沈诞琦还在上幼儿园的时候，妈妈就见过不少家长下了班以后忙家务，等收拾完毕之后已累得快趴下了，可是这一天的工作还没有完成，因为这才刚到了替孩子检查作业的时间。

两个月之后，妈妈从沈诞琦每天答题的"程序"中欣喜地发现，女儿不仅习惯了这种学习方式，甚至还把不断缩短答题时间视为一种乐趣和对自己的挑战。

如果说在沈诞琦的成长过程中，学习能力的养成，教会她作为学生应有的责任感，那么阅读习惯的养成，则帮助她打开了一扇通往知识海洋的大门。

沈诞琦在念小学二年级时，有一次晚饭后，她硬是缠着妈妈给她讲故事，可妈妈又不是“故事大王”，哪来那么多故事啊？情急之下，妈妈记起先前看过的那份《新民晚报》上“蔷薇花下”有一则故事很有意思，于是便绘声绘色地给女儿讲了起来。

“这个阿姨的行为很不好。”沈诞琦听完之后，歪着小脑袋沉思起来，“妈妈，这故事是真的还是假的啊？”

“这都是发生在我们生活中的一些不和谐的现象。”妈妈拿起报纸，指着“蔷薇花下”的那篇文章对女儿说：“虽然妈妈没有亲眼看到，但是妈妈可以通过阅读报纸来了解啊。你现在是小学生了，与其听妈妈讲故事，还不如自己看故事。”

“可是报纸上面有好多字我都不认识，怎么办？”

“你可以查字典。”

打那以后，沈诞琦每天晚饭后必做的一件事就是展开报纸，仔细地阅读“蔷薇花下”的文章。遇到不认识的字，她会搬出字典，耐心地查阅。她开始贪婪地从书中汲取各种养料，不断丰富自己的知识架构，她的思维和理解能力也在博览群书的过程中不断地得到提高和完善。

小时候，她学画画时，妈妈把女儿所有的画集中起来，镶在镜框里，像模像样地挂满了一屋子，还邀请亲戚和邻居来观摩“画展”。听到大人们称赞她画得好时，沈诞琦心里别提有多高兴，还一个劲地摇着妈妈的手说：“我以后还要开画展，我一定会画得比现在更好。”类似的画展后来又在沈诞琦的家里陆续开过几次，每一次的进步都见证着她的成长。

妈妈说：“许多孩子对读书缺乏兴趣，其实是因为没有体会到成功的乐趣，这好比沈诞琦学画，家长得多花些心思来激发孩子的兴趣，让他体验到成功的乐趣。”

智慧箴言

沈诞琦确实是我们新世纪所需要的高素质人才。她不仅学习好，而且知识广博；不仅自理能力强，而且兴趣广泛；不仅心理健康，而且道德素质也很高。

学历并不代表一切

学习是终身职业。在学习的道路上，谁要停下来，就会落伍。

有一个博士分到一家研究所，成为那里学历最高的一个人。

有一天他到单位后面的小池塘去钓鱼，正好正副所长在他的一左一右，也在钓鱼。

他只是微微点了点头，这两个本科生，有啥好聊的呢？

不一会儿，正所长放下钓竿，伸伸懒腰，“蹭蹭蹭”从水面上如飞地走到对面上厕所。

博士眼珠瞪得都快掉出来了。水上漂？不会吧？这可是一个池塘啊。

正所长上完厕所回来的时候，同样也是“蹭蹭蹭”地从水上漂回来了。

怎么回事？博士生又不好去问，自己是博士生哪！

过了一会儿，副所长也站起来，走几步，“蹭蹭蹭”地飘过水面上厕所。这下子博士更是差点昏倒：不会吧，到了一个江湖高手云集的地方？

博士生也内急了。这个池塘两边有围墙，要到对面厕所非得绕10分钟的路，而回单位又太远，怎么办？

博士生也不愿意去问两位所长，憋了半天后，也起身往水里跨：“我就不信本科生能过的水面，我博士生不能过。”

只听“咚”的一声，博士生栽到了水里。

两位所长将他拉了出来，问他为什么要下水，他问：“为什么你们可以走过去呢？”

两所长相视一笑：“这池塘里有两排木桩子，由于这两天下雨涨水正好在水面下。我们都知道这木桩的位置，所以可以踩着桩子过去。你怎么不问一声呢？”

智慧箴言

学历并不代表一切，它只是代表你的过去，只有学习才能代表你的将来。持续学习，虚心请教，才能让你少走弯路。而盲目自大，放不下架子向别人请教，结果只能是像故事中的博士生那样栽跟头。

请在平时培养虚怀若谷的胸襟，培养谦虚谨慎、戒骄戒躁的学习精神，用你的热情去探求更多的知识吧！

享受阅读的时光

任何一个大家，你只能继承，不能重复，你在读他的作品时，你应将他拉到你的脚下来读。这不是狂妄，这正是知其长，晓其短，师精神而弃皮毛。

凭借《百年孤独》而获诺贝尔文学奖的马尔克斯，童年时与外祖母、外祖父生活在一起，两位老人都很会讲故事，他们经常给马尔克斯讲述美丽的神话和朴素的民间故事，当地印第安人的历史、地理风俗、方言土语，都通过他们绘声绘色的描述流进了马尔克斯幼小的心灵。所以他从7岁开始阅读，《天方夜谭》等名著他都读过，这一切丰富了他的文学修养与积累，扩展了他的想象力。

幸运的是，他在12岁那年得到一笔去希帕基拉学习的奖学金，那是希帕基拉国的首都。在马尔克斯的记忆里，初到这个城市的感觉并不那么美妙。马尔克斯记得自己坐的是下午6点半的火车，火车在这个“僵硬灰暗”的城市停下，进入马尔克斯眼帘的是成千上万的披着斗篷的人来来往往。听不到自然的声音，看不见家乡美丽的风景，只见有轨电车鱼贯而过，街上行走的是年轻英俊的、衣着考究的小伙子，他们穿着黑色的礼服，手里拿着雨伞，头上戴着圆顶的帽子，蓄着小胡子。这些都是马尔克斯所不熟悉的，没有了家乡的熟悉的感觉，他觉得被抛到了一个孤岛上。他越想越难受，他不由得哭了起来，一连哭了几个小时，直到学监来接他。

看着哭得很难受的马尔克斯，学监拍了拍他的肩膀说：“小伙子，不要哭了，来到这里说明了你得进步啊，从今往后就该好好读书，不是每个人都有这样的机会，赶紧擦干眼泪，新的生活快开始了，不要带着眼泪走入新生活啊。”在学监亲切的话语中，小马尔克斯渐渐平静下来，跟着学监走进了自己的宿舍。

在学校里，马尔克斯不像别的孩子那样，一有时间就出去玩，他总是把自己的时间安排得满满的。在宿舍里看书，在教室里看书，在图书馆里看书，喜欢文学的马尔克斯几乎把自己能找到的文学名著都读完了。大量的阅读丰富了马尔克斯的内心世界，扩大了他的知识面，同时马尔克斯在书里学到了解脱忧伤的方法。

后来，马尔克斯对别人说：“如果没有这些阅读，没有‘石头与天空’的诗歌影响，我不敢说自己会成为一个作家。”

智慧箴言

书籍可以把我们引入一个神奇、美妙的世界，使我们的生活更加丰富多彩、乐趣无穷，同时，还可以使我们从书中获得人生的经验。因为人生短暂，不可能事事都去亲身体验，书中的间接经验，将有效地补充一个人经历的不足，增添生活的感受。

我们要做到多读书，首先就要明白读书的意义。其次要带着问题读书。在读书的过程中，应先抽出时间，看看我们要看的书，提出一些问题写在纸上，仔细阅读，然后回答问题，这样可以避免囫囵吞枣，我们才能在书中慢慢受益。

学习贵在勤奋

只要功夫深，铁杵磨成针。

贾逵是东汉时期著名的学者。他幼年丧父，母亲又体弱多病，需要人照顾，生活因此而非常窘困。于是贾逵的姐姐独自一个人挑起了家庭的重担，她精心照料母亲，呵护和关爱弟弟，家中虽然清贫，但时常充满着欢声笑语。

贾逵从小就十分聪慧、勤奋，爱思考，凡事都刨根问底，不达目的绝不罢休。

那时候，在贾逵家的附近有一个学堂，学堂里时常传出的朗朗读书声，深深地吸引着贾逵。他看见其他孩子都去上学了，非常羡慕，便苦苦哀求母亲也让他去学堂读书。躺在病床上的母亲心里十分难过，对贾逵说："孩子啊，咱们家太穷了，没有钱给你交学费，家里的钱都为我治病了，实在是没有办法啊！"说完母亲便伤心地流下了眼泪。

贾逵的姐姐见此情景，便走到他们跟前，安慰了母亲一番，然后拉着贾逵走了出来，对他说："弟弟，母亲身体不好，别让她再操心了，我带你去学堂看一看吧。"

姐姐领着贾逵来到学堂外，学堂里又传来了朗朗的读书声。贾逵一听到读书声，便忘却了刚才的烦恼，兴奋地跑了过去。

可是，贾逵只能隔着学堂外面的篱笆向里好奇地张望，他踮起脚，伸长脖子，可还是没有办法看到学堂内的情景。

姐姐见状，赶忙跑过来，抱起了贾逵。这下，他看见了老师在讲课，学生们正摇头晃脑地跟着老师读书。贾逵高兴极了，他也跟着读起来。老师让学生写字，贾逵便用小手在空中比划着学写字。

以后的日子里，贾逵天天到学堂外听老师讲课。由于他个子太小，看不到学堂里的情景，便搬来一块大石头，放在篱笆边上，然后站在大石头上，透过学堂的窗户与学生们一起读书学习。

当遇到刮风下雨、漫天雪花的时候，姐姐便劝贾逵不要去学堂了，可贾逵还是执拗地披着蓑衣去听课。贾逵有很强的求知欲，几年来，风雨无阻，从来没有中断过。

他一回到家中，便把听的内容都记录下来。一有时间，就拿着木棍在地上练习写字。贾逵就在如此艰苦的条件下，勤奋刻苦地学习。

后来，贾逵终于成为远近闻名的大学者，他的学说被世人称为“贾学”。

贾逵的勤奋好学，不仅使他功成名就，而且也令无数后人为之钦佩。

智慧箴言

贾逵刻苦、勤奋的美德是值得我们认真学习的。

中国古代就有“头悬梁、锥刺股”的故事，它鼓舞着一代又一代读书人为理想而奋斗不止。尽管现在我们不太提倡这种近乎残酷的学习、工作方式，但古人那种执着勤奋的精神还是值得我们学习的。贾逵在如此恶劣的条件下都能刻苦学习，从不松懈，是因为他明白只有用功读书，才会有所成就。

会学习，也要会休息

会休息的人才会工作。

一个过路人壮胆去问一个卖鬼的外乡人：“你的鬼一只卖多少钱？”

外乡人说：“一只要200两黄金！”

“你这是搞什么鬼？太贵了吧！”

外乡人说：“我这鬼可不是一般的鬼，很稀有的，它是只巧鬼。任何事情只要主人吩咐，全都会做。它又是只工作鬼，很会工作，一天的工作量抵得上100人。你买回去只要在很短的时间里，不但可以赚回200两黄金，还可以成为富翁呢！”

过路的人感到疑惑：“这只鬼既然那么好，为什么你不自己留着使用呢？”外乡人说：“不瞒您说，这鬼万般皆好，但他有一个缺点，只要一开始工作，它就永远不会停止。因为鬼不像人，是不需要睡觉休息的。所以您要把从早到晚所有的事都吩咐好，不可以让它有空闲，只要一有空闲，它就会完全按照自己的意思工作。我自己家里的活儿不多，不敢使唤这只不会休息的鬼，才想把它卖给更需要它的人！”

过路人心想自己有一片广阔的田地，家里还有忙不完的事，就说：“这哪里是缺点，实在是最大的优点呀！”于是他花200两黄金心满意足地把鬼买回家，成了鬼的主人。主人叫鬼种田，没想到一大片地，两天就种完了。主人叫鬼盖房子，没想到3天房子就盖好了。整地、搬运、挑担、推磨、炊煮、纺织，不论什么，鬼都会做，而且都是很快就做好了。在短短的一年里，鬼主人就成了大富翁。

但是，主人和鬼变得一样忙碌，鬼是做个不停，主人是想个不停。他绞尽脑汁地苦思下一个指令，每当他想到一个看似非常难的工作，例如在一个核桃壳里刻10艘小舟，或在象牙球里刻9只小鸟，他都会欢喜不已，以为鬼要很久才会做好。没想到，不论多么困难的事，鬼总是很快就做好了。

有一天，主人实在撑不住了，累倒了，忘记吩咐鬼要做什么事。鬼把主人的房子拆了，将地整平，把牛羊牲畜都杀了，又将财宝、衣服全部撕毁磨成粉末。再把主人的孩子杀了，丢到锅里炊煮……正当鬼忙得不可开交时，主人从睡梦中惊醒，才发现一切都没有了。

智慧箴言

现在有些人为了学习经常熬夜，别以为不停地学习是通往成功的路径、是优点，其实，学习与休息是相得益彰的。要想避免故事中主人的悲惨结局，就必须学会休息。

许多人因为摒除了一切能使生命变得和谐与有效的享受与娱乐，所以在无形之中降低了自己的能力，扼杀了自己成功的可能性。

有人到处浪费自己的精力，摧残自己的生命，因而减少了许多成功的可能性，却还诧异成功为什么离自己依旧那么远！

多问，让你与众不同

打开一切科学的钥匙毫无疑义是问号。

美国麻省理工学院机械工程系的系主任谢皮罗教授，敏锐地注意到，每次放掉洗澡水时，水的漩涡总是向左旋的，也就是逆时针的！

这是为什么呢？谢皮罗紧紧抓住这个问题不放。他设计了一个碟形容器，里面灌满水，每当拔掉碟底的塞子时，碟里的水也总是形成逆时针旋转的漩涡。这说明放洗澡水时漩涡朝左并非偶然，而是一种有规律的现象。

1962年，谢皮罗发表了论文，认为这漩涡与地球自转有关。如果地球停止自转的话，拔掉澡盆的塞子则不会产生漩涡。由于地球不停地自西向东旋转，而美国处于北半球，便使洗澡水朝逆时针方向旋转。

谢皮罗认为，北半球的台风都是向逆时针方向旋转，其道理与洗澡水的漩涡是一样的。他断言，如果在南半球则恰好相反，洗澡水将按顺时针形成漩涡，在赤道则不会形成漩涡！

谢皮罗的论文发表之后，引起各国科学家的极大兴趣，纷纷在各地进行实验，结果证明谢皮罗的论断是完全正确的。

智慧箴言

多问几个“为什么”，也许生活就会与众不同，科学的道路上如果没有求真，也就没有了新的进步。我们在生活和学习中也要多动脑筋，多问几个“为什么”，而不能稀里糊涂，做一天和尚撞一天钟。只有把不懂的问题打上问号，谦虚地向别人请教，才能使我们学得更深入一些、变得更聪明一些。

生活处处皆学问

读世间这一部活书，学会从生活中学习。

诸葛亮在隆中隐居的时候，和自己的弟弟住在一起，他们在山脚下种了好多麦子。夏天到了，金黄的麦浪看得人醉了，真是一个大丰收啊！

诸葛亮特地选了个有大太阳的好天气，和弟弟一起开始收割麦子。正当他们干得起劲的时候，一个老农从他们的麦地经过。他用新奇的眼神看着这两个辛勤劳作的兄弟，忍不住上前对他们说：“小兄弟，你们怎么在今天割麦子呢？今天肯定会下雨的，你们还不赶快把割下的麦子扎好带走，不然山上的水冲下来，你们可就白忙活了。”

诸葛亮认为这个老农民有点莫名其妙，他抬头看了看火辣辣的大太阳：“老人家，这么大的太阳，这么好的天气怎么可能下雨呢？你不要拿我们开玩笑了啊！”

老人家正想继续说什么，诸葛亮的弟弟不耐烦地说：“快走吧，不要妨碍我们干活。”

老农气得头也不回地走了，嘴里还在嘟囔着：“不听我的，有你们后悔的时候。”可是走了十几步，又停了下来，把兄弟俩割好的麦子都拿到高地上。

诸葛亮两兄弟觉得真是可笑，那个老农的话真是不可思议，但是并没有停下来，而是继续干活。过了一会儿，天突然阴了下来，一场大雨突然而至，山上的水顺着山坡冲了下来。

老农不由得喊起来：“快呀，赶紧把麦子拿到高处。”

诸葛亮被突如其来的大雨惊呆了，等他反应过来，山上的水已经冲走了不少麦子。

雨来得快，去得也快，一会儿雨停了。诸葛亮走到老农身边，深深地鞠了一躬："老人家，请您教我，您真是神机妙算啊。"

老农笑了笑说："其实我也不懂什么，只是我们农家有很多谜语。你看啊，今天一早天边就有一片朝霞，'朝霞不出门，晚霞行千里'，这说明今天会有雨。你看刚才的云，像柳絮一样，正所谓'早上棉絮云，午后必雨淋'……"

诸葛亮这才恍然大悟，原来经常向老农请教，会学到不少知识。于是诸葛亮在以后的日子里，经常向老农请教，也学了很多实用的知识。

后来，他被刘备请出山后，和曹操在赤壁大战。对手实力强大，诸葛亮观察天象，定下火攻的计策，他告诉部下，一定会有东风前来协助。部下半信半疑，果然几天都没有什么风的天上刮起了东风，风助火势，杀得曹军落花流水。

从此，诸葛亮声名大振，大家对他的神机妙算佩服不已。学习别人积累的知识、别人学以致用的经验，并加以借鉴，可以避免走岔道、走弯路，这无疑会加快成功的步伐，是通往成功的捷径。

智慧箴言

知识并不一定非要在课本中或者讲堂上获得，要重视"读世间这一部活书"，学会从生活中学习。留心观察生活，亲身体验生活，你会发现你从中学到了不少的知识，真是"只愿你做有心人，生活处处皆学问"。

随时保持"不满"

学无止境，生有涯而知无涯，学习是没有尽头的，除非你自己局限自己。

一名徒弟跟着一位名师学习技艺，几年之后，徒弟觉得自己的技艺已经达到炉火纯青的地步，足以自立门户了，因此收拾好行囊，准备和大师辞别。

大师得知了这个消息之后问道："你确定你已经学成了，不需要再学习了吗？"

徒弟指了指自己的脑袋自豪地说："我这里已经装满了，再也装不下了。"

"哦，是吗？"大师随即拿出一只大碗放在桌上，命徒弟把这只碗装满石头，直到石头在碗中堆出一座小山后，大师问徒弟："你觉得这只碗装满了吗？"

"满了。"徒弟很快地回答。

大师于是从屋外抓起一把沙子，撒入石头的细缝里，然后再问一次："那么现在呢，满了吗？"

徒弟考虑了一会儿，恭恭敬敬地回答道："满了。"

大师再取了案头上的香灰，倒入那看似再也装不下的碗中，看了看徒弟，然后轻声问："你觉得它真的满了吗？"

"真的满了。"徒弟回答道。

大师没有再多说什么，只拿起了桌上的茶壶，慢慢地把茶水倒入碗中，而水竟然一滴也没有溢出来。

徒弟看到这里，总算明白了师父的良苦用心，赶紧跪地认错，诚心诚意地请求大师再次收自己为徒。

智慧箴言

著名数学家华罗庚说过："人，活到老，要学到老。"是的，人只有在不断探索中得到升华，才会有辉煌出现，像文坛的几位巨匠冰心、巴金……他们都是深知这个道理，才有如此大的成就。

只有脑中有"物"，才能使社会得到发展，学问无尽头，知识就是力量，能使我们生活过得充实的唯有学问。

学习也要讲究方法

传说诸葛亮小时候，父亲带他去拜水镜先生为师。

水镜先生看看诸葛亮，然后对他说："我出 3 个问题，答对了就收下你。"接着水镜先生出了第一个问题。他屈起食指，伸到诸葛亮面前，又点了点。

诸葛亮向先生深深鞠了一躬，又退后 3 步，站在一边解释道："你要我做首屈一指的大官，我当鞠躬尽瘁，死而后已。"

水镜先生坐在蒲团上说："我出的第二道问题是，要你想办法让我离开这座位。"

诸葛亮想了一会儿，然后走到墙角，顺手拿起了一根长长的竹竿，就要捅房子上的瓦。

水镜先生连忙站起来阻止说："不要捅漏房子！"

诸葛亮诡秘地笑了："先生请坐，我就是假装捅房子上的瓦，目的就是让你离开座位！"

先生在椅子上坐稳说："你能让我寸步难行吗？"

诸葛亮手指着先生毫不客气地说："你这老匹夫，分明没有什么本事，还在此胡扯！"

先生气得面红耳赤，诸葛亮却摘下他的帽子，扔到房顶上。先生气得说不出话来，只好脱了鞋站在诸葛亮父亲的肩上去拿帽子。这时，诸葛亮抓起先生的鞋子藏了起来。

先生拿到帽子，却找不到自己的鞋子。诸葛亮又说："你寸步难行了吧！"

水镜先生哈哈大笑，说："好聪明的孩子，我收下你啦！"

3年后的某一天，水镜先生对弟子们说："我出一道考题，从现在起到午时三刻止，谁能得到我的允许走出水镜庄，谁就能出师。"

弟子们想尽各种理由，有的大呼："庄外失火了！"有的谎报："家里死了人，得赶紧回去！"水镜先生默不作声，概不理睬。只有诸葛亮，早就伏在书桌上睡着了，鼾声大起，搅得考场不得安宁。水镜先生见此很生气。午时三刻马上就要到了，诸葛亮还在呼呼睡大觉，于是水镜先生把他叫起来。诸葛亮听说先生出了这么个考题，一把拉住水镜先生的衣襟哭道："先生这么刁钻，尽出歪题害我们，我不当你弟子了，还我3年学费，快还我3年学费！"

水镜先生见诸葛亮这么辱骂他，气得浑身打战，喝令他马上滚出水镜庄。

诸葛亮哪里肯走，水镜先生就命令几个弟子，把他赶出庄去。

诸葛亮一出庄子，就哈哈大笑起来。在路旁拾了根棍子，跑回水镜庄跪在先生面前，双手捧起棍子说着："刚才为了应付考试，万不得已冲撞恩师，弟子愿受重罚。"

水镜先生猛然醒悟，转怒为喜，扶起诸葛亮说："看来，青出于蓝而胜于蓝，你真的可以出师了。"

智慧箴言

诸葛亮之所以聪明，是因为他懂得在学习上讲究方法。诸葛亮每次都不按一般人的思维来思考问题，而是以自己的独特方式去完成老师的考核，这跟我们平时的做法是很不一样的。而事实也说明了，诸葛亮是正确的，他善于思考，运用自己的智慧，以独特的方式赢得了老师的赞许。所以，如果我们想要有好成绩或者与众不同，就应该向诸葛亮学习，凡事都讲究方法。

学习要扎实

学知识一定要扎实，掌握其中的真意，并保持一颗谦虚谨慎的心，这样才能做到真正的“雅”。

从前，有一个被人叫作“狗剩”的小男孩，为了混口饭吃，被人介绍去给一个教书先生当书童。

当书童的第一天，教书先生就给小男孩改了一个雅名“米田共”。

于是，人们都开始管小男孩叫“米田共”。有一天，一个有学问的人问这个小男孩：“谁给你起的这个名字？”

“我们家先生。”小男孩答道。

“哎呀，你不知道吗？他是故意骂你呢！你看，米、田、共，上下加起来是个粪（繁体）字，这分明是在戏弄你嘛！”

小男孩十分聪明，当时没有吭声。

过了一段时间，教书先生要回家过年了，小男孩担着书箱和行李跟随着。

路过一座坟地时，恰巧碰见一家出殡的正在烧纸轿、纸牛、纸马等，火光满天，纸屑乱飞。小男孩装作不懂，故意问道：“这是干什么啊，先生？”

先生心想这事直说不吉利，就顺口说道：“这叫‘满堂红’。”

他们继续往前赶路，经过一个水塘，一只老鳖刚从水里爬出来，看见有人来，便“扑通”一声又跑到水里去了。小男孩又故意问：“先生，这个东西叫什么？”

先生说：“这个东西叫‘大扑通’。”因为老鳖在当地看来也是个不雅的名字，常常被用来骂人，所以先生就信口胡诌了这么个他认为比较雅的名字。

到家后，小男孩对先生说：“您老人家学问真是太大了，这一路上我跟您长了不少见识。”

先生一听非常高兴，以为这孩子真的被他那些“文雅词”糊弄住了，就说：“你说说看，都长了哪些见识？”

小孩说：“我不但能说出那些好听的名字，而且还能把那些名字和您联系起来，您给我起的雅号也能用上，所以我说长了见识。您仔细听着：先生今日‘满堂红’，明年变个‘大扑通’，来吃我的‘米田共’。”

先生听罢，知道自己要的那套把戏不但没有骗住小男孩，如今反被小男孩侮辱了一番，气得脸色发青又不便大发脾气，只好装憨卖傻，哈哈一笑了之。

智慧箴言

附庸风雅的人，只是为了装点门面，而不见得有真正的才华，相反，有时候还会闹出笑话来。所以，在学知识的时候不要一知半解，而一定要扎实，掌握其中的真意，并保持一颗谦虚谨慎的心，这样才能做到真正的“雅”。

第五章

年轻是一种心态

人是在成长的，所以只要有成长，就会有变老。但成长与变老之间是有差异的。孩子都会说："我不想长大。"但其实成长并不是一种负担，那只不过是人生中的一种体验。对于老年人来说，年轻是一种心态。

不会变老的快乐女人

年轻是一种心态，心态不老人不老！

香港著名形象设计师刘天兰在一所大学做讲座时，看上去精神爽奕，一边用手提电脑向大家展示她最新打造的10位"大变身"人士，一边谈着自己的故事。

刘天兰向大家讲述帮成龙造型的经历。当时很难找到鞋子与衣服相配，她便想到了一次在照片中看到的一双苏永康的鞋子。"我觉得自己对服饰方面有高度的敏感性，谁有什么衣服鞋子我一看就有很深的印象，所以形成条件反射，到造型需要时我就会想到用哪个去搭配哪个比较合适。"

刘天兰告诉学生们，造型是一个互相尊重的过程。有时朋友找到她帮忙，她会和对方很好地沟通、交流，直到了解她内心的很多想法后才动手改造形象，因为互相尊重彼此的想法相当重要。"只要是刘天兰做的就可以！"这是香港一些圈内人对刘天兰的评价。她笑道：听到这样的话，会让人互相信任、互相尊重，也就更有把握成功打造形象了。

刘天兰还特别提到了对大学生衣着的个人看法。"大学是一个思考的阶段，大学的每一个阶段应该有不同的着装去搭配。大学生在大三的时候，就要留意衣着、化妆、发型，但要只看不买。去看，是要学会挑选，不买，是因为没有必要。等到毕业的时候，买东西就会成熟许多，不会过分盲目，知道自己需要什

么、适合什么。总的来看，大学生应该以学习为主，而穿着方面只要穿得简单休闲，表现青春就可以了。”

智慧箴言

人生不如意十有八九，所以要以乐观的心态去面对。乐观是人们心灵的源泉，是人们快乐的源泉，是人们进取的源泉，更是人们感激的源泉。

乐观使人学会进取，学会快乐，学会感激……只有学会把悲观转为乐观的人，才会成为成功的人。乐观使人体会到进取的不易，体会到快乐的长久，体会到真情的可贵；乐观使大家更为友爱，使社会更为和谐，使世界更为美好。乐观，让自己不再悲观，让自己不再自卑，让自己不再孤独。

乐观是一个帮助传授真谛的好老师，是一个帮助分清黑白的好朋友，更是一个帮助明白是非的好伙伴。乐观的心态是不可缺少的，让我们拥有乐观的心态，去感悟美丽的新世界吧！

百岁老人的年轻心态

年轻的心态，能让人的潜能成倍地施展，使人意气风发、全面制胜，从晦暗中看到光明，从失望中看到希望，创造神话般的奇迹，铸造一个美好的未来。

有这样一位“百岁大忙人”的趣事。

一个夏天的某一天，老太太正坐在家门口洗衣服，见路上走过来一位老人。这老人大约 70 多岁，拄着拐杖，边走边咳。他实在走不动了，就坐在路边的一块石头上喘粗气。老太太见状，立即上前关切地问：“老人家，你去哪里？”那位老人家连头都没抬，懒洋洋地回答一句：“前头。”老太太又问：“我扶你走吧。”老人家还是没抬头：“那就多谢了！”老太太立即扶起他上路。走了一段路后，那位老人家好像意识到什么，突然停了下来。他把老太太看了好一会儿，小心地问了一句：“婆婆，你今年有 80 岁了吧？”老太太很随意一句：“百把岁吧。”老人家一听，像火石落在手背上一样，他闪电似地挣开老太太的手，倒退几步怔在那里，嗫嚅着半天没说出一个字。老太太笑着又欲扶他，老人家死活不肯：“你千万千万别扶我，我会折寿的呀。要是我娘还活着，也比你还小啊！”老太太慈祥地一笑：“当娘的就应该牵儿嘛！”

她就是这样一个人，乐观、豁达、幽默。她一生无儿无女，丈夫早在 1962

年就过世了。尽管如此，她很想得开。她有很多的儿孙，村上乡上区上都有，他们经常来看她，他们全都是共产党员和共青团员！由于她是五保户，她的生活受到政府许多关照。区乡两级老龄委、村委会和团支部以及众乡邻都很关心她，经常有人去看望她，吃的穿的全是他们送的。乡上曾动员她去住敬老院，她坚决不肯："我好手好脚，又能劳动，为啥要别人养起来？那种地方我住不惯！"村上准备给她修新房，她照样不肯："我不能再给政府添麻烦了。"

她是一个知恩图报的人，她把做好事当成报恩。做一件好事就积一份德，好事做多了，人的德就高了。她说："我还想活100岁。只要每天有事做，每天都能做好事，能积德。一天一天过得好快，一天一天过得好轻松，不知不觉一年又一年，哈哈哈……"

智慧箴言

青春不是成长的一个时期，而是一种心态。

青春的本质，不是粉面桃腮，不是朱唇红颜，也不是灵活的关节，而是坚实的意志、丰富的想象、饱满的情绪，也是荡漾在生命甘泉中的一丝清凉。

青春的内涵，是战胜懦弱的勇气，是敢于冒险的精神，而不是好逸恶劳。

故事中百岁的人反而比20岁的人更具上述品质，年岁虽增，但并不催老。

所以，衰老的成因，是放弃了对理想的追求！

心态年轻增强免疫力

年轻的心态是一种积极开放的胸襟，一种开朗、向上、进取的精神，一种能接纳新东西的状态。

美国老年人都爱显示自己年轻，现在，许多美国老年人爱上了跳伞、滑雪、潜水、飙车之类紧张刺激的运动。他们的激情和年轻人相比，毫不逊色。

在旧金山湾区的海边，经常会有一大帮平均年龄超过70岁的摩托车"暴走族"。他们骑的"哈雷"机车每辆要2万美元，几乎相当于普通汽车的价钱。他们喜欢在高速公路上狂飙，你几乎很难猜到他们的年龄。

在美国，有一个庞大的群体被称为"老年汽车部落族"，他们常年生活在设施完备的旅行车上，想走便走，说停就停。美国媒体披露，佛罗里达州94岁的老汉爱伦森去年考到驾照后，独自开着一辆豪华旅行车踏上征程，3个月内游览了6个国家，回来后非但没感觉疲劳，反而觉得精神比以往任何时候都要好。加州老太太莫德更令人惊叹，她在105岁时领到了新的驾照，每天都要开车出去兜风，而且还时常抱怨前面的车子开得太慢。这位老寿星在接受媒体采访时坦言："我的健康状况主要得益于开车，它让我感觉到自己依然年轻。"

美国前总统老布什是个跳伞迷。据美国报刊披露，为了证明自己的身体还和以前一样棒，老布什打算再次以跳伞的方式来庆祝生日。就在他参加的跳伞俱乐部里，还有一位80岁的老人，每年平均跳伞100次，并计划一直跳到100岁。

智慧箴言

老人之所以喜欢尝试一些新鲜刺激的运动，是因为他们可以从中感受到年轻和活力，而在大多数情况下，这些运动也的确会延缓他们的衰老和迟钝。事实上，这种"不服老"的做法，能普遍改善老年人的衰老心态。

年轻只是一种心态

年轻，就是保持对生活的热情之心，对生活充满憧憬和幻想，对生活充满激情与乐观。

欧阳自工作后，一直在镇上教书。因为离农村老家不远，每隔一段时间便要回家看望父母。

走到村上，经常会碰到范家大爷专心致志地在他的那块蔬菜地里忙碌着。他七十好几的人，耳不聋，眼不花，筋骨好得很，将那菜园打理得井井有条。他还经常将菜挑到附近的小集镇上去卖，换些零花钱。因为种得多，卖不了、吃不完，他就经常送些给左邻右舍，连欧阳这个"村外人"也好几次受到了他的"恩惠"，因此心中特别过意不去。

欧阳经常主动地跟他打招呼："范大爷，您都近80岁的人啦，儿孙都已成家立业了。您也该享享清福啦！"谁知他一拍大腿："我年纪不大，才78岁，小着呢。"说完，爽声大笑，担起水桶浇水去了。因为有追求，近80的老人不觉得自己苍老，每天都忙碌在田头。

中科院博导张梅玲教授已年过七旬，但她却风采依旧，青春永驻。还有活跃在教育界的全国著名特级教师王芳、李吉林……在广大教师的心目中，他们永远是那么年轻，充满活力。

是什么让他们如此年轻，如此青春永葆？是不断的追求，对事业的无比热爱。

美国前总统克林顿在白宫办公桌的玻璃板底下压着一张便条，上书：“年轻，只是一种心态。”克林顿正是以此来不断鞭策自己，始终以饱满的精神状态投入工作。

智慧箴言

在现实生活中，总有那么一些人，年纪并不算大，或者是认为船到码头车到站，或者是已经“功成圆满”，或者是估计提拔无望，看不到前途，失去了动力，办事缺少闯劲，与人交谈也往往是唉声叹气，感慨青春不再，埋怨岁月不饶人，也真的加快了自己的衰老，变成了“老态龙钟”。其实，“僵化”“保守”与年龄没有必然的联系。年岁并不催老，衰老是因为放弃了对理想的追求。心中拥有了信念，就等于拥有了年轻的心态，即使肌体老去，即使年已古稀，照样可以创造生活的乐趣，使青春依旧，越活越年轻。

成长与变老之间的差异

开学第一天，教授自我介绍后，要每位同学主动去结交一位新朋友。当约翰站起来环视四周时，有人轻轻拍他的肩膀。约翰转过头，看见一位满脸皱纹、个子矮小的老妇人对他微笑，她说：“嗨，我叫凯蒂丝，今年87岁。我可以抱你一下吗？”约翰答道：“当然可以。”她果真紧紧地将他抱个满怀。约翰开玩笑地问她：“你年纪这么小怎么就来上大学了？”

她也调皮地回答道：“我准备来这里找个小伙子，生儿育女，然后退休去云游四海。”“此话当真？”约翰明知故问。约翰很好奇到底是何动机促使她年届古稀还来上大学。她告诉约翰：“我一直梦想要受大学教育，如今终于得偿所愿。”

下课后，他们散步到学生联合大楼，两人分享了巧克力奶昔。从此他们成了挚友。往后3个月的每一天，他们总是一起离开教室天南地北聊个没完。

她像一部时光机器，将智慧和经验与约翰分享，而他总是听得津津有味。一学年下来，凯蒂丝成了学校有名的人物。不论走到哪里，她总能轻易结交到新朋友。她经常打扮得漂漂亮亮的，陶醉在同学们对她的关注之中。学期结束时，凯蒂丝应邀到学校为足球队举办的晚宴中演讲。约翰永难忘怀当晚她赐予他们的珍贵礼物。

主持人介绍之后，她碎步走向讲台，正当要演讲时，她手中的讲稿不慎掉落到地上。有几秒钟时间她显得有点懊恼和腼腆，不过立刻就幽默地说：“抱歉，我最近老喜欢掉东西，刚刚我本想喝杯啤酒壮胆，却喝了威士忌，没想到那玩意儿差点要了我的命。看来我是记不得事先准备的东西了，那我就讲最熟悉的事情吧。”在大家的笑声中，她清了一下喉咙，然后开始说：“我们不是因为年老而停止玩乐，我们是因停止玩乐才会变老。只有一种秘诀能使人青春永驻、快乐成功，那就是必须笑口常开，幽默风趣；必须时时怀抱梦想，当你们失去梦想时，你们就形同死亡。我们的周围有许多人像行尸走肉，却不自觉。”

“变老和长大之间有很大的差别。任何人都会变老，但不一定每个人都会长大。长大的意思是你必须不断在蜕变中找寻成长的机会而善加利用。要活得无怨无悔，上了年纪的人通常不会因做过的事后悔，却常因在年轻时未去做自己想做的事而遗憾。只有心怀悔恨的人会恐惧死亡。”

那年底，凯蒂丝终于完成她的大学学业。毕业后一星期，她在睡梦中安详去世。超过2000名同学参加她的葬礼。

智慧箴言

在心灵中历经磨难的人，深刻但不轻松。经历像一个证明社会经验丰富的包袱，其有分量却也使得你无法轻舞飞扬。阅历可以让人面对各种不期而遇时冷静镇定，阅历也能使人对外界麻木迟钝，如一位老者不以物喜不以己悲，泰然若定地面对一切。当不再为一种梦想的实现与否欣喜若狂或黯然神伤，不再幼稚单纯地为阳光、白云喝彩的时候心灵已老。

与纯真自然的心态年轻者交往，可使你心灵轻松，年轻的心让你像阳光般温暖而热情。

80岁开始学画画

“生命不息，奋斗不止”的人生才充实，才有意义。

101岁的曼休雷德身材瘦长，脸上皱纹已深，下巴留着一撮胡须，头发花白，但却精神焕发，衣着也很讲究，看上去最多不过80岁。

而80岁，这正是他开始学习作画时的年纪！

曼休雷德是在一所老人俱乐部里和绘画结下缘分的。

那时，老人退休已有6年。他常到城里的俱乐部去下棋，以此消磨时间。

一天，女办事员告诉他，往常那位棋友因身体不适，不能前来作陪。看到老人的失望神情，这位热情的办事员就建议他到画室去转一圈，还可以试画几下。

“您说什么，让我作画？”老人哈哈大笑，“我从来没有摸过画笔。”

“那不要紧，试试看嘛！说不定您会觉得很有意思呢！”

在女办事员的坚持下，曼休雷德来到了画室。过了一会儿，她又跑来看看老人“玩”得是否开心。

“呵呵，先生！您刚才在骗我！您简直是一位名副其实的画家。”她笑着对老人说。

不过，老人说的全是实话，这确实是他第一次摆弄画笔和颜料。

提起当年这件往事，老人颇有感慨：“这位女办事员给了我很大鼓舞，从那以后，我每天去画室。她又使我找到了生活的乐趣。退休后的6年，是我一生中最忧郁的时光。没有什么比一个人等着走向坟墓更烦恼的了。从事一项活动，我感到又开始了新的生活。”

绘画，对于这位八旬老人来说已经不仅仅是一项单纯的消遣活动。

81岁那年，老人还去听了绘画课，一所学校专为成年人开办的10周补习课程。这是曼休雷德有生以来头一次也是仅有的一次学习绘画知识。

第三周课程结束的时候，老人抱怨任课教师、画家拉里·理弗斯从来不给他帮助指导。

“您给每个人讲这讲那，对我却只字不说。这是为什么？”显然，老人不高兴了。

“先生，因为您所做的一切，连我自己都做不到。我怎么敢妄加指点呢？”最后，理弗斯还自愿出钱买下了老人的一幅作品。

就这样，不到4年的光景，曼休雷德的作品先后被一些著名收藏家购买，还进了博物馆。

美国艺术史学家斯蒂芬·朗斯特里特写道：“许多评论家、艺术品收藏家，通过这种热情奔放、明快简洁的艺术，看到了一个大艺术家的不凡手法。可以说，曼休雷德是带着原始眼光的夏加尔。”

1977年11月，洛杉矶一家颇有名望的艺术品陈列馆举办了其第22届展览，题为：曼休雷德 101 岁画展。

这位百岁老人笔直地站在入口处，迎候参加开幕仪式的 400 多名来宾，其中有不少收藏家、评论家和新闻记者。作品中表现出来的活力赢得了许多参观者的赞叹。

老人说道：“我不说我有 101 岁的年纪，而是说有 101 年的成熟。我要向那些到了 60、70、80 或 90 岁就自认上了年纪的人表明，这还不是生活的暮年。不要总去想还能活几年，而要想还能做些什么。着手干些事，这才是生活！”

智慧箴言

虽然故事中的主人公容貌不再年轻，但是他的心态很好。在成长中如能保持年轻的心态，又何必去追求那不切实际的外在呢？

保持年轻的心态，就要做到一是承认现实，若是 50 多岁数的人脸却整得像 20 岁的年轻人的脸，那还属不正常呢；二是常抱幻想，这样可以给我们带来一些激情，去追求梦幻中的境界，让自己保持不老的心；三是顺其自然，面对发生在自己身边的喜忧哀乐，都当是常理之中，坦然处之；四是常怀有抱恩心，常回报给予过自己帮助的人，自己也要去帮别人；五是努力做到活到老学到老，有丰富的人生经历，还得有不断追求的举动，才有不衰的活力。

第六章

品质是成长的滋养剂

达·芬奇说过："人的品质的荣誉比他的财富的荣誉不知大多少倍。"品质是一杯香茗，是一杯美酒，是一朵芳香四溢的鲜花。品质可以让成长的心灵变得愉悦而坚定。心灵被美好的品质占据，一切污秽和邪恶便失去了生存的空间，生命也将永远不会枯萎。

做一个慷慨、大度的人

慷慨、大度是一种美德，有利于己，有利于人，更有利于社会。

很久以前，有两个邻居，一个慷慨大度，而另一个却小气吝啬。有一回，他们一起出门，到了吃晚饭的时候，小气鬼满腹牢骚地说：

"真倒霉，我解不开装饼的口袋。"

"没关系，你吃我的饼吧！"大度汉说。

于是两个人把大度汉的饼吃个精光，然后躺下来睡觉。

早上，那个小气鬼先醒来，他暗自说：

"昨天把邻居的饼吃光了，今天该轮到吃我的饼了。可是凭什么要我拿饼去填饱邻居的肚子，不如收拾一下赶紧一个人溜掉，这样饼就可以由我一个人独吞了。"

小气鬼悄悄起来走了。

等那位慷慨大度的邻居一觉醒来，发现小气鬼邻居已经不辞而别。他不得不匆匆起床，饿着肚子一个人饥肠辘辘地往前行。

大度汉穿过一座大森林，傍晚来到一所茅舍，他跨门进去，发现桌上有一大块面包。他切了一块吃掉之后，躺在条凳底下。

过了一会儿，狗熊、狐狸和老鼠进来了，它们悠闲地坐在条凳上。老鼠诡秘地说：

“你们知不知道，在这炉灶后面挂着一袋银币，我一躺到炉灶上就能听见银币清脆的响声。”

狐狸接着说：

“这没什么了不起的。你们知不知道，小茅舍后面的老橡树底下埋了一块大如羊头的银子？有人在那儿挖过，但没找到它。”

狗熊不以为然地说：

“这没什么了不起的，你们知不知道，小茅舍后面的路边埋了一块像马头一样大的金子？有人在那儿挖过，可是没找到它。”

随后，狗熊把面包分成3份。动物们吃饱之后就纷纷睡觉去了。

躺在条凳底下的大度汉什么都听见了。

早上，等动物们走了之后，他便爬到炉灶后取下那袋银币，到屋后老橡树底下挖出那块大如羊头的银子，再走几步到路边挖出那块大如马头的金子，拿着这一堆金银珠宝回家了。

小气鬼听说大度汉邻居一夜之间发了财，马上跑过来打听他是怎么得到这些财宝的。

大度汉邻居老老实实把全部情况向他说了一遍。

小气鬼马上跑到森林中的小茅舍里去。他一进屋，也看见桌上放着一大块面包，他便把它吃了个精光，把剩下的一点儿残渣也吃了才躺到条凳底下去。过了一会儿，狗熊、狐狸和老鼠进来了。它们在条凳上坐下，狗熊小声说：

“你们知不知道，那块大如马头的金子已经被人挖走了。”

狐狸吞吞吐吐地说：

“那算什么，你们知不知道，那块大如羊头的银子也被人挖走了。”

老鼠在一旁跳起来，跑到炉灶上一看，便吱吱地大声叫了起来：

“这算什么，你们知不知道，有人把那袋银币也提走了。准是有人在这儿偷听到了我们的话。”

随后，狗熊站起来想分面包，可是面包没了，它生气地吼了起来：

“谁把我们的面包吃掉了？快点，老鼠，你瞧瞧去，看是不是有人藏在我们这儿。”

老鼠找来找去，终于在条凳底下找到了小气鬼，它们把他拖出来吃掉了。

等它们吃饱之后，又各自睡觉去了。

智慧箴言

海纳百川，有容乃大；壁立千仞，无欲则刚。法国著名诗人雨果说：“世界上最宽阔的是海洋，比海洋更宽阔的是天空，比天空更宽阔的是人的胸怀。”为人只有胸襟宽阔，才能赢得友谊，增进团结；也只有度量恢弘的人，才能解人之难，谅人之短，补己之过，从而产生很大的感召力，使人更乐于亲近。胸襟狭窄者则嫉人之才、妒人之能、讥人之短，从而在他的周围产生一种无形的排斥力，使人对他敬而远之。

桃李不言，下自成蹊

为人真诚，严于律己，自然会感动别人，自然会受到人们的敬仰。

一个人只有具有高尚的品德，才能干大事业，而最朴素的真情最能让人感动和信任。大唐开国皇帝李世民和尉迟恭的生死情谊，就曾在民间留下一段佳话。

隋唐时期最有名的战将之一尉迟恭，字敬德，原为宋金刚的部下，公元620年4月，宋金刚兵败逃命，尉迟恭等人被迫投降了李世民，一同投降的寻相将军及宋金刚的部下、士卒在夜间偷偷地逃走了。

这样一来，唐营里都指着尉迟恭窃窃私语。屈突通、殷开山等几人，害怕尉迟恭逃跑，为唐留下后患，就把尉迟恭捆了起来，然后跑去对李世民说：“尉迟恭骁勇绝伦，万人无敌，日后必为唐之大患，必须及早除之。现我等已乘其不备把他捆起来了，听候您的发落。”

李世民闻言大惊：

“你们可知道，尉迟恭如果要叛变，他怎么可能落后于寻相将军？现在寻相叛而敬德留，足见尉迟敬德毫无叛心呀！”

说完，赶忙走到尉迟恭面前，亲手为其解开了绳索，并把他引到了自己的卧室，拿出一箱金子相赐，说：

“大丈夫只以意气相待，请不要为小事介怀。如果将军不愿意留在这里，这箱金子可供作为路费，略表我的心意。当然，我是怎么也不会因谗害正，更不会强留不愿与我交朋友的人。”

尉迟恭听李世民如此一说，声泪俱下，立刻下拜道：

“大王如此相待，恭非木石，岂不知感，誓为大王效死，厚赠实不敢受。”

李世民忙扶起他说：

“将军果肯屈留，金不妨受。”

尉迟恭继续推辞，李世民也不便勉强。

第二天，李世民带了500骑兵巡视战场，突然遭到王世充骑兵的包围追杀。王军人数超过万人，带队的又是大将单雄信。单雄信是隋唐时名将，惯用长槊，他紧紧地缠住李世民不放，李世民眼看就要被生擒，正在这紧急关头，突然一员猛将飞驰而至，冲出重重包围，把李世民从刀枪丛林中救了出来。此人正是众人皆疑独李世民信任的尉迟恭。

李世民回营后对尉迟敬德说：

“众将疑公必叛，我谓公无他意，相报竟这般快速！”

再把昨夜那箱金子相赐，尉迟恭这才收下。

经此事以后，尉迟恭成了李世民的贴身侍卫，每次征战，都寸步不离。李世民好冒险，总喜欢把最勇猛的将领组成一支突击队，在敌军阵中左冲右突，以挫敌锐气或打乱敌人阵脚，每次尉迟恭都参加突击队。尉迟恭也为能加入这支冒险队伍为荣，感激李世民的信任，对李世民更加忠诚，决心以死来报答李世民的知遇之恩。

唐朝统一中国之后，皇宫内部争夺皇位的斗争越来越激烈。李世民的哥哥李建成被立为太子，但他怕功劳盖世、战将如云的李世民与他争夺太子之位，便联合三弟李元吉企图刺杀李世民。

可是，李建成又十分害怕李世民的大批战将和护卫，尤其是形影不离而武功绝世的尉迟恭。李建成深知尉迟恭是除掉李世民的最大障碍。于是他就采取了分化瓦解政策。

李建成等知金银珠宝并不能收买尉迟敬德，便另施一计，准备以北讨突厥为名，要调尉迟恭作先锋，由李元吉带领离开长安，并决定在大军出发前，乘尉迟恭不在李世民身边时突然行刺以便除掉李世民。

尉迟恭在探知这一情况后，便与其他谋臣一起，劝说李世民先下手为强。李世民于是率先发动玄武门事变，尉迟恭协助李世民，杀了李建成和李元吉，并亲手割下两人的首级，假传圣旨斥退李建成等人布置的军队，然后冒险执槊闯到李渊面前，逼迫李渊立李世民为太子。

这样李世民在尉迟恭等人的协助下，终于顺利地登上了太子之位，不久便做了皇帝。

智慧箴言

真诚是人格魅力的基础，没有真诚，就不会有真心的朋友。以诚待人，才能得到友谊和真情。有的人总是疑神疑鬼，谁也不信任，到头来，他只能收获孤独。

与人分享，快乐无穷

人生的乐趣，在于分享。正如孟子所说：“独乐乐，不如与众同乐。”

收藏家拉希德先生有8000多把梳子，枣木梳、牛角梳、象牙梳、玉梳等应有尽有。据他自己说，他有5把英国女王伊丽莎白一世的梳子。女王的梳子上还挂着一根弯弯曲曲的亚麻色的头发，光这根头发就价值连城啊！拉希德先生的梳子用“老虎嘴”牌保险柜锁着，柜上常年放着一把子弹上膛的手枪。

“你就说世界上这梳子，哈哈……”拉希德先生得意得不行，总是说着这样的半句话。

“你想看看我的收藏？那怎么行啊！”拉希德先生常常这样回答。“爸爸，您有许多梳子是吗？”拉希德先生的儿子央求说，“我想看看！”“不行！”拉希德先生简直吓坏了，赶紧把保险柜的钥匙钉在内裤上，“你小孩子家嘴巴不严，没准惹出什么祸事来呢！爸爸哪有什么梳子呀！”

儿子流下了委屈的泪水。

“亲爱的，”他的妻子说，“我知道你有梳子，难道连我也不能看一眼吗？”

“不行！”拉希德先生埋下头来，“你们妇道人家，浅薄得很，没准……其实梳子有什么好看的呢？”

拉希德先生的内裤改由自己来洗了，因为那上面钉着保险柜的钥匙啊。为了最大限度地显示自己的富有，拉希德先生几经辗转，好不容易来到一座没有梳子的城市。

“亲爱的市民们，你们知道吗，世界上有一种东西叫梳子，能够把头发弄得格外的整齐顺滑，没见过吧？哈哈，鄙人拥有8000多把梳子呢！”拉希德先生在人们的眼神里寻找崇拜和恭维，然而他没有找到。在一个没有梳子的城市里，也就没人听得懂他的话了。所以说，拉希德先生的话，等于白说。斗转星移，日月如梭，拉希德先生老了。他的收藏品保密了一辈子，谁都没看见过。现在，他不知道该怎么办了。卖掉吗？要钱做什么呢？继续保密吗？他觉得没意思。他回想了一下，自己一辈子竟没见过别人给他的一丝笑容。有一天，拉希德先生坐在一棵大树下昏昏欲睡，他怎么也没想到，有一头狮子从后面走了过来。狮子是从动物园里跑出来的。这是一头雄狮，长长的鬣毛有些脏，可它仍然不失威武。当拉希德先生发现狮子时，真是魂飞魄散、瘫软如泥了。"先生您好，"狮子开口说，"我很难受，我的鬣毛粘在了一起，硬邦邦的，我一点办法都没有，请问，您能帮我个忙吗？"拉希德先生赶紧讨好地说："能啊，能的！我有梳子，有许多许多梳子啊！狮子先生，您稍等啊！"狮子跟着他，来到他的住所。拉希德先生打开保险柜，取出大大小小、疏疏密密、各式各样的许多梳子。狮子看得有些眼花缭乱了。拉希德先生耐心而又很小心地给狮子梳通鬣毛，梳子当然是先用疏的，后用密的了。他还打来一些水，把鬣毛上的脏东西清洗掉。狮子乖乖地等着，像猫儿一样温顺，后来竟打起了呼噜。拉希德先生累得满头大汗，花去了3个小时才做完了所有的工作。狮子觉得非常舒服，连连感谢。拉希德先生让狮子照了照镜子，狮子露出了难得一见的笑容。

"太谢谢您了，看来梳子真是世间的宝贝，您有这么多宝贝，我羡慕死了！"狮子开心极了。

拉希德先生被狮子的笑容感动了。他把所有的梳子拿了出来，送给了狮子和市民。

拉希德先生笑了，这是一位老年人的笑容，满足又宁静。

智慧箴言

自私自利、唯我独尊，害人害己！这个世界不是只有自己一个人，还有许许多多的人啊！无论做任何事情，都要记得与他人分享，把你的快乐分给别人就是两份快乐；把痛苦分担给别人，你的痛苦就减半了。而拒绝分享不仅会损害他人的利益，还会伤害你自己。

只有分享，才能快乐，而分享的快乐，可以让温情一路延伸。

一个善举就足够珍惜

一点点的善心善举，就有这么大的力量——足以改变一个人对世界的看法，改变一个人的命运，甚至是使人重获新生。

两年前的新年假期，杰佛瑞和安妮来到一个小岛上，租了一间小屋。就在抵达后的第一天，安妮在小木屋外，刚坐下来想看一会儿书，忽然听到“喵”的一声，很微弱，像是在哭泣。安妮往矮树丛里看过去，一眼就看见了它——一只骨瘦如柴的黑色小野猫，除皮包骨之外连毛都不太多。看起来它已经有好几天没东西吃了，恐惧和饥饿让它整个身子抖个不停。安妮知道只要一喂它，接下来的10天它就会跟定了他们。可是一想到它已经饿成那个样子，安妮于心不忍，转身进屋找了一个熟鱼罐头，放在它看得见的地方。

这只猫叫了大约有20分钟，始终不敢走过来靠近罐头。安妮想它可能害怕——它已经习惯被附近的游客吼叫追赶，所以害怕安妮会伤害它。安妮坐在地上，用很温柔的声音跟它说话，向它保证只要给她机会，她一定好好照顾它。

终于，小猫小心翼翼地往那罐熟鱼走过去，用最快的速度狼吞虎咽一阵之后，又飞蹿回矮树丛里。可是安妮知道它一定还会回来。事实上它的确回来了——就在当天的晚饭时间。当然，安妮也准备好了。安妮去附近的杂货店买来了一堆猫食，这回它只考虑了5分钟，便走过来开始享受它的晚餐。

安妮照顾这个黑色瘦小的朋友约10天左右。白天里，大多数时候它陪着他们在太阳底下散步。有几天晚上下起雨来，安妮听到它叫她，于是打开前廊的门，让它有个干爽的地方休息。每天早晨醒来，安妮都会迫不及待想去看它是否躲在树丛后面，偷偷窥视他们。杰佛瑞不断地提醒安妮，他们走了以后，下一个房客很可能又会把它赶走，可是安妮就是不愿意去想这件事情。

假期结束，注定分手的一天终于到来。小猫咪看着他们收拾行李，在安妮的脚边跟进跟出，仿佛在说：“请不要走。”安妮写了一张字条给下一个住进这间小木屋的人，求他们继续喂这只猫，安妮还把没吃完的猫食都留下。可是就在他们收拾妥当，拎起行李走到大门前时，小猫咪直挺挺地蹲坐在安妮的前面，用它那绿色的眼睛直直地看着安妮，安妮忍不住哭了。“我抛弃了它。”安妮深深地责备自己，“我知道我不可能带它回美国，可是我给了它我的爱，现在又残忍地丢弃它……要是一开始我不让它尝到慈悲的滋味，对它可能比较好。”突然间，安妮的脑子里有一个声音轻轻地对她说：“是你让它有生以来第一次尝到了慈悲的滋味，它一辈子都会记得这个经验。在它有生之年，它都会记得，曾经有人爱过它。爱永远不会白费。”

安妮永远不会知道她的小黑猫结局如何，她希望有人会继续照顾它。然而安妮可以肯定的是——因为它，她在那次假期中，经历了许多宝贵的爱的品味。她的爱和慈悲，尽管非常短暂，但确实改变了它的命运，而她的爱也影响了它。

智慧箴言

任何时候，我们都千万别低估了一个小小的善行。善行所能带给别人的作用，非同小可。

每个人都应该在心中播下善良的种子，只有这样，日后才能绽放出绚烂的花朵。“善良即是历史中稀有的珍珠，善良的人几乎优于伟大的人。”一个爱的字眼，有时能把人从痛苦的深渊中拯救出来，并且带给他们希望；一个微笑，有时能让人相信他还有活着的理由；一个关怀的举动，甚至可以救人一命。

给予也是一种能力

哲人说，人生需要给予，无论是自己给予别人，还是别人给予自己，这作为一种生活方式而存在着。给予是一种伟大、神圣的精神和行动，给予也是一种能力。

这一年的圣诞节，保罗的哥哥送给他一辆新车作为圣诞节礼物。圣诞节的前一天，保罗从他的办公室出来时，看到街上一名男孩在他闪亮的新车旁走来走去，触摸它，满脸羡慕的神情。保罗饶有兴趣地看着这个小男孩，从他的衣着来看，他的家庭显然不属于自己这个阶层。就在这时，小男孩抬起头，问道：“先生，这是你的车吗？”

“是啊，”保罗说，“我哥哥给我的圣诞节礼物。”

小男孩睁大了眼睛：“你是说，这是你哥哥给你的，而你不用花1分钱？”

保罗点点头。小男孩说：“哇！我希望……”

保罗认为他知道小男孩希望的是什么——有一个这样的哥哥。但小男孩说出的却是：

“我希望自己也能当这样的哥哥。”

保罗深受感动地看着这个男孩，然后他问：“要不要坐我的新车去兜风？”

小男孩惊喜万分地答应了。逛了一会儿之后，小男孩转身向保罗说：“先生，能不能麻烦你把车开到我家门前？”

保罗微微一笑，他理解小男孩的想法，坐一辆大而漂亮的车子回家，在小朋友的面前是很神气的事。但他又想错了。

“麻烦你停在两个台阶那里，等我一下好吗？”

小男孩跳下车，三步两步跑上台阶，进入屋内，不一会儿他出来了，并带着一个显然是他弟弟的小男孩，这个小男孩因患小儿麻痹症而跛着一只脚。他把弟弟安置在下边的台阶上，紧靠着坐下，然后指着保罗的车子说：

“看见了吗，就像我在楼上跟你说的一样，很漂亮对不对？这是他哥哥送给他的圣诞礼物，他不用花1分钱！将来有一天我也要送给你一部和这一样的车子，这样你就可以看到我一直跟你讲的橱窗里那些好看的圣诞礼物了。”

保罗的眼睛湿润了，他走下车，将小弟弟抱到车子前排的座位上，他的哥哥眼睛里闪着喜悦的光芒，也爬了上来。于是3人开始了一次令人难忘的假日之旅。

在这个圣诞节，保罗明白了一个道理：给予比接受更令人快乐。

智慧箴言

对身处困境的人，给予及时的帮助，使其渡过难关，这种雪中送炭、分忧解难的行为最易引起对方的感激之情。

善待朋友是一件纯粹的、快乐的事，其意义也常在于此。如果苛求回报，快乐就大打折扣，而且失望也同时潜伏。毕竟，你待他人好与他人待你好是两码事，就像给予与被给予是两码事一样。

正如汪国真诗中所说：获得是一种满足，给予是一种快乐。给予别人，感动别人也会感动自己。

美丽庄园的由来

一天，凯瑟和儿子一起在农场里工作。正逢儿子大学毕业，前途未卜，他好想对儿子说些什么。

凯瑟环视着他那有溪流、树林和大片青草的15英亩（约为60703平方米）的土地。“这地方真美。”他说。于是他决定把这片土地的来历告诉儿子。

凯瑟的第一个女儿出生不久，他和妻子在他长大的那个镇上当老师。他们很想有一块土地，在上面建造一座房子。他注意到在镇南面牛羊成群的那片15英亩的土地。这是90多岁的尤迪先生的。尤迪是个退休的银行家，有许多的土地，但一块也不卖。尽管如此，他还是到银行拜访了尤迪。

“对不起，我不能卖，”尤迪说，“我已经将这块土地许诺给一个农民放牧了。”

“我知道，”他感到有点紧张，“我们是这里的老师，也许你会卖给打算在这里定居的人。”

“你说你叫什么名字？”尤迪问。

“凯瑟。比尔·凯瑟。”

“那么，知道格列弗·凯瑟吗？”

“当然知道，先生，他是我的爷爷。”

尤迪先生有些惊讶，然后他指着椅子，让他们坐下来。

“格列弗·凯瑟是我曾经见过的最好的农场工人，”尤迪先生说，“他总是早来晚走，用不着我吩咐，就主动把所有要干的事都干了……如果当天有活没干完，他会觉得不好受。”老人眯缝着眼，沉浸在遥远的回忆当中。良久，他和蔼地问道：

“再说一下看，你要什么，凯瑟？”

凯瑟又将想买地建房的意思重复了一遍。

“好吧，让我考虑考虑，过两天你们再来。”

一周后，尤迪先生对凯瑟说，他已经考虑好了。凯瑟紧张地看着老人。“3800美元怎么样？”老人开口了。

每亩3800美元，15英亩要付出将近6万美元，这岂不是变相拒绝吗？

“3800美元？”他艰难地问道。

“是的，15英亩卖3800美元。”老人微笑着点了点头。

就这样，凯瑟无限感激地以象征性的3800美元买下了那15英亩土地。

事情过去将近30年了，凯瑟的这片土地越来越美丽。“孩子，”他说，“这全都因为一个你从未见到过的人的美好的声誉。”凯瑟说，在他爷爷的葬礼中，人们纷纷告诉他说，爷爷博爱、诚实、宽容和正直。这使他想起了一句名言：“我们要选择的，不是财富，而是美好的声誉；不是闪亮的金子，而是爱的恩泽。”美好的声誉就是爷爷格列弗·凯瑟留给他们的遗产，他希望儿子将来在脚下这片土地上散步时，也把这个故事告诉他的下一代。

智慧箴言

美德是人生畅通无阻的通行证。我们应该懂得这样的道理，凡是有美德的人，都会渡过难关，拥有自己想得到的一切。

这两只鞋不是一双

一位外国游客在华盛顿的繁华地段购物，在经过一家鞋店时，她发现橱窗里摆着一堆鞋子，这些鞋子款式新颖、漂亮大方。旁边的牌子上写着："超级特价，只付一折即可穿回。"

她拿起鞋子一看，原价80美元的漂亮大红鞋只要8美元，这简直让人不可思议。她试了试，觉得皮软质轻，实在是完美无瑕，她高兴坏了。

她把鞋捧在胸前，导购小姐笑着向她走来："你好，你喜欢它们？正好配你的外套。"

导购小姐伸出手说："能不能让我再看一下？"

她把鞋子交给导购小姐，不禁担心地问："有什么问题吗？怎么会这么便宜？"

那位导购小姐赶紧安慰她说："不！别担心，我只是要确认一下是不是那两只鞋，嗯，的确是！"

"什么叫两只鞋，明明是一双嘛！"她迷惑不解。

那位导购小姐诚实地说："既然你这么中意，而且打算买了，我一定要把实情告诉你。很抱歉，我必须让你明白，它真的不是一双鞋，而是皮质相同、尺寸一样、款式一样的两只鞋，虽然说色彩几乎一样，但细看还是有一点色差，我们也不知道以前是否卖错了，或是顾客弄错了，剩下的左右两只正好凑成一对，我们不能欺骗顾客，免得你回去以后，发现真相而后悔，责怪我们。如果你现在知道了想放弃，你可以再选别的鞋子！"

听了这一番真诚的话语后，这位游客十分动容，她不仅买下了那两只鞋，而且又挑选了两双别的鞋子。从此以后，她每次来华盛顿都会光顾那家鞋店。

智慧箴言

诚实作为品质中的第一美德，懂的人多，做的人却极少。一个人只有真诚地待人处世，才能获得他人的合作。

第二杯牛奶

哪怕对自己的一点小小的克制，也会使人变得强而有力。

小男孩不小心弄洒了一杯牛奶，当主人倒来第二杯牛奶时，他却拒绝了。他为什么要这样做?

小男孩6岁时，父亲带他去牧师家做客。

吃早餐时，小男孩弄洒了一点牛奶。照父亲定的规矩，洒了牛奶是要受罚的，只能吃面包。可是小男孩很喜欢喝牛奶，而且主人还特地为他准备了精美的小点心。

最后，小男孩的脸红了，看了看主人端上来的第二杯牛奶，还是没有喝。

主人热情地再三劝他喝牛奶，可小男孩还是不肯喝。他低着头说:“我洒了牛奶，就不能喝了。”

后来，主人看见了坐在餐桌上正在吃早餐的父亲，以为是儿子害怕父亲说他才不敢吃，于是就找了一个借口让父亲离开了餐厅。

接着，主人又拿出更多好吃的点心对小男孩说:

“吃吧，你爸爸现在不在这里，他不会知道的。”

但小男孩还是不吃，并一再说:

“就算爸爸不知道，可是上帝知道，我不能为了一杯牛奶而撒谎。”

主人觉得十分震惊，把男孩的父亲叫进客厅说了这事。

这位父亲解释说:“不，他并不是因为怕我才不喝的，而是因为从心里认识到这是约束自己的纪律，所以才不喝。”

然后，父亲来到儿子的面前对他说:

“你对自己良心的惩罚已经够了。我们马上要出去散步，你把牛奶和点心吃了，不要辜负了大家的心意，就当是上帝对你的奖赏吧。”儿子听见父亲这样说了，才高兴地把牛奶喝了。

智慧箴言

自律是品质中的一种美德，这样才能成就大事。因为这样是对你自己负责，并不是为了做给别人看，所以有没有人监督你并不重要。这就是做人的大智慧。

面包里的金币

评价一个人品质的好坏，可以看他在知道没有人会发觉的时候都做了一些什么。

一个慈善家来到一个贫民窟，对那些穷人家的孩子们说：

“在上帝改变你们的命运以前，你们每天都可以到我家里来拿一个面包。”

每天早晨，这些穷人家的孩子便聚集在慈善家的门口，你推我攘，因为他们都想拿到最大的一个面包。等他们拿到了面包，顾不上向慈善家说声“谢谢”，就慌忙跑开了。

只有一位小姑娘，既没有同大家一起吵闹，也没有与他人争抢。

每次，她都是站在一旁，等其他孩子离去以后，才拿起最小的一个面包。

她从来不会忘记亲吻主人的手以表示感激，然后才捧着面包高高兴兴地回家。

有一天，别的孩子走了之后，小女孩得到一个比原来更小的面包。但她依然不忘亲吻慈善家，并向他表达真诚的谢意。

回家以后，小女孩咬了一口面包，发现里面竟然藏着几枚发亮的金币。

妈妈惊奇地叫道：

“我的孩子，立即把钱送回去，一定是主人家揉面的时候不小心掉进去的，赶快去，把钱亲自交给好心的慈善家！”

当小女孩把金币送回去的时候，慈善家却又把金币放在了她的手中：

“不，我的孩子，这是我特意把它们放进去的。我要告诉你一个道理：谦让的人，上帝会给予他幸福。回家去吧，告诉你妈妈，这些钱是上帝的奖赏。”

智慧箴言

品质存在于言行之中，它能真实地反映一个人的内心世界。不管你采用什么手段去掩饰，你的一句话、一个动作、一次行为都能反映出你的人品，也足以说明你是一个什么样的人。仔细审视自己的一举一动，别让品质上的瑕疵成为你的绊脚石。

优秀作文得主

任何人都会犯错，能够在他人犯错以后给其一次改正的机会，这是一种宽容，也是一种爱。

语文老师在批改学生的作文时，发现一个学生写了一篇精彩的文章，他便当作范文在班上进行点评。

“这篇文章是抄来的！”语文老师刚读完这篇作文，一个学生举起手大声地说。大家议论纷纷，都把目光盯向那个抄袭的男同学，对方早已满脸羞愧地低下了头。

面对这种意外，语文老师停顿了一下，却问了另外一个问题：

“大家觉得这篇文章写得到底好不好？”

“好是好，可是……”

“我问的是这篇文章写得好不好，请同学们回答我。”

“太好了！”大家异口同声地称赞着。

“那就请同学们谈一谈这篇文章好在哪里，为什么能写得这么好？”

于是，同学们开始七嘴八舌地发表自己的意见和学习体会。

最后，语文老师总结了一下：“同学们，这样好的文章我以前读得不多，以后请同学们多给老师推荐一些优秀的文章，在课堂上大家相互交流，你们觉得怎么样？”

“太好了！”

“那么，对今天第一个给我们推荐优秀文章的同学，大家应不应该感谢他呢？”

“谢谢！”“非常感谢！”直到这时，同学们才体会到了老师的良苦用心。

“从明天开始，每周推荐一篇优秀作文，可以拿原文来读，也可以抄到自己的作文本上。不过千万记得要写上原作者的名字。”同学们笑了，那个抄袭作文的同学也不好意思地笑了。

智慧箴言

故事中老师的宽容和博爱挽救了一个孩子的自尊。当你面对别人的错误时，要认真思考，不要让一次错误成为别人一生的阴影。

皮包失而复得以后

一个冬天的晚上，狄更斯的妻子不慎把皮包丢在了一家医院里。因为皮包内装着 10 万美元和一份十分机密的市场信息，狄更斯焦急万分。

当狄更斯赶到那家医院时，他一眼就注意到，一个冻得瑟瑟发抖的瘦弱女孩靠着墙根蹲在走廊里，在她怀中紧紧抱着的正是妻子丢落的那个皮包……

这个叫琼斯的女孩，是来这家医院陪妈妈治病的。卖了所有能卖的东西，可凑来的钱仍然不够继续治病，明天她们就将被赶出医院。近乎绝望的琼斯一个人在医院走廊里徘徊。就在这时，一位夫人的皮包掉在了地上竟毫无知觉。她走过去捡起皮包，急忙追出门外。可是那位夫人却不见了。

当琼斯回到病房，打开那个皮包时，娘俩都被包里成沓的钞票惊呆了。

用这些钱可能会治好妈妈的病，可是妈妈让琼斯把皮包送回走廊去，等丢皮包的人回来取。

琼斯默然同意。虽然她知道她们很需要那笔钱来治病，但是她更理解母亲的为人和品性。

狄更斯感激不已，他出钱为琼斯的妈妈治病。虽然医院尽了最大的努力，还是没能挽救琼斯母亲的生命。

由于母女俩的善良之举，狄更斯不仅失而复得那 10 万美元，更因那份市场信息而生意兴隆。狄更斯成了身价倍增的富翁，他决定收养琼斯。

被收养后的琼斯读完大学后，协助狄更斯料理生意。

狄更斯的智慧和经验潜移默化地影响着她。在长期的历练中，琼斯成了一个很好的商业人才。

狄更斯晚年时，很多商业决策都要征求琼斯的意见。

狄更斯临危之际，留下这样一份遗嘱：

“我收养琼斯既不为知恩图报，也不是出于同情，而是请了一个做人的楷模。有她在我的身边，生意场上我会时刻铭记哪些该做、哪些不该做，什么钱该赚、什么钱不该赚。这就是我后来事业发达的根本原因。

“我死后，我的亿万资产全部留给琼斯。

“我深信，我聪明的儿子能够理解爸爸的良苦用心。”

狄更斯从国外回来的儿子仔细看过父亲的遗嘱后，毫不犹豫地在财产继承协议书上签了字：

“我同意琼斯继承父亲的全部资产。只请求琼斯能做我的夫人。”

琼斯看完富翁儿子的签字，略一沉吟，也提笔签了字：

“我接受先生留下的全部财产——包括他的儿子。”

智慧箴言

当一个人在帮助别人时，无形之中就是在帮自己，别人对于你的帮助会永记在心。所以，请伸出你援助的手。

第七章

享受生命中友谊的阳光

人生聚散无常，友情可以带来几许温暖、几多温馨。友谊是一种温静与沉着的爱，为理智所引导，由习惯所结成，从长久的认识与共同的契合而产生，没有嫉妒，也没有恐惧。鲁迅先生说：“人生得一知己足矣！”真的有一知己，才会更多体味人间那令人动心的美。

真正的朋友

一位母亲给儿子讲了一个故事——

一位年轻的父亲和好朋友都是建筑工人，他们正在尚未竣工的大楼外面的护栏上干活，护栏离地面有几十米高。

突然，他们站立的木板断裂了。一刹那，两个人同时从几十米的高空落下。他们都认为自己完了。

幸运的是，一个防护杆拯救了他们。但两个人实在太重了，脆弱的防护杆只能承受一个人的重量，他们中间必须有一个人放开手，然而求生的本能让他们都紧紧地抓住了防护杆。时间一点点过去，防护杆吱吱作响，眼看马上就要断了。

这时，年轻的父亲含着眼泪对好朋友说：“我还有孩子！”

未婚的好朋友只是静静地说了一句：“那好吧！”然后就松开了手，像一片树叶一样落向了水泥地面，把生的希望留给了年轻的父亲……

“妈妈，我希望有这样的事情，但它只是个故事。”儿子不以为然地说。

“孩子，那个得救的人就是你的爸爸，而他所说的孩子就是你。”母亲眼里含着眼泪。

空气顿时凝固了，儿子望着母亲，颤抖地说：“叔叔一定是空中飘着的最美丽的树叶，是吗，妈妈？”

“是的，那片美丽的树叶现在一定飞上了天堂。”母亲默默地闭上了眼睛，一滴泪水悄然滑过脸庞。

智慧箴言

既不请求朋友也不答应朋友去做卑鄙的事情，一心只想着为对方尽一点绵薄之力，让朋友在自己的帮助下寻找到人生的希望，这是友谊的基本要求。友谊是生命的旋律，是无比美丽的青春赞歌。

相伴一生的朋友

在第二次世界大战中，在法军的一支部队里有一对朋友，其中一人被德军的子弹击中，幸免于难的另一人请求长官允许他去把他的朋友背回来。

长官说:“他可能已经死了，你冒着生命危险去把他的尸体背回来是没有用的。”

但在他的一再恳求下，长官同意了。就在那名士兵刚把他的朋友背回到营地时，他那身负重伤的兄弟死去了。

长官说:“看看，你冒死把他背回来真是毫无意义。”

但这名士兵回答道:“不，我做了他所期望的事。我得到了回报。当我摸到他身边扶起他时，他说:‘沃尔夫，我知道你会来的——我就是觉得你会来。’”

智慧箴言

“友谊”这个词，如果想给它一个确切的定义，怕是有些难度，但是它会以各种形式的实际行动出现。已死去的那位已经心满意足，因为他在垂死之际验证了友谊的真诚；活着的那一位肯定也心有慰藉，因为他看到了好友临终前的满足。

一生的知己，就是生死相伴。

大难临头

人的生活离不开友谊，但要获得真正的友谊并不容易，它需要用忠诚去播种、用热情去灌溉、用原则去培养。

有两个伙伴一起翻山越岭，到处游玩。他们相互一天比一天了解，越来越要好，两人就约定：同生死，共患难，绝不遗弃对方。

过了几天，他们在一条偏僻的小道上遇到一只大熊。在这危险关头，一个伙伴飞快地跑向路旁的一棵小树，爬了上去。树很小，另一个伙伴不敢再冒险爬上去了。他一看，再无其他出路，只好马上躺倒在地，屏住了呼吸，四肢一动也不动，犹如死人一般。这只饿极了的大熊朝他俯下身子，用爪子把他翻过来转过去，舔舔他的脸，看看他到底还有没有气。由于恐惧，这个伙伴早就吓得麻木了，全身的血液似乎都已凝固，以至于身体真地变得冰冷、僵硬，如同死人一般。最后，这只熊只好从他身边走开了，因为熊是不吃死人肉的。

直到这头熊走远后，树上的伙伴才爬下来。他问这位装死的朋友："请告诉我，你躺在地上时，熊伏在你耳朵边讲了些什么？"

"它给了我一些有益的忠告。"这个伙伴回答说，"对我最重要的忠告是：我应时时提防那些不忠实的朋友，哪怕只发现他有一点不可靠的地方，也应该尽快地离开他。"说完，他毅然离开了他的伙伴，独自走了。

智慧箴言

能患难与共的朋友才是知己，也才是真正的朋友。英文谚语中有一句叫"A friend indeed is a friend in need"，即是说患难中见真情的人才能成为我们的朋友，足见古今中外关于朋友的定义都一致。

冷漠是交友的天敌

有两个重症病人同住在一间病房里。房子很小，只有一扇窗子可以看见外面的世界。其中一个病人的床靠着窗，他每天下午可以在床上坐1个小时。另外一个人则终日都得躺在床上。

靠窗的病人每次坐起来的时候，都会描绘窗外的景致给另一个人听。从窗口可以看到公园的湖，湖内有鸭子和天鹅，孩子们在那儿撒面包片，放模型船，年轻的恋人在树下携手散步，人们在绿草如茵的地方玩球嬉戏，顶上则是美丽的天空。

另一个人倾听着，享受着每一分钟。一个孩子差点跌到湖里，一个美丽的女孩穿着漂亮的夏装……同伴的诉说几乎使他感觉到自己亲眼目睹了外面发生的一切。

在一个晴朗的午后，他心想："为什么睡在窗边的人可以独享外面的风景呢？为什么我没有这样的机会？"他越是这么想，越觉得不是滋味，就越想换位子。

这天夜里，他盯着天花板想着自己的心事，另一个人忽然被惊醒了，拼命地咳嗽，一直想用手按铃叫护士进来。但这个人只是旁观而没有帮忙——他感到同伴的呼吸渐渐停止了。第二天早上，护士来时那人已经停止了呼吸，他的尸体被静静地抬走了。

过了一段时间，这人开口问护士，他是否能换到靠窗户的那张床上。他们搬动他，将他换到了那张床上，他感觉很满意。人们走后，他用肘撑起自己，吃力地往窗外张望……

窗外只有一堵空白的墙。几天之后，他在自责和忧郁中死去。他看到的不仅是一堵冷漠的墙，还有自己丑恶的心灵。

智慧箴言

在这个世界上，最重要的不是被爱，而是要有爱人的能力。如果不懂得爱人，又如何能被人所爱呢？朋友，丢掉你的冷漠，打开你尘封的心，释放心中的爱吧，你的生命会因爱而更精彩。爱是医治心灵创伤的灵药，爱是心灵得以健康成长的沃土。爱，以和谐为轴心，照射出温馨、甜美和幸福。爱把宽容、温暖和幸福带给了亲人、朋友、家庭、社会。无爱的社会太冰冷，无爱的荒原太寂寞。爱会打破冷漠，让尘封已久的心重新温暖起来。

友谊之花需要真诚之水浇灌

黄牛看见狐狸在树下呜呜地哭，问他为什么悲伤。

狐狸抹了一把眼泪，说：“人家都有三朋四友，唯独我孤零零的，心里难受啊……”

黄牛问：“花猫不是你的朋友吗？”

狐狸叹口气，说：“花猫与我交友一载，没请过我一次客，这算什么朋友？我早跟他散伙了。”

黄牛问：“山羊不是你的朋友吗？”

狐狸摇摇头，说：“山羊与我结拜半年，从未给过我一分钱的好处，还有啥朋友味？我早跟他断绝往来了。”

黄牛长叹了一声，问：“听说你曾经跟大黑猪的关系还可以？”

狐狸气得直跺脚，说：“我早把他给踢了，你想想，大黑猪能帮我什么忙？当初我根本就不该认识那个蠢家伙。”

黄牛戏谑地一笑，调侃道：“狐狸先生，我送你一样东西吧。”

狐狸眼睛一亮，心想这下可以讨到便宜了，立马止住哭，问道：“什么东西？”

黄牛扭过头，扔下一句“贪心鬼”，头也不回地走了。

智慧箴言

交朋友要真诚，不能只想从朋友那里获得什么，更重要的是为朋友付出。你对朋友好，以真心换真心，这样你才会取得朋友的信赖和帮助，你的朋友也才会越来越多，这才是真正的交友之道。

永远做一个真诚的人，因为给予朋友是一件很高兴的事情。希望有所收获的付出便不再纯洁，因为它把友谊变成了交易。懂得付出的人是真正拥有财富的人，只要他能帮助朋友，只要还有朋友需要他的帮助，那么，他就是一个真正富有的人。

朋友是无形的财富

没有交往，人类连最简单的活动也不可能进行。

1960年10月的一天，在报社办公室里的工作人员任务单前，科宁斯简直不敢相信自己的眼睛，反复把那一行字看了几遍：

科宁斯——采访埃莉诺·罗斯福。

这不是搞错了吧？科宁斯成为《西部报》报社成员才几个月，还是一个新手呢，怎么会给他如此重要的任务？科宁斯转身去找责任编辑。

责任编辑停住手中的活，冲科宁斯一笑：“没错，我们很欣赏你采访哈伍德教授的表现，所以派给你这个重要任务。后天只管把采访报道送到我办公室来就是了，祝你好运，小伙子！”

“祝你好运”，说得轻巧，科宁斯觉得自己即将面对的是前总统夫人，她不但曾和富兰克林·罗斯福共度春秋，而且有过不凡之举，科宁斯觉得自己只是个毫无名气的毛头小伙子。

科宁斯急匆匆地奔进图书馆，寻找所需要的资料。科宁斯认真地将要提的问题依次排序，力图使其中至少有一个不同于她以前回答过的问题。最后，科宁斯终于成竹在胸，对即将开始的采访甚至有点迫不及待了。

采访是在一间布置得格外别致典雅的房中进行的。当科宁斯进去时，这位75岁的老太太已经坐在那里等着他了。一看见科宁斯，她马上起身与他握手。她那魁梧的身躯、敏锐的目光、慈祥的笑容给人以不可磨灭的印象。科宁斯在她旁边落座以后，便率先抛出一个自认为别具一格的问题。

“请问夫人，在您会晤过的人中，您发觉哪一位最有趣？”

这个问题提得好极了，而且科宁斯早就预估了一下答案：无论她回答的是她的丈夫罗斯福，还是丘吉尔、海伦·凯勒等，科宁斯都能就她选择的人物接二连三地提出问题。

罗斯福夫人莞尔一笑：“戴维·科宁斯。”

科宁斯不敢相信自己的耳朵：“选中我，开什么玩笑？”

“呃，夫人，”他终于挤出一句话来，“我不明白您的意思。”

“和一个陌生人会晤并开始交往，这是生活中最令人感兴趣的一部分。”她非常感慨地说，“我小时候总是羞羞答答的，有时甚至到了凡事都缩手缩脚的地步，把自己封闭在一个小天地中。后来我强迫自己欢迎他人进入自己的世界，强迫自己走向生活，终于体会到广交新友是多么使人精神振奋。”

科宁斯对罗斯福夫人一个小时的采访转眼结束了。她在一开始就使他感到轻松自如，整个过程中，他无拘无束，十分满意。

这篇采访报道获得了全美学生新闻报道奖。然而科宁斯最重要的收获是，罗斯福夫人教给他的人生哲学——广交新友，走向生活。多年来，这一直是科宁斯的座右铭。

智慧箴言

英国作家塞缪尔的看法与罗斯福夫人有着惊人的相似：“一个人在其人生道路上如果不注意结识新友，就会感到孤单。所以，人应当不断地充实自己的友谊。”都说朋友多了路好走，也有“在家靠父母，出门靠朋友”的说法，无论怎样，朋友确实是我们一生中不可缺少的人。

信任你的朋友

信任是友谊的重要空气，这种空气减少多少，友谊也会相应消失多少。

雷诺是一个德性不好的人，好吃懒做不算，还有偷偷摸摸的习惯，所有人都很讨厌他，因为他借了人钱不还不算，还总是拿去赌博。周围所有的人没人再借钱给他，即使想做个小买卖他都没有钱。于是他跑到一个久未联系的朋友家中，那是他第一次向她张口，他以为她还不知道自己的底细。

雷诺很顺利地拿到了钱，在转身要走的一刹那，她叫住了他：“曾有人打电话告诉我说你不会还钱，让我不要借给你，但我相信你不是那样的人，也许他们对你有误解。”

在听到这句话之前，他是准备拿这1000块钱去赌博的，赢了就吃喝玩乐，输了再找人借。但这句话给了他很大的震动，他没有说话，关上门走了。然后他离开了家乡，到外地打工去了。

半年后，他的朋友收到了他从外地寄来的1000块钱。

3年后，雷诺衣锦还乡，把从前欠的钱全部还清了。

从那次借钱开始，他知道自己应该有另一种人生，他要让人家对他信任，他再也不愿做骗子了。是那个朋友的信任让他从此翻开了人生的另一页。

智慧箴言

信任能产生一股奇妙的作用，因为得到他人的信任，我们便会对自己充满信心。因信任而催生的行为，会比因怀疑而导致的动作要高尚、伟大得多。

作家艾略特说：“谁给我们信任，谁就在给我们以教诲。”

朋友就是你的引路人

结交一个知心好友，是飞向幸福的最可靠护照。

1831年，波兰作曲家肖邦在华沙起义失败后，只身流亡至法国巴黎。年轻的肖邦虽然才华出众，却空有大志而无施展之地，为求生计，只得以教书为生，处境甚为落魄。

一个偶然的机会，肖邦结识了鼎鼎大名的匈牙利钢琴家李斯特。两人一见如故，大有相见恨晚之感。当时的李斯特在巴黎上流文艺沙龙中已是闻名遐迩的骄子，可他对虽然默默无闻但才华横溢的肖邦却大为赞赏。他想：绝不能让肖邦这个人才埋没，必须帮他赢得观众。

一天，巴黎街头广告登出了钢琴大师李斯特举行个人演奏会的消息，剧场门口人头攒动，门票一售而空。

紫红色的帷幕徐徐拉开，灯光下，风度翩翩的李斯特身着燕尾服朝观众致意。台下掌声雷动，李斯特朝观众行礼后，便转身坐在钢琴前，摆好演奏姿势。灯熄了，剧场内一片寂静，人们屏息静气地闭上眼睛，准备享受美好的音乐。

琴声响了，咚咚的琴声时而如高山流水，时而如夜莺啼鸣；时而如诉如泣，时而如歌如舞；琴声激昂时，剧场内便响起掌声；琴声悲切时，剧场内又响起抽泣声……观众完全被美妙的音乐征服了。

演奏结束，人们跳起来，兴奋地高喊："李斯特！李斯特！"可灯一亮，大家傻了。观众看到舞台上坐的根本不是李斯特，而是一位眼中闪着泪花的陌生年轻人。他就是肖邦。

人们大为惊愕！原来，那时有个规矩，演奏钢琴要把剧场的灯熄灭，一片漆黑，以便观众能够聚精会神地听演奏。李斯特便利用这个空子，灯一熄，就让肖邦过来代替自己演奏。

当观众明白刚才的演奏竟出自面前这位年轻人之手后，立即变惊愕为惊喜。

剧场内，掌声四起，鲜花一束束地朝台上"飞去"。

于是，一位伟大的钢琴演奏家闻名于世了。

智慧箴言

爱默生说："人生最美好的事情，就是别人在你的帮助下获得了成功。"真正的朋友是懂得欣赏你、帮助你的人，是愿意为你无私奉献的人。真正的朋友在关键的时候能够拉你一把，让你走上成功的道路。

第八章

战胜成功路上的敌人

对于我们来说，最重要的不是被爱，而是要有爱人的能力，因为只有爱人者才会被人爱。请将你冷漠的心墙推开，让友谊和温情的阳光进来。因为成功的喜悦需要有人分享，自己的痛苦哀伤需要有人分担。

谁捆住了你

有一个年轻人四处奔走，希望能够早日找到解决烦恼的秘诀。

有一天，他来到一座山下。只见一片绿草丛中，一位牧童骑在牛背上，吹着横笛，笛声悠扬，逍遥自在。

年轻人走上前去询问："你看起来很快活，能教给我摆脱烦恼的方法吗？"

牧童说："骑在牛背上，笛子一吹，什么烦恼也没有了。"

年轻人试了试，不灵。

于是，他又继续寻找。

年轻人来到一条河边。看见一位老渔翁坐在柳阴下，手持一根钓竿，正在垂钓。他神情怡然，自得其乐。年轻人走上前去鞠了一个躬："请问老翁，您能赐我摆脱烦恼的办法吗？"

渔翁看了他一眼，平静地说道："来吧，孩子，跟我一起钓鱼，保管你没有烦恼。"

年轻人试了试，还是不灵。

于是，他又继续寻找。

不久，他来到一个山洞里，看见洞内有一个老人独坐在洞中，面带满足的微笑。

年轻人深深鞠了一个躬，向老人说明来意。

老人微笑着摸摸长髯，问道："这么说你是来寻求解脱的？"

年轻人说："对对对！恳请前辈不吝赐教。"

老人笑着问："有谁捆住你了吗？"

"没有……"

"既然没人捆住你，又谈何解脱呢？"

智慧箴言

世上本无事，庸人自扰之。有很多的烦恼都是人自找的，困扰心灵和行动的不是别人，正是我们自己，想要寻找快乐和解脱，就要跳出自我的局限。

最对不起的人是自己

20世纪20年代，美国有一位著名的珠宝大盗，名叫贝利。他偷盗的对象，都是有钱有地位的上流人士。他还是位艺术品鉴赏家，所以有"绅士大盗"之称。后来，贝利因偷盗被捕，被判刑18年。出狱后，全国各地的记者都纷纷前来采访他，其中有位记者问了一个有趣的问题："贝利先生，你曾偷了许多很有钱的人家，我想知道，蒙受损失最大的人是谁？"

贝利不假思索地说："是我。"

记者们哗然。贝利接着解释说："以我的才能，我应该能成为一个成功的商人、华尔街的大亨，或者是对社会很有贡献的一分子；但我不幸选择了做小偷，成了一个向自己偷盗东西最多的人——各位都知道，我生命中四分之一的时间，是在监狱里消耗掉的。"

有一位造诣很深的画家，他曾经花费了很多精力，以鬼斧神工的技艺，一笔一画地绘制了一张20美元的钞票。和贝利一样，他也因触犯法律而被捕了。具有讽刺意味的是，这位画家画一张20美元钞票所消耗的时间，跟他画一张可以卖到500美元的肖像所需的时间几乎是相同的，但这位天才的画家，却去绘制只值20美元的假钞。结果，损失最惨的人不是别人，正是他自己。

智慧箴言

天生我材必有用，但这个有用的前提就是将个人价值与社会价值统一起来，做一些对他人有用的事。只有认识到这一点，才能充分施展自己的才华，实现自己的理想。

忘掉仇恨

很早以前，有一个著名的雕刻师傅，他雕刻的东西栩栩如生，几乎可以达到以假乱真的地步。因为他的雕刻技巧很高，所以附近一个村庄的寺庙，就邀请他去雕刻一尊“菩萨像”。

可是，要到达那村庄，必须越过山头与森林。偏偏这座山传说“闹鬼”，有些想越过山的人，若夜晚仍滞留在山区，就会被一个极为恐怖的女鬼杀死。因此，许多亲人、朋友就力劝雕刻师傅，等天亮时再启程，免得遇到不测。

但是这位师傅担心天亮启程会耽误行程，就谢绝了众人的好意，收拾好行李和工具，当天晚上就出发了。

他走啊走，天色逐渐暗下来，月亮、星星也都出来了。这师傅突然发现，前面有一个女子坐在路旁，草鞋也磨破了，似乎十分疲倦、狼狈。雕刻师傅于是问这女子，是否需要帮忙。当他得知该女子也是要翻越山头到邻村去，就自告奋勇背她一程。

月夜中，师傅背着她，走得汗流浃背，于是停下休息。此时，女子问这位师傅：“难道你不怕传说中的女鬼吗？为什么不自己快点赶路，还要为了我而耽搁时辰？”

“我是想赶路呀！”雕刻师傅回答，“可是如果我把你一个人留在山区，万一你碰到危险怎么办？我背你走，虽然累，但至少有个照应，可以互相帮忙啊！”

在明亮的月色中，这位师傅看到身旁有块大木头，就拿出随身携带的凿刀工具，看着这女子，一斧一刀地雕刻出一尊人像来。

“师傅啊，你在雕什么啊？”

“我在雕刻菩萨像啊！”师傅心情愉悦地说，“我觉得你的容貌很慈祥，很像菩萨，所以就按照你的容貌来雕刻一尊菩萨！”

坐在一旁的女子听到这话，泪如雨下，因为她就是传说中的“恐怖女鬼”。

多年前，她只身带着女儿翻越山头时，遇上一群强盗，她无力抵抗，被奸污了，女儿也被杀害。悲痛的她，纵身跳下山谷，化为“厉鬼”，专在夜间取过路人性命。

可是，这个满心仇恨的女子，万万没想到，竟会有人说她容貌很慈祥，很像菩萨！

刹那间，这女子突然化为一道光芒，消失在月夜山谷里。

第二天，师傅到达邻村后，大家都很惊讶他竟能在半夜中活着越过山头。而从那天后，再也没有夜行旅人遇到传说中的“女厉鬼”了。

智慧箴言

很多人都有着很强的自我防卫心理。其实，我们在提防别人的同时也是在为自己设防。如果我们能够打开心窗，忘掉仇恨，主动地接纳别人，就能重新找回轻松快乐的生活。

挣脱心灵的缰绳

一个小孩在看完马戏团精彩的表演后，随父亲到帐篷外拿干草喂养表演完的动物。

小孩注意到一旁的大象群，问父亲：“爸，大象那么有力气，为什么它们的脚上只系着一条小小的铁链，难道它无法挣开那条铁链逃脱吗？”

父亲笑了笑，耐心为孩子解释：“没错，大象是挣不开那条细细的铁链。在大象还小的时候，驯兽师就是用同样的铁链来系住小象。那时候的小象，力气还不够大，小象起初也想挣开铁链的束缚，可是试过几次之后，知道自己的力气不足以挣脱开铁链，也就放弃了挣脱的念头。等小象长成大象后，它就甘心受那条铁链的限制，而不再想逃脱了。”

在大象成长的过程中，人类聪明地利用一条铁链限制了它，虽然那样的铁链根本系不住有力的大象。在我们成长的环境中，是否也有许多肉眼看不见的铁链在系住我们？而我们也就自然将这些链条当成习惯，视为理所当然。于是，我们独特的创意被自己抹杀，认为自己无法成功。我们告诉自己，难以成为配偶心目中理想的另一半，无法成为孩子心目中理想的父母、父母心目中理想的孩子。然后，开始向环境低头，甚至开始认命、怨天尤人。

智慧箴言

这一切都是我们心中那条系住自我的铁链在作祟罢了。除了这些人生习以为常的方式之外，你还有一种不同的选择。你可以当机立断，运用你内在的能力，当下立即挣脱消极习惯的捆绑，改变自己所处的环境，投入另一个崭新的积极领域中，使自己的潜能得以发挥。

逃离囚禁你的塔

人的一生充满许多坎坷、许多愧疚、许多迷惘、许多无奈，稍不留神，我们就会被自己营造的囚塔所监禁。

从前，有个长发公主，她头上披着很长很长的金发，长得很俊很美。公主自幼被囚禁在古堡的塔里，和她住在一起的老巫婆天天念叨公主长得很丑。公主也坚信自己是个丑陋的姑娘，她为自己的容貌而深深自卑。

一天，一位年轻英俊的王子从塔下经过，被公主的美貌惊呆了，从这以后，他天天都要到这里来，一饱眼福。公主从王子的眼睛里看到了自己的美丽，同时也从王子的眼睛里发现了自己的自由和未来。有一天，她终于放下头上长长的金发，让王子攀着长发爬上塔顶，把她从塔里解救出来。

囚禁公主的不是别人，正是她自己，那个老巫婆是她心里迷失自我的魔鬼，她听信了魔鬼的话，以为自己长得很丑，不愿见人，就把自己囚禁在塔里。

智慧箴言

心理学认为，每个人对自己或多或少都带有一些不恰当的认识，自卑就是一种过多自我否定而产生的自惭形秽的情绪体验，是一种认为自己在某些方面不如他人的自我意识和自己瞧不起自己的消极心理，是由主观和客观原因造成的。

要学会树立自信，经常告诉自己要拥有积极的心态，彻底放下瞻前顾后的思想包袱，逃离囚禁你的塔，并善于付诸行动。这样，在做任何事时，就能拿出一种好的做事姿态，从容不迫、收放自如，从而把事情做好。

他们也曾自卑过

十几年前，他从一个仅有20多万人口的北方小城考进了北京的一所大学。上学的第一天，与他邻桌的女同学第一句话就问他：“你从哪里来？”而这个问题正是他最忌讳的，因为在他的逻辑里，出生于小城，就意味着小家子气、没见过世面，肯定被那些来自大城市的同学瞧不起。

就因为这个女同学的问话，使他一个学期都不敢和同班的女同学说话，以至于一个学期结束的时候，很多同班的女同学都不认识他。

多年前，她也在北京的一所大学里上学。

大部分日子，她也都在疑心和自卑中度过。她疑心同学们会在暗地里嘲笑她，嫌她肥胖的样子太难看。

她不敢穿裙子，不敢上体育课。大学时期结束的时候，她差点儿毕不了业，不是因为功课太差，而是因为她不敢参加体育长跑测试。

老师说："只要你跑了，不管多慢，都算你及格。"可她就是不跑。她想跟老师解释，她不是在抗拒，而是因为恐慌，恐惧自己肥胖的身体跑起步来非常的愚笨，一定会遭到同学们的嘲笑。可是，她连向老师解释的勇气也没有，茫然不知所措，只能傻乎乎地跟着老师走。

老师回家做饭去了，她也跟着。最后老师烦了，勉强算她及格。

在最近播出的一个电视晚会上，她对他说：

"要是那时候我们是同学，可能是永远不会说话的两个人。你会认为，人家是北京城里的姑娘，怎么会瞧得起我呢？而我则会想，人家长得那么帅，怎么会瞧得上我呢？"

他，现在是中央电视台著名节目主持人，经常对着全国几亿电视观众侃侃而谈，他主持节目给人印象最深的就是从容自信。

他的名字叫白岩松。

她，现在也是中央电视台著名节目主持人，而且是第一个完全依靠才气而丝毫没有凭借外貌走上中央电视台主持人岗位的。

她的名字叫张越。

智慧箴言

怀有自卑心理的人，遇事往往总是感到"我不行""这事我干不了""这个工作超过了我的能力范围"。没有试一试就给自己判了死刑。而实际上，只要专注努力，是能干好这件事的。认为别人都比自己强，自己处处不如人，这是一种病态的心理。

自卑是人生中最危险的杀手，自卑可以轻易地毁掉一个颇具才华的人。一个对生命负责的人绝不能让自卑尘封住自己内心的宝藏。

撕破恐惧的面纱

即使再勇敢的人，也有畏惧的时候。

美国总统艾森豪威尔小时候有过这样一段经历：5岁的时候，有一次去叔叔家玩。叔叔的房子后面养了一对大鹅，结果公鹅一见他就一边怪叫着一边向他扑来。他哪儿受得了这种恐吓，于是他拼命跑开，向大人哭诉。

受了几次惊吓后，叔叔找了个旧扫帚交给他，然后指着大鹅对他说："你一定能战胜它！"

当鹅再次向他冲来时，他手里拿着扫帚，浑身不住地颤抖。猛然间，他鼓足勇气大吼一声，挥起扫帚向鹅冲去。鹅掉头便跑，他紧追不舍，最后狠狠地给了鹅一下，鹅惨叫着逃跑了。

有一段时间，他每天放学回家的时候，都被一个与他年龄相仿、粗壮好斗的男孩追赶。一天，这一幕正好被他父亲看见，于是冲他大喊："你干吗容忍那小子追得你满街跑？去把那小子给我赶走。"

于是，他不得不停下来，面对自己很怕的对手。他开始猛烈地反击，这一招立刻把对手吓住了，慌忙夺路而逃。艾森豪威尔顿时勇气大增，一把将对手抓住，正言厉色地警告他："如果你再敢找我的麻烦，我就每天打你一顿。"

通过这两件事，他进一步悟出一个道理：别看有些人耀武扬威，其实不过是外强中干，唬人而已。

智慧箴言

人们经常犯这样的错误：还没有真正与问题接触，就将其无端放大，以至于很快心生恐惧、逃避，最终将自己打败。实际上，问题绝大多数时候并不如我们想象的那样严重，只要我们撕破轻率恐惧的面纱，就能很好地解决它。

别让自私毁掉你的前程

一个人讲述了他求职面试的经历，他说，那次经历给他上了很生动的一课。

在经过一轮复一轮的重重筛选后，朋友和另外4个来自不同地方的应聘者终于从数百名竞争对手中，大浪淘沙般脱颖而出，成为进入最后一轮面试的佼佼者。

按照公司的规定，他们要在那天早上 9 点钟准时到达面试现场。面对如此重要的机遇，没得说，他们当中不仅没有人迟到，还都不约而同提前半个多小时就赶到了。距面试开始时间还早，为了打破沉寂的僵局，精明的他们还是勉强地聚在一块儿闲聊了起来。面对眼前这些随时会威胁自己命运的对手，在交谈中彼此都显得比较矜持和保守，甚至夹着丝丝的冷漠和虚伪……

忽然，一个青年男子急急忙忙赶来了。他的到来成了这 5 个人转移这毫无内容的话题的借口，因为在前几轮面试中都不曾见过他。

他似乎感到有些尴尬，然后就主动迎上前开口自我介绍说，他也是前来参加面试的，由于太粗心，忘记带钢笔了，问他们几个是否带了，想借来填写一份表格。

5 个人面面相觑，心想，本来竞争就够激烈的了，半路还要杀出一个“程咬金”，岂不是使竞争更加激烈？要是不借笔给他，那不就减少了一个竞争对手，从而增加了成功的可能？几个人有心灵感应似的你看着我、我看着你，终于没有人出声，尽管他们身上都带着钢笔。

这时，5 人当中有一个沉默寡言的“眼镜”走了过来，递过一支钢笔给他，并礼貌地说：“对不起，刚才我的笔没墨水了，我掺了点自来水，还勉强可以写，不过字迹可能会淡一些。”

一转眼，规定的面试时间已经过去 20 分钟了，面试室却仍旧丝毫不见动静。5 个人终于有些按捺不住了，就去找有关负责人询问情况。谁料里面走出来的却是那个似曾相识的面孔：“结果已经见分晓，这位先生被聘用了。”他搭着“眼镜”的肩膀微笑着向另外 4 个人做了一个鬼脸。

接着，他不无遗憾地补上几句：“本来，你们能过五关斩六将来到这儿，已经是很难能可贵的了。作为一家追求上进的公司，我们不愿意失去任何一个人才。但是很遗憾，是你们自己不给自己机会啊！”

智慧箴言

因自己的一点点私心而不愿向别人伸出援助之手，那么机遇也会对你自私，在你的眼前一闪而过，却不给你留下抓住它的机会。别让自私毁了你的前程，无私的人是伟大的，无私在成就完美人格的同时，也成就了你人生的辉煌。

生活不可贪图享受

深山里有两块石头，第一块石头对第二块石头说：

“去经历路途的艰险坎坷和世事的磕磕碰碰吧，能够搏一搏，不枉来世一遭。”

“不，何苦呢，”第二块石头嗤之以鼻，“安坐高处一览众山小，周围花团锦簇，谁会那么愚蠢地在享乐和磨难之间选择后者？再说那路途的艰险磨难会让我粉身碎骨的！”

于是，第一块石头随山溪滚涌而下，历尽了风雨和大自然的磨难，它依然义无反顾，执着地在自己的路途上奔波。第二块石头讥讽地笑了，它在高山上享受着安逸和幸福，享受着周围花草簇拥的畅意抒怀，享受着盘古开天辟地时留下的那些美好的景观。

许多年以后，饱经风霜、历尽尘世之千锤百炼的第一块石头和它的家族已经成了世间的珍品、石艺的奇葩，被千万人赞美称颂，享尽了人间的富贵荣华。第二块石头知道后，有些后悔当初，现在它也想投入世间风尘的洗礼中，然后得到像第一块石头拥有的那种成功和高贵，可是一想到要经历那么多的坎坷和磨难，甚至疮痍满目、伤痕累累，还有粉身碎骨的危险，便又退缩了。

一天，人们为了更好地珍存那石艺的奇葩，准备为它修建一座精美别致、气势雄伟的博物馆，建造材料全部用石头。于是，他们来到高山上，把第二块石头粉了身碎了骨，给第一块石头盖起了房子。

第一块石头，选择了艰难坎坷，懂得放弃享乐，所以它成了珍品，成了石艺的奇葩；而第二块石头，不仅最后落得粉身碎骨的下场，而且成了废物。

智慧箴言

每个人都向往安逸的生活。经过长途跋涉以后短暂的安逸生活可以使人得到休息和宁静，但是长期的安逸会磨灭人的理想，摧毁一个人的斗志，最终毁掉他的一生。一开始就选择享受的人和一开始就执着奔波、千锤百炼的人，最后的结局是后者成了珍品，前者成了废料。只有选择奋斗，不贪图享受，才能成就美好人生。

满足于既有的一切

一位哲人到乡间拜访朋友。他的朋友住在一栋非常豪华的别墅里，一年前，它是附近最漂亮的房子。

那个朋友闷闷不乐，哲人问他："你怎么了，什么事使你不快乐？"

朋友说："难道你没有看到对面刚盖起来的新房子吗？"

哲人往窗外一看，果然看到了一栋巨大的花岗岩别墅。

朋友说："自从对面盖了这栋豪宅，我就失去了所有的快乐，你不能想象我的人生有多么悲惨。我从清晨起床到夜晚入睡，都会看到那栋房子，甚至做梦也会梦到它，我经常会从噩梦中醒来。"

哲人说："这就奇怪了，你依然住在同一栋房子里，而你从前那么快乐，你的快乐和悲伤跟你的邻居有什么关系呢？如果你现在被邻居的豪宅折磨，你的邻居也可能因为你从前的大房子忍受了长久的折磨，他把房子盖得比你的豪华，正是对你的报复呀！"他们正交谈的时候，对门的邻居来访，邀请他们共进晚餐。

哲人立刻就答应了。

但朋友说："噢，不行，我晚上还有一个约会，我太忙了！"

等邻居走了，哲人就问朋友："你一点也不忙呀！你晚上有约会吗？"

朋友说："不，我晚上没有约会，我也不忙，但是从今天起我就要忙起来了。在我还没有盖好一栋比他的房子更大的房子前，我绝不会走进他的房子。你等着瞧，等我盖好一栋更大的房子，我会走进他家，邀请他来和我共进晚餐。"

智慧箴言

只有知足，才会快乐。人都是永远不知道满足的，都希望能拥有比现在更好的东西，这是人类的弱点之一。凡事适可而止，切莫过度，认清所处的现状，满足既有的一切，才会幸福快乐。

不要让闲话从口中飘出

圣菲利普是16世纪深受爱戴的罗马牧师，富人和穷人都追随着他，贵族和平民也都喜欢他，这一切都是因为他的善解人意。

有一次，一位年轻的女孩来到圣菲利普面前倾诉自己的苦恼。圣菲利普明白了女孩的缺点，其实她心地倒不坏，只是她常常说三道四，喜欢说些无聊的闲话。这些闲话传出去后就会给别人造成许多伤害。

圣菲利普说："你不应该谈论他人的缺点，我知道你也为此苦恼，现在我命令你为此赎罪。你到市场上买一只母鸡，走出城镇后，沿路拔下鸡毛并四处散布。你要一刻不停地拔，直到拔完为止。你做完之后就回到这里来告诉我。"

女孩觉得这是非常奇怪的赎罪方式，但为了消除自己的烦恼，她没有任何异议。她买了鸡，走出城镇，并遵照吩咐拔下鸡毛。然后她回去找圣菲利普，告诉他自己按照他说的做了。

圣菲利普说：

"你已完成了赎罪的第一部分，现在要进行第二部分。你必须沿着你来的路上，捡起所有的鸡毛。"

女孩为难地说：

"这怎么可能呢？风已经把它们吹得到处都是了。也许我可以捡回一些，但是我不可能捡回所有的鸡毛。"

"没错，我的孩子。那些你脱口而出的愚蠢话语不也是如此吗？你不也常常从口中吐出一些愚蠢的谣言吗？然后它们不也是散落路途，口耳相传到各处吗？你有可能跟在它们后面，在你想收回的时候就收回吗？"

女孩说："不能，神父。"

"那么，当你想说些别人的闲话时，请闭上你的嘴，不要让这些邪恶的羽毛散落路旁。"

智慧箴言

"闭上你的嘴"，这不会伤害别人，同时也修炼了自己。当你时时意识到这个问题，不说闲话就成了一种习惯，进而改变了自己的心态，从耻笑别人转为审视自己。

安慰减轻自己的心理压力

一位渴望把子女送到贵族学校的女人诉苦说，她的孩子因为在学校没有作弊，而未能抽中签。“在众目睽睽之下抽签，怎能会作弊呢？”

女人说，学校把权贵者和有钱者的子女的签先冰在冷冻库里，抽签时和普通的签放在一起，但是学校的行政人员即使闭着眼睛一摸，也立刻可以抽中那些冰签。到后来，贵族学校就成为权贵子弟和富豪子弟的天下了。

这真是匪夷所思，使我们想起侦探小说中常写的冰钻杀人的情景——以冰结成的利钻或子弹，射入人的身体置人于死地，冰溶化了，永远找不到证据——冰签也是一样，摸上来在阳光下晒 3 分钟，作弊的证据就消失了。

那些发明冰签的教育工作者，他们有超过常人的创造力，如果他们愿意以发明冰签的聪明与细腻来献身教育，每一个中学都会成为贵族学校。

因此，有人安慰这位女人说：“别痛心和埋怨，我们都不是用冰签抽中的人，不也活得很好吗？”

智慧箴言

自省固然是进步的基石，但过分自责会使心理背上不必要的包袱，阻碍前行的步伐。某些时候，适当的自我安慰可以减轻我们的心理压力，使我们轻装上阵，重新扬起远航的风帆。

屈辱下诞生的奇迹

青年时期的司马迁怀揣老父亲的遗愿——写出一部叙述古今兴衰成败的史书，游历名山大川，广泛搜集史料。正当一切准备就绪，司马迁要着手著述《史记》的时候，一场大祸从天而降。由于他执意为投降匈奴的大将李陵求情，致使汉武帝大怒，降罪于司马迁，并处以宫刑！

宫刑作为中国古代的五刑之一，虽然不至于危及生命，但却是刑罚中最卑贱的一种，是比死还要可怕的奇耻大辱。此时，司马迁精神上的巨大痛苦，远远超过了肉体。屈辱和悲愤深深地折磨着他，他真的不愿再活下去了。但他总觉得有什么东西在撞击着心灵，使他有难以割舍之感。是什么呢？是他父亲的遗愿，也是自己毕生的追求——《史记》。司马迁感到《史记》已酝酿成熟，正躁动于心中，为了这部亘古未有的宏伟之作，他不能死！

司马迁从生死的徘徊中渐渐地解脱出来，他毅然抛开了自杀的念头，决心“隐忍苟活”，完成已经开始的著书大业。他的“苟且偷生”招致了许多轻蔑、讥讽的目光，每每想到这种耻辱，司马迁只有把无限的愤懑和痛苦贯注到笔端，夜以继日，勤奋著书。

大约公元前90年，辉煌的巨著《太史公书》(即《史记》)终于完成了。这时，司马迁已年近60岁了。他写作《史记》，从公元前108年任太史令算起，前后近20年。如果把他20岁开始的实地采访以及后来的删订、修改时间加在一起，足有40年之久，可说是耗费了他毕生的心血。

司马迁与他的《史记》是永存的。这位饱经命运磨难的大师，依靠一种常人难以想象的自强不息的精神，了却了毕生夙愿，也为中国留下了一笔厚重的文化遗产。

屈辱是磨砺生命的刀锋，挺过去，前面就是柳暗花明；自暴自弃，等待的唯有暗夜深渊。承受耻辱，虽很难，但仍要坚信，自强不息的信念会点亮你前行的道路，指引你为洗刷耻辱而奋斗不止。

智慧箴言

谁不曾遭受挫折，谁没遇到过逆境，但有几人能承担屈辱而不放弃？屈辱有如成长中的低谷，是生命中的暗夜，不曾经历过的人，不会体会到自强有多么重要！

命运不用埋怨

一个商人从事航海贩运发了大财。他曾屡屡战胜风险，各种恶劣的气候和地形都没有让他的货物损失，似乎命运女神格外垂青于他。他所有的同行都遭到过灾难，只有他的船平安抵港。他顺利地贩卖了运回来的砂糖、瓷器、肉桂和烟草，财源广进。他很快就成了腰缠万贯的大富翁。

他开始大肆挥霍，一个朋友目睹了他的豪华盛宴之后，羡慕地说道：“您的家常便饭就这样气派，真让我大开眼界！”

“这是靠我自己的努力奋斗，靠我的聪明才智，靠我的独具慧眼，才抓住机遇并获得今天的成就的。”

这位商人认为赚钱是件极容易的事，因此，他把赚得的钱拿出来搞投机。但这一次可没有什么好运气了，第一条船设备很差，碰到一点儿风浪就翻了船；第二条船连必要的防御武器都没有，海盗连船带货都一齐掳了去；第三条船呢，虽然平安到港了，但一时间经济萧条，没有了往日那种追求奢华的风气和购物狂潮，货物也因为积压过久而变质了。另外，代理人的欺骗和他花天酒地、挥金如土的生活方式也使他失去了不少的钱财。

他的朋友看到他如此迅速地陷入一文不名的境况，问他：“这是怎么回事？”

“唉，别提了，全怪那不济的命运。”

“你别放在心上，”朋友安慰他说，“如果命运不愿意看到你幸福，至少它会教你变得谨慎小心。”

不知道他是否听进去了这个忠告，但可以肯定的是，人们在一般情况下，总爱把成绩归功于自己的才干，如果失败，就把责任推到命运女神身上。

智慧箴言

成功了，应该感谢的人有很多，独木难成林；失败了，要埋怨的也只有自己，吸取教训才会迎来下次的成功。命运不是用来埋怨的，感激才会让你收获更多。

谦逊的最高境界

当我们大为谦卑的时候，便是我们最近伟大的时候。

有一个大学生曾被公认为全班最胆小、最怯懦的人，同学们都不屑与他交往。大学毕业挥手告别之时，还有许多人预言10年后的相聚他将是失败者之一。

10年很快过去了，他们的相聚如期举行。聚会到高潮，每人依次上台讲述自己的现状和理想，还有对目前生活的满意程度。大多数人没有实现当年跨出校门时的理想，对目前的生活满意者几乎没有。

该他上台了，他清了清嗓子，沉着而冷静地说道：“我目前拥有数家公司，总资产上亿元，远远超过当年走出校门时的理想。如果说还有什么遗憾的话，就是我认为离那些我所欣赏的成功者还很遥远。是的，无论是在学校还是投身社会，我一直都很自卑，感觉每一个人都有特长，都比我强。所以我要努力学习每一个人的特长，并且尽力丢掉自己的缺点。但我发现，无论我如何努力也总是无法赶上所有的人，所以我就一直自卑下去。因为自卑，我把远大的理想埋在了心底，努力做好手头的每一件小事；因为自卑，我将所有的伟大目标转化成向别人学习的一点点的进步。这样，把自卑压在心底，谦逊地向别人学习，我就会获得源源不断的前进动力。”

智慧箴言

自卑——谦逊的另一个境界。自卑并不是完全意义上的自我否定，而是不断朝前看的标准，是持续向前的动力。它是将自己放在低微的位置，而不自视清高。如果有这样的谦卑心态，在浮躁的社会中将甚是可贵，也终将获取成功。

自私的小姑娘

“妈妈，我可以去树林中采草莓吗？”一个夏天的早晨，艾米丽问妈妈。

“可以，不过你必须带着罗弗一起去。”妈妈说。

艾米丽高兴极了，妈妈做的早饭她只吃了两口就出发了。她不用担心自己会饿，因为妈妈把她的午饭装在一个铁盒子里给她带上了。

罗弗是她们家的狗，它已经跟随艾米丽 3 年了。

到了树林里，艾米丽采草莓，罗弗不安宁地到处乱跑，一会儿追松鼠，一会儿又追兔子，玩得可高兴了。但它总是与自己的小主人保持在一定的距离内，以免她发生什么意外。

中午的时候，艾米丽饿了，因为她早饭吃得太少，所以把铁盒子里的饭全部吃完了。

等到罗弗来的时候，盒子已经空了。自私的艾米丽一点饭也没有给罗弗留下。

吃完饭后，艾米丽又开始采草莓，很快她就把自己的筐子装满了，于是她决定要回家了。就在她要走出树林的时候，一条大蛇停在了她的前面，吓得她惊叫起来。这时，勇敢的罗弗跳到蛇身上，一口就把蛇的脖子咬断了。

它回到主人身边，用头蹭着主人的手，似乎在询问艾米丽有没有受伤。艾米丽搂着罗弗的脖子，哭着说："亲爱的罗弗，我以前太自私了，对不起。"

罗弗才不会那么小心眼呢！它在草地上跳来跳去，似乎什么也没有发生。

这件事给了艾米丽很大的教训，从此她变得不再自私。当别人需要自己帮助的时候，她总是热心地帮助别人，还和身边的每一个人分享自己喜欢的东西。

智慧箴言

自私的人永远难以体会到与他人合作的快乐。自私是团结的敌人，失去了团结，就将陷入绝境。

不假设别人的人品

一个小镇商人有一对双胞胎儿子。这对兄弟长大后，就留在父亲经营的店里帮忙。父亲过世后，兄弟俩接手共同经营这家商店。

起初生活一直都很平顺，直到有一天丢失了1美元，一切开始发生了变化。哥哥将1美元放进收银机，并与顾客外出办事，当他回到店里时，突然发现收银机里面的钱已经不见了！

他问弟弟："你有没有看到收银机里面的钱？"

弟弟回答："我没有看到。"

但是哥哥对此事一直耿耿于怀，咄咄逼人地追问，不愿罢休。

哥哥说："钱不会长了腿跑掉的，你一定看见了这笔钱。"语气中带有强烈的质疑，弟弟的怨恨油然而生。不久，手足之间就出现了严重的隔阂。

开始双方不愿交谈，后来决定不再一起生活，在商店中间砌起了一道砖墙，从此分居而立。20年过去了，敌意与痛苦与日俱增，这样的气氛也感染了双方的家庭与整个社区。

有一天，有位开着外地车牌汽车的男子，在哥哥的店门口停下。

他走进店里问："您在这个店里工作多久了？"哥哥回答说他这辈子都在这店里服务。这位客人说："我必须要告诉您一件往事。20年前我还是个不务正业的流浪汉，一天流浪到这个镇上，已经好几天没有进食了，我偷偷地从您这家店的后门溜进来，将收银机里面的1美元取走。虽然时过境迁，但我对这件事情一直无法忘怀。1美元虽然是个小数目，但是我一直深受良心的谴责，我必须回到这里来请求您的原谅。”

他说完后，这位访客很惊讶地发现店主已经热泪盈眶，用哽咽的音调请求他：“是否也能到隔壁商店将此事再说一次呢？”当这陌生男子到隔壁说完此事以后，他惊愕地看到两位面貌相像的中年男子，在商店门口痛哭失声、相拥而泣。

智慧箴言

猜疑是人类的敌人之一，是害人害己的祸根。一个人一旦掉进猜疑的陷阱，必定神经过敏，对他人的一言一行心生疑窦，从而损害人际关系。

所以我们必须做到：拓宽自己的胸怀，不假设别人的人品，敞开心扉与人沟通，不轻信流言，经常自省，把错误的猜疑消灭在萌芽状态。

第九章

让快乐成为一种习惯

在前行的途中，静心读一本好书，听一段优美的音乐；和你的朋友、知己倾诉自己的心事；到大自然中去观赏树叶的绿色，吮吸花朵的芳香；和你的家人团聚，共进并不丰盛的晚餐……虽没有波澜壮阔的景象，没有惊心动魄的奇遇，但却给予了你平平淡淡的快乐。

给快乐一个简单的理由，为快乐建一个心的天堂，让世界充满快乐的阳光。

工作应当是一种乐趣

有一个印第安土著部落迎来了从法国来的旅游观光团，部落里的人们虽然还没有什么市场观念，可面对这样好的赚钱商机，自然也不会放过。

部落中有一位老人，他正悠闲地坐在一棵大树下面，一边乘凉，一边编织着独特漂亮的印第安草帽，编完的草帽他在身前一字排开，供游客们挑选购买。他编织的草帽造型非常别致，而且颜色的搭配也非常巧妙，称得上是巧夺天工了，游客们纷纷驻足购买。

一位精明的商人看到了老人编织的草帽，他脑袋里立刻盘算开了，他想："这样精美的草帽如果运到法国去，我敢保证一定能卖个好价钱，至少能够获得5倍的利润。"想到这里，他激动地对老人说："朋友，这种草帽多少钱一顶呀。""10美元一顶。"老人冲他微笑了一下，继续编织着草帽，他那种闲适的神态，让人感觉他不是在工作，而是在享受一种美妙的心情。

"天哪，如果我买1万顶草帽运回到国内去销售的话，我一定会发大财的。"商人欣喜若狂，不由得为自己的经商头脑而沾沾自喜。

于是，商人对老人说："假如我在你这里定做1万顶草帽的话，你每顶草帽给我优惠多少钱呀？”

他本来以为老人一定会高兴万分，可没想到老人却皱着眉头说：“这样的话，那就要 100 美元一顶了。”

要每顶 100 美元，这是他从商以来闻所未闻的事情呀。“为什么？”商人冲着老人大叫。老人讲出了他的道理：“在这棵大树下没有负担地编织草帽，对我来说是种享受，可如果要我编 1 万顶一模一样的草帽，我就不得不夜以继日地工作，不仅疲惫劳累，还成了精神负担。难道你不该多付我些钱吗？”

智慧箴言

走向了工作岗位，应当把工作当作一种乐趣，如果让工作本身商业化，它就成了一种负担，自然要给人带来肉体和精神的双重负荷。将工作当作一种享受，在工作中享受快乐，在快乐中完成工作，才是工作与快乐的双赢之理。

快乐的衬衫

有一位小国元首得了忧郁症，所有的心理医生都被请来为他看病。会诊后，经过充分的酝酿和讨论，全体医生一致举手通过，治疗方案出台了：只要借一个快乐人的衬衣给元首穿，心病就会痊愈。

紧急动员，元首的卫队满街奔跑，张贴告示：

诚聘：快乐的人一位。

要求：发自内心的快乐，并有衬衣一件。

待遇：报酬万元，并有海外旅游假期。

有意者持有关证件及个人简历，3 日内，与总统府医疗总监联系。

3 天过去了，无人揭榜，元首病势更加严重，忠诚的侍卫长全副武装，带着人首先闯进总理家里，厉声质问：“你身为一人之下、万人之上的总理，难道还不快乐吗？为什么不去揭榜？”

总理漠然地看着侍卫长说：“敌国随时准备入侵，同僚们钩心斗角，总统又可能随时为一点小事把我罢免，你说我能快乐吗？”

侍卫长沉默半晌，带人离开总理府，找到第一地产商比尔盖先生：“比尔盖先生，你富可敌国，公司业务庞大，股票天天涨，全国每家每户都用你们公司生产的产品，你不是很快乐吗？”

地产商人一脸苦相："穷鬼们罢工，盗贼天天盯着我，儿女们为遗产打破头，款收不回，货卖不出去，我烦着呢。"

就这样一天下来，一无所获，他们垂头丧气地往回走。忽然听到一阵快乐的歌声。大家连忙跑过去，只见一个人躺在山坡上，正沐浴在金色的夕阳下。

"你感到快乐吗？"

"是的，我感到很快乐。"

"你的所有愿望都能实现，你从不为明天发愁吗？"

"是的。你看，阳光温暖极了，风儿和煦极了，我肚子又不饿，口又不渴，天是这么蓝，地是这么阔，我躺在这里，除了你们，没有人来打扰我，我有什么不快乐的呢？"

"你真是个快乐的人。请将你的衬衫送给我们的元首，元首会好好感谢你的。"

"衬衫是什么东西？我从来没见过。"

智慧箴言

权势和财富并不一定给你带来快乐，这个世界上也没有穿上就快乐的衬衫存在。

快乐是一种心境，当你感到快乐时，一件很小的事情也会让你回味无穷。享受平淡生活中的每一个精彩瞬间，悉心地体会其中的乐趣，你就会感受到无尽的快乐。

开心的家庭会议

这是一个温馨的家庭。

每到月末，儿子就会拿出家庭会议记录本，和父母一起坐在沙发上，开始每月一次的家庭会议。今天晚上，一家人又坐在一起开会了。

"爸爸，你对我这个月的表现满意吗？"儿子真诚地询问父亲。

"嗯，非常满意，只是你今后下班回家时，尽快洗个澡，好吗？可能是由于天气太热，你总是抱怨自己浑身痒，折磨你的睡眠。"父亲说。

"嗯，好的，谢谢你的提醒！"儿了在会议记录本上写下"勤洗澡"3个字。

"我这段时间心里总有一股莫名的烦躁，也不知是什么原因。"母亲说。

"我想是你长时间待在家里干家务，而很少外出散心的缘故。这段时间我的工作很紧张，也没有多少时间来陪你。这样吧，下个星期天，我们一家人去郊游好吗？”儿子说。

“我的孩子，你的建议太好了！”母亲开心地说。于是，一家人又在灯光下开始讨论下周末的郊游计划。

智慧箴言

感情不需要碰杯，不需要精美的礼物，它只需要深藏于心，时刻不忘记对方的存在。多一点关心，多一点体贴，多一点尊重，这就足够了。在简单的家庭会议中感受亲人之间的关怀与爱护，讨论家庭野外郊游的计划，也是一件颇有乐趣的事情。

快乐的鱼贩

有一次，英国游客杰克到美国观光，导游说西雅图有个很特殊的鱼市场，在那里买鱼是一种享受。

他们去了鱼市场，那天，杰克发现市场并非鱼腥味刺鼻，到处是鱼贩们欢快的笑声。他们面带笑容，像配合默契的棒球队员，让冰冻的鱼像棒球一样，在空中飞来飞去，大家互相唱和：“啊，5 条带鱼飞到明尼苏达去了。”“8 只螃蟹飞到了堪萨斯。”这是多么和谐的生活，充满乐趣和欢笑。

鱼贩说，事实上，几年前的这个鱼市场是一个没有生气的地方，大家整天抱怨，后来，大家认为与其每天抱怨沉重的工作，不如改变工作的品质。于是，他们不再抱怨生活本身，而是把卖鱼当成一种艺术。

鱼贩说，大伙练久了，人人身手不凡，可以和马戏团演员相媲美了。这种工作的气氛还影响了附近的上班族，他们常到这里来和鱼贩用餐，使自己拥有乐于工作的好心情。有不少没有办法提升员工士气的主管还专程跑到这里来询问：“为什么一整天在这个充满鱼腥味的地方做苦工，你们还这么快乐？”他们已经习惯了给这些不顺心的人解疑释惑：“实际上，并不是生活亏待了我们，而是我们期望值太高以至于忽略了生活本身。”

有时候，鱼贩们还会邀请顾客参加接鱼游戏。即使是怕鱼腥味的人，也很乐意在热烈的掌声中一试再试，意犹未尽。每个愁眉不展的人进入这个鱼市场，都会笑逐颜开地离开，手中还提满了情不自禁买下的货物，心里似乎也悟出了一点道理。

智慧箴言

多数时候，人们是无法改变环境的，而只能去适应环境。梁启超先生讲过一个重要的人生态度：“只在主观的心，不在客观的事。”即使你所处的环境很恶劣，但只要你能真心地去追寻快乐，快乐就会到来，就像故事里那些快乐的鱼贩一样。

快乐的瞎爷

有一个村庄，里面住着一个独眼的瞎爷。

瞎爷的左眼是在他9岁那年瞎的。一场高烧之后，他忽然对他的爹娘说：“我的左眼看不见东西了！”两位老人一惊，忙过来用手在他左眼前晃，而那只左眼果然像坏了的钟摆一样一动不动。他爹娘顿时泪流满面，独生的儿子瞎了一只眼睛可怎么办呀！没料到爹娘哭得伤心的时候，他却缓缓地说：“爹娘，你们哭啥，应该笑才对！这场病不是只弄坏了我一只眼吗？左眼瞎了，右眼还看得见呢！总比两只眼都弄坏了要好嘛！你们想一想，我比起世界上那些双目失明的人，不是强多了吗？”儿子的一番话，把两位老人惊呆了，后来想想也有理，于是停止了流泪。

他的家境不好，爹娘无力供他读书，只好让他去私塾里旁听。他的爹娘为此十分伤心，瞎爷当时却劝道：“我如今也已识了些字，虽然不多，但总比那些一天书没念、一个字不识的孩子强多了吧！”爹娘一听，也觉得安然了许多。

后来，瞎爷娶了个嘴巴很大的媳妇。爹娘又觉得对不住儿子，瞎爷劝他们说：“能娶到这样的一个媳妇已经很不错了，和世界上的许多光棍汉比起来，简直可以说是好到天上去了！”这个媳妇勤快、能干，可脾气不好，不温柔、不听话，把婆婆气得心口疼。儿子劝道：“娘，你这个媳妇是有些不大称你的心意，可是你想想，天底下比她差得多的媳妇还有不少。你的儿媳妇脾气虽是暴躁了些，不过还是很勤快的，又不骂人。”爹娘一听真有些道理，就不生气了。

可是，瞎爷家确实很贫寒，妻子实在熬不下去了，便不断抱怨。瞎爷说：“你只跟那些住进深宅大院、家有万贯资财、顿顿吃肉喝酒的人家相比，你自然是越比越觉得咱这日子是没法过了。但是你只要瞧瞧那些拖儿带女四处讨饭的人家，白天饱一顿饥一顿，晚上睡在别人家的屋檐下，弄不好还会被狗咬一口，你就会觉得咱家这日子还真是不错。”

瞎爷老了，想在合眼前把棺材做好，然后安安心心地走。可做的棺材属于非常寒酸的那一种，妻子愧疚不已，瞎爷劝说："这棺材比起富豪大家们的上等棺木是差远了，可是比起那些穷得连棺材都买不起、尸体用草席卷的人，不是要强多了吗？"

瞎爷死的时候，面孔安详，脸上还带着笑容……

智慧箴言

知足是一种境界，知足的人总是微笑着面对生活。世界上没有解决不了的问题，没有过不去的河，他们会为自己寻找合适的台阶，而绝不会庸人自扰。知足是一种大度，大"肚"能容天下事，在知足者的眼里，一切过分的纷争和索取都显得多余，在他们的天平上，没有比知足更容易求得心理平衡的了。知足是一种宽容，对他人宽容，对社会宽容，对自己宽容，这样才会得到一个相对宽松的生存环境。

心就是快乐的根

终南山麓，水清草美。据说这一带出产一种快乐藤，凡是得到这种藤的人，一定喜形于色、笑逐颜开，不知道烦恼为何物。

曾经有一个人，为了得到不尽的快乐，不惜跋山涉水，去寻找这种藤。他历尽千辛万苦，终于到达终南山麓，在险峻的山崖上，他找到了这棵快乐藤。可是他虽然得到这种藤，却发现他并没有得到预想中的快乐，反而感到一种空虚和失落。

这天晚上，他在山上一位老人的屋中借宿，面对皎洁的月光，他发出了一声长长的叹息。老人闻声而至，问他：

"年轻人，什么事让你这样叹息呀？"

于是，他说出了心中的疑问："为什么我已经得到快乐藤，却没有得到快乐呢？"

老人一听就乐了，说："其实，快乐藤并非终南山才有，而是人人心中都有。只要你有快乐的根，无论走到天涯海角，都能够得到快乐。"

老人的话让这个年轻人顿觉眼前一亮，又问：

"什么是快乐的根呢？"

老人说：

"心就是快乐的根。"

智慧箴言

一个人快乐与否，不在于他拥有什么，而在于他怎样看待自己所拥有的。快乐是一种积极的生活态度，谁都无法让自己无忧无虑地生活，唯有苦中作乐才能战胜忧愁，享受快乐。

做一棵心安草

有一天，一个国王独自到花园里散步，使他万分诧异的是，花园里大部分的花草树木都枯萎了，园中一片荒凉。

后来国王了解到，橡树由于没有松树那么高大挺拔，因此轻生厌世死了；松树又因自己不能像葡萄那样结许多果子，也死了；葡萄哀叹自己终日匍匐在架上，不能直立，不能像桃树那样开出美丽可爱的花朵，于是也死了；牵牛花也病倒了，因为它叹息自己没有紫丁香那样的芬芳；其余的植物也都垂头丧气，没精打采，只有很细小的心安草在茂盛地生长。

“小小的心安草啊，别的植物都枯萎了，为什么你还这么勇敢、乐观，毫不沮丧呢？”国王问道。

“国王啊，我一点儿也不灰心失望。因为我知道，如果国王您想要一棵橡树，或者一棵松树、一丛葡萄、一株桃树、一株牵牛花、一棵紫丁香等，您就会叫园丁把它们种上，而我知道您寄希望于我的就是要我安心地做小小的心安草。”小草回答说。

智慧箴言

凡俗只会让自己自寻烦恼，和他人进行比较，会让自己陷入一个无比苦闷的境界。其实，放下凡俗的一些东西，把心安静下来，你会发现自己才是那朵最美的花。

感受平静

古时候有一个皇帝，他贴出榜示，希望有画家能画出最平静的画。许多画家都来应试。皇帝看完所有画，只有两幅他最为喜爱，他决定从中做出选择。

一幅画是一个平静的湖，湖面如镜，倒映出周围的群山，上面点缀着如絮的白云。大凡看到此画的人都同意这是描绘平静的最佳图画。

另一幅画也有山，但都是崎岖和光秃的山，上面是愤怒的天空，下着大雨，雷电交加。山边翻腾着一道涌起泡沫的瀑布，看来一点都不平静。

但当皇帝靠近看时，他看见瀑布后面有一细小的树丛，其中有一雌鸟筑成的巢。在那里，在奔流的水流中间，雌鸟坐在它的巢里——完全的平静。

哪幅画赢得了奖赏？皇帝选择了后者。

“因为，”皇帝解释道，“平静并不等于一个完全没有困难和辛劳的地方，而是在那一切的纷乱中间，心中仍然平静，这才是平静的真正意义。”

智慧箴言

平静并不等于一个完全没有困难和辛劳的地方，而是在那一切的纷乱中间，心中仍然平静。快乐也不等于没有悲伤和忧虑，而是在困苦中仍能够享受平平淡淡快乐的那一份心境。

孩子眼中的天堂与地狱

在得克萨斯州的一所小学里，一群天真无邪的孩子经常向玛琳娜老师询问天堂在哪里。

为了满足孩子们的好奇和求知欲望，玛琳娜老师请来了莫迪神父。

莫迪神父首先在黑板中间画了一条线，把黑板分成两边，左边写着“天堂”，右边写着“地狱”。

然后对孩子们说：“我要求你们每一个人分别在‘天堂’和‘地狱’下面写下与你们的想象或期望相符的内容。”

孩子心目中的“天堂”就这样呈现出来了：

花朵、欢笑、树木、天空、爱情、阳光、诗歌、春天、音乐……

在“地狱”这一边，孩子们写下了这样一些字眼：

黑暗、肮脏、恶魔、哭泣、残杀、恐怖、仇恨、流血、丑陋……

孩子们写完之后，神父对他们说：

“正如大家所知道的，天堂是具备了一切美好事物与美好心灵的地方，这个地方有人叫作天堂，有人叫作天国，或者净土、极乐世界。

“地狱呢？正好相反，是充斥了一切丑恶事物与丑恶心灵的地方。那么，有没有人知道，人间在哪里呢？”

孩子们说：“人间是介于天堂与地狱之间的地方。”

神父说：“错了。”

孩子们露出不解的神色。

神父告诉孩子们：“人间不是介于天堂与地狱之间。人间既是天堂，也是地狱。当我们心里充满爱的时候，就身处天堂；当我们心里怀着怨恨的时候，就住在地狱！”

智慧箴言

人生是否快乐，我们自己是有决定权的，这就是我们的态度。如果你认为自己快乐，那么你就得到了快乐。

你的心中装的是地狱，那么它就是地狱；当你认为你生活在快乐的天堂时，那么幸福也就降临了。孩子眼中的天堂是花朵、欢笑、树木、天空、爱情、阳光、诗歌、春天、音乐，原来天堂离我们并不远，简简单单的事物就可以带给你欢乐与美好。

人生来就是快乐的

上帝制造了驴子，对它说：“你是头驴子，从早到晚要不停地干活，你的背上还要驮着重物，你吃的是草而且缺乏智慧。你的生命将有 50 年。”驴子回答说：“像驴子这样生活 50 年太长了。求求您上帝，不要超过 20 年吧。”上帝答应了。

上帝制造了狗，对它说：“你呀，需要随时保持警惕，守护着你最好的伙伴——人，以及他们的住所，你吃的是他们桌上的残食，你的生命为 25 年。”狗回答说：“上帝啊，像狗这样生活 25 年太长了，请您改变我的生命，不要超过 10 年。”上帝答应了它的要求。

上帝制造了猴子，对它说：“猴子，你被悬挂在树上，像个白痴一样令人发笑。你将生活在世上 20 年。”猴子眨眨眼睛回答说：“上帝啊！如同小丑般活 20 年，太长了，请您不要让时间超过 10 年吧！”上帝也答应了猴子的请求。

最后，上帝制造了人，告诉他：“人，要有理性地活在这个世上，用你的智慧掌握一切、支配一切，你的生命为 20 年。”人听完后是这样回答的：“主人啊！人活着只有 20 年太短了，您将驴子拒绝的 30 年、狗拒绝的 15 年和猴子拒绝的 10

年赐予我好吗？”上帝同样答应了。

正如上帝所安排的那样，人好好地活了开始的20年；接着成家立业如同驴子般背着沉重的包袱拼命地工作；然后犹如狗一样认真守护着他的孩子，吃着他们碗里剩下的食物；当人老的时候，他活得又像猴子一样，扮演小丑逗乐他的孙子们。

智慧箴言

或许事情就是这样，我们很多人就是这样平平淡淡地走过了自己的一生。但在这个过程中，我们笑，我们哭，我们沉默不语，我们大喊大叫，我们从中感受到了人生的喜怒哀乐，同时也享受到了属于自己的幸福。

魔法戒指带不来的快乐

从前，有一个农夫，他每天不辞辛劳地工作，但是他非常贫穷。一天他来到一片离家很远的树林，碰到一位老妇人，那妇人对他说："我知道你每天很辛苦，但是得到的却是微不足道的。我送你一枚魔法戒指，它能够使你拥有财富。你说出你想要得到什么，同时转动你手指上的戒指，你将会立刻得到你所希望的东西。但是，这枚戒指只能实现你的一个愿望，所以你在许下愿望之前要仔细考虑清楚。"

惊愕的农夫接过戒指，激动地踏上了回家的路。晚上，农夫路经一座大城市时，他遇到了一个商人，他拿出了魔法戒指，向商人讲述了这段稀奇的经历。

商人邀请农夫晚上住在他家。深夜，商人来到熟睡的农夫身边，他小心翼翼地用一枚相同样式的普通戒指，换走了农夫手指上的魔法戒指。农夫早上醒来，向商人道了谢，又继续赶路了。

商人急不可待地紧闭房门，一边说着："我要拥有1亿两黄金！"一边转动着戒指。奇迹出现了，无数的金子像雨一样落了下来，商人还没有来得及跑出去，就被砸死了。

农夫回到家，把魔法戒指的故事讲给妻子听，并让她妥善保管这枚戒指。妻子按捺不住激动，对丈夫说："试试看，让它带给我们大片的土地。"

"我们必须仔细对待我们的愿望，不要忘记，这戒指只能实现我们的一个愿望。"农夫解释着，"最好让我们再苦干1年，我们将会拥有无数顷良田。"从此，他们竭尽全力地工作，1 年后获得了足够的钱，买了他们所希望拥有的土地。

农夫的妻子想要 1 头牛和 1 匹马。农夫说："亲爱的，我们何不再继续苦干 1 年？"于是 1 年后，他们又买回了牛和马。

"我们是最快乐的人。"农夫说，"不要再谈什么魔法戒指了，我们拥有年轻，拥有勤劳的双手，等到我们老的时候，我们再去想那个戒指吧。"

40 年以后，农夫和他的妻子已经变老了，他们的头发变得和雪一样白。他们已经拥有他们希望获得的一切，那枚"魔法戒指"依旧完好地保存。纵然没有这戒指，他们仍得到了属于他们的快乐。

智慧箴言

快乐就藏在你的双手中，只有自己才能创造属于自己的快乐。如果我们拥有时间、拥有力量、拥有坚实的双手、拥有深厚的爱，即使生活再平淡，也可以感受到踏踏实实的快乐。

35 张贺卡

圣诞节快到了，儿子放学回到家，告诉妈妈他想为班里的每一个同学做一份礼物。

妈妈的心里有些难过，她发现每次放学回家，儿子总是一个人孤零零地走在最后面，他的同学们说着笑着一起回家，可从来没有一个人注意到孤单的儿子。尽管如此，她还是决定满足孩子的心愿。她买回了做卡片的硬纸、胶水和彩色蜡笔。一连 3 个星期，儿子费尽辛苦做好了 35 张精美的卡片。

圣诞节终于来了，儿子别提有多高兴了，早上起床他小心翼翼地把卡片叠好，放进一个袋子里，飞快地跑出了家门。妈妈决定为他烤他最爱吃的甜饼，准备在他放学回家的时候，把这些美味可口、热气腾腾的甜饼连同一杯牛奶一起放在餐桌上。妈妈想到儿子可能在节日来临时什么礼物都得不到，不禁感到心痛。

下午，妈妈把甜饼和牛奶端到桌上。一听到孩子们的声音，她就向窗外望去。是的，孩子们放学回家了。而儿子依旧走在后面，妈妈注意到孩子的手里空空的，一件礼物也没有。儿子推门进来了，她赶紧擦掉脸上的泪水。

“妈妈给你准备了甜饼和牛奶。”她说，可孩子却好像没有听见，继续大步走到她的身旁，脸上放着光，嘴里不停地说着：“一个也没有，一个也没有。”

最后，儿子拉住妈妈的手说：“妈妈，我把自己的卡片全部送给了同学，一个也没有忘记，一个也没有落下！”

智慧箴言

快乐是不要求回报的，它并不是指一个人在给别人带去快乐的同时要求对方给自己带来同样的快乐。快乐的人是以自己能给别人带来快乐为乐，以能给人送去快乐为荣，他能够从对方的快乐中感受到自己存在的价值。

当快乐成为一种习惯

动物王国的成员在不断发展壮大，很快地，它们现有的家园已无法供它们生养栖息了。为此，狮王颁布命令，准备组织一支探险队，去没有同类足迹、没有人类生存的地方寻找新的生存环境。

骆驼被任命为探险队队长，探险队成员包括熊猫、长颈鹿、大象、狐狸。大伙收拾一番后，便踏上了寻找新家园的探险征途。

一路上，队员们在骆驼队长的带领下，蹚河流、过草地、翻大山、穿沙漠，历尽千辛万苦，还是没有找到理想的家园。有的队员已心灰意冷，有的队员不停地抱怨，路有多难走，食物有多难吃……只有熊猫一路上始终显得很愉快。

有一天清晨，熊猫起床去河边洗脸，当它回到营地时，其他队员才刚刚起床。

“早上好，伙计们。”熊猫愉快地向其他队员打着招呼。可是，它们一个个都没有反应。

“嗨，伙计们，今天的天气多好啊！”熊猫再一次向同伴们打招呼，并轻轻地哼起歌来。熊猫的举动让其他队员很是不解。

“喂，你好像很得意的样子，捡到什么宝贝了吗？”狐狸带着讽刺的口吻问熊猫。

“是的，你说得没错。”熊猫说，“正如你所说的，我是很得意，我真的觉得很愉快。不过，我只是把使自己觉得快乐当成一种习惯罢了。”

智慧箴言

当快乐成为一种习惯，忧愁不再有，烦恼不再有；当快乐成为一种习惯，生命中的每一个瞬间，都会留下欢声笑语的足迹；当快乐成为一种习惯，无论多么平凡的事情都会在你的生活画卷中留下精彩的一笔。

长生不老是快乐的吗

有一个国王，当他一天天变老的时候，来了一个巫师。巫师对国王说："国王，我给你一罐魔水，喝上一口，你就可以长生不老。"

老国王虽然非常想长生不老，但他一向十分谨慎，他命令侍卫把路过宫廷的三人带来见他。不一会儿，一个军人、一个富商和一个贫困的农民被带到他的面前。

国王先问军人："请你告诉我，喝了这魔水，我会快乐吗？"

军人答道："是的，会快乐的。您将万寿无疆，您征服全球的时代就会到来。难道见到周围都是被自己征服的人，不是最大的快乐吗？"

国王又问富商："请你告诉我，喝了这魔水，我会快乐吗？"

富商答道："是的，会快乐的。您将万岁万岁万万岁，而您的财富则逐年增加。难道看着自己的财富不断增多，不是最大的快乐吗？"

最后，国王又问贫困的农民："请你告诉我，喝了这魔水，我会快乐吗？"

农民答道："啊，国王！无论军人还是商人，都只对你讲了一半实话。他们告诉了你，为什么你会快乐，却故意只字不提为什么你会不快乐。"

"你胡说什么呀？笨蛋！"商人和军人异口同声地喊道，"长生不老的国王怎么会不快乐？"

"英明的国王，请你听我说，"农民说，"你喝了这魔水，倒是会得到永生，会亲眼看到自己宝库中的财富日益增多，并为自己的权力而自豪。但你心爱的妻子终有一天要去世，你所热爱的子孙后代也都终将离开这个世界，你甚至不得不亲眼看着你的朋友和忠实的仆人统统死去，而你还将继续活着。总有一天，当你环顾四周时，在你身边，既看不到妻子，也见不到子孙，甚至连朋友和忠实的仆人也没有了。我们英明的国王啊，这就是你长生不老将要得到的快乐。如果你愿意的话，现在就把这魔水喝下去吧，那就可以长生不老啦！"

"绝不！"国王激动地感叹道，"无论如何也不！如果我将失去所有的亲人和朋友，我要这些权力和财富干什么？我为什么要活着呢？”

就这样，国王一边高声感慨着，一边用力地把装魔水的罐子丢在地上，把它摔了个粉碎。

大地吸收了魔水，罐子的碎片被抛进了大海，聪明的国王和亲人朋友快乐地生活着。

智慧箴言

快乐是拥有而不是失去。只有珍惜身边的所有，你才是快乐的。人最痛苦的是失去。珍惜和亲人在一起的时光吧，那点点滴滴的幸福才是快乐。

每个年龄都是最好的

几岁是生命中最好的年龄呢？

某电视节目拿这个问题问了很多的人。一个小女孩说：“两个月，因为你会被抱着走，你会得到很多的爱与照顾。”

另一个小孩回答：“3 岁，因为不用去上学。你可以做几乎所有想做的事，也可以不停地玩耍。”

一个女孩说：“16 岁，因为可以穿耳洞。”

一个少年说：“18 岁，因为你高中毕业了，你可以开车去任何想去的地方。”

一个男人回答说：“25 岁，因为你有较多的活力。”这个男人 43 岁。他说自己现在越来越没有体力走上坡路了。他 25 岁时，通常午夜才上床睡觉，但现在晚上 9 点一到便昏昏欲睡了。

一个 3 岁的小女孩说生命中最好的年龄是 29 岁。因为可以躺在屋子里的任何地方，虚度所有的时间。有人问她：“你妈妈多少岁？”她回答说：“29 岁。”

有人认为 40 岁是最好的年龄，因为这时是生活与精力的最高峰。

一位女士回答说 45 岁，因为此时已经尽完了抚养子女的义务，可以享受含饴弄孙之乐了。

一个男人说 65 岁，因为可以开始享受退休生活。

最后一个接受访问的是一位老太太，她说：“每个年龄都是最好的，享受你现在的年龄吧。”

智慧箴言

史威福说:“没有人活在现在，大家都活着为其他时间做准备。”要么是回忆过去的美好时光，要么为了将来苦思冥想、疲于奔命，独独忘了要把握现在，活在当下。

只有你现在的年龄是最真实的，不要回避今天的真实与琐碎，走好脚下的路，唱出心底的歌，把头顶的阳光编织成五彩的云裳，遮挡凌空而至的风霜雨雪。让花朵与微笑抚慰你疲惫的心灵，让欢乐成为今天的中心。如果有荆棘阻挡你匆匆的脚步，那也是今天最真实的生活。

享受你现在的年龄吧，让生命感知生活的无尽快乐。

没人能夺走你的快乐

影片《监狱风云》中有一个名为亨利的男子，他笑口常开、风趣幽默，经常为身边的人带去快乐。后来亨利被误判入狱，他依然不改快乐的性情，经常在监狱里开怀大笑。所有的狱官都看他不顺眼，于是常常找他麻烦。

有一次，狱官用手铐将他吊起来，几天之后，他竟然还能一脸笑容地对狱官说:“谢谢你们治好了我的背痛。”狱官又将亨利关进一个因日晒而高温的锡箱中，当他们放亨利出来时，亨利央求道:“喔，拜托再让我待一天，我正开始觉得有趣呢。”

最后，狱官将他和一位重130千克的杀人犯德里克一同关进一间小密室。德里克在狱中恶名远扬，就连最凶恶的犯人也像躲瘟疫一般避着他。所以，当狱官们打开密室的门，看见德里克和亨利坐在一起开心地玩牌时，都惊讶得不得了。

亨利能够永葆快乐并不是因为他有超人的能力，他所做的只不过是在快乐与悲伤之间，选择了以快乐去面对世事，所以，没有人能以任何方式夺走他的快乐。

智慧箴言

生活是一面镜子，你对它微笑，它也会对你微笑。无论面对什么样的磨难与挫折，如果能够笑脸相对，那么挫折也会变得有趣。

快乐的种子

有一天，天堂里的上帝和天使们召开了一个会议。上帝说："我要人类在付出一番努力之后才能找到快乐，我们把人生快乐的秘密藏在什么地方比较好呢？"

有一位天使说："把它藏在高山上，这样人类肯定很难发现，非得付出很多努力不可。"

上帝听了摇摇头。

另一位天使说："把它藏在大海深处，人们一定发现不了。"

上帝听了还是摇摇头。

又有一位天使说："我看啊，还是把快乐的秘密藏在人类的心中比较好，因为人们总是向外去寻找自己的快乐，而从来没有人会想到在自己身上挖掘快乐的秘密。"

上帝对这个答案非常满意。从此，这快乐的秘密就藏在了每个人的心中。心理学家指出，每个人都具备使自己快乐的资源，像谦虚、合作精神、积极的态度，还有爱心，这些特质几乎都可以在每个人的身上找到，只是许多人没有把这些"快乐的资源"运用好而已。

智慧箴言

快乐之根就在自己身上，快乐的秘密就在自己心中，每个人都可以通过改变自己的思想去改变自己的情绪和行为，从而改变自己的人生。

第三篇

最启发人的智慧故事

第一章

人生无须被保证，让生命拥有一切可能

手中有“生命线”“事业线”“爱情线”，不管别人怎么说，不管算命先生如何算，握紧拳头，命运全攥在自己手心。

自己的人生不需要别人的保证，无论你处于何种境地，无论自己拥有怎样的过去，只要坚持自己心中的梦想，人生便永远在自己的掌握之中。没有比脚更长的路，没有比人更高的山，推开人生虚掩的门，山高人为峰，只要一小步，就有新高度。

目标引领人生

目标可以改造一个人的思想，引导他的行为。如果你期望自己成为什么样子，那么在你的意识中就会产生对自己的期望，就会在日常行为中自觉不自觉地按照自己的期望去指导自己的行为，使自己努力地朝这个方向发展。下面的故事说明了这个道理。

一位白人老师来到一所贫民区的小学给孩子们上课，他在这里看到的是打架、斗殴，以及因为贫穷带给人们的冷漠和自私。

他替这些活泼可爱的孩子可惜，实在不忍心看着他们在这种环境中这样生活下去，他想出了一个绝妙的办法。他知道这里的人们非常迷信，于是就在课堂上给孩子们看起了手相，他用这个方法鼓励他们。刚开始，这些孩子们都不愿意接近这位白人老师，后来禁不住好奇，都想知道以后的自己会变成什么样的人，因此孩子们也都乐意接受。

一个黑人小孩也按捺不住好奇心，将手伸向了白人老师。白人老师认真地把这只黑乎乎的小手看了又看，“研究”了好半天，然后才说道：“你以后一定会是纽约州的州长。”

“这是真的？我会是一名州长？”黑人小孩有点不敢相信自己的耳朵，他疑惑地望着老师，从此却在心里暗暗给自己定下了做一个州长的目标。

从那以后，黑人小孩开始改掉自己身上的种种恶习，或许在他看来一个真正的州长就应该是这样的。无论遇到什么困难，他心中当州长的念头丝毫没有动摇，51岁那年，他真的当上了纽约州州长。

智慧箴言

目标引领人生！没有目标的人生是可悲的，无所事事、自暴自弃，只会让时光白白流逝，最终将一事无成。只有确立起正确的人生目标，并为之努力奋斗，我们离成功才不会太遥远。

未来掌控在自己手中

在新泽西州市郊的一座小镇上，一个由26个孩子组成的班级被安排在教学楼最里面一间光线昏暗的教室里。他们中所有的人都曾有过不光彩的历史：有人吸过毒，有人进过管教所，有一个女孩子甚至在一年之内打过3次胎。家长拿他们没办法，老师和学校也几乎放弃了他们。

就在这个时候，一个叫菲拉的女教师担任了这个班的辅导老师。新学期开始的第一天，菲拉没有像以前的老师那样，首先对这些孩子进行一顿训斥，给他们一个下马威，而是为大家出了一道题：有3个候选人，他们分别是——A. 笃信巫医，有两个情妇，有多年的吸烟史，而且嗜酒如命；B. 曾经两次被赶出办公室，每天要到中午才起床，每晚都要喝大约1升的白兰地，而且曾经有过吸食鸦片的记录；C. 曾是国家的战斗英雄，一直保持素食习惯，热爱艺术，偶尔喝点酒，年轻时从未做过违法的事。

菲拉给孩子们的问题是：“如果我告诉你们，在这3个人中，有一位会成为众人敬仰的伟人，你们认为会是谁？猜想一下，这3个人将来各自会有什么样的命运？”

对于第一个问题，毋庸置疑，孩子们都选择了C。对于第二个问题，大家的推论也几乎一致：A和B将来的命运肯定不妙，要么成为罪犯，要么就是需要社会照顾的废物。而C呢，一定是一个品德高尚的人，注定会成为社会精英。

然而，菲拉的答案却让他们大吃一惊。“孩子们，你们的结论也许符合一般的判断，但事实是，你们都错了。这3个人大家都很熟悉，他们是“二战”时期的3个著名的人物——A是富兰克林·罗斯福，他身残志坚，连任四届美国总统；B是温斯顿·丘吉尔，英国历史上最著名的首相；C的名字大家也很熟悉，他叫阿道夫·希特勒，一个夺去了几千万无辜生命的法西斯。”

学生们都呆呆地瞅着菲拉，他们简直不敢相信自己的耳朵。“孩子们，”菲拉接着说，“你们的人生才刚刚开始，以往的过错和耻辱只能代表过去，真正能代表一个人一生的，是他现在和将来的所作所为。每个人都不是完人，连伟人也有过错。从过去的阴影里走出来吧，从现在开始，努力做自己最想做的事情，你们都将成为了不起的优秀人才……”

菲拉的这番话，改变了26个孩子一生的命运。如今这些孩子都已长大成人，他们中有的做了心理医生，有的做了法官，有的做了飞机驾驶员。值得一提的是，当年班里那个个子最矮也最爱捣乱的学生罗伯特·哈里森，后来成为华尔街上最年轻的基金经理人。

“原来我们都觉得自己已经无可救药，因为所有的人都这么认为。是菲拉老师第一次让我们觉醒，过去并不重要，我们还有可以把握的现在和将来。”孩子们长大后这样说。

智慧箴言

我们每个人都有一扇“改变之门”，除了自己，没有人能为你找到。只要你愿意敞开心扉，抛弃旧的观念，将良好准则转化为习惯，成功就尽在你的掌握之中。从现在开始，重新探索自我，由里而外地全面造就一个崭新的自我！

给自己一个悬崖

有一个老人在山里打柴时，拾到一只样子很怪的鸟。那只怪鸟和刚满月的小鸡一样大小，也许因为它实在太小了，还不会飞，老人就把这只怪鸟带回家给小孙子玩。老人的孙子很调皮，他将怪鸟放在鸡窝里，充当母鸡的孩子，让母鸡养育。母鸡没有发现这个异类，全权负起一个母亲的责任。怪鸟一天天长大了，后来人们发现那只怪鸟竟是一只鹰，人们担心鹰再长大一些会吃鸡。为了保护鸡，人们一致要求：要么杀了那只鹰，要么将它放生，让它永远也别回来。因为和鹰相处的时间长了，有了感情，这一家人自然舍不得杀它，他们决定将鹰放生，让它回归大自然。然而他们用了许多办法都无法让鹰重返大自然。他们把鹰带到很远的地方放生，过不了几天那只鹰又回来了；他们驱赶它，不让它进家门；他们甚至将它打得遍体鳞伤……许多办法都试过了，均不奏效。最后他们终于明白，原来鹰是眷恋它从小长大的家园，舍不得温暖舒适的窝。

后来村里的一位老人说："把鹰交给我吧，我会让它重返蓝天，永远不再回来。"老人将鹰带到附近一个最陡峭的悬崖绝壁旁，然后将鹰狠狠地向悬崖下的深涧扔去。那只鹰开始也如石头般向下坠去，然而快要到涧底时它终于展开双翅托住了身体，开始缓缓滑翔，然后轻轻拍了拍翅膀，飞向蔚蓝的天空。它越飞越高，越飞越远，渐渐变成了一个小黑点，飞出了人们的视野，永远地飞走了，再也没有回来。

其实我们每个人又何尝不像那只鹰一样，总是对现有的东西不忍放弃，对舒适安稳的生活恋恋不舍。我们就像温室里的花朵，养尊处优，安逸舒适，却永难突破自己，一旦危机来临，我们便会因力量不足，而陷入困境。因此，一个人要想防患于未然，要想让自己的人生有所突破，就必须懂得在关键时刻把自己带到人生的悬崖。给自己一个悬崖，其实就是给自己一片蔚蓝的天空。

智慧箴言

人要有突破自我的勇气，要相信你的潜能。只要你有勇气去争取，你就能够改变现状，实现梦想。

想到就能做到

福特在1863年7月出生于美国的密歇根州。

他从小就在农场里干活，从那时起就对机器产生了兴趣。在福特还只有12岁的时候，他就开始设想制造一部能在公路上行走的机器，这个想法深深地在他的头脑中扎了根。

周围的人都劝他放弃这个念头，说他的想法是不切实际的。老福特想让儿子做自己的助手，但是少年福特却想成为一名机械师。他只用了1年的时间就完成了别人要3年才能完成的机械训练课程。从此，虽然老福特的农场里少了一个帮手，美国的工业史上却多了一位伟大的工业家。

福特认为这个世界上没有不可能的事，于是，他用了两年多的时间去研究他构想的新机器。

福特每天都梦想着能制造出第一辆汽车，他的创意受到大发明家爱迪生的赏识，爱迪生邀请他担任底特律爱迪生公司的工程师，让他有机会把自己的梦想变成现实。

终于，在1892年，福特29岁的时候，他成功地制造出了世界上第一部汽车引擎。到了1896年，世界上第一辆摩托车诞生了。

从1908年开始，福特致力于推广摩托车的销售，当时的摩托车以非常低廉的价格出售，以吸引更多的消费者。今天的美国，每个家庭都有一部以上的汽车，而底特律一跃成为美国最大的工业城市，成了福特的汽车之都。

亨利·福特在获得成功之后成了人人都羡慕的人物。很多人都认为福特的成功是因为运气好，再加上他天资聪颖，是这些东西让福特获得了成功。但是，真正让福特获得成功的，其实是他的信念、他的勇于超越“不可能”的魄力。事实上，在某种条件下，不怕做不到，只怕想不到——只有你能想、敢想，你就一定能做到。

智慧箴言

成功的人与失败的人，他们的区别并不在于能力，而是在于是否相信判断、是否具有敢想敢干的勇气。

没有比脚更长的路

古老的阿拉比国坐落在大漠深处，多年的风尘肆虐，使城堡变得满目疮痍。国王对4个王子说，他打算将国都迁往美丽而富饶的卡伦。

卡伦离这里很远很远，要翻过许多崇山峻岭，要穿过草地、沼泽，还要涉过很多的大河，但究竟有多远，没有人知道。

于是，国王决定让4个儿子分头前往探路。

大王子乘车走了7天，翻过三座大山，来到一望无际的草地边，一问当地人，得知过了草地，还要过沼泽，还要过大河、雪山……便马上往回走。

二王子策马穿过一片沼泽后，被一条宽阔的大河挡了回去。

三王子渡过了那条大河，又被那一望无际的大漠吓退了。

一个月后，三个王子陆陆续续回到国王那里，将各自沿途所见报告给国王，并都再三强调，他们在路上问过很多人，都告诉他们去卡伦的路很远很远。又过了5天，小王子风尘仆仆地回来了，兴奋地告诉父亲到卡伦只需18天的路程。

国王满意地笑了："孩子，你说得很对，其实我早就去过卡伦了。"

几个王子不解地望着国王：那为什么还要派他们去探路？

国王一脸郑重道："我只想告诉你们4个，脚比路长。"

智慧箴言

相信脚比路长时，你就会对生活充满希望，无论你在人生的旅途中遭遇多大的困难，都不会悲观沮丧，只会信心百倍地投入生活。

找寻自我，做自己的圣人

1947年，美孚石油公司董事长贝里奇到开普敦巡视工作，在卫生间里，看到一位黑人小伙子正跪在地上擦洗黑污的水渍，并且每擦一下，就虔诚地叩一下头。贝里奇对此感到很奇怪，问他为什么要这样做，黑人答道："我在感谢一位圣人。"

贝里奇好奇地问他："为什么要感谢那位圣人？"小伙子说："是他帮助我找到了这份工作，让我终于有了饭吃。"贝里奇笑了，说："我曾经也遇到一位圣人，他使我成了美孚石油公司的董事长，你想见他一下吗？"小伙子说："我是个孤儿，从小靠锡克教会养大，我一直都想报答养育过我的人。这位圣人如果能让我吃饱之后，还有余钱，我很愿意去拜访他。"

贝里奇说："你一定知道，南非有一座有名的山，叫大温特胡克山。据我所知，那山上住着一位圣人，他能给人指点迷津，凡是遇到他的人都会有很好的前途。20年前，我到南非时登上过那座山，正巧遇上他，并得到他的指点。如果你愿意去拜访他，我可以向你的经理说情，准你一个月的假。”

这位年轻的小伙子是个虔诚的锡克教徒，很相信神，他谢过贝里奇后就真的上路了。30天的时间里，他一路披荆斩棘，风餐露宿，终于登上了白雪皑皑的大温特胡克山。然而，他在山顶徘徊了一整天，除了自己，没有遇到任何人。

黑人小伙子很失望地回来了。他见到贝里奇后说的第一句话是：“董事长先生，一路上我处处留意，但直至山顶，我发现，除我之外，根本没有什么圣人。”贝里奇说：“你说得很对，除你之外，根本没有什么圣人。因为，你自己就是你自己的圣人。”

20年后，这位黑人小伙子成为了美孚石油公司开普敦分公司的总经理，他的名字叫贾姆纳。在一次世界经济论坛峰会上，他以美孚石油公司代表的名义参加了大会。在面对众多记者的提问时，关于自己传奇的一生，他说了这么一句话：“你发现自己的那一天，就是你遇到圣人的时候。”

智慧箴言

因为看不见自己，就只会崇拜他人、崇拜偶像，而让自己消失在芸芸大众之中。心中没有“我”的人，就不会有信心，也不会有勇气，更不可能有人生的目标，只有自己才能成就自己，只有自己才能使人生变得美丽。

赎回自己的梦想

芝加哥市一位名叫赛尼·史密斯的中年男子，向当地法院递交了一份诉状，要求赎回自己去埃及旅行的权利。因为它涉及的内容非同寻常，立即引起了人们极大的关注。

事情发生在40年前，当时赛尼·史密斯只有6岁，在威灵顿小学读一年级。有一天，品德课老师玛丽·安小姐给学生们布置作业，让大家说出自己未来的梦想，全班24名同学都非常的积极和踊跃，尤其是赛尼，他一口气就说出两个：一个是拥有一头属于自己的小母牛，另一个是去埃及旅行。

当玛丽·安小姐问到一个名叫杰米的男孩时，不知怎么搞的他一下子没想出自己未来的梦想，因为他所想到的，别人都说了。为了让杰米也拥有一个自己的梦想，玛丽·安小姐建议杰米向同学购买一个。于是，在老师的见证下，杰米就用3美分向拥有两个梦想的赛尼买了一个。由于赛尼当时太想拥有一头自己的小母牛了，于是就把第二个梦想——“去埃及旅行”卖给了杰米。

40年过去了，赛尼·史密斯已人到中年，并且在商界小有成就。40年来，他去过很多地方，如瑞典、丹麦、希腊、沙特、中国、日本，然而他从来没有去过埃及。难道他没想过去埃及吗？不，他想过。他说，自从卖掉去埃及的梦想之后，他就从来没忘记过这个梦想。但是，作为一个虔诚的基督徒，他不能去埃及，因为他已经把这个梦想卖掉了。

现在，他和妻子打算到非洲去旅行，在设计旅行线路时，妻子提议埃及的金字塔是重点观光项目。赛尼·史密斯忍无可忍了，他决定赎回那个梦想，因为他觉得只有这样，他才能心安理得地踏上那片土地。

令人遗憾的是，赛尼·史密斯没能如愿以偿。经联邦法院判决，那个梦想已经价值3000万美元，赛尼·史密斯要想赎回必然倾家荡产。其中的缘由，从杰米的答辩状中可以略知一二。

杰米是这样说的——“在我接到史密斯先生的律师送达的副本时，我正在打点行装，准备全家一起去埃及，这好像是我一口回绝史密斯先生要求赎回那个梦想的理由。其实，真正的理由不是我们正准备去埃及，而是这个梦想本身的价值。

“小时候我是个穷孩子，穷到不敢拥有自己的梦想。然而，自从我在玛丽·安小姐的鼓励下，用3美分从史密斯先生那里购买了这个梦想之后，我彻底改变了。我的心灵变得富有了，我不再淘气，不再散漫，不再浪费自己的光阴，我的学习有了很大进步。我之所以能考上华盛顿大学，我想完全得益于这个梦想，因为我想去埃及。

“我的儿子正在斯坦福大学读书，我想也是得益于这个梦想，因为从小我就告诉他，我有一个梦想，那就是去埃及，如果他能获得好的成绩，我就带他去那个美丽的地方。我想他就是在埃及金字塔的召唤下，走入斯坦福大学的。现在我在芝加哥拥有6家超市，总价值超过2500万美元。我想，如果没有那个去埃及旅行的梦想，我是绝对不会拥有这些财富的。

“尊敬的法官和陪审团的各位女士们、先生们，我想，假如这个梦想属于你们，你们也一定会认为它已经融入你们的生命之中，已经和你们的生活、你们的命运紧密相连。你们也一定会认为，这个梦想就是你们的无价之宝。”

要花3000万美元赎回一个以3美分卖出去的梦想，在有些人看来也许没有必要，或者说根本不值得。然而，赛尼·史密斯却发誓说，哪怕花两个3000万，也要将那个梦想赎回。因为，现在他才明白，人的一生中最珍贵的东西就是——梦想。

智慧箴言

梦想是一笔无价的财富，有了梦想，人生才有了目标，生活才会多姿多彩。所以不要出卖自己的梦想，正视它，直到梦想成为现实。

成功之门是虚掩的

1968年，在墨西哥奥运会百米赛道上，美国选手吉·海因斯撞线后，转过身子看运动场上的记分牌，当看到9.95秒的字样后，海因斯摊开双手自言自语地说了一句话。这一情景后来通过电视转播，全世界至少有几亿人看到，但当时他身边没有话筒，海因斯到底说了什么话，谁都不知道。

直到1984年洛杉矶奥运会前夕，一名叫戴维·帕尔的记者在办公室回放奥运会资料时注意到这个镜头，于是他找到海因斯询问此事，此时这句话才被破译出来。原来，自欧文创造了10.3秒的成绩后，医学界断言，人类肌肉纤维承载的运动极限就是10秒。所以当海因斯看到自己9.95秒的记录之后，自己都有些惊呆了，原来10秒这个门不是紧锁的，它虚掩着，就像终点上那根横着的绳子。于是兴奋的海因斯情不自禁地说："上帝啊！那扇门原来是虚掩着的。"

成功就好比一扇虚掩着的门，只要我们鼓起勇气，打破思维定式，勇敢地去推，也许会有让你意想不到的收获。

思维的框架容易使人产生怯懦的心理，让人无法鼓起一丝勇气去迎接挑战，最终流于平庸。其实，成功者与失败者之间的分水岭，有时并不在于他们之间有多大的差距，而在于一点小小的勇气。

智慧箴言

当我们超越被禁锢得有些麻木的思想，勇敢地迈出那一步时，我们就会惊喜地发现，在这个世界上，除了牢门是紧锁的，其他的门都是虚掩的，尤其是成功之门。

用心创造的生命奇迹

多年以前，美国曾有一家报纸刊登了一则园艺所重金征求纯白金盏花的启事，在当地一时引起轰动。高额的奖金让许多人趋之若鹜，但在千姿百态的自然界中，金盏花除了金色的就是棕色的，要培植出白色的，不是一件易事。所以许多人一阵热血沸腾之后，就把那则启事抛到九霄云外去了。

20年后的一天，那家园艺所意外地收到了一封热情的应征信和一粒纯白金盏花的种子。当天，这件事就不胫而走，引起轩然大波。

寄种子的原来是一个年已古稀的老人。老人是一个地地道道的爱花人，当她20年前偶然看到那则启事后，便怦然心动。她不顾8个儿女的一致反对，义无反顾地干了下去。她撒下了一些最普通的种子，精心侍弄。一年之后，金盏花开了，她从那些金色的、棕色的花中挑选了一朵颜色最淡的，任其自然枯萎，以取得最好的种子。次年，她又把它种下去。然后，再从这些花中挑选出颜色更淡的花的种子栽种……日复一日，年复一年。终于，20年后，她在那片花园中看到一朵金盏花，它不是近乎白色，也并非类似白色，而是如银如雪的白。一个连专家都解决不了的问题，在一个不懂遗传学的老人手中迎刃而解，这是奇迹吗？

智慧箴言

只要你将希望种在心里，即使一粒最普通的种子，也能产生出奇迹！

让心跳过新的高度

乌克兰人布勃卡是举世闻名的奥运会撑竿跳冠军，享有“撑竿跳沙皇”的美誉。他曾数十次创造撑竿跳世界纪录，他所保持的两项世界纪录，迄今无人打破。在接受“国家勋章”的授勋典礼上，记者们纷纷提问：“你成功的秘诀是什么？”

布勃卡微笑着说：“很简单，每次撑竿跳之前，我都会先让自己的心‘跳’过横竿。”

作为一名撑竿跳选手，在成名之前，尽管布勃卡不断尝试新的高度，但每次都以失败告终。他既沮丧又苦恼，甚至怀疑过自己的潜力。

有一天，他来到训练场，面对高高的横杆，他禁不住摇头对教练说：“我实在跳不过去。”

教练平静地问：“你是怎么想的？”

布勃卡如实回答：“只要踏上起跳线，一看那根高悬的横杆，我心里就害怕。”

教练看着他，突然厉声喝道：“布勃卡，你现在要做的就是闭上眼睛，先让你的心从横杆上‘跳’过去。”

教练的训斥，让布勃卡如梦初醒。他遵从教练的吩咐，重新撑竿，这一次，他顺利地跃身而过。

教练欣慰地笑了，语重心长地对他说：“记住，先将你的心从横杆上‘跳’过去，你的身体就一定会跟着过去。”

智慧箴言

在一个没有勇气的人眼中，任何挫折都是不可战胜的。如果你能够勇往直前，将你的心跳过障碍，你的身体就一定能跨越过去。遇到难题时，我们要先从心理上打败它，认定自己必胜无疑。只有具备这种信心的人才能越过人生的横竿。

第二章

苦等一副好牌，不如打好手中的烂牌

已经发生的事我们无法挽回，我们能做的只有接受它的存在，这是明智的行为。不过，我们仍可以选择用什么样的方法面对它，以及怎么解决它。

成功之路难免有着坎坷和曲折，有的人把逆境和挫折作为退却的借口，也有人在逆境和挫折面前寻得信心和勇气。无论困难有多大，只要有永葆青春的朝气和活力，用意志去战胜不幸，用坚持去战胜失败，我们才能真正成为自己命运的主宰，成为掌握自身命运的强者。

人生没有承受不了的事

人的潜力是惊人的，很多时候，你认为自己承受不了的事，往往却能够毫不费力地承受下来。其实，人生没有承受不了的事，关键是你要相信自己。只要你勇敢面对，你就能够承受得了。等你适应了那样的不幸以后，你就可以从不幸中找到幸运的种子了。帕克的故事会让你明白这个道理。

帕克在一家汽车公司上班。很不幸，一次机器故障导致他的右眼被击伤，经过抢救后还是没有保住，医生摘除了他的右眼球。

帕克原本是一个十分乐观的人，现在却成了一个沉默寡言的人。他害怕上街，因为总是有人看他的眼睛。

他的休假一次次被延长，妻子艾丽丝负担起了家庭的所有开支。她很在乎这个家，她爱自己的丈夫，想让全家和以前一样。艾丽丝认为丈夫心中的阴影终会消除的，这只是个时间问题。

但糟糕的是，帕克的另一只眼睛的视力也受到了影响。在一个阳光灿烂的早晨，帕克问妻子谁在院子里踢球时，艾丽丝惊讶地看着丈夫和正在踢球的儿子。

在以前，儿子即使在很远的地方，他也能看到。艾丽丝什么也没有说，只是走近丈夫，轻轻地抱住他的头。

帕克说："亲爱的，我知道以后会发生什么，我已经意识到了。"艾丽丝的泪流下来了。其实，艾丽丝早就知道这个后果，只是她怕丈夫受不了打击而要求医生不要告诉他。

帕克知道自己要失明后，反而平静多了，连艾丽丝也感到奇怪。

艾丽丝知道帕克能见到光明的日子已经不多了，她想为丈夫留下点什么。她每天把自己和儿子打扮得漂漂亮亮，还经常去美容院。在帕克面前，不论她心里多么悲伤，她总是努力微笑。

几个月后，帕克说："艾丽丝，我发现你新买的套裙有点旧了！"

艾丽丝说："是吗？"

她奔到一个他看不到的角落，低声哭了。她那件套裙的颜色在太阳底下绚丽夺目。

她想，还能为丈夫留下什么呢？

第二天，家里来了一个油漆匠，艾丽丝想把家具和墙壁粉刷一遍，让帕克的心中永远有一个新家。

油漆匠工作很认真，一边干活还一边吹着口哨。干了一个星期，终于把所有的家具和墙壁刷好了，他也知道了帕克的情况。

油漆匠对帕克说："对不起，我干得很慢。"

帕克说："你天天那么开心，我也为此感到高兴。"

算工钱的时候，油漆匠少算了 100 元。

艾丽丝和帕克说："你少算了工钱。"

油漆匠说："我已经多拿了，一个等待失明的人还那么平静，你告诉了我什么叫勇气。"

帕克却坚持要多给油漆匠 100 元，帕克说："我也知道了原来残疾人也可以自食其力，生活得很快乐。"原来油漆匠只有一只手。

智慧箴言

哀莫大于心死，只要自己还持有一颗乐观、充满希望的心，身体残缺又有什么关系呢？人的潜力是无穷的，世界上没有任何事情能够将人的心完全压制。只要相信自己，就没有承受不了的事。

厄运不会长久

厄运的最大弱点就是它不会长久，因此，当你正遭受厄运的打击时，一定要相信，幸福很快就会来临。

一位名人说过："没有永久的幸福，也没有永久的不幸。"厄运虽然令人忧愁、令人不快，但厄运也有它的"致命弱点"，那就是它不会永远存在。

那些在生活中遭受接二连三打击的人，不要总是哀叹自己"命运不济"，你一定要相信——厄运不久就会远走，转运的一天迟早会到来。

有这样一个故事：美国宾夕法尼亚州匹兹堡市有一个女人，她35岁，过着平静、舒适的中产阶层的家庭生活。但是，她突然连遭四重厄运的打击。丈夫在一次事故中丧生，留下两个小孩。没过多久，一个女儿被烤面包的油脂烫伤了脸，医生告诉她孩子脸上的伤疤终生难消，她为此伤透了心。她在一家小商店找了份工作，可没过多久，这家商店就倒闭了。丈夫给她留下一份小额保险，但是她耽误了最后一次保费的续交期，因此保险公司拒绝支付赔偿。

遭遇一连串不幸事件后，女人近乎绝望。她左思右想，为了自救，她决定再做一次努力，尽力拿到保险赔偿。在此之前，她一直与保险公司的下级员工打交道。当她想面见经理时，接待员告诉她经理出去了，她站在办公室门口无所适从。就在这时，接待员离开了办公桌。机会来了，她毫不犹豫地走进里面的办公室，结果，看见经理独自一人在那里。经理很有礼貌地问候了她。她受到了鼓励，沉着冷静地讲述了索赔时碰到的难题。经理派人取来她的档案，经过再三思索，决定应当以德为先，给予赔偿，虽然从法律上讲公司没有承担赔偿的义务。工作人员按照经理的吩咐为她办了赔偿手续。

但是，由此引发的好运并没有到此中止。经理尚未结婚，对这位年轻寡妇一见倾心。他给她打了电话，几星期后，他为寡妇推荐了一位医生，医生为她的女儿治好了病，孩子脸上的伤疤被清除干净了。后来经理通过在一家大百货公司工作的朋友给寡妇安排了一份工作，这份工作比她以前那份工作好多了。不久，经理向她求婚。几个月后，他们结为夫妻，而且婚姻生活相当美满。

智慧箴言

易卜生说：“不因幸运而故步自封，不因厄运而一蹶不振。真正的强者，善于从顺境中找到阴影，从逆境中找到光亮，时时校准自己前进的目标。”任何时候，都不要因厄运而气馁，厄运不会时时伴随你，阴云之后，阳光很快就会来临。

竭尽所能突破现在的困境

曼克斯是一个汽车推销商的儿子，是一个典型的美国孩子。他活泼、健康，热衷于篮球、网球、棒球等运动，是中学里一个众所周知的优秀学生。后来曼克斯应征入伍，在一次军事行动中他所在部队被派遣驻守一个山头。激战中，突然一颗炸弹飞入他们的阵地，眼看即将爆炸，他果断地扑向炸弹，试图将它扔开。可是炸弹却爆炸了，他被重重地炸倒在地上，他的右腿右手全部被炸掉了，左腿变得血肉模糊，也必须截掉了。那一瞬他想哭，却哭不出来，因为弹片穿过了他的喉咙。人们都以为曼克斯无法生还，他却奇迹般地活了下来。

是什么力量使他活了下来？是格言的力量。在生命垂危的时候，他反复默念贤人先哲的这句格言：“如果你懂得苦难磨炼出坚韧，坚韧孕育出骨气，骨气萌发不懈的希望，那么苦难会最终给你带来幸福。”曼克斯一次又一次默念着这段话，心中始终保持着不灭的希望。然而，对于一个三截肢（双腿、右臂）的年轻人来说，这个打击实在太大了！在深深的绝望中，他又看到了一句先哲格言：“当你被命运击倒在最底层之后，能再高高跃起就是成功。”

回国后，他投身于政治活动。他先在佐治亚州议会中工作了两届。然后，他竞选副州长失败。这是一次沉重的打击，但他用这样一句格言鼓励自己：“经验不等于经历，经验是一个人经历之后所获得的感受。”这促使他更自觉地去尝试。紧接着，他学会驾驶一辆特制的汽车并跑遍美国，发动了一场支持退伍军人的运动。那一年，总统命他担任全国复员军人委员会负责人，那时他34岁，是在这个机构中担任此职务最年轻的一个人。曼克斯卸任后，回到自己的家乡。1982年，他被选为佐治亚州议会部长，1986年再次当选。

今天，曼克斯已成为亚特兰大城一个传奇式人物。人们经常在篮球场上看到他摇着轮椅打篮球。他经常邀请年轻人与他进行投篮比赛。他曾经用左手一连投进了18个空心篮。引用一句格言：“你必须知道，人们是以你自己看待自己的方式来看你的。你对自己自怜，人家则会报以怜悯；你充满自信，人们会待以敬畏；你自暴自弃，多数人就会嗤之以鼻。”一个只剩一条手臂的人能成为一名州议会部长，能被总统赏识并担任一个全国机构的要职，是这些格言给了他力量。同时，他的成功也成了这些格言的有力佐证。

英国诗人雪莱说：“除了变化，一切都不会长久。”有些人宁可在困境中沉沦，也不愿在改变中挣扎。他们害怕林荫小路后是万丈悬崖，而不敢去采撷那份芳菲；害怕改变是更大痛苦的序言，而不敢走出熟悉的圈子。正如司汤达所言：“一个真正的天才，绝不遵循常人的思想途径。”当众人在困境中负隅抗争时，你是否看到困境外的那缕阳光呢？成功也许就这么简单。

智慧箴言

有时成功很简单，跨越那条界限，你就属于成功一族；还未跨越界限的人，无论你和那条界线的距离有多么近，你也属于一个失败者。如果你现在身处困境，那就发挥你的全部能量吧，冲破那条界线，你就是成功者。成功和失败，往往取决于你能否在一念之间咬咬牙。

自我控制的力量

有一名矿工在塌方的矿井下待了 8 天后被人们救了上来。与他一同被困的 5 个同伴都没有他的处境艰难，却都没有生存下来。

其实这名生还的矿工并不知道自己在矿井里待了多久。他后来回忆说，当时发现塌方，心中十分慌乱、绝望，但他很快控制住情绪，安慰自己说：“不要紧，井上面的人肯定会下来救我们。”正好那天他很累，就躺在木板上睡着了。醒来后，他在坑道里来回走动，仔细听有没有外面传来的声音。

这样的情形不知过了多长时间，除了水滴声，坑道里静得出奇。他害怕时，就唱歌给自己听，然后给自己鼓掌喝彩。然后他笑了，觉得挺好玩的。唱累了，他又躺在木板上睡觉，幻想着他喜欢的女子、爱吃的食物，希望能在梦中看见这些。

再次醒来时，他又竖起耳朵听，渐渐地，一些声音出现了，他高兴地向发出声音的地方跑去，大喊大叫，希望引起注意。但是，这些声音有点儿怪，只要他发出什么声音，那边很快就能出现同样的声音，原来是回声。时而恐惧，时而平静，时而绝望，时而欣慰……他一直在与自己的内心作斗争。为了控制住自己的情绪，他想方设法，除了唱歌、讲故事、幻想美好食物，他还坚持在坑道里玩射击游戏——将一片木板插在壁上，然后在黑暗中向它扔煤块，如果听到"啪"的一声，就是打中了。他规定自己：只有打中100次才允许睡觉。

他不知道多长时间没吃饭了，口袋里有个拳头大的糯米团是他的寄托。他每次都是数着米粒吃它，获救前已经吃了367粒。他在回忆时说："坑道里有水，口袋里有糯米团，更重要的是，我坚信人们会来救我，我绝不能害怕，绝不能发疯，绝不能自杀，我一定要控制住自己……"

他是在梦中听见响动的，然后他就看见洞口射进刺眼的光芒。他紧紧地捂住眼睛，但仍然感觉光是那么强。当他确信自己得救时，身体一下子就软了下来。

智慧箴言

矿工以他绝境求生的事迹告诉我们，当我们身处困境时，仅仅依靠外界的救助是远远不够的，最重要的是我们的自救。我们虽无法控制灾难，但我们能控制自己；我们虽无法预料事情的开始，却能控制事态的结束——从某种意义上看，人是通过控制自己，才控制了他的整个世界。

一切都会过去

古希腊有一位国王，拥有至高无上的权势、享用不尽的荣华富贵，但他并不快乐。他可以主宰自己的臣民，却难以操控自己的情绪，种种莫名其妙的焦虑和忧郁不时让他闷闷不乐、寝食难安。

于是，他召来了当时最负盛名的智者苏菲，要求他找出一句人间最有哲理的箴言，而且这句浓缩了人生智慧的话必须有一语惊心之效，能让人胜不骄、败不馁，得意而不忘形、失意而不伤神，始终保持一颗平常心。苏菲答应了国王，条件是国王要将佩戴的那枚戒指交给他。

几天后，苏菲将戒指还给了国王，并再三劝告他：不到万不得已，别轻易取出戒指上镶嵌的宝石，否则，它就不灵验了。

没过多久，邻国大举入侵，国王率领部下拼死抵抗，但最终整个城邦沦陷于敌手，于是，国王四处逃命。

有一天，为逃避敌兵的搜捕，他藏身在河边的茅草丛中，当他掬水解渴，猛然看到自己的倒影时，不禁伤心欲绝——谁能相信如今这个蓬头垢面、衣衫褴褛的人，就是那个曾经气宇轩昂、威风凛凛的国王呢？

就在他双手掩面，欲投河轻生之际，他想到了戒指。他急切地抠下了上面的宝石，只见宝石里侧镌刻着一句话——这也会过去！

顿时，国王的心头重新燃起希望的火花。从此，他忍辱负重、卧薪尝胆，重招旧部并东山再起，最终赶走了外敌，夺回了王国。

而当他再一次返回王宫后，所做的第一件事便是将“这也会过去”这句五字箴言，镌刻在象征王位的宝座上。

后来，他被誉为最有智慧的国王并名垂青史。据说，在临终之际，他特意留下遗嘱：死后，双手空空地露出灵柩之外，以此向世人昭示那句五字箴言。

智慧箴言

一切苦难都是暂时的，一切逆境都是可以忍受的。

不管生活给了我们多少挫折与变故，只要我们依旧保持着不灭的信念，充满希望地生活，我们的人生就总有意义，我们的生命就不会枯竭，我们的未来就绝不是梦想。

《思想者》的诞生

如果你确定了值得你一生追求的理想，就不必在意他人的意见，而且无论遇到多大的挫折，都不要放弃，那么最终定能收获喜悦。

奥古斯特·罗丹，19世纪法国伟大的雕塑家，西方近代雕塑史上继往开来的一代大师，他的雕塑作品《思想者》是现代世界最著名的塑像之一。

罗丹出生于巴黎拉丁区的一个公务员家庭。父亲一直希望罗丹能掌握一门手艺，过上殷实的生活。但是罗丹从小醉心于美术，为此，父亲曾撕毁罗丹的画，将他的铅笔投入火炉。罗丹的功课很差，上课时也在画画，老师曾用戒尺狠狠打他的手，使他有一个星期不能握笔。在姐姐的资助下，罗丹上了一所工艺美校，在此，他学习了绘画和雕塑的一些基本知识，并立下志向要当一名雕塑家，并把雕塑作为自己的使命。

罗丹去报考著名的巴黎美专，可能是由于他的作品太不合主考者的品位，一连三次都没有被录取。罗丹遭到如此挫折，决心再也不报考官方的艺术学校了。不久，一直资助他的姐姐病逝，罗丹心灰意冷，决心进修道院去赎罪。后来，在修道院院长的鼓励下，罗丹重新树立起从事艺术的志愿，于半年后离开了修道院。

在罗丹几乎丧失信心的时候，他在工艺美校时的老师勒考克一直鼓励着他。同时他遇到了他的模特儿兼伴侣罗丝，开始了他的创作生涯。

罗丹创作的头像《塌鼻人》遭到了学院派的轻视，但罗丹仍夜以继日地工作着。他曾在比利时和雕塑家范·拉斯堡合作，稍稍有了一点积蓄。利用这点钱，罗丹访问了意大利的佛罗伦萨、罗马等地，研究了那里保存的各个时期的艺术大师的作品。这次游历使罗丹获得极大的收获，回到布鲁塞尔后他就创作出了精心构制的作品《青铜时代》。

由于雕像过于逼真，罗丹竟被指控从尸身上模印。罗丹百般申辩，经过官方长时间的调查，才证明这确系罗丹的艺术创作，一场风波就此平息，而罗丹的名声也由此传开了。

从比利时回到法国，罗丹的创作已开始受到上流社会的承认。1880 年，他接受政府的委托，为筹建实用美术博物馆设计大门。罗丹以意大利诗人但丁《神曲》中的《地狱篇》为题材，构思了规模宏大的《地狱之门》。这件作品整个创作前后费时达 20 年，最后也没有正式完成，但部分构思却在别的作品中有了体现。

1891 年，罗丹受法国文学协会之托制作的巴尔扎克纪念像再一次遭到非议，一些人认为作品太粗陋草率，像一个裹着麻袋片的醉汉。文学协会迫于舆论的压力，拒绝接受这个纪念像。

但是在 1900 年巴黎三国博览会上，一个专设的展厅陈列了罗丹的 171 件作品，成为艺术界的盛举。成千上万的人前来观看《地狱之门》《巴尔扎克》《雨果》，来自世界各国的艺术家和社会名流纷纷向罗丹表示祝贺和敬意。罗丹在法国之外的地方获得了极大的声誉，各国博物馆争相收藏他的作品，以至于能得到罗丹的作品成为当时的时髦事。罗丹终于获得了成功。

1904 年，罗丹被设在伦敦的国际美术家协会聘为会长，罗丹的荣誉达到了一生的顶点。

光环之下的罗丹并未就此止步，他唯一的生命便是雕塑。罗丹开始雕塑比真人还大一倍的《思想者》。罗丹亲身感受到脱离了兽类之后的思想者承受的压力，他通过塑像来表现这种拼搏的伟大。这是罗丹最后一部史诗性的作品，当塑像完成后，他也筋疲力尽了。

罗丹的成功得益于他的坚毅与执着，他没有因为“权威们”的否定而动摇自己对雕塑的梦想。成功的道路上从来都是鲜花与荆棘并存，没有谁会一帆风顺，即使是我们眼中的“幸运儿”，也不会总是在“幸运”中度过一生。《思想者》的诞生是对挫折与嘲讽的反抗，如果当初罗丹没有坚持自己的奋斗，而是在多数人的否定下也自我否定，那就不会有今日的伟大作品的诞生！

因此说，《思想者》是关于坚毅和梦想的传奇。

智慧箴言

冰心说过：“成功的花，人们只惊羡它现时的明艳，然而当初它的芽儿，却浸透着奋斗的泪泉，洒遍了牺牲的血雨。”风风雨雨是生活的必然，坠落低谷总是难免，每每这种关头，需要的是你独自咬牙拼搏，而当你吃尽苦头的时候，你也会看到硕果累累的辉煌盛景。

拿破仑最大的失败

失败有时会使人清醒、冷静，使人重新估量自己的存在；成功有时会使人昏然、陶醉，使人过高地估计自己的价值。驾驭好这两者，就能把握住自己的人生之舵。

根据历史上的记载，滑铁卢战役的失败是拿破仑一生最后的失败，但有人说其实不是这样，因为拿破仑的最后失败，是败在一颗棋子上。

据说，拿破仑在滑铁卢之役失败之后，被判流放到圣赫勒拿岛监禁，终身不得离开。

他在岛上过着十分艰苦而无聊的生活。后来，拿破仑的一位密友通过秘密方式赠给他一件珍贵的礼物，是一副象牙和软玉制成的棋子。拿破仑对这副精致而珍贵的棋子爱不释手，他经常一个人默默地下棋，多少减轻了被流放的孤独和寂寞。

这位有名的囚犯在岛上用那副棋子打发着时光，最终慢慢地死去。

拿破仑死后，那副棋子多次以转手。棋子的所有者在一次偶然的机会中发现，其中一个棋子的底部可以打开，当那人打开后，发现里面竟密密麻麻地写着如何从这个岛上逃出的详细计划。在当时，这是一则轰动世界的大新闻。

可是，拿破仑没有在玩乐中发现这个秘密，所以，他到死都没有逃出圣赫勒拿岛。

这恐怕才是拿破仑一生中最大的失败。

智慧箴言

拿破仑自己曾说过："避免失败的最稳当办法，就是要下决心获得成功。"只可惜，本来他可以让这句话非常的圆满、完善，然而由于他的疏忽大意，所以才有人生的最后败笔。

因此，无论何时何地，我们身处何种境地，都要抱着必定胜利的信心。

苦难是所最好的学校

正当贝多芬充满热情地献身于他所钟爱的音乐事业时，不幸的事情发生了，由于患耳病，贝多芬渐渐失去了听觉。一天，他和朋友们到野外散步，朋友们听到从远处传来一阵悠扬的笛声，赞叹道："这笛声多么优美呀！"贝多芬侧耳倾听，可他什么声音也没有听到。他们继续往前走，朋友们又听到牧童清脆的歌声，赞美道："这歌声多么动听！"贝多芬全神贯注地听，仍然什么也没听到。贝多芬这才知道自己的耳朵全聋了。

对于音乐家来说，世界上还有什么能比耳朵更宝贵呢？音乐家要用耳朵去辨别音的高、低、强、弱，要用耳朵去欣赏优美的旋律、丰富的和声和多变的节奏，音乐就是声音的艺术啊！这个打击对年轻的贝多芬来说，实在太沉重了。

贝多芬陷入了极大的痛苦之中。他绝望了，甚至想到了自杀，连遗嘱都写好了。但是，经过一番激烈的思想斗争以后，贝多芬还是坚强地活了下来，因为他热爱生活、热爱音乐。他对别人说："是艺术，只是艺术挽留了我，在我尚未把我的使命完成之前，我不能离开这个世界。"

贝多芬勇敢地向命运展开了挑战，他在给朋友的信中豪迈地写道：

"我要扼住命运的喉咙，它休想使我屈服！"

这句话成为贝多芬一生的座右铭。

贝多芬比以前更加勤奋、努力。尽管他的耳病越来越严重，他听不到鸟儿的鸣叫、小溪的歌唱，也听不到雷鸣、风吼，世界上的任何声音他都听不到。但是，贝多芬没有灰心，也没有气馁，他坚忍不拔地与命运搏斗。贝多芬与命运艰苦搏斗的时期，正是他一生中创作力最旺盛、成就最辉煌的时期。他的大部分成功之作都是耳聋以后创作的。他一生成就最卓著的9部交响乐都是在他患了耳疾，听力渐退的情况下完成的。贝多芬以他惊人的毅力、辉煌的成就掀开了欧洲音乐史上崭新的一页。这个时期，他创作的几部具有代表性的交响乐，一直享誉全球。

苦难是一笔巨大的财富，苦难缔造了强者健康有力的品格，丰富了强者的斗争经验，锻炼了强者非凡的才干。总之，苦难是成功之母。不经风雨怎么见彩虹？如果你想摘玫瑰，就不要怕刺！人的一生不可能只有成功的喜悦而没有遭受挫折的痛苦，一个人如果能在失望中与绝望中看到希望，那他就已经有了成功的可能。

智慧箴言

苦难，在不屈的人面前会化成一份礼物，这份珍贵的礼物会成为真正滋润你生命的甘泉，让你在人生的任何时刻，都不会轻易被击倒！

在不幸中坚持把牌打下去

1955年，18岁的金蒙特已经是全美国最年轻，也是最受喜爱的知名滑雪选手。

她的名字出现在大街小巷，她的照片也成为各大杂志的封面，美国民众都看好金蒙特，认为她一定能替美国夺得奥运会的滑雪金牌。

然而，一场意外却使金蒙特的愿望成了泡影。

在奥运会预选赛最后一轮的比赛中，因为雪道特别滑，金蒙特一不小心从雪道上摔了下去。

当她在医院中醒来时，发现自己虽然保住了性命，但是，肩膀以下的身体却永远瘫痪了。

金蒙特十分努力地想让自己从瘫痪的痛苦中跳出来，因为她知道，人活在世界上只有两种选择：奋发向上，或是意志消沉。最后，金蒙特选择了奋发向上，因为她对自己的能力仍然坚信不疑。

在最初的几年里，她的病情处于时好时坏的状况，但是她从来没有放弃过追求有意义的生活。几经磨难，金蒙特学会了写字、打字、操纵轮椅和自己进食，同时她也找到了人生的新目标：成为一名教师。

因为她行动不便，所以当她向教育学院提出教书的申请时，系主任、校长和医生们都认为，以金蒙特的身体状况，实在不适合当教师。

可是，金蒙特想要当教师的信念十分坚定，她并没有因为遭到歧视和反对就宣告放弃。

她继续接受康复治疗，并努力地学习，终于在1963年受到华盛顿大学的教育学院聘请，实现了她当教师的愿望。

智慧箴言

已经发生的事我们无力阻止，我们能做的只有接受它的存在。虽然，我们无法选择拒绝，我们却可以选择用什么样的方法面对和解决它。

将劣势转换为优势

一位神父要找3个小男孩，帮助自己完成主教分配的1000本《圣经》销售任务。

神父觉得自己只能完成300本的销售量，必须再找到几个能干的小男孩卖掉剩下的700本《圣经》。神父对于“能干”是这样理解的：小男孩必须言辞美妙、口齿伶俐，让人们欣喜地做出购买《圣经》的决定。于是按照这样的标准，神父找到了两个小男孩，这两个男孩都认为自己可以轻松卖掉300本《圣经》。可即使这样，还有100本没有着落。为了完成主教分配的任务，神父降低了标准，于是第三个小男孩找到了，给他的任务是尽量卖掉100本《圣经》，因为第三个男孩口吃得很厉害。

5天过去了，那两个小男孩回来了，并且告诉神父情况很糟糕，他们俩总共只卖了200本。神父觉得很奇怪，为什么两个人只卖掉了200本《圣经》呢？正在他困惑的时候，那个口吃的小男孩也回来了，他没有剩下一本《圣经》，而且带来了一个令神父激动不已的消息：他的一个顾客愿意买他剩下的所有《圣经》。这意味着神父将能卖掉超过1000本的《圣经》，神父将更受主教青睐。

神父彻底迷惑了。被自己看好的两个小男孩让自己失望，而当初根本不当回事的小结巴却成了自己的福星，神父决定问问他。

神父问小男孩：“你讲话都结结巴巴的，怎么这么顺利就卖掉我给你的《圣经》呢？”小男孩答道：“我……跟……见到的……所有……人……说，如……果不……买，我就……念《圣经》给他们……听。”

小男孩知道自己的缺点就是口吃，所以他将自己的缺点转化成了优点。顾客们都很害怕听见一个口吃的人读上一段《圣经》，而这是一个虔诚的教徒所不能拒绝的，于是他的《圣经》卖得精光。而且在卖《圣经》的过程中，有位顾客被他的精神打动，就打算买下他剩下的所有《圣经》。

所以，有的时候缺点不一定是件坏事，如果引导得好，就能把缺点转化为优点。

智慧箴言

在逆境之中，一个人要善于把自己的劣势转化为优势，这样才能为自己开拓人生的新局面。

学会从失败中获取经验

相传康熙年间，安徽举子王致和赴京应试落第后，决定留在京城，一边继续攻读，一边以卖豆腐谋生。可是，他毕竟是个年轻的读书人，没有做生意的经验。夏季的一天，他所做的豆腐剩下不少，只好用小缸把豆腐切块腌好。但日子一长，他竟忘了有这缸豆腐，等到秋凉时才想起来，但腌豆腐已经变成了“臭豆腐”。王致和十分恼火，正欲把这臭气熏天的豆腐扔掉时，转而一想，虽然臭了，自己总还可以留着吃吧，于是，就忍着臭味吃了起来。然而，奇怪的是，臭豆腐闻起来虽有股臭味，吃起来却非常香。

于是，王致和便拿着自己的臭豆腐去给自己的朋友和邻居吃。好说歹说，别人才同意尝一口，没想到，所有人在捂着鼻子尝了以后，都赞不绝口，一致公认此豆腐美味可口。王致和趁机改行专做臭豆腐，他的生意越做越大，而影响也越来越广。

清末王致和臭豆腐传入宫廷御膳房，成为慈禧太后的一道日常小菜，慈禧太后赐名“青方”。从此，王致和臭豆腐身价倍增。直到今天，许多外国友人到了北京，都还点名要品尝这所谓“中国一绝”的王致和臭豆腐。

腌豆腐变臭这次失败，改变了王致和的一生。

所以在人生路上，遇到失败时我们要学会转个弯，把它作为一个积极的转折点，选择新的目标或探求新的方法，把失败作为成功的新起点。

智慧箴言

命运全在拼搏，奋斗就是希望。而失败只有一种，那就是放弃努力。

失败是经验，它会教给你许多，人们从失败的教训中学到的东西，比从成功的经验中学到的还要多。无论什么样的失败，只要你跌倒后又爬起来，跌倒的教训就会成为有益的经验，帮助你取得成功。

别让心智老去

一天夜里，一场雷电引发的山火烧毁了美丽的“万木庄园”，这座庄园的主人迈克陷入了一筹莫展的境地。面对如此大的打击，他痛苦万分，闭门不出，茶饭不思，夜不能寐。

转眼间，一个多月过去了，年已古稀的外祖母见他还陷入悲痛之中不能自拔，就意味深长地对他说：“孩子，庄园成了废墟并不可怕，可怕的是，你的眼睛失去了光泽，一天一天地老去。一双老去的眼睛，怎么能看得见希望呢？”

迈克在外祖母的劝说下，决定出去转转。他一个人走出庄园，漫无目的地闲逛。在一条街道的拐弯处，他看到一家店铺门前人头攒动。原来是一些家庭主妇正在排队购买木炭。那一块块躺在纸箱里的木炭让迈克的眼睛一亮，他看到了一线希望，急忙兴冲冲地向家中走去。

在接下来的两个星期里，迈克雇了几名烧炭工，将庄园里烧焦的树木加工成优质的木炭，然后送到集市上的木炭经销店里。

很快，木炭就被抢购一空，他因此得到了一笔不菲的收入。他用这笔收入购买了一大批新树苗，一个新的庄园初具规模了。

几年以后，“万木庄园”再度绿意盎然。

“山重水复疑无路，柳暗花明又一村。”世间没有死胡同，就看你如何去寻找出路。不让心智老去，才不会让心灵荒芜，才不会无路可走。

日本的松下幸之助对此理念阐述得很透彻，他说：“跌倒了就要站起来，更要往前走。跌倒了站起来只是半个人，站起来后再往前走才是完整的人。”

日本三洋电机公司顾问后藤清一曾在松下电器公司担任厂长，当时是松下幸之助给他提供最好的教育机会。有一次，日本遭逢有史以来最大的台风，公司虽无人员伤亡，但工厂却接近全毁。后藤心想：好不容易迁到新厂，正想要全力生产、大干特干时，却遭此打击，老板心里一定很沮丧吧！

松下是在台风即将停止之前赶到工厂的，此时不巧松下夫人亦身体不适而住院，他是探病后再赶来的。

“报告老板，不得了，工厂遭逢巨变，损失惨重，我来当向导，请巡视工厂一趟吧！”

“不必了，不要紧，不要紧。”

“……”（彼此无语）

松下手中握着纸扇，仔细地端详它，横看、纵看，神情异常地冷静。

“不要紧，不要紧。后藤君啊！跌倒就应爬起来。婴儿若不跌倒也就永远学不会走路。孩子也是，跌倒了就应立即站起来，号哭是没有用的，不是吗？”

松下说完掉头就走，对工厂的灾难毫无惊恐失色之态，就快速离去。

俗话说：“山不转，水转；路不转，人转。”我国古书《易经》上也说：“穷则变，变则通。”的确，天无绝人之路，上天总会给有心人一个反败为胜的机会。

智慧箴言

人的一生总会遭遇许多的挫折与失败。挫折并不足畏，可怕的是你的心理被彻底打败了，而又未能体会真正的“教训”，反而一再重蹈覆辙，以致最后落得无可救药。我们常说：“胜败乃兵家常事，因此要胜勿骄，败勿馁。”更重要的是要经得起挫折，在失败后能重整旗鼓，开辟人生另一个战场。

接受生命的雕琢

一位著名的雕刻师准备雕刻一尊佛像以给人供奉，经过精挑细选，他看上一块质感上乘的石头，开始雕刻。没想到才拿起锉刀敲了几下，这块石头就痛不欲生，不断哀号：“好痛，好痛，师傅，不要再刻了，还是让我躺着吧！”雕刻师只好停工，让其躺在地上，另外找了一块质感差一点的石头重新雕刻。这块石头任凭刀琢棒敲，只是咬紧牙根承受，默然不出一语。雕刻师渐入佳境，在精雕细刻下，将石头雕成了极品，大家惊叹其为杰作，将佛像送到大雄宝殿，供善男信女日夜顶礼膜拜。从此，该庙宇香火鼎盛，远近驰名。

不久，无法忍受雕刻之痛的那块石头被人废物利用，铺在通往庙宇的马路上。人车频繁经过，又要承受风吹雨打，实在痛苦不堪，石头内心愤愤不平，质问庙里那尊佛像，说道：“你资质比我差，却享尽人间礼赞尊崇，我却每天遭受凌辱践踏、日晒雨淋，凭什么？”佛像只是微笑，说：“你天资虽好，却耐不住雕琢之苦，怎能抱怨别人呢？”

是的，即使天资再好，若经受不住雕琢之苦，也不能成为完美的艺术精品，人也是如此。

智慧箴言

一艘航船，只有经历风暴、触礁等危险才可称之为饱经磨难；一块璞玉，只有经过工匠的细心打磨和雕琢才能展露风华；一个人，只有耐心接受岁月的雕琢，才能在风雨的洗礼下迈向成功的殿堂。

最大的挑战就是挑战自己

最大的敌人就是我们自己。我们往往不是被别人打败，而是被自己打败。下面的故事就说明了这个道理。

弗洛伦丝·查德威克是世界著名的游泳健将，一次她从卡得林那岛游向加利福尼亚海湾，在海水中泡了16小时，只剩下1海里时，她看见前面大雾茫茫，潜意识发出了“何时才能游到彼岸”的信号，她顿时浑身困乏，失去了信心。于是她要求上小艇休息，结果失去了一次创造纪录的机会。事后，弗洛伦丝·查德威克才知道，她已经快要登上成功的彼岸，阻碍她成功的不是大雾，而是她内心的疑惑。是她自己在大雾挡住视线之后，对创造新的纪录失去了信心，然后才被大雾所俘虏。

过了两个多月，弗洛伦丝·查德威克又一次重游加利福尼亚海湾，游到最后，她不停地对自己说：“离彼岸越来越近了！”她的潜意识发出了“我这次一定能打破纪录”的信号，她顿时疲惫尽去，浑身是劲，最后弗洛伦丝·查德威克终于实现了目标。

智慧箴言

人生最大的挑战就是挑战自己，这是因为其他敌人都容易战胜，唯独自己是最难战胜的。有位作家说得好：“自己把自己说服了，是一种理智的胜利；自己被自己感动了，是一种心灵的升华；自己把自己征服了，是一种人生的成熟。大凡说服了、感动了、征服了自己的人，就有力量征服一切挫折、痛苦和不幸。”

不被拒绝击倒

有一个孩子非常喜欢拉小提琴，他7岁时就和旧金山交响乐团合作演奏了门德尔松的小提琴协奏曲，未满10岁就在巴黎举行了公演，被人们誉为“神童”。

1926年，10岁的小男孩在父亲的带领下，来到巴黎拜访艾涅斯库，他一心想成为艾涅斯库的学生。

他说：“我想跟您学琴！”艾涅斯库冷漠地回答：“你找错人了，我从来不给私人上课！”男孩坚持说：“但我一定要跟您学琴，求您先听听我拉琴吧！”艾涅斯库说：“这件事不好办，我正要出远门，明天早晨6点半就要出发！”男孩忙说：“我可以提早一个小时来，在您收拾东西时拉给您听，好吗？”

艾涅斯库被男孩的诚意打动了，他说：“那好吧，明早5点半到克里希街26号，我在那里等你。”

第二天早晨6点钟，艾涅斯库听完了男孩的演奏。他兴奋而满意地走出房间，对等候在门外的男孩的父亲说：“我决定收下你的儿子。不用付学费，他给我带来的快乐完全抵得过我给他的好处。”

男孩从此成为艾涅斯库的学生，他努力学琴，最终学有所成就。他就是后来世界著名的小提琴演奏家梅纽因。

智慧箴言

当我们遭到拒绝时，心中就如被撕裂般痛苦不堪。但越是在这种情况下，我们越不能畏缩，更不可放弃。要知道，只有不被拒绝击倒，才会享受到清甜可口的成功果实。

勤能补拙

世界上的雄辩家，有很多都是最初被认为说话笨拙的人，狄里斯就是其中一个。

狄里斯生于公元382年，在西欧被称为“历史性的雄辩家”。据说，他在成为雄辩家以前声音很低，而呼吸很短促，口齿不清，旁人经常听不懂他在说些什么。

不过，他的知识非常渊博，因此他的想法也相当深奥，很擅长分析事理，几乎无人能出其右。

当时，在狄里斯的祖国首都雅典，存在很严重的政治纷争，因此，能言善辩的人格外受到重视，狄里斯认为自己缺乏说话技巧是很不合时宜的。于是他做了一番充分的考虑，并且准备好演讲的内容，从容走上了演讲台。

但是，很不幸，他遭到了失败。原因就在于他的声音很低，呼吸短促，口齿不清，以至于别人无法听清楚他所说的话。但是，狄里斯并不灰心，他反而比过去更努力，着重训练自己的胆量和意志力。

他每天都跑到海边去，对着浪花拍打的岩石大声喊叫，回家以后，又对着镜子看自己说话时的口型，做发音练习，一直坚持不辍。狄里斯就这样努力了好几年，等到 27 岁时，他再度走上台向众人演讲。

辛苦的努力总算有了成果。他这次演讲得到了许多的喝彩与掌声，而狄里斯的名气，也就这样打响了。

谁不梦想着成功、荣誉，但是让人遗憾的是总有元帅与士兵的区别。拿破仑说过："不想当元帅的士兵，不是好士兵。"但是如何才能当上元帅呢？任何一位功成名就的人都知道，勤奋是通往荣耀之门的必经之路。

一些自诩聪明的人，最后竟然不如"大智若愚"的人所取得的成就。究其原因，他们是聪明反被聪明误，他们仗着自己的小聪明，不再努力，于是被那些不太聪明的人甩在了身后。

也总有一些眼红他人机遇好的人，但别人的机遇果真全是靠运气得来的吗？恐怕未必。有多少辛勤的汗水，就有多少丰硕的果实。

智慧箴言

"勤能补拙是良训，一分辛苦一分才。"勤奋可以让我们每个人都获得以前没有的才干，勤奋可以让我们每个人都发现一些真知灼见。一个勤奋的人必定能够战胜困难，取得超越自我的成就。

第三章

爱情需要学习，婚姻必须经营

情感大餐中的爱情是生命的兴奋剂，是人生快乐的源泉。当爱情降临时，那种爱情本身的震撼就是一种幸福，就是一种快乐。

爱情是生命最动人的乐章，但经营一份美好的爱情并非易事，尤其在朝夕相处的婚姻生活之中，各种矛盾、冲突更容易滋生、繁衍。因此，学会呵护和经营我们的情感，我们便能长久品味爱情的甘甜。

真爱其实很简单

一个失去四肢的女孩，凭着她坚强的毅力、无比顽强的生命力和强烈的自信心，勇敢地活了下来。她不但不需要别人的照料，而且完全依靠自己的辛勤劳动养活自己，因此她被当作先进典型，她的事迹在电视上广为宣传。电视上的她看上去美丽、自信，和一个正常人没有两样，甚至比许多正常人看上去更快乐、更精神，她是一个真正美丽的女人。而一位小伙子正是被她顽强的生命力和她对生活无比热爱的精神所感动，也因她的艰难困苦而同情不已。于是，这位健康、帅气的小伙子，不顾家人的阻挠和世人的闲言碎语，娶了她。他们过上了幸福、甜蜜、相濡以沫的美满生活。不久，勤劳而贤惠的妻子冒着生命危险，坚决要为亲爱的丈夫生下一个孩子，以满足丈夫的心愿。丈夫为了保证妻子的生命安全而劝阻她，然而妻子甘愿冒这个险。于是，在经历了痛苦的煎熬之后，妻子生下了一个男孩，一个健康、可爱的男孩！这是上天对他们的恩赐，对这位伟大女性的恩赐。不久，他们又拥有了自己的第二个孩子，一个活泼可爱、健康漂亮的女儿。看着电视上流露甜蜜笑容的夫妻俩，相信所有的人都会为之无比欣慰和感动。

他们是不幸的，他们承受了比常人更多的艰辛和困苦；他们又是幸福的，他们有着许多常人不曾体会过的喜悦和甜蜜。他们是满足的，所以他们是幸福的；他们相依为命，他们的爱情是无比坚韧、不可击破的；他们的爱情来之不易，所以他们比常人更加珍惜。

他们坚守着他们的爱情，尽管他们平凡；他们充满信心而无比虔诚地过着他们的日子，尽管他们贫穷。他们的爱情无比动人，令人羡慕，因为他们真诚而炽热地爱着对方。尽管他们的爱情没有惊天动地的故事，没有令人羡慕的玫瑰，没有浪漫的烛光晚餐。然而，他们爱得真诚。他们的爱很简单，却很长久。有一天，皱纹爬上他们的面庞，他们看上去容貌苍老、皮肤粗糙，然而他们的爱还存在着。他们的爱，是值得所有人去追求和羡慕的爱！

从他们身上，我们可以知道，真爱其实很简单。不需要美貌，只要有健全的心态；不需要地位，只要有做人的尊严；不需要万贯家财，只要可以维持生计；不需要荣耀，只需要互相的支持和亲情的温暖。当你明白了这些，你的真爱很快就会到来！

智慧箴言

真爱没有原因，你不会在乎你的所爱能带给你什么，只是希望能为对方做些什么，给他快乐，让他幸福，帮他成长。如果你的爱中没有希望获得的因素，也没有想到过能得到什么回报，那么你就是真心地爱着对方。

爱情是什么

一个充满稚气的大男孩里查，与一个同样充满稚气的大女孩安妮相处得很好，两人感情很融洽。

“你们在相爱！”旁人说。

“是吗？我们在相爱吗？”他们问别人，也问自己。是的，他们弄不清自己是在与对方相爱，还是在与对方享受朋友间的友谊。

于是，他们去问智者。

“请告诉我们友谊与爱情的区别吧！”他们恳求道。

智者含笑看着两个年轻人，说道：

“你们给我出了一个最难解的难题。爱情和友谊像一对性格迥异的孪生姊妹，它们既相同，又不同。有时，它们很容易区分，有时却无法辨别……”

“请举例说明吧！”大男孩和大女孩说。

“它们都是人间最美好、最温馨的情感。当它们给人们带来美，带来善，带来快乐时，它们无法区别；当她们遇到麻烦和挫折时，反应就大不相同了。”

“比如……”男孩和女孩问。

“比如，爱情说：你是属于我一个人的；友谊却说：除了我，你还可以有她和他。

“友谊来了，你会说：请坐；爱情来了，你会拥抱着她，什么也不说。

“爱情的利刃伤了你时，你的心在流血，你的眼却渴望着她；友谊的锋芒刺痛了你时，你会转身而去，不再理她。

“友谊远行时，你会笑着说：祝你一路平安！爱情远行时，你会哭着说：请你不要忘了我。

“爱情对你说：我有时是奔涌的波涛，有时是一江春水，有时又像凝结的冰；友谊对你说：我永远是艳阳照耀下的一江春水。

“当你与爱情被追杀至绝路时，你会说：让我们一起拥抱死亡吧；当你与友谊被追杀得走投无路时，你会说：让我们各自找条生路吧。

“当爱情遗弃了你时，你可能大醉3天，大哭3天，又大笑3天；当友谊离你而去时，你可能叹一天气，喝一天茶，又花一天的时间寻找新的友谊。

“当爱情死亡时，你会跪在它的遗体边说，我其实已经同你一起死了；当友谊死亡时，你会默默地为它献上一个花圈，把她的名字刻在你的心碑上，悄然而去……”

大男孩和大女孩相视而笑，他们互相问道：

“当我远行时，你是笑还是哭？”

现在，你真正明白了什么叫爱情、什么叫友谊了吗？或许，懂得爱情并不是一件难事：当爱情悄然而至的时候，你自然就会明白你在爱了。或许，真正懂得爱情，也不是一件容易的事：有好多人一生都没有明白什么叫爱；只是在爱情默然离开的时候，才捶胸顿足，扼腕叹息。对于友谊和爱情，每个人都有自己的区分尺度。但是，不管怎样，有一点是可以肯定的，爱情总是较友谊更为炽烈，更为专一，更为投入。当你发现自己真正爱上一个人，你的心里便不能容纳其他；而爱情逝去时，你会觉得失去了整个世界。爱更多的时候是作为人生的意义而存在的，爱是生命的源泉。

智慧箴言

人总会经历亲情、友情和爱情，从而逐渐走向成熟。而爱情正是从友情到亲情的过渡阶段。因为爱情，本来不相干的人，成为一路牵手的人生伴侣，有了血缘的交融、爱情的结晶，成为亲人。正因为如此，爱情才伟大，才需要我们每个人用心去经营。

不完美也幸福

一位秀外慧中的女孩大学毕业后，拒绝了很多优秀男孩的追求，最后选择了一个毫不起眼且个子矮小的同事。周围的许多人都觉得不可思议，就连她的闺中女友也表示不理解。而她自己却很坦然，在众人疑惑的目光中，她披上婚纱与先生走进了“围城”。多年以后，当她的同学们都疲倦于营造自己的一隅，失望于当初幻想的破灭之时，众人才在同学聚会上发现，这位女孩并没有如他们原先所想的那样，被困在一个碌碌无为的圈子里，憔悴不堪，而是依然光彩照人，甚至比以前还多了一份雍容和成熟。这位女士告诉大家，她的男人不是最优秀的，有着许多的缺点，但这些在她还没有接受他的时候就已知道；而她愿意今生今世将自己的感情托付给这个在她遇到挫折的时候默默地帮助她，在她失意的时候热情地鼓励她，并且从不索取任何回报的男人。

由此可想，如果有一份执着而持久的感情和一份充满激情却瞬间即逝的感情，你会选择哪一个？世界上有许多出色的男孩和美丽的女孩，然而真正属于你的感情只能有一份，千万莫因为别人的眼光而改变自己的爱情，不要活在别人的眼光里！

智慧箴言

真正的爱情像美丽的花朵，土地越是贫瘠，它开起来就越耀眼。只有世俗人眼中的相貌、家室、权位和钱财才会成为爱情的绊脚石。爱情是心与心的对话，无须这些世俗之物的加入。能够对两个恋人之间的感情做出评判的，只有他们自己。

只有时间才能理解爱

从前，在一个孤岛上住着财富、爱、美丽、荣誉，和世界上其他的一切事物。

有一天，上帝对岛上的人说：“这个小岛就要沉了，大家快逃吧！离这里不远就是人类生活的地方，你们去那里吧。”大家听后都很伤心，都不愿意离开这个家园，但上帝说：“你们必须走，人类需要你们！”大家都默不作声。过了几天，小岛真的要沉了，所有的一切都准备逃生，财富第一个坐上了竹筏，对大家说：“对不起，我必须活下去，因为人类需要我，我先走了！”说完就要走。这时，爱对财富说：“财富，带我走吧！”财富看了看爱，说：“对不起，我的木筏很小，不能带你走，你还是找别人吧！”说完，财富头也不回地离开。一天，美丽也要走了，爱对美丽说：“请带我一起走吧！”美丽却对爱说：“对不起，我只能让自己离开这里，我无法带你走！”爱低下了头。美丽也离开了这个即将沉没的小岛。紧接着，大家都相继离开了小岛，爱不停地向大家求救，希望有人能带她走，但她失望了，大家都忙着离开，没有人理会爱。眼看小岛就要沉了，大地在摇动，爱知道没有希望了，就坐在原地哭，眼泪像断了线的珠子，不停地敲击在这片无情的荒岛上……

忽然，一个声音从岸边传来：“爱，快上船，我带你走！”爱吃惊地看了看这艘船，这艘船不大，甚至很破旧，既没有财富的船珠光宝气，也没荣誉的船富丽堂皇。但她知道这是她唯一的机会，于是她跳上船，一直躲在船舱里不敢看外面。

爱来到这片富饶、美丽的土地上，眼前是一幅欣欣向荣的景象，她很感谢那个带她离开小岛的人，却一直没有机会知道他是谁，她觉得很遗憾！

然而，爱却遇到了上帝，她问起那个带她走的人，上帝笑着说：“他是时间。”爱问，为什么只有时间才肯带她走？上帝看了看爱，语重心长地说：“因为，只有时间能理解爱的伟大。”

许多时候我们以为爱最经不起岁月的打磨，认为爱常需保鲜，否则只会千疮百孔。其实，真爱是可以经历世事变幻、沧桑巨变的，真爱永不褪色，只会大放光芒，并且，唯有时间才是检验爱的唯一标准。

智慧箴言

无论财富还是荣誉，他们关注的永远是自身的利益，他们从不会与爱同时出现。真正的爱是稀世珍品，财富买不到，权势也占不了。

只有永恒不变的时间，才能见证亘古不变的爱情。

直面现实，不失浪漫

爱情是一种浪漫的体验。这种体验使任何事物在恋爱者的眼中，都是一种美好。爱情中不能没有浪漫，没有浪漫，也就没有了爱情，爱情建立在因双方相互的好感而出现的良好氛围之上；然而，爱情的浪漫毕竟只是一种主观的、很缥缈的东西，总是依赖于一种现实的事情上，没有现实做基础的爱情也是不牢固的，总有一天泡沫破了，梦也就醒了。

其实，真正的爱情，既不缺乏物质基础，又会让人感到精神满足。在爱情中，女孩往往比男孩更容易感情用事，更倾向于追求浪漫的情节而忽视现实因素。

浪漫女和现实男是一对恋人，他们两人如漆似胶地相爱着，真可以说是一日不见，如隔三秋。

一次，为了考察现实对自己的忠诚程度，浪漫问现实："你到底爱不爱我？"

"我十二分地爱你！"现实回答。

"那假设我去世了，你会不会跟我一起走？"

"我想不会。"

"如果我这就去了，你会怎样？"

"我会好好活着！"

浪漫心灰意冷，深感现实靠不住，一气之下和现实分手了，去远方寻觅真爱。

浪漫首先遇到了甜言，接着又碰见蜜语，相处一段时间后，均感不合心意。过烦了流浪的日子，浪漫通过比较，觉得现实还是更出色一些，就又回到现实身边。

此时，现实已重病在床，奄奄一息。

浪漫痛心地问："你要是去世了，我该怎么办呢？"

现实用尽最后的力气吐出一句话："你要好好活着！"

浪漫猛然醒悟。

看看上面的小故事，我们无法不为之震撼。其实，真正的浪漫，来自对生活的真实面对，来自对爱人的真心付出。男孩不肯用虚华的甜言蜜语来欺骗女孩的感情，这正是发自心底的真爱，也是对女孩和自己人生的负责。

真正的浪漫不是浅薄的、程式化的甜言蜜语，也不是死去活来的心灵激荡；它应该是一种切实的温馨与美好，是一种真正地、全心全意为对方着想的相互关爱。彼此携手，互相扶持，共担现实生活的风雨，以一颗浪漫美好的心，认真地生活——这才是爱情的真谛！

智慧箴言

赵咏华的歌里唱到："我能想到最浪漫的事，就是和你一起慢慢变老；一路上收藏点点滴滴的欢笑，留到以后坐着摇椅慢慢聊……"其实真正的爱情只有蜕变成亲情才能永存，浪漫也只能是一时的风花雪月，再美丽的爱情到最后也要踏踏实实过日子。人生短暂，几十载光阴，如果能和自己心爱的人，在余晖下，相依携手看天边的浮云，看飘零的枫叶，这何尝不是人世间最大的幸福呢？

给爱一个坚实的承诺

有位名叫小雅的女孩，聪慧美丽，她有着青山绿水赋予她的灵性，人也长得灵秀婀娜，如出水芙蓉般清纯可人。她从小就有个愿望，就是走出大山实现自己美丽的梦想。然而青春萌动的时候，她爱上了一个叫山的男生，山是她的同学，他们学习一样用功，他们的志向也相同：考上理想的大学，实现自己的夙愿。

然而，小雅把持不住内心涌动的情感，她深深地爱上了眼前的山，她努力克制自己的情感，但最后她还是向山表明了自己的爱意。这个男生没有拒绝她，因为他也对她倾慕已久，他们很自然地相爱了，像所有相恋的男女一样，他们亲密无间。但无论如何这也是早恋，虽然学校禁止早恋，但也睁一只眼闭一只眼。山是班长，在同学们中间有着很高的威望，而且他成绩优异，最主要的是他拥有小雅这么可爱美丽的姑娘，同学们对他很是羡慕。

他们互相学习、互相激励，并没有因为相恋而荒废了学业，相反，倒成了他们努力学习的主要动力。他们是那么的倾慕对方，渴望通过努力能够给对方一个真实幸福的未来，他们努力着，幸福快乐着。小雅的成绩提高很快，好朋友们都羡慕地称他们是比翼双飞。他们盼望着好日子快一点到来，能和心爱的人长相厮守，但他们的内心也充满了恐惧，害怕高考失败，害怕美丽的梦会破灭，所以他们学习一直很努力。

然而，造化弄人。小雅被北京的一所名校录取了，而山只考上了省内的一所重点大学。从那一刻起，山就意识到他将永远失去小雅，这个忠诚可爱的姑娘却无论如何也不曾想到这个深爱自己的男子正一步步离她而去。虽身在北京的重点大学，但她的校园生活一点都不精彩，她每天除了教室、阅览室就是宿舍，没有了爱人的身影，她的大学生活过得很是乏味。她将这种单调和苦楚埋藏在内心深处，而在给山的信中却热情洋溢。然而她越是把生活描绘得快乐丰富越令山担心，他担心多愁善感的小雅会爱上别的男子，这种担心一直折磨着山。他多么渴望小雅能给他一个承诺，告诉他毕业后一定会回到他的身边来，然而小雅没有给他承诺，她只想用自己的行动来表达自己的忠贞，可是……

那一年的冬天，雪下得特别大，小雅回家过年时没有见到山，山躲开她去了学校。一向热情主动的山忽然之间变得如此冷漠，这让小雅难以接受，她不惜放弃自己的矜持，等待心爱的人回心转意，然而，山没有回头，他回避了小雅对他的思念，选择了放弃。不言分手的爱情苦煞人，小雅在对山的等待中消耗了自己的青春。很多男生向她献殷勤，她都断然拒绝了，她固执地认为山一定会回心转意，因为她一直坚信他们纯真的爱情。但她等到毕业也没有等到心爱的人的消息，她决定千里迢迢去他所在的学校找他，他不许。小雅的心冷到了极点，她与山就在不言中分了手，他们的感情就在没有相见的情形之下做了遗憾的终结。

这是一个真实而凄美的爱情故事，主人公小雅在总结自己的爱情时说，就是因为没有给山一个承诺，让他把握不住自己的心意，才致使他选择了放弃。显然，这也是情理之中的事情。

因此，当爱情来临之时，要尽量给爱一个坚实而有力的承诺，这是恋人最渴望的礼物。承诺虽然犹如镜中花、水中月，但它能给你的爱情注入一股生机与活力。

智慧箴言

爱，是甜蜜的，同时又是酸楚的，所以是一种心酸的浪漫。如果你正经历一场纯真的爱恋，那你要许下你的承诺，还要尽量让你的承诺坚实而有力。那么，这朵承诺之花就会在你的掌中唱歌。不要羞于表达，如果你的心追随着他（她），就要对他（她）许下你坚实的爱的诺言。

爱的双方是平等的

爱要彼此尊重，夫妻之间，或爱人之间，一旦在人格上瞧不起对方，爱情就会消失，即使是英国女王也不例外。

1848 年，大英帝国的维多利亚女王和她的表哥阿尔伯特亲王结了婚。和女王同岁的阿尔伯特比较喜欢读书，不大喜欢社交，对政治也不大关心。

有一次，女王敲门找阿尔伯特。

“谁？”里面问道。

“英国女王。”女王回答道。

门没有开。敲了好几次以后，女王突然意识到了什么，又敲了几下，用温柔的语气说：“我是你的妻子，阿尔伯特。”

这时，门开了。

爱是什么？这是一个难题，众说纷纭，人人都有自己的答案。但爱应该包含相互尊重是毫无疑问的，不平等的两个人是不会产生爱情的。这个“平等”要求的不是社会地位平等或别的什么身份，而是人格与感情上的平等。

正如爱神阿佛洛狄特所说：

“L”代表 Listen（倾听），爱就是要无条件无偏见地倾听对方的需求，并且予以协助。

“O”代表 Obligate（感恩），爱需要不断地感恩，付出更多的爱，灌溉爱的禾苗。

“V”代表 Valued（尊重），爱就是展现你的尊重，表达你的体贴，真诚地鼓励对方，发自内心地赞美对方。

“E”代表 Excuse（宽恕），爱就是仁慈地对待，宽恕对方的缺点和错误，接受对方的全部。

爱神阿佛洛狄特的表述是贴近真实的，爱不是用语言所能表述的，爱更多的是内心体验，一旦说出来就完全变了味儿。

在真爱中的两个人，无论双方的学识、地位、财富有多么大的差距，也不能用“高人一等”的语言来刺伤对方。如果一个人想用这种方式来展示他的权威，那么他显然是错误的，因为他将失去幸福的机会。

智慧箴言

爱是一朵非常容易凋谢的花，它需要两颗真诚的心共同去灌溉，才能保持长久的生命力。不论是谁，在爱与被爱之间，都是平等的。若在爱情里面掺杂了和它本身不相关的因素，那就不是真的爱情。

“青草娃娃”的爱

犹豫和怯懦是爱情的天敌。年少的岁月不应有“后悔”这样的字眼，大方一点，勇气将助你前行，别让对方等待得太久，错过爱的季节后，否则连上帝也没有办法挽留爱情的脚步，下面的故事就说明了这个道理。

乔治在礼品店外徘徊良久，丽萨的生日即将来临，他想为自己心仪已久的女孩买个礼物，表达他对她的爱意。他终于鼓足勇气，迈进了那家装饰精美的小店，然而店中琳琅满目的礼品都价格昂贵，囊中羞涩的他只能尴尬地离开。

“买个‘青草娃娃’吧，只要两元。”一位中年妇女迎面走过来。他看到她的篮子里满是“青草娃娃”，黑黑的眼睛、红红的嘴巴，很可爱，花布里面包着泥土，顶上撒着花子草种。

“你每天给它浇水，半个月以后，种子就会发芽，长出青青的草，很受女孩子欢迎的。”妇女一个劲儿地怂恿他。于是他拿出攥了很久的钱，小心地递给了她。

回到宿舍，乔治把“青草娃娃”放在窗台上，每天用自己的茶杯浇水时，他都怀着虔诚的心祈祷：快点儿发芽吧，快点儿长出一片青草吧。

在丽萨的生日晚会上，她的追求者送来了许多礼物，有生日蛋糕，有高档时装，有芬芳的鲜花，甚至有人送了昂贵的首饰，摆在桌上，琳琅满目。

乔治也来了，两手空空地来了，他的“青草娃娃”还没有发芽。

丽萨满怀期待地望着他，她其实早已注意到他灼热的目光，而且他的才学、气质都令她怦然心动。她等待着今天晚上他当众向她表白，她就可以幸福地挽住他的手臂，谢绝其他人的追求。

然而，乔治不敢迎接她的目光，在这一大堆贵重的礼物面前，他自惭形秽，如坐针毡，晚会还未结束，他就离开了。他甚至没有告别，就匆匆地走了，当然，他也没有看见她暗藏的幽怨和伤心。

他心灰意冷，再也没给“青草娃娃”浇水。

他暗暗发誓：等他将来有钱了，一定要给她买最昂贵的礼物。

放寒假了，大家都收拾行囊，准备回家。乔治突然发现窗台上有一片绿，仔细一看，“青草娃娃”竟然真的长出了一片嫩绿的青草！压抑很久的思念，突然迸发出来了。

他想起了久未见面的丽萨，他把“青草娃娃”揣在怀里，飞也似的跑去找她。当他大汗淋漓地跑进她的宿舍时，发现已经人去房空！丽萨已经走了，别人告诉他，丽萨已经接受了一个男孩的追求。

他只觉得心里一下子空荡荡的，他一直等待着欣赏“青草娃娃”的好时机，与所爱的女孩儿共赏这生命最甜美的盛宴。然而，好不容易等到“青草娃娃”发芽了，心爱的人却已去了远方。早知如此，应该在生日那天就送给她，两人一起浇灌这爱情的幼芽。

智慧箴言

爱是一份缘，缘分始于漫不经心的追寻，却经不起漫不经心的等待，它需要缘分两端的人共同去珍惜。时间带来了爱情，相信也能带来幸福，下次它从身边经过的时候，不要放开它的手。

大声说出“我爱你”

当你爱上一个人的时候，心里总是躁动不安，想让心中的她（他）知道却同时又害怕她（他）知道。该不该说出来，着实令你为难。开口表达爱意，最理想的结果当然是赢得了爱情。但如果落花有意而流水无情，你要如何表达才能避免给你们原来的朋友关系带来尴尬，这也是摆在你面前的难题。因此，你得学会一些表达爱意的技巧，让心中的“我爱你”说得成功、说得艺术。陀思妥耶夫斯基的求爱方式，一直被奉为经典，再次回味，也许会给我们很大的指导。

1866 年，对陀思妥耶夫斯基而言是具有重要意义的一年，妻子玛丽亚和他的哥哥相继病逝。为了还债，他为出版商赶写小说《赌徒》，请了速记员，她叫安娜·格利戈里耶夫娜，一个年仅 20 岁、心地异常善良和聪明活泼的少女。

安娜非常崇拜陀思妥耶夫斯基，她工作认真，一丝不苟。书稿《赌徒》完成后，作家已经爱上了他的速记员，但不知道安娜是否愿意做他的妻子，于是他便把安娜请到他的工作室，对安娜说：“我又在构思一部小说。”“是一部有趣的小说吗？”她问。“是的。只是小说的结尾部分还没有安排好，一个年轻姑娘的心理活动我把握不住，现在只有求助于你了。”他见安娜在仔细听，继续说：“小说的主人公是个艺术家，已经不年轻了……”

安娜忍不住打断他的话：“你为什么折磨你的主人公呢？”“看来你好像同情

他？”作家问安娜。

“我非常同情他，他有一颗善良的心，充满爱心。他遭受不幸，依然渴望爱情，热切期望获得幸福。”安娜有些激动。陀思妥耶夫斯基接着说：“主人公遇到的姑娘温柔、聪明、善良、通情达理，算不上美人，但也相当不错。主人公很喜欢她。”

“但他们很难结合在一起，因为两人性格、年龄相差悬殊。年轻的姑娘会爱上艺术家吗？这是不是心理上的失真？我想请你帮忙，听听你的意见。”作家征求安娜的意见。

“怎么不可能！如果两人情投意合，她为什么不能爱艺术家？难道只有相貌和财富才值得去爱吗？只要她真正爱他，她就是幸福的人，而且永远不会后悔。”

“你真的相信，她会爱他，而且爱一辈子？”作家有些激动，又有点犹豫不决，声音颤抖着，显得既窘迫又痛苦。

安娜怔住了，终于明白他们不仅仅是在谈文学，而且是在构思一个爱情绝唱的序曲。安娜的真实心理正如她自己所言，她非常同情主人公，即作家陀思妥耶夫斯基的遭遇，且从内心里爱慕这位伟大的作家，如果模棱两可地回答作家的话，对他的自尊将是可怕的打击。于是安娜激动地告诉作家：“我将回答，我爱你，并且，会爱一辈子。”

后来，作家同安娜结为伉俪。在安娜的帮助下，陀思妥耶夫斯基还清了全部债务，并写出了许多不朽之作。

智慧箴言

只会欣赏却不敢去爱的人是可悲的。而面对朝夕相伴的爱人，吝啬说出爱的人是可恨的。爱的激情渐被岁月磨平，身在咫尺，心隔天涯，不屑说爱的人不会懂得保鲜爱情，也不会珍惜生活。

天使之爱

从前，一位天使路过山涧的时候，遇到一位男孩。他们相爱了，就在山上建造了爱的小屋。

天使每天都要飞来飞去，但她真的很爱这位男孩，得空的时候就来陪伴他。

一天，天使带着心爱的男孩在山涧散步。忽然，她说：“如果有一天，你不再爱我了，我会离开你。因为没有爱的日子，我活不下去。那时候，我就会飞到另一个男孩的身边。”

男孩看了天使一会儿，坚定地说：“我永远爱你！”

他们的日子过得挺幸福，但是，男孩总觉得天使说不定哪一天就会离开他，飞到另一个男孩的身边了。于是，一天晚上，男孩趁着天使熟睡的时候，把天使的翅膀藏了起来。

天亮以后，天使生气地说：“把我的翅膀还给我！你为什么要这样？你不爱我了，你不爱我了……”

“我没有，我还是爱你的！我没有藏你的翅膀，真的，相信我好吗？”

“你骗人，你说谎，我不相信你了，我感觉你不爱我了！”

当她从柜子里找出翅膀后，就头也不回地飞走了。

男孩很难过，也很怀念那段美好的生活。他后悔了，就独自坐到山头的风口上，默默地忏悔：“纵然我爱你爱得发狂，也不能剥夺你自由飞翔的权利，是吗？我应该给你足够的自由，让彼此有喘息的空间。我现在真的懂了，你还能回来吗？”

忽然间，天使出现了。她温柔地说：“我回来了，亲爱的！”

“你真的不走了，真的还爱着我吗？”

天使微笑着说：“我感觉到，你还是爱我的，对吗？只要你还爱着我，我就一直爱着你。”

你应该让爱人有自己的空间去做他的事情，允许他有自己的爱好。爱人时常需要从捆在他脖子上的爱的锁链里挣脱出来。如果你能够帮助并支持他，那么你就是在做一些使快乐的事了。

智慧箴言

当你真正爱对方的时候，你应该助对方一臂之力而不是阻碍对方飞翔。如果爱对方，就希望按照自己的方式去改变对方，结果只能适得其反。真正爱对方，就要以豁达的心态对待爱，多为对方考虑。

感情不可以握得太紧

一个即将出嫁的女孩，向她的母亲提了一个问题：“妈妈，婚后我该怎样把握爱情呢？”

“傻孩子，爱情怎么能把握呢？”母亲诧异道。

“那爱情为什么不能把握呢？”女儿疑惑地追问。

母亲听了女儿的问话，笑了笑，然后慢慢地蹲下，从地上捧起一捧沙子，送到女儿的面前。女孩发现那捧沙子在母亲的手里，圆圆满满的，没有一点流失，没有一点撒落。接着母亲用力将双手握紧，沙子立刻从母亲的指缝间泻落下来。当母亲再把手张开时，原来那捧沙子已所剩无几，其团团圆圆的形状，也早已被压得扁扁的，毫无美感可言。

女孩望着母亲手中的沙子，若有所悟地点点头。

爱情如手中的一捧流沙，你握得越紧，流失得越多。爱情不能完全用理智把握，需要我们用心体会和感受。

爱情是生活中美好的东西，却往往因为我们对它提出过分的要求而被破坏了。

爱情无须刻意去把握，越是想抓牢自己的爱情，反而越容易失去，失去彼此之间应该保持的宽容和谅解，爱情也会因此而变得毫无美感。

智慧箴言

爱情需要自由呼吸的空间，如果你因害怕失去爱情而紧紧地握住它，不给它任何自由的话，那只能伤害对方也伤害自己。只有让爱自由的呼吸，爱情之树才能枝繁叶茂。

爱的养料要时刻添加

爱有时是非常娇嫩的，需要我们不断地给养，否则爱情之花只会枯萎。

一位悲伤的少女求见爱神。

“爱神，你掌管着人世间的爱情，现在，我有件关于爱情的事请教您，希望您能帮助我。”

“喔，可怜的孩子，请说吧。”爱神说。

少女停顿了一下，忧伤的声调令人心碎：“我爱他，可是，我马上就要失去他了。”少女流泪了。

“孩子，请从头慢慢说吧，怎么回事？”爱神慈祥地说。

“我与他深深相爱着。他以他的热情，日复一日地用鲜花表达着他对我的爱。每天早上，他都会送我一束迷人的鲜花，每天晚上，他都要为我唱一首动听的情歌。”

“这不是很好么？”爱神说。

“可是，最近一个月来，他有时几天才送一束花，有时根本就不为我唱歌了，放下花束就匆匆离去了。”

“唔？问题出在哪儿呢？你对他的爱有变化吗？”

“没有，我一直从心里深深爱着他。但是，我从来没有表露过我对他的爱，我只能以表面的冰冷掩饰内心的热情。现在他对我的热情也在慢慢逝去，我真怕，真怕有一天失去他。爱神，请告诉我，我该怎么办？”

爱神听完少女的诉说，从屋里取出一盏油灯，添了一点儿油，点燃了它。

“这是什么？”少女问。

“油灯。”

“点它做什么？”

“别说话，让我们看着它燃烧吧。”爱神示意少女安静。

灯芯嘶嘶地燃烧着，冒出的火苗欢快而明亮，它的光亮几乎映亮了整个屋子。然而，渐渐地，随着灯油越来越少，灯芯火焰也越来越小，光线变弱了。

“呀！该添油了！”少女道。

可是爱神示意少女不要动。任凭灯芯把灯油烧干，最后，连灯芯也烧焦了，火焰终于熄灭了，只留下一缕青烟在屋中漂浮。

少女沉思了一会，恍然大悟。

爱是相互给予，而不是不断地索取。爱情需要精心维护，如果只一味地享受爱情的甜蜜，不知给爱的花园浇水施肥，爱的花朵迟早会枯萎。

智慧箴言

我们许多人都和故事中的少女一样，固执地以为我们的爱永不褪色、永远新鲜，于是以“爱”的名义不断地向对方索取，殊不知，此时的爱已变了味道。

爱不仅需要表白，还需要不断培育，否则爱情之花终究会凋落。

爱情需要共同经营

在很多人的眼里，爱是非常崇高与无私的，它就像春天花草的芳香、夏天灼日般的热度、秋天累累硕果的甘甜、冬天白雪的纯净，不带有丝毫的杂质。他们总是觉得爱是需要绝对的奉献和牺牲的，是一种彻底的情感交流，是双方彼此交融在一起不分彼此的共同体。这是错误的，爱不是一个共同体，而是一个独立的个体，它是对等的，是需要双方共同经营的。虽然彼此间的付出是应该的，但又不是理所当然的。如果把对方的付出视为理所当然，那就会掉进一个爱情的坟墓，对方便会舍你而去，你们的爱情也就走到了尽头。

这有一个例子，说的是20世纪70年代初的事。一对男女相恋了，女的家境殷实，男的却因家庭成分问题被下放到一个小山村去“学习”。为坚守这段爱情，女的不顾家里的反对，甚至不惜与家人断绝关系，毅然跟随男的到偏僻的山村吃苦受累。半年中，两人相安无事。接下来的中秋节，乡里给下乡锻炼的住户每人分了一个月饼。当分到他们家时，恰巧男的收工在家，女的还没回来。那个年月，月饼是多么难得一见的宝贝啊，男的在油灯下摸索着分来的两块不大的月饼，想要等女的回来一起吃。时间一分一秒地过去了，男的觉得、饥饿难忍，心想，先把自己的那块儿吃了吧，不等她了。于是三下五除二,一块小月饼顷刻成了他的腹中之物。那是块多么香的月饼啊，厚厚的什锦馅、薄而脆的黄油皮儿，在灯光下闪着诱人的光辉。谁都无法想象，他的内心甚至没经过斗争，就毫不犹豫地将女人的那块月饼也倾吞而下。谁知这时女人回来了，她听说中秋节分月饼，兴冲冲往回赶，想要和男人一起吃月饼过中秋，可推门看到的却是男人如狼似虎地吞咽着那块属于她的月饼。女人背上的锄头落在了地上，随之而落下的，还有女人的泪。第二天，女人就卷铺盖回了城。家人的劝阻、艰苦的生活都没有磨灭女人对爱的坚持和守候，而一块小小的月饼却办到了。

智慧箴言

爱不是一个共同体，而是一个独立的个体，它是对等的，是需要双方共同经营的。虽然彼此的付出是应该的，但不是理所当然的。爱情从来都是两个人共同的责任，爱也是娇弱柔嫩的，非得两个人共同去呵护，爱情之花才能常开不败。

当爱已成往事

一个清秀的女孩失恋了。她来到以前约会的公园，伤心地哭了起来。她哭得很悲戚，很多人看她伤心的样子，都耐心地劝她。可是，别人越是劝她，她越是觉得自己委屈，她不明白为什么男孩不再爱她了。渐渐地，她逐渐由伤心变成了不甘心，又由不甘心变成了怨恨，她不甘心自己的爱为什么不能换来同样的回报，她怨恨他太狠心、太无情。她越哭越悲伤，最后陷于强烈的失落、自卑和悔恨中不能自拔。

一个长者知道后，并没有安慰她，而是笑道：“你不过是损失了一个不爱你的人，而他损失的是一个爱他的人。他的损失比你大，你恨他做什么？不甘心的人应该是他呀。再说，他已经不爱你了，你还要伤心、怨恨，你要让这份失败的感情阻碍你今后的生活吗？”女孩听了这话，忽然一愣，转而恍然大悟。她慢慢擦干眼泪，决心重新振作起来，投入到新的生活中。

是啊，当爱情离我们远去的时候，我们要尽力挽留；当我们无法挽留的时候，最好的处理方式，就是忘掉，忘掉以前的愉快和不愉快。因为任何好的或不好的回忆，对于失恋者都是一种心灵的刺痛。

当我们学会了忘记，才能真正解脱，才能学会宽容。有人说，经历了真正的爱之后，人才会成熟。不论结果如何，只要我们真心付出过，坦诚地对待过，也就没有什么可后悔的了。成熟的心志，才会产生成熟的感情。青春年华产生的爱情，单纯而无比美妙。但是，它通常很难经得起岁月的考验，很难历练成恒久、深沉的真爱。就让那些过去成为美好的回忆吧。

智慧箴言

我们仍然年轻，还有很多时间和机会寻找爱，重新去爱。总有一份爱在未来的日子里期待着我们。因此，当爱搁浅时，试着放松你的手，也放松你的心灵吧。

用宽容化解双方矛盾

有一对夫妇，他们婚前感情很好，恩爱有加，可结婚不久便开始出现矛盾。妻子埋怨丈夫身上的缺点越来越多，总是一身酒气地半夜而归，对自己也不像从前那样疼爱。丈夫每天忙于工作应酬，希望回家后得到休息和温存，可是妻子总是喋喋不休地埋怨，也不再温柔。

最后，夫妻二人决定坐下来好好谈谈。

妻子说：“你有多久没有回家吃晚饭了？”

丈夫说：“你有多久没有起床做早饭了？”

妻子说：“你不回家陪我吃晚饭，我有多寂寞啊。”

丈夫说：“你不给我做早饭吃，你知道上午工作时我多没有精神，老板已经批评我好几回了。”

“早饭你可以自己弄啊，你每天回来那么晚，还把我吵醒，我睡不好怎么能起得来？你可以不回来陪我吃晚饭，我就可以不给你做早饭。”妻子不高兴地说。

“你知道我一天上班有多辛苦，压力有多大。一顿晚饭，自己吃怎么了，难道你还是孩子，要我喂你不成？”丈夫也没有好气地说。

妻子接着抱怨说：“你总是喝得烂醉而归，有多久没有给我买花，多久没有帮我做家务了？”

丈夫也不甘示弱地说：“你知道你做的饭有多难吃，洗的衣服也不是很干净，花钱像流水，有多久没有去看我的父母了？”

就这样，夫妻二人你一句我一句地互不相让，最后竟翻出了结婚证要去离婚。

在去街道办事处的路上，他们见到一对老夫妇正相互搀扶，慢慢走着，老婆婆不时掏出手帕给老公公擦额头上的汗，老公公怕老婆婆累，自己提着一大兜菜。这对年轻夫妇看到这个情景，想起了结婚时的誓言：“执子之手，与子偕老。休戚与共，相互包容。”可是现在竟然……

于是他们开始互相检讨。

丈夫说：“亲爱的，我真的很想回家陪你吃饭，可是我工作实在是太忙，常常应酬，并不是故意忽略你啊。”

妻子不好意思地说：“老公，我也不对，不应该那么小气，你在外工作挣钱不容易，早上我不应该赖床不起的。”

“早饭我可以自己热，每天回家那么晚让你睡不好觉，你应该多睡会儿的。”丈夫忙说，“刚才在家我不应该那么凶的和你说话，我知道自己身上有很多毛病……”

妻子也忙检讨自己……

就这样，一场离婚风波平息了。自此之后，他们变得宽容忍让、互敬互爱，并处处为对方着想，婚姻生活也因此而幸福美满。

智慧箴言

美满的婚姻可遇也可求，夫妻间的矛盾是存在的也是能解决的，重要的是加强了解。只有了解，才能体谅与宽容，只有体谅宽容，才是真正的爱，才能为家庭创造和谐与幸福。

第四章

成功者想的和你不一样

金钱是一种思想，这是罗伯特·清崎在《富爸爸，穷爸爸》一书中提出的一个理念。贫穷与富裕的分水岭就在于会不会思考。善于思考，财富便无处不在；一味蛮干，辉煌将遥遥无期。

康有为在“维新变法”运动中曾提出“穷则变，变则通，通则久”。贫穷并不可怕，从某种意义上来说，贫穷是一种资源，贫穷是一种力量，只要你改变自己的贫穷思维，接受富有的思维，你就会像富人一样行动，并开拓出自己的财富人生。

猫眼和猫身

有一位工程师和一位逻辑学家是无话不谈的好友。一次，两人相约赴埃及参观著名的金字塔。到埃及后，有一天，逻辑学家待在宾馆，照常地写起自己的旅行日记，而工程师则独自徜徉在街头，忽然耳边传来一位老妇人的叫卖声：“卖猫啊，卖猫啊！”

工程师一看，在老妇人身旁放着一只黑色的玩具猫，标价 500 美元。这位妇人解释说，这只玩具猫是祖传宝物，因孙子病重，不得已才出卖以换取治疗费。工程师用手一举猫，发现猫身很重，看起来似乎是用黑铁铸就的。不过，那一对猫眼则是珍珠的。

于是，工程师就对那位老妇人说：“我给你 300 美元，只买下两只猫眼吧！”

老妇人一算，觉得行，就同意了。工程师高高兴兴地回到了宾馆，对逻辑学家说：“我只花了 300 美元竟然买下两颗硕大的珍珠！”

逻辑学家一看这两颗大珍珠，少说也值上千美元，忙问朋友是怎么一回事。

当工程师讲完事情的经过，逻辑学家忙问："那位妇人是否还在原处？"

工程师回答说："她还坐在那里，想卖掉那只没有眼珠的黑铁猫！"

逻辑学家听后，忙跑到街上，给了那个老妇人200美元，把铁猫买了回来。

工程师见后，嘲笑道："你傻呀，花200美元买个没眼珠的黑铁猫！"

逻辑学家却不声不响地坐下来摆弄这只铁猫。突然，他灵机一动，用小刀刮铁猫的脚，当黑漆脱落后，露出的是黄灿灿的一道金色的印迹。他高兴地大叫起来："正如我所想，这猫是纯金的！"

原来，当年铸造这只金猫的主人，怕金身暴露，便将猫身用黑漆漆过，俨然是一只铁猫。对此，工程师十分后悔。此时，逻辑学家转过来嘲笑他说："你虽然知识很渊博，可就是缺乏一种思维的艺术，分析和判断事情不全面、深入。你应该好好想一想，猫的眼珠既然是珍珠做的，那猫的全身会是不值钱的黑铁所铸吗？"

智慧箴言

财富有时像隐匿于汪洋之下的冰山，我们看到的只是冰山的一角。高财商者能做到察于"青萍之末"，抓住线索顺藤摸瓜，探寻到海平面以下的冰山全貌。

1元钱的"繁殖"能力

曾经雄心勃勃的祥子，终于破产了，所有的东西都被拍卖得一干二净。现在口袋里的1元钱及回家的车票，是他所有的资产。

从深圳开出的143次列车开始检票了，他百感交集。"再见了！深圳。"一句告别的话，还没有说出，就已经泪流满面。

"我不能就这样走。"在跨上车门那一瞬间，祥子又退了回来。火车开走了，他留在了月台上，撕碎了那张车票。

深圳的火车站很繁忙，你的耳朵里可以同时听到七八种不同的方言。他在口袋里握着那1元硬币，来到一家商店，5毛钱买了一只儿童彩笔，5毛钱买了4只"红塔山"的包装盒。在火车站的出口，他举起一个牌子，上书"出租接站牌（1元）"几个字。当晚，祥子吃了一碗加州牛肉面，口袋里还剩了18元钱。5个月后，"接站牌"由4只包装盒发展为40只用锰钢做成的可调式"迎宾牌"。火车站附近有了他的一间房子，手下有了一个帮手。

3月的深圳，春光明媚，此时各地的草莓蜂拥而至。10元1斤的草莓，第一天卖不掉，第二天就只能卖5元，第三天就没人要了。此时，祥子来到近郊一个农场，用出租“迎宾牌”挣来的1万元，购买了3万只花盆。第二年春天，当别人把摘下的草莓运进城里时，祥子栽着草莓的花盆也进了城。不到半个月，3万盆草莓销售一空，深圳人第一次吃上了真正新鲜的草莓，祥子也第一次领略了1万元变成30万元的滋味。

要吃即摘，这种花盆式草莓，使祥子拥有了自己的公司。他开始做贸易。他异想天开地把谈判地点定在五星级饭店的大厅里，那里环境幽雅且不收费。两杯咖啡，一段音乐，还有彬彬有礼的小姐，祥子为没人知道这个秘密而兴奋，他为和美国耐克公司成功签订贸易合同而欢欣鼓舞。总之，祥子的事业开始复苏了，他有一种重新找回自己的感觉。

智慧箴言

1元钱，在许多人看来刚刚够买一杯水，而在有些人那里却能够“繁殖”出千万资产。也许，世界上产生了富翁和乞丐的原因之一，便是由于他们之间存在着认识上的差别。当然，要使小钱创造出巨额的财富，还得重视资源的组合和信息的利用，这两样东西结合到一起，便构成了财富增长点。

“抠门”的施莱克尔

发财靠什么？正确的答案照理说应该是：开拓。而安东·施莱克尔的答案却是：“抠门。”

以施莱克尔的名字命名的连锁杂货超市，在德国各地都有，而且越来越多。但是，这些超市却不是门庭若市，反倒经常是门可罗雀。这种店的店主也能发财吗？事实还真的就是这样：2003年年初，施莱克尔所拥有的资产高达13亿欧元，是一位名副其实的亿万富翁。

施莱克尔出生在德国斯图加特以南那一大片以“人人节省”著称的施瓦本地区。1965年，年仅21岁的施莱克尔接管了他父亲的肉品店。同年，他在艾宾根城的边上开了他的第一家自选商场。

1975年，施莱克尔迈出了他商业道路上的关键一步。那时正值杂货价格下跌，他创办了一家销售洗涤剂、刷子和香水等商品的新式商场。两年后，他已经拥有100多家这样的商店。施莱克尔的扩张战略很简单、很特别，但也很有效。哪个城市不那么繁荣的街区如果有一家小店关门倒闭，施莱克尔便派人到那里。经过一番讨价还价之后，施莱克尔以超低的价格租下店面。他并不要求高销售额，而只求以最低的成本来经营。

施莱克尔的这种超低成本经营法，有时竟到了让人哭笑不得的地步。例如，为了节省开支，有些分店很长时间里只用一名雇员。又如，在相当长的一段时间里，许多分店不安装电话。因为施莱克尔认为，电话放在那里只能被雇员们用来打私人电话。

你说他特别也好，吝啬也罢，但他的确成功了。施莱克尔超市如今在德国已拥有8000多家分店，35000余名员工，年营业额高达35亿欧元，是欧洲最大的25家商业集团之一。

智慧箴言

在财富的王国里，深谙理财之道的人往往能够勤俭节约，并且懂得充分有效地利用资源，以取得利润的最大化。理财是一门精深的学问，必须从一分一厘抓起，这样，财富就会在不知不觉中来临。

皮尔·卡丹的决策

“热爱世界的冒险家”，这是世界著名服装设计师皮尔·卡丹最欣赏的自称。正是由于皮尔·卡丹对原先的传统服装经营方式进行了开拓性的改革，时装才得以普及到最广大的消费者。而皮尔·卡丹对马克西姆餐厅的经营策略更是体现了这位现代企业家和服装设计大师的决策能力和才干。马克西姆餐厅创办于1893年，是法国较高档的著名餐厅。但是，发展到20世纪70年代，经营却越来越不景气，到1977年，已濒临倒闭的边缘。

当时的皮尔·卡丹已是著名的时装大王，但他却把目光转向了马克西姆餐厅。“买下这个餐厅”，这就是皮尔·卡丹的决定。朋友都以为皮尔·卡丹在开玩笑，纷纷劝阻他：“这个餐厅本来就不景气，而且买下来耗资巨大，等于让自己背了一个大包袱。”还有人对他说：“不要让自己走向破产，头脑要冷静一点。”但是，皮尔·卡丹却有自己独到的见解：马克西姆虽然目前不景气，但历史悠久，牌子老，有优势。它经营状况不佳的主要原因在于档次太高，而且单一，市场也局限在国内，只要从这几方面加以改进，肯定可以收到成效。而且，趁其不景气的时候收购，才能以低价买进。

成功的机会很多。但能抓住机会的人不多，正因如此，成功的人不多。要想与众不同，关键时刻必须有自己的见解，要敢于冒险！皮尔·卡丹说：“我是一个履行诺言的实干家，我喜欢说到做到，使自己的想法变成现实。”

1981年，皮尔·卡丹花费巨款买下了马克西姆这一巨大产业。经营伊始，他立即着手改革。首先，增设档次，在单一的高档菜的基础上再增加中档和一般的菜点。其次，扩大经营范围，除菜点外，兼营鲜花、水果和高档调味品。另外，皮尔·卡丹还在世界各地设立马克西姆餐厅分店，取得了良好的经济效益。

皮尔·卡丹用自己的成功行动封住了那些当初劝阻他的人的嘴。

智慧箴言

高风险，意味着高回报，商场就是这样——风险越大，赚钱越多。事实上，冒险与收获常常是结伴而行的。险中有夷，危中有利。要想有卓越的结果，就要敢于冒风险。一个人纵然有强烈的致富欲望，若不敢冒险，就永远做不到最大最强。

借鸡生蛋成大业

美国船王丹尼尔·洛维格的第一桶金，乃至他后来数十亿美元的资产，都是借鸡生的“金蛋”。甚至可以说，他整个事业的发展是和银行分不开的。

当他第一次跨进银行的大门，人家看了看他那磨破了的衬衫领子，又见他没有什么可做抵押的，自然拒绝了他的申请。

他又来到大通银行，想方设法总算见到了该银行的总裁。他对总裁说，他把货轮买到后，立即改装成油轮，他已把这艘尚未买下的船租给了一家石油公司。石油公司每月付给他的租金，就用来分期还他要借的这笔贷款。他说他可以把租契交给银行，由银行去向那家石油公司收租金，这样就等于分期付款了。

许多银行听了洛维格的想法，都觉得荒唐可笑，且无信用可言。

大通银行的总裁却不那么认为。他想：

洛维格一文不名，也许没有什么信用可言，但是那家石油公司的信用却是可靠的。拿着他的租契去石油公司按月收钱，这自然十分稳妥。

洛维格终于贷到了第一笔款。

他买下了他所要的旧货轮，把它改成油轮，租给了石油公司。

然后又用这艘船作抵押，借了另一笔款，从而再买一艘船。

洛维格的成功与精明之处，就在于他利用那家石油公司的信用来增强自己的信用，从而成功地借到了钱。

这种情形持续了几年，每当一笔贷款还清后，他就成了这条船的主人，租金不再被银行拿走，而是顺顺当当进了自己的腰包。

当洛维格的事业发展到一个时期以后，他嫌这样贷款赚钱的速度太慢了，于是又构思出了更加绝妙的借贷方式。

他设计一艘油轮或其他用途的船，在还没有开工建造，尚处在图纸阶段时，他就找好一位顾主，与他签约，答应在船完工后把它租给他。然后洛维格才拿着租船契约，到银行去贷款造船。

当他的这种贷款“发明”畅通后，他先租借别人的码头和船坞，继而借银行的钱建造自己的船。他有了自己的造船公司。

就这样，洛维格靠着银行的贷款，登上了自己事业的巅峰。

智慧箴言

西方生意场有句名言：只有傻瓜才拿自己的钱去发财。“给我一个支点，我就能撬动地球。”阿基米德的“支点”就是一种凭借。任何巨额财富的起源，建立在借贷基础上是最快捷的。就是说，要发大财先借贷。毕竟，“买船不如租船，租船不如借船”，借得大船，方能去远洋。

好风凭借力

安徽省岳西县地处大别山腹地的高寒地带，这里是王永安的家乡。为了能走出这片贫瘠的大山，当地老百姓的最大“爱好”就是做鞋，拼命地做鞋。经年累月，这里的妇女几乎人人都做得一手好布鞋。

1993 年，繁华的深圳。走过 100 多里山路到了县城，又坐车 1000 多里颠簸到深圳的王永安身上背着 3 双母亲和妻子赶制的布鞋，在街头观赏着繁华的现代都市，并寻找着自己的未来。

高中文凭，加上写得一手漂亮文章，在当时的深圳，王永安就比其他打工仔多了一些优势。非常顺利地，他进了一个广告公司搞文案。王永安在工作中拼命地学习，接受着改革开放吹入国门的各种新观念、新思想。

一次偶然的谈话改变了王永安的人生轨迹。他听到一个做外贸的朋友说，现在出口一台冰箱还不如出口几双布鞋挣钱，国外对中国传统布鞋的需求量很大，每年有1000多万双中国传统布鞋销往世界各地。

说者无心，听者有意。王永安想到了自己包里的那3双一直都舍不得穿的布鞋。他的第一个反应就是，可不可以把家乡的布鞋也拿到国外去卖呢？他的家乡，一个闭塞得几乎与外界隔绝的穷地方，妇女们只按自己的方式来制作她们心目中认为最美丽、最实用的鞋样，以尽量减轻男人们在外奔波的痛楚。没有机械，全凭手工，非常传统。

经过两年的市场考察，王永安证实了朋友并没有骗他，而且令他欣喜的是，所有出口布鞋要么是粘合底，要么是注塑底，没有一双真正传统意义上的全手工布鞋。这让他把家乡布鞋推广出去的愿望更加强烈了。

可是他只知道布鞋在国外市场空间大、生意好，但朋友并没有教他怎么做产品才能打入国外市场。因为毕竟这不是去岳西县城卖鸡蛋，不但要让老外知道你在卖中国最传统的布鞋，还要熟悉出口产品的一系列繁杂手续。

网络技术在中国如火如荼的发展让他了解并亲身体验到了这种方式的便捷。他所在的公司要了解客户，一般都是看客户公司的网页介绍，信件的往来也通过E-mail。有一天，王永安拍着自己的脑袋踱出办公室大笑：这不就是最好的方式吗？把自己的布鞋产品信息发布到互联网上，让全世界的人都知道中国有个布鞋之乡——岳西。

1997年，王永安回到家乡。他的设想遭到了家人的一致反对。但是，王永安认定了，他要用事实来说话。第二天，王永安背了几个干馍，揣着打工的积蓄，到县城里去了，走出了他办厂的第一步。同时，为了打通山里与外界的隔阂，他买电脑、办上网手续，买电脑方面的书，自学电脑相关知识和与客户直接交流的简单英语……

王永安买了电脑和王永安要办一个布鞋厂，对山里的人来说，都具有相当于中国加入WTO签订了双边协议同样的轰动效果。因为这带来的不仅是现代观念的冲击，更有乡亲们对提高当地经济水平、改善生活质量的渴盼。

按照自己的设想，王永安招收了500名当地妇女，扯起了养生鞋厂的大旗。这500名“工人”利用一年中农闲的8个月，在自己家里进行布鞋加工制作。再设几名专职的管理人员，负责产品质量的控制和物料的管理，自己则负责总体管理和对外营销。

王永安最多时可以发动1万多名乡亲来进行布鞋加工。整个生产进行流水作业，500名“工人”各司其职，一天正常可生产100双鞋。安排好生产，王永安便专心致力于销售通路的建设。他的目标是网络。

一个美国资深电子商务专家为不适合在网上销售的商品排了一个名次，鞋子在其中排第4名。但是王永安却以自己的方式，让他“全国独一家”的网上鞋店红红火火地经营起来。

最先，王永安只能依靠电子公告板，到许多国内有影响的站点上去发布自己产品的信息。不过几天时间，他居然卖掉了2双布鞋，而且是通过网上的零售方式售出的。这给了王永安莫大的信心。

1998年7月，通过上网了解和查询，王永安又将已有一点名气的养生鞋厂挂接到郑州一个叫“购物天堂”的网站上，网页的制作与维护都由郑州方面负责，1年的服务费用为600元，王永安只负责提供资料。客户在网上看样、下订单、签合同，最后按客户的要求通过深圳外贸进出口公司，发往指定港口、码头交货，整个网上销售系统显得十分的顺畅。20多家国内外代理商通过网络认识了这个小县城里的鞋厂，并开始与其磋商做养生鞋厂的代理事宜，其中从国外发来电子邮件的有好几家。令王永安永生难忘的是第一笔同外商交易成功的业务，那是在深圳进出口公司的帮助下，700多双布鞋销到了美国洛杉矶。这些在常人看来难登大雅之堂的布鞋，这些出自中国农民粗糙之手的布鞋，终于走出了国门。在接下来的短短几个月时间里，王永安通过他的网上鞋店共销售了约1万双左右的布鞋，让贫困的山里人真正看到了知识的力量和致富的希望。网上销售的成功让王永安激动不已，更让家里人改变了对他的看法。

随着销售量的提高，王永安进一步扩大了布鞋品种，加大了对外宣传力度。1999年2月，王永安申请了自己独立的国际域名，用英文、中文简体和繁体三种语言形式在网上发布养生鞋厂的信息，并与国内许多与鞋产品有关的几十个网站进行了链接。其效果十分明显，在鞋类上，养生厂可以生产老、中、青、少、小不同层次、不同类型的布鞋100多种。

养生鞋厂的业务量突飞猛进，布鞋产品全部出口国外，包括美国、日本、英国、芬兰等10多个国家。产品供不应求，生产与销售已基本走上了正轨。依靠昔日难登大雅之堂的平凡的布鞋，王永安让全村人均增收达到每年2000元，昔日的贫困山区面貌得到了彻底的改变。而他的3万元投资，两年时间增值到了50余万元。

智慧箴言

善于利用一切便利的工具和条件，是一个投资者“财智”的重要表现。如今，我们面对着一个波澜云涌、瞬息万变的社会，充分利用高科技的成果，便可“好风凭借力，送我上青云”。

妙手生花，让钱生钱

真正的挣钱人对金钱有着独特的理解，他们赚钱是为了花出去，他们花钱是为了赚更多的钱。洛克菲勒王朝的创始人约翰·戴维森·洛克菲勒的童年时光是在一个叫摩拉维亚的小镇上度过的。每当黑夜降临，约翰常常和父亲点着蜡烛，相对而坐，一边煮着咖啡，一边天南地北地聊着，话题总是少不了怎样做生意赚钱。约翰·洛克菲勒从小就满脑子装满了父亲传授给他的生意经。

7岁那年，一个偶然的机会，约翰在树林中玩耍时，发现了一个火鸡窝。他想火鸡是大家都喜欢吃的肉食品，如果他把小火鸡养大后卖出去，一定能赚到不少钱。于是，洛克菲勒此后每天都早早来到树林中，耐心地等到火鸡孵出小火鸡后暂时离开窝巢的间隙，飞快地抱走小火鸡，把它们养在自己的房间里，细心照顾。

到了感恩节，小火鸡已经长大了，他便把它们卖给附近的农庄。

于是，洛克菲勒的存钱罐里，镍币和银币逐渐增多，变成了一张张绿色的钞票。

一个年仅7岁的孩子竟能想出卖火鸡赚大钱的主意，实在令人惊叹！

父亲和母亲对长子行为的反应截然相反。

笃信宗教、心地善良的母亲对此又气又恼，狠狠地把他揍了一顿，可是颇有眼光的父亲却说：“哎呀，爱丽莎，你何必呢！这个国家现在最重要的就是钱、钱、钱！”他对儿子的行为大加赞赏，满心欢喜。约翰·洛克菲勒就是由这样一个相信《圣经》上所写的一言一语、敬畏上帝的基督教徒的母亲抚养大，由父亲的实际处世之道教育成人的。

在摩拉维亚安下家以后，父亲雇用长工耕作他家的土地，他自己则改行做了木材生意。人们喜欢称他父亲为“大比尔”，大比尔工作勤奋，常常受到赞扬，另外他还热心社会公益事业，诸如为教会和学校募捐等，甚至参加了禁酒运动，一度戒掉了他特别喜爱的杯中之物。

大比尔在做木材生意的同时，不时向小约翰传授这方面的经验。

洛克菲勒后来回忆道：“首先，父亲派我翻山越岭去买成捆的薪材以便家里使用，我知道了什么是上好的硬山毛榉和槭木；其次，父亲告诉我只选坚硬而笔直的木材，不要任何大树或‘朽’木，这对我是个很好的训练。”

洛克菲勒年幼时就显示出经商的天赋。在和父亲的一次谈话中，大比尔问他：“你的存钱罐，大概存了不少钱吧？”

“我贷了 50 元给附近的农民。”儿子满脸的得意神情。

“是吗？ 50 元？”父亲很是惊讶。因为那个时代，50 美元是个不小的数目。

“利息是 7.5%，到了明年就能拿到 3.75 元的利息。另外，我在你的马铃薯地里帮你干活，工资每小时 0.37 元，明天我把记账本拿给你看。其实，这样出卖劳动力很不划算。”洛克菲勒滔滔不绝，很是在行地说着，毫不理会父亲的惊讶表情。

父亲望着刚刚 12 岁就懂得贷款赚钱的儿子，喜爱之情溢于言表，儿子的精明不在自己之下，将来一定会大有出息的。

智慧箴言

财富的积累需要储蓄，但如果一直储蓄，不思投资，那么钱就成为死钱。虽然不会为没钱生活而忧虑，但也永远不能成为亿万富翁。钱就像水一样，只有流动起来了，才能创造更多的价值。

被遗忘的女人

常常苦恼买不到衣服的胖女士南茜走出第 6 家服装店，真的有些绝望了，难道偌大一个美国就真的买不到一件适合自己穿的时装？

从生下第二个孩子开始，不到 3 年的时间，南茜的体重增加了 40 斤，哪儿也买不到像她这样身材的女人可以穿的漂亮时装——时髦的新款没有大号码，有大号码的款式既难看又过时。那些时装设计师和商人们只注意到那些身材苗条的女人，真的有些忽略了为数众多的肥胖女人。无奈的南茜只好自己动手做起各式各样的时装来。好在对于曾经是服装设计专业高才生的她来说，这并不是一件很困难的事情。

有一天，买菜回家的路上，南茜遇到了两个和她差不多胖的女人，她们惊讶地问她的衣服是在哪儿买的。当得知是南茜自己做的时候，两个胖女人摇着头失望地走了。南茜回到家中，突然一个念头涌了上来：能不能开一家服装店，专门出售由自己设计的为胖女人制作的有型有款的时装？

于是，第二天南茜就风风火火地干起来。新店开张后，生意出乎意料的火暴。原来，竟有那么多胖女人渴望着专门为她们设计的服装。没过几年，南茜的时装公司就拥有了16家分店及无数个分销处。她每年定期去欧洲进布料，在美国各地飞来飞去巡视业务，豪宅、名车也随之而来。最让南茜高兴的是，她每天都可以穿一件自己设计的漂漂亮亮的时装去逛街。

南茜创办的那家时装公司的名字就叫：被遗忘的女人。

不久，美国内华达州举行“最佳中小企业经营者”选拔赛，南茜赢得了冠军。南茜夺冠的秘诀其实很简单，只不过把服装尺码改了一个名称而已。一般的服装店都是把服装分为大中小以及加大码四种，而南茜的做法是用人名代替尺码。

玛丽代替小号，林思是中号，伊丽莎白是大号，格瑞斯特是加大号。她们都是女强人。

这样一来，顾客上门，店员就不会说“这件加大号正合你身”，取而代之的是“你穿格瑞斯特正合身呢”。

南茜说：“我注意到，所有上店里来买大号和加大号的女性，脸上都呈现不很愉快的脸色。而改个名称情况就完全两样了，况且这些人都是名声很响的大人物。”

在挑选店员时，南茜也别具匠心，站在大号和特大号服装前的店员个个都是胖子，无形中又使顾客消除了不好意思的感觉，因而顾客盈门，财源滚滚。

智慧箴言

每一个市场里，都有一些被人忽视的消费群体。只要你善于开发出填补某个细分市场的产品，并加上一点匠心独运的智慧，你就能迅速壮大自己。

兵贵神速

彭云鹏于1977年开始自己创业，几乎是白手起家，仅用了10多年时间，他创办的巴里多太平洋集团便成为印尼屈指可数的几家大集团之一。据《福布斯》杂志公布的资料，他的财富现已超过45亿美元。

彭云鹏的业绩实在令人瞩目，经济界人士认为其发展秘诀贵在神速。

彭云鹏之所以于 1977 年创立胶合板厂，是看准了当时世界市场胶合板紧俏，而印尼巴里多岛盛产木材，自己又有胶合板生产技术和销售关系，因此迅速把工厂扩大到 68 条生产线，使其胶合板产量不仅成为印尼第一，而且在世界上居首位。为了确保胶合板生产所需的木材，彭云鹏又以速战速决的战术，在印尼申请到 500 万公顷的森林特许伐木权，另外在巴布亚新几内亚拥有 10 万公顷的特许伐木区。

为了适应庞大的伐木业及夹板制造业的需要，彭云鹏果断地设立了 180 多家相关配套公司，包括运输公司、贸易公司、金融公司、酒店及房地产公司。为了充分发挥开伐木材的作用，他又伺机成立了造纸厂，这个造纸厂是与印尼前总统苏哈托的儿子合作的，共投资 1.6 亿美元。由于有一种特殊的人际关系，该项目很快就完成了。

彭云鹏早就懂得“激水之疾，至于漂石者，势也”的哲理，他乘着自己业务迅速扩大之势，及时地向国外拓展。他通过在中国香港、新加坡、维京群岛等地设立机构，开展胶合板、纸张的销售及进行各种投资、筹措资金等活动。1993 年，他与林绍良联手购入华裔富豪谢建隆的阿斯特拉国际的部分股权，他占股达 20%。他又与郭鹤年联手，投资 1 亿美元于新加坡的圣陶沙游乐场。

1993 年底和 1994 年，彭云鹏将其属下的巴里多太平洋木业集团等上市，加上其所属的阿斯特拉集团控制的 3 家上市公司在内，彭云鹏在印尼本土所控制的上市公司总值超过 60 亿美元。

智慧箴言

俗话说：“兵贵神速。”在当今这个快节奏的竞争时代，提高做事的速度和效率，无疑是独立潮头的一大法宝。

圆梦花园和凤凰山庄

两个开发商，一个在城东开发圆梦花园，一个在城西开发凤凰山庄。

一年后，总投资 10 个亿的圆梦花园建成了。60 栋楼房环湖排列，波光倒影，清新雅静，真如花园一般。不久，凤凰山庄也竣工了。它真像一座山庄，60 栋楼房依山而筑，青砖红瓦，绿树掩映，确实是理想的居住地。

圆梦花园首先在电视上打出广告，接着是报纸和电台，他们打算投资 100 万做宣传。凤凰山庄建好后也拿出 100 万，不过没交给广告公司，而是给了公交公司，让其把跑西线的车由每天的 10 班增加到每天 50 班。一年过去，凤凰山庄开始清盘，圆梦花园开始降价。

后来去凤凰山庄的车每天已达到 500 班，几乎每 3 分钟就有一辆。乘坐这条线路上的车，可以得到一张如公园门票大小的彩色车票，它的正面是凤凰山庄的广告，反面是一首唐诗中的七言绝句，这种车票每周一换。据说，凤凰山庄有个孩子在车上背了 400 多首唐诗，最少的也背了 50 多首。

不久后，圆梦花园向银行申请破产，凤凰山庄趁机收购，从此，市区又多了一条车票上印有宋词的线路。

智慧箴言

真正有智慧的投资者会将每一分钱都用到刀刃上，并让其发挥最大的作用。

一次特殊的考核

日本松下公司准备从新招的 3 名员工中选出一位做市场策划，于是，对他们例行上岗前的“魔鬼训练”予以考核。

公司将他们从东京送往广岛，让他们在那里生活一天，按最低标准给他们每人一天的生活费用 2000 日元（合人民币 160 元左右），最后看他们谁剩回的钱多。剩是不可能的，这点谁都明白，想要“剩”回的钱多，就必须利用自己的智慧让 2000 日元的生活费在短短的一天里生出更多的钱来。

做生意是不可能的，一罐乌龙茶的价格就是 300 日元，一听可乐的价格是 200 日元，住一夜最便宜的旅馆就需要 2000 日元……也就是说，他们手里的钱仅仅够在旅馆里消费一夜，要不就别睡觉，要不就别吃饭，除非他们在天黑之前让这些钱生出更多的钱。而且他们必须单独生存，不能联手合作，更不能给人打工。

第一个先生非常聪明，他用 500 日元买了一个黑墨镜，用剩下的钱买了一把二手吉他，来到广岛最繁华的地段——新干线售票大厅外的广场上，演起了“瞎子卖艺”，半天下来，他的大琴盒里已经装满钞票了。

第二个先生也非常聪明，他用 500 日元做了一个大箱子，上写“将核武器赶出地球——纪念广岛灾难40周年暨为加快广岛建设大募捐”，也放在这儿最繁华的广场上，然后用剩下的钱雇了两个中学生做现场宣传讲演。还不到中午，他的大募捐箱就满了。

第三个先生真是个没头脑的家伙，或许他太累了，他做的第一件事就是在中午找个小餐馆，要了一杯清酒、一份生鱼和一碗米饭，好好地吃了一顿，一下子就消费了1500日元。然后钻进一辆被当作垃圾抛掉的旧丰田汽车里美美地睡了一觉。

广岛人真不错，两个先生的“生意”异常红火，一天下来，他们都窃喜自己的聪明和不菲收入。谁知，傍晚时分，厄运降临到他们头上。一位佩戴胸卡和袖标、腰挎手枪的城市稽查人员出现在广场上，他扔掉了“瞎子”的墨镜，摔碎了“瞎子”的吉他，撕破了“募捐人”的箱子并赶走了他雇的学生，没收了他们的财产，收缴了他们的身份证，还扬言要以欺诈罪起诉他们，然后扬长而去。

这下完了，别说赚钱了，连老本都亏进去了。他们都气愤地骂那个稽查人员：“太黑了，简直是个魔鬼！”

当他们想方设法借了点路费，狼狈不堪地比规定时间晚一天返回松下公司时——天哪，那个“稽查人员”正在公司恭候。“稽查人员”掏出两个身份证递给他们，深鞠一躬：“不好意思，请多关照！”

是的，他就是那个在饭馆里吃饭，在汽车里睡觉的先生。他的投资是用150日元做了一个袖标、一枚胸卡，花350日元从一个拾垃圾老人那儿买了一把旧玩具手枪和一副化装用的络腮胡子，当然，还有就是花1500日元吃了顿饭。

这时，松下公司国际市场营销部总课长宫地孝满走出来，一本正经地对站在那里怔怔发呆的“瞎子”和“募捐人”说：“企业要生存发展，要获得丰厚利润，不仅仅要会吃市场，最重要的是懂得怎样吃掉吃市场的人。”

智慧箴言

真正聪明的投资者是那些用最巧的方法赢得最大利益的人。他们深谙竞争的法则，懂得将市场和竞争对手一样“歼灭”，这就是人们常说的“赢家通吃”规则。

向前线挺进

马登在7岁时成了孤儿，他不得不自己去寻找住处和饮食。早年他读过苏格兰作家斯玛尔斯的《自助》一书。作家斯玛尔斯像马登一样，在孩提时代就成了孤儿，但是，他找到了成功的秘诀。《自助》一书中的思想种子在马登的心中形成了炽烈的愿望，发展成崇高信念，使他的世界变成了一个更美好的世界。

在1893年经济大恐慌之前的经济繁荣时期，马登开办了4个旅馆。他把这4个旅馆都委托给别人经营，而他自己则花许多时间用于写书。实际上，他要写一本能激励美国青年的书，正如同《自助》过去激励了他一样。

马登把他的书叫作《向前线挺进》。他采用的座右铭是："要把每一时刻都当作重大的时刻，因为谁也说不准何时命运会检验你的品德，把你置于一个更重要的地方！"

就在这个时候，命运开始检验他的品德，要把他安排到一个更重要的地方去了。

1893年的经济大恐慌袭来了。马登的两家旅馆被大火烧得精光，即将完成的手稿也在这场大火中化为灰烬。

但是他审视周围，看看国家和他本人究竟发生了什么事。他的第一个结论是：经济恐慌是由恐惧引起的，诸如恐惧美元贬值、恐惧破产、恐惧股票的价格下跌、恐惧工业的不稳定等。

这些恐惧致使股票市场崩溃。567家银行和贷款信托公司以及156家铁路公司，都破产了。失业影响了数以百万计的人们，而干旱和炎热，又使得农作物歉收。

马登觉得有必要来激励他的国家和人民。有人建议他自己管理其他两个旅馆，他否定了。占据他身心的是一种崇高的信念，马登把这种信念同积极的心态结合在一起。他又着手写另一本书。他的新座右铭是一句自我激励的语句："每个时机都是重大的时机。"

他告诉朋友们说："如果有一个时候美国很需要积极心态的帮助，那就是现在。"

他在一个马厩里工作，只靠1.5美元来维持每周的生活。他夜以继日不停地工作，终于在1893年完成了初版的《向前线挺进》。

这本书一上市立即受到了热烈的欢迎。它被公立学校作为教科书和补充读本，它在商店的职工中广泛传播，它被著名的教育家、政治家以及牧师、商人和销售经理推荐为激励人们采取积极心态的最佳读物。它以25种不同的文字同时发行，销售量高达数百万册。同时，马登也成了一个百万富翁。

马登和我们一样，相信人的品质是取得成功和保持成果的基石。并认为达到了真正完满无缺的品质本身就是成功。他指出了成功的秘密，他追求金钱，但是他反对追逐金钱和过分贪婪。他指出有比谋生重要千倍的东西，那就是追求崇高的生活理想。

马登阐明了为什么有些人即使已成为百万富翁，但仍然是彻底的失败者。那些为了金钱而牺牲了家庭、荣誉、健康的人，一生都是失败者，不管他们聚敛了多少钱财。追求金钱、崇尚金钱，本身并没有错，只要你不过分沉溺于其中，不贪财，不被其所左右。

智慧箴言

不管人们处于何种地位，钱都是生存的必需品，钱也是增加休闲方式、提高生活品质的一种途径。然而，金钱不是万能的，如果把金钱本身当成了目的，就会陷入失望和不满，并且永远无法达到提升生活品质的目标。

第五章

良好的人际关系是事业最大的存折

美国著名励志大师戴尔·卡耐基有一个基本观点：“一个人的成功，15%取决于专业本领，85%取决于人际关系与处世技巧。”这一观点得到了人们的高度重视和广泛推崇。人脉是无形的财富。

现代社会的发展已经显示，在技术、资金、人力资源等生产力要素中，人的重要性越来越突出，人际关系的地位也越来越高。无怪乎美国石油大王洛克菲勒说：“我愿意付出比天底下得到其他本领更大的代价来获取与人相处的本领。”

良好的人际关系铸就了他的辉煌

哈维·麦凯从大学毕业那天就开始找工作。当时的大学毕业生很少，他自以为可以找到很好的工作，结果却徒劳无功。好在哈维·麦凯的父亲是位记者，认识一些政商两界的重要人物，其中有一位叫查理·沃德。查理·沃德是布朗比格罗公司的董事长，他的公司是全世界最大的月历卡片制造公司。4年前，沃德因税务问题而入狱。哈维·麦凯的父亲觉得沃德的逃税一案有些失实，于是赴监狱来看望沃德，写了一些公正的报道。沃德非常感激，他几乎落泪地说，在许多不实的报道之后，哈维·麦凯的父亲终于写出公正的报道。

出狱后，他问哈维·麦凯的父亲是否有儿子。

“有一个在上大学。”哈维·麦凯的父亲说。

“何时毕业？”沃德问。

“他刚毕业，正在找工作。”

“噢，那正好，如果他愿意，叫他来找我。”沃德说。

第二天，哈维·麦凯打电话到沃德的办公室，开始，秘书不让见。后来他3

次提到他父亲的名字，才得到跟沃德通话的机会。

沃德说："你明天上午10点钟直接到我办公室面谈吧！"第二天，哈维·麦凯如约而至。应聘变成了聊天，沃德兴致勃勃地谈到哈维·麦凯的父亲的那一段狱中采访，整个谈话过程非常轻松愉快。

聊了一会儿之后，沃德说："我想派你到我们的'金矿'工作，就在对街——品园信封公司。"

为找工作奔波了一个月的哈维·麦凯，现在站在铺着地毯、装饰得富丽堂皇的办公室内，不但顷刻间有了一份工作，而且还是到"金矿"工作。所谓"金矿"是指薪水和福利最好的单位。

那不仅是一份工作，更是一份事业。42年后，哈维·麦凯仍在这一行继续勤奋开采着"金矿"，他已成为全美著名的信封公司——麦凯信封公司的老板。

哈维·麦凯在品园信封公司工作期间，熟悉了经营信封业的流程，懂得了操作模式，学会了推销的技巧，积累了大量的人脉资源。这些人脉成了哈维·麦凯成就事业的关键。

事后，哈维·麦凯说："感谢沃德，是他给我的工作，是他创造了我的事业。"

试想，如果没有沃德的帮助，麦凯可能也就没有如此辉煌的成就了，所以，好的人脉，可以让你的生活更精彩。

智慧箴言

"一个人的成功，15%取决于专业本领，85%取决于人际关系与处世技巧。"无数事实证明，你的专业本领往往只能给你带来一种机会，而交际本领则可以给你带来百种千种机会；有了专业本领只能利用自身能量，而交际本领则可使你利用外界的无限能量。

英才齐聚方可成大业

目前，许多单位重金聘请高级人才是司空见惯的事，一诺千金，少则月薪成千上万，多则月薪几十万。这也是许多领导在用人方面颇富眼光的表现。

"山不在高，有仙则名；水不在深，有龙则灵。"对一个单位何尝不是如此。一个单位如果有一帮能征善战、忠心效力的人才，不愁效益上不去。对领导者而言，人才就是利润，人才就是效益。这样，一掷千金聘请人才的事情就不难理解了。

娃哈哈集团的董事长宗庆后，是一位求贤若渴的企业家。宗庆后曾多次上演“三顾茅庐”的故事，亲自出马请人才。

一次偶然的机会，宗庆后得知，杭州有一个制造保健品百余年的老字号店，该店有一位身怀绝技的技师，对保健品很有研究。此时，宗庆后的工厂生产娃哈哈饮料急需名师指导，他的心马上动起来，开始打这位技师的主意。

宗庆后为请到这位技师费了一番苦心。他深知凡有本事的高手一般都有些怪癖。这些人大多重面子、自命不凡，对金钱不屑一顾。如果以金钱相诱惑恐怕会弄巧成拙，对这类人才的办法只有一个，那就是诚心诚意。

于是，宗庆后就采取迂回战术，经常去拜访这位技师。他一方面虚心地向这位技师请教关于保健品的研制与生产的技术和学问；另一方面，坦诚地把自己的宏伟计划和面临的技术困难告诉了这位技师，并多次表示如有这个技师的帮助，自己的事业必能蒸蒸日上。

就在这软磨硬泡之间，技师不仅深刻了解到宗庆后是一个前程远大的能人，还深深地被他那种爱才惜才、求才若渴的诚意感动了。他意识到如果自己到娃哈哈集团更能实现自己的价值。最后，他终于答应了宗庆后的请求。

这位难请的技师就叫张宏辉。张宏辉到娃哈哈集团后如鱼得水，干得很卖力，但有后顾之忧：没有住房。宗庆后再显诚意，毅然把刚分给他的三室一厅让给张宏辉，自己一家却仍挤在原来的一间小屋里。

即使是石头，恐怕也被宗庆后的诚意感化了。在这里，我们还能找到反对“士为知己者死”的理由吗？

智慧箴言

企业的“企”字拆开来看，可以理解成“止于人”，即企业的经营说到底就是经营人，企业的较量最终是人才的较量。有胸襟和抱负的企业家，必定是用人的行家，他们懂得近处看人、远处看钱，把人才的积聚看作发展的第一战略。一旦聚拢了大批的精英，企业大展宏图则指日可待。

季雅寻邻

南朝时期，有个叫吕僧珍的人，生性诚恳老实，又是饱学之士，待人忠实厚道，从不跟人耍心眼。因此，人缘极好。吕僧珍的家教极严，他对每一个晚辈都耐心教导，严格要求，注意监督，所以形成了优良的家风，家庭中的每一个成员都待人和气、品行端正。吕僧珍家的好名声远近闻名。

南康郡守季雅是个正直的人，他为官清正耿直，秉公执法，从不屈服于达官贵人的威逼利诱。为此他得罪了很多人，一些大官僚都视他为眼中钉、肉中刺，总想除去这块心病。终于，季雅被革了职。

季雅被罢官以后，一家人只好从壮丽的大府第搬了出来。到哪里去住呢？季雅不愿随随便便地找个地方住下，他颇费了一番心思，离开住所，四处打听，看哪里的住所最符合他的心愿。

很快，他就从别人口中得知，吕僧珍家是一个君子之家，家风极好，不禁大喜。季雅来到吕家附近，发现吕家子弟个个温文尔雅、知书达理，果然名不虚传。说来也巧，吕家隔壁的人家要搬到别的地方去，打算把房子卖掉。季雅赶快去找这家要卖房子的主人，愿意出五百金的高价买房，那家人很是满意，二话没说就答应了。

于是季雅将家眷接来，就在这里住下了。

吕僧珍过来拜访这家新邻居。两人寒暄一番，谈了一会儿话，吕僧珍问季雅："先生买这幢宅院，花了多少钱呢？"季雅据实回答，吕僧珍很吃惊："据我所知，这处宅院已不算新了，也不很大，怎么价钱如此之高呢？"季雅笑了，回答说："我这钱里面，一百金是用来买宅院的，四百金是用来买您这位道德高尚、治家严谨的好邻居的！"

季雅宁肯出高得惊人的价钱，选一个好邻居，这是因为他知道好邻居会给他的家庭带来良好的影响。所谓"近朱者赤，近墨者黑"，环境对于一个人各方面的影响，是不容忽视的。

智慧箴言

著名心理学家弗洛姆认为，不管在你的现实生活中，还是想象中，那些与你经常在一起的人会对你的行为和心理产生极大的影响。因此，我们在与人交往的过程中要选择那些心态健康、积极向上的人做朋友，而不是根据自己的意愿和习惯随意选择。

伊莉莎白的交际方法

交际对于上班族来说非常重要，伊莉莎白十分了解这个道理。她是德拉威州唯一的女性眼科医生，在该州是相当有名望的人物。

这位相当吸引人的年轻女郎是如何建立自己的声望的呢？一名知识型上班族若想建立自己的声望，除了热切参与社会活动之外，别无他法。

她知道由于工作之故，无法借报纸、广播做自我推销，于是，她便选择了为公众服务的方式来提高自己的声望。果然，这种方法使她深得人心，也将她的事业推向了康庄大道。

伊莉莎白的服务公司在其23岁时在德拉威州的乔治城开业。开业后，她的第一件工作就是整理出所有曾经交往过的朋友名单，同时参加该城的妇女团体。不久，她便当上妇女会会长，并且连任两届。稍后，她又当上职业妇女组织州联合会会长。

她曾一度在主妇学校及业余剧团中十分活跃，还经常参加宗教、妇女及其他各类联欢会。

她抽空把到国外旅游时的所见所闻制作成幻灯片展示给大家看，这个举动使她与大家的心更近了。

她的社会生活多彩而忙碌，但她仍然能抽出时间扩大自己的交际范围。她曾出任视力鉴定考试委员，担任德拉威州残障协会干事，并且也是州长直属高速公路委员会中的3名女性之一。

那么，她对于参与社交活动的看法又如何呢？她的说法是："能多参与社会性工作，被人们信赖的机会就较高，随时都有可能把自己推销出去。"

就是这样，伊莉莎白在极短的时间内得到了大众的尊敬与信赖，不仅生活更为丰富，而且使自己的事业更加成功。她的所有声望就是不断扩大交际范围的成果。

智慧箴言

不管你目前的职业前途如何，积极地参与社会活动对你一定会有好处。空有才华而不懂得表现是可悲的，因为这将使你白白丧失许多成功的机会！

提拔的标准

一家公司准备从基层员工中选拔一位主管。

董事会出的题是寻宝：大家要从各种各样的障碍中穿越过去，到达目的地，把事先藏在里面的宝物——一枚金戒指找出来。

谁能找出来，金戒指就属于谁，而且他（她）还能得到提拔。

大家兴奋异常。

他们开始行动起来，但是事先设置的路太难走了，满地都是西瓜皮，每走几步就会滑倒，根本无法到达目的地。

他们艰难地行进着。

在他们的寻宝队伍中，公司的一位清洁工落在了最后面。

对于寻宝之事，他似乎并不在意，他只是把垃圾车拉过来，然后把西瓜皮一锹锹地装了上去，然后拉到垃圾站去。

几个小时过去了，西瓜皮也快清理完了。

大家跳过西瓜皮，冲向了目的地，他们四处寻找，但是一无所获。

那个清洁工却在清理最后一车西瓜皮的时候，发现了藏在下面的金戒指。

公司召开全体大会，正式提拔这位清洁工。

董事长问大家："你们知道公司为什么提拔他吗？"

"因为他找到了金戒指。"好几个人举手答道。

董事长摇摇头。

"因为他能做好本职工作。"又有几个人举手发言。

董事长摆了一下手："这还不是全部，他最可贵的地方在于，他富有团队精神，在你们争先恐后地寻宝的时候，他在默默地为你们清理障碍。团队精神，是一个人、一个公司最珍贵的宝贝！"

智慧箴言

团队精神是一个人能否成功的重要因素，具有合作意识的员工才是企业最需要的人才。许多人都具备能力、学识，但真诚的合作意识会使人成为公司最珍贵的宝贝。

赞美是人际交往的润滑剂

约翰·洛克菲勒在人际交往中善于运用真诚来赞美他人，以此来维系良好的人际关系。

一次，洛克菲勒的一个合伙人爱德华·贝德福特，在南美的一次生意中，使公司损失了100万美元。然后，贝德福特丧气地回来见洛克菲勒，洛克菲勒本可以指责他的过失，但是他并没有这样做，他知道贝德福特已经尽力了，更何况事情已经发生了，并不能因此而把他的功劳全部抹杀，于是洛克菲勒另外寻找一些话题来称赞贝德福特，他把贝德福特叫到自己的办公室，对他说："这太好了，你不仅节省了60%的投资金融，而且也为我们敲了一个警钟。我们一直都在努力，并且取得了几乎所有的成功，还没有尝到失败的滋味。这样也好，我们可以更好地发现自己的错误和缺点，争取更大的胜利。更何况，我们也并不能总是处在事业的巅峰时期。"

几句话，把贝德福特说得暖乎乎的，并下决心准备从头做起。

智慧箴言

在世界上所有的道路中，心与心之间的道路是最难行走的，许多人都在追求利益，可他们却找不到通往心灵的方向。其实走进他人的心灵是轻而易举的，路标就是真诚地赞赏他人。

倾听为你的交际魅力加分

连平是罗宾见到的最受欢迎的人士之一。他总能受到邀请，经常有人请他参加聚会、共进午餐、打高尔夫球或网球、担任基瓦尼斯国际或扶轮国际的客座发言人。

一天晚上，罗宾碰巧到一个朋友家参加一次小型社交活动。他发现连平和一个漂亮女孩坐在一个角落里。出于好奇，罗宾远远地注意了一段时间。罗宾发现那位女孩一直在说，而连平好像一句话也没说。他只是有时笑一笑，点一点头，仅此而已。几个小时后，他们起身，谢过男女主人，走了。

第二天，罗宾见到连平时禁不住问道：“昨天晚上我在斯旺森家看见你和最迷人的女孩在一起。她好像完全被你吸引住了。你怎么抓住她的注意力的？”

“很简单。”连平说，“斯旺森太太把苏珊介绍给我，我只对她说：‘你的皮肤晒得真漂亮，在冬季也这么漂亮，是怎么做的？你去哪呢？阿卡普尔科还是夏威夷？’

“‘夏威夷。’她说，‘夏威夷永远都风景如画。’

“‘你能把一切都告诉我吗？’我说。

“‘当然。’她回答。我们就找了个安静的角落，接下去的两个小时她一直在谈夏威夷。

“今天早晨苏珊打电话给我，说她很喜欢我陪她。她说很想再见到我，因为我是最有意思的谈伴。但说实话，我整个晚上没说几句话。”

看出连平受欢迎的秘诀了吗？很简单，连平只是让苏珊谈自己。他对每个人都这样——对他人说：“请告诉我这一切。”这足以让一般人激动好几个小时。人们喜欢连平就因为他注意他们。

学会倾听，是突破交往障碍的一个有效行动。当你走出自己的小天地，试着站在别人的立场上，做一个好的听众，你就能够成为一个广受欢迎的交际高手，为自己赢得众多的朋友。

智慧箴言

倾听是美丽的，善于倾听的人则是迷人的。倾听是人际交往中最动听的音符，学会倾听，多多倾听，走近他人其实并不难。

坦诚赢得良好的人际关系

人与人之间，无论是陌生关系还是朋友关系，无论是亲人还是顾客，都应该相互坦诚。因为坦诚高于人性其他方面的一切品质！但要如何才能获得别人的坦诚呢？答案是，只有坦诚才能换来坦诚！

一直以来，约翰都试图把煤推销给一家大型连锁公司。然而，那家连锁公司依然继续使用另一个地方的煤。因此，约翰一直在骂那家连锁公司。

事情发生在一次辩论中。约翰答应了站在连锁商店的立场上进行辩护。于是，他到他曾经痛恨的连锁公司，去会见一位部门经理。见面后，他说：“我到这里来，并不是向你们推销煤的。我只是来请求你们帮我一个大忙。”接着他把辩论的事情跟对方详细地说了一通：“我是来请您帮忙的，因为我想不出还有什么人能够比你们更能提供我所需要的资料了。我非常想赢得这场辩论。对于您的帮助，我感激不尽。”

刚开始，约翰请求对方给自己5分钟时间，对方答应了。当约翰说明来意后，对方就请他坐了下来，并谈了将近3小时。最后，对方请来一位曾经写过一本有关连锁商店的书的高级文员，让约翰与他交谈。该经理还写信给全国连锁组织公会，为约翰要了一份他需求的资料。这对约翰的辩论将很有用。

为什么连锁公司经理会如此尽力帮助他呢？因为当他说“我认为连锁商店对人类是一种真正的服务”“我以我为数百个地区的人民所做的一切而感到自豪”时，连锁公司经理已经坦诚地赞同他了。而这种赞同，完全是发自内心的。

当约翰走时，经理送他到门外，并用自己手臂环绕着约翰的肩膀，预祝他辩论得胜，并诚邀他以后再来做客，把辩论结果告诉自己。最后，他还说了这样一句话：“请在秋末时再来找我，我想签一份订单，买你的煤。”约翰有点惊讶，因为在整个交谈过程中，他们的谈话中没有提及半个“煤”字。

智慧箴言

在交际的场合中，尤其是当我们遇到陌生人时，坦诚是我们打开友谊之门的钥匙。碰到陌生人，与其躲躲闪闪，不如索性大大方方地主动出击。率直、大方的人，往往易于使人亲近，也常常受人欢迎，也就更容易赢得别人的信任。

加温的选择

在一次交战中，年轻的亚瑟国王被邻国的士兵抓获。邻国的国王十分欣赏亚瑟的勇敢和才华，没有杀他，并承诺只要亚瑟能回答一个非常难的问题，就还亚瑟自由。亚瑟有一年的时间来思考这个问题。如果一年的时间还不能给出答案，亚瑟就会被处死。

这个问题是：女人真正想要的是什么？

亚瑟接受了国王的难题——在一年的最后一天给他答案。

亚瑟回到自己的国家，开始向每个人征求答案：公主、妓女、牧师、智者、宫廷小丑……他问了所有的人，但没有人可以给他一个满意的回答。人们告诉他去请教一个老女巫，只有她才能知道答案。但是他们警告他，女巫的收费非常高，她昂贵的收费在全国是出名的。

一年的最后一天到了，亚瑟别无选择，只好去找女巫。女巫答应回答他的问题，但他必须首先接受她的交换条件：和亚瑟王最高贵的圆桌武士之一，他最好的朋友——加温结婚。亚瑟王惊骇极了，看看女巫：驼背，丑陋不堪，只有一颗牙齿，身上发出臭水沟般难闻的气味，而且经常制造出猥亵的声音。他从没有见过如此不和谐的怪物。他拒绝了，他不能强迫他的朋友娶这样的女人而让自己背负沉重的精神包袱。

加温知道这个消息后，对亚瑟说："我同意和女巫结婚，没有比拯救亚瑟王的生命和保存圆桌会议更重要的事了。"于是婚礼宣布了，女巫回答了亚瑟的问题："女人真正想要的是主宰自己的命运。"于是，亚瑟便得救了。

来看看加温和女巫的婚礼吧，这是怎样的婚礼呀！亚瑟为此而深感痛苦与自责。然而加温却一如既往地谦和，而女巫却在庆典上表现出她最坏的行为，让所有的人都感到厌恶和恶心。

新婚的夜晚来临了：加温依然坚强地面对可怕的夜晚，走进新房。是怎样的景象在等待着他呀！一个他从没见过的美丽少女半躺在婚床上！加温惊呆了，问她到底是怎么回事。美女回答说，因为当她是个丑陋的女巫时加温对她非常好，于是决定一天的一半是美丽的，让加温选择让她在白天呈现她可怕的一面，还是夜晚呈现她美丽的一面。

那么加温想要她在白天或夜晚的哪一面呢？

多么残酷的问题呀！

加温开始思考他的困境：在白天向朋友们展现一个美丽的女人，而在夜晚，在他自己的屋子里，面对的是一个又老又丑如幽灵般的女巫呢，还是选择白天拥有一个丑陋的女巫妻子，但在晚上与一个美丽的女人共度良宵？

最后，加温没有做任何选择，只是对他的妻子说："既然女人最想要的是主宰自己的命运，那么就由你自己决定吧。"

于是，女巫选择白天、夜晚都是美丽的女人。

智慧箴言

互相理解和尊重是良好交际的前提。然而在生活中却有很多人喜欢别人按照自己的意愿去生活，而不管别人愿不愿意。事实上，当你在交往中试着替别人考虑，理解并尊重别人的意愿时，你将得到更多。

从寻求帮助开始

卡耐基是著名的人际交往大师。他认为自己交际上最重要的一课，是一位容貌漂亮、姿态优雅的女士教给他的。回忆起当时的情形，卡耐基这样说道：

“有一天晚上，在人际关系的课堂上，我正和学生讨论某些店员使我们受气的情形。我们举了很多例子，有些店员对顾客根本不理不睬，有的则更恶劣，没有礼貌。

“最后轮到这位女士发言，她说：‘我并不责怪这些可怜的店员，有时顾客对他们也很不客气，不尊重他们。我常常享受他们最周到的服务，他们都对我很好，这是因为我有一套好方法。’

“于是她告诉我们她的方法：‘我走到店员面前，向她微笑着说，你可以帮我个忙吗？我几乎从来没有被拒绝过。’

“有谁忍心拒绝一位笑脸迎人、可爱的小妇人的请求呢？

“不过这只是秘诀的前半部。她继续解释后半部：‘我很快再补充说，我对我所要买的这件东西不是很了解，我需要您提供意见。不管我只是买一个小小的纽扣或买冰箱，我都运用同样的方法。那些店员总是急切地想帮我忙，而且尽可能拿出所有的样式给我。你可以将这种方法运用到机票柜台、百货公司、旅馆、计程车和餐厅，你还可以更广泛地运用到很多地方。’”

智慧箴言

用真诚的心和微笑去请求帮助，没有人会拒绝你。因为你的请求能够让他人觉得自己受到了尊重和肯定，如果你觉得与人交往是一件困难的事情，就试着从寻求别人的帮助开始吧。

老人的回答

一位老人，每天都坐在路边的椅子上，向开车经过镇上的人打招呼。

有一天，他的孙女在他身旁，陪他聊天。这时有一位陌生人在路边四处打听，看样子想找个地方住下来。

陌生人来到老人身边，问道："请问大爷，住在这座城镇还不错吧？"

老人慢慢转过来回答："你原来住的城镇怎么样？"

陌生人说："在我原来住的地方，人人都很喜欢批评别人，邻居之间常说闲话，总之那地方很不好。我真高兴能够离开，那不是个令人愉快的地方。"

坐在椅上的老人对陌生人说："那我得告诉你，其实这里也差不多。"

过了一会儿，一辆载着一家人的大车在老人旁边的加油站停下来加油。然后车子慢慢开出加油站，停在老人和他孙女坐的地方。

这时，一个男人从车上走下来，向老人说道："住在这市镇不错吧？"

老人没有回答，又问道："你原来住的地方怎样？"

这个男人看着老人说："我原来住的城镇每个人都很亲切，人人都愿帮助邻居。无论去哪里，总会有人跟你打招呼，说谢谢。我真舍不得离开。"

老人看着这个男人，脸上露出和蔼的微笑："其实这里也差不多。"

车子开动了。男人向老人说了声谢谢，驱车离开。

等到那家人走远，孙女抬头问老人：

"爷爷，为什么你告诉第一个人这里很可怕，却告诉第二个人这里很好呢？"

老人慈祥地看着孙女说：

"不管你搬到哪里，你都会带着自己的态度；那地方可怕或可爱，全在于你自己！"

智慧箴言

在交际中，我们对待别人的态度直接影响别人对我们的态度，当你抱怨自己周围的人冷漠，觉得处处有人与自己作对时，不妨反省一下自己平时的态度和行为，看看问题是不是出在自己身上。

第六章

思路决定出路，想到才能做到

人生就是一连串不断思考的过程，每个人的前途与命运，完全掌握在自己的手中，只要善于思考，获取正确的思路，成功就离你不再遥远。

现实生活中，我们常常会看到，那些思路灵活、善于思考的人，总能比别人得到更多的成功和乐趣，而那些缺乏思考、拘泥于常规的人，虽然整天忙忙碌碌，境遇却总难以尽如人意。如此的人生差距，让我们不得不感叹，思路决定出路，思考改变人生。

眼睛所到之处，是成功到达的地方

戴高乐说："眼睛所看到的地方，就是你会到达的地方，唯有伟大的人才能成就伟大的事。他们之所以伟大，就是因为决心要做出伟大的事。"教田径的老师会告诉你："跳远的时候，眼睛要看着远处，你才会跳得更远。"

一个人要想成就一番大的事业，必须树立远大的理想和抱负，有深远的思想和广阔的视野，按照既定的理想，始终坚持下去，到最后，一定会获得成功。有这样一个故事：

爱诺和布诺差不多同时进入同一家超级市场，开始时大家都一样，从最底层干起。可不久爱诺受到总经理青睐，一再被提升，从领班直到部门经理。布诺却像被人遗忘了一般，还待在最底层。终于有一天布诺忍无可忍，向总经理提出辞呈，并痛斥总经理狗眼看人低，辛勤工作的人不提拔，反提升那些吹牛拍马的人。

总经理耐心地听着，他了解这个小伙子，工作肯吃苦，但似乎缺少了点什么，缺什么呢？一言两语说不清楚，看来……他忽然有了个主意。

"布诺先生，"总经理说，"你马上到集市上去，看看今天有什么卖的。"

布诺很快回来说，刚才集市上只有一个农民拉了车土豆在卖。

“一车大约有多少钱，多少斤？”总经理问。

布诺又跑去，回来说有10袋。

“价格多少？”布诺再次跑到集市上。

总经理望着跑得气喘吁吁的布诺说：“请休息一会儿吧，看爱诺是怎么做的。”

说完，他叫来爱诺，对他说：“爱诺先生，你马上到集市上去，看看今天有什么卖的。”

爱诺很快从集市回来了，汇报说到现在为止只有一个农民在卖土豆，有10袋，价格适中，质量很好，他带回几个让总经理瞧一瞧。这个农民过一会儿还将弄几筐西红柿出售。据他看，价格还公道，这种价格的西红柿总经理可能会要。所以，他不仅带回了几个西红柿当样品，而且把那个农民也带来了，现在正在外面等着回话呢！

总经理看了一眼红了脸的布诺说：“请他进来。”

爱诺由于比布诺多想了几步，所以在工作上取得了一定的成功。

智慧箴言

一个成功的人，必然是一个具有长远眼光的人。用敏锐的眼光洞察现实，预见未来的发展方向，就能使你摆脱困境，走向成功。

3个要求，3种人生

有3个人要被关进监狱3年，监狱长说可以满足他们3个人每人一个要求。

美国人爱抽雪茄，要了3箱雪茄。

法国人最浪漫，要一个美丽的女子相伴。

而犹太人说，他要一部与外界沟通的电话。

3年过后，第一个从监狱出来的是美国人，嘴里、鼻孔里塞满了雪茄，大喊道：“给我火，给我火！”原来他忘了要火了。

接着出来的是法国人。只见他手里抱着一个小孩子，美丽女子手里牵着一个小孩子，肚子里还怀着第三个。

最后出来的是犹太人，他紧紧握住监狱长的手说：“这3年来我每天与外界联系，我的生意不但没有停顿，反而增长了200%。为了表示感谢，我送你一辆劳斯莱斯！”

智慧箴言

思路决定行动，有什么样的选择便会导致什么样的结果。要想在成功的路上走得更远，就应把眼光放得再远一点。

奥运新思路

1984年以前的奥运会主办国，几乎是指定的。对举办国而言，往往是喜忧参半。能举办奥运会，自然是国家的荣誉，还可以乘机宣传本国形象，但是以新场馆建设为主的大规模投入，又将使政府负担巨大的财政赤字。奥运会几乎变成了为“国家民族利益”而举办，为“政治需要”而举办。赔老本已成奥运定律。最好的自我安慰就是：有得必有失嘛！直到1984年洛杉矶奥运会，美国商界奇才尤伯罗斯接手主办奥运，运用他超人的创新思维，改写了奥运经济的历史，不仅首度创下了奥运史上第一个巨额赢利纪录，更重要的是建立了一套“奥运经济学”模式，为以后的主办城市如何运作提供了样板。

鉴于其他国家举办奥运的亏损情况，洛杉矶市政府在得到主办权后即做出一项史无前例的决议：第23届奥运会不动用任何公用基金。因此而开创了民办奥运会的先河。

尤伯罗斯接手奥运之后，发现组委会竟连一家皮包公司都不如，没有秘书、没有电话、没有办公室，甚至连一个账号都没有。一切都得从零开始，尤伯罗斯决定破釜沉舟。他以1060万美元的价格将自己的旅游公司股份卖掉，开始招募人员，把奥运会商业化，进行市场运作。

第一步，开源节流。

首先，他本人以身作则不领薪水，在这种精神感召下，有数万名工作人员甘当义工。其次，延用洛杉矶现有的体育场。最后，当地的3所大学宿舍做奥运村。仅后两项措施就节约了数十亿美元。

第二步，举行声势浩大的“圣火传递”活动。

奥运圣火在希腊点燃后，在美国举行横贯美国本土的1.5万公里圣火接力跑。用捐款的办法，谁出钱谁就可以举着火炬跑上一程。全程圣火传递权以每公里3000美元出售，1.5万公里共售得4500万美元。尤伯罗斯实际上是在卖百年奥运的历史、荣誉等巨大的无形资产。

第三步，别具一格的融资、赢利模式。

尤伯罗斯出人意料地提出，赞助金额不得低于500万美元，而且不许在场地内包括其空中做商业广告。这些苛刻的条件反而刺激了赞助商的热情。一家公司急于加入赞助，甚至还没弄清所赞助的室内赛车比赛程序如何，就匆匆签字。尤伯罗斯最终从150家赞助商中选定30家。此举共筹到1.17亿美元。

最大的收益来自独家电视转播权转让。尤伯罗斯采取美国三大电视网竞投的方式，结果，美国广播公司以2.25亿美元夺得电视转播权。尤伯罗斯又首次打破奥运会广播电台免费转播比赛的惯例，以7000万美元把广播转播权卖给美国、欧洲及澳大利亚的广播公司。

奥运比赛门票收入，通过强大的广告宣传和新闻炒作，也取得了历史最高水平。

第四步，出售与本届奥运会相关的吉祥物和纪念品。

尤伯罗斯联合一些商家，发行了一些以本届奥运会吉祥物山姆鹰为主要标志的纪念品。通过这四步卓有成效的市场运作，在短短的十几天内，第23届奥运会总支出5.1亿美元，赢利2.5亿美元，是原计划的10倍。尤伯罗斯本人也得到47.5万美元的红利。在闭幕式上，当时的国际奥委会主席萨马兰奇向尤伯罗斯颁发了一枚特别的金牌，报界称此为“本届奥运最大的一枚金牌”。

智慧箴言

成功是“想”出来的。只有敢想、会想，善于思考才能成功。如果一个人善于思考，那么他就可以把别人难以办成的事办成，把自己本来办不成的事情办成。

他山之石的妙用

100多年前，医生们虽已经能够进行外科手术，但是死亡率却非常高。10个手术病人中，一半以上的病人会因感染而死去，明明手术很成功，但伤口却很容易发红发肿，化脓溃烂，最后痛苦地死去。医生们搞不明白这是什么原因，也不知道怎么防止感染。

英国医生李斯特是一个很出色的外科医生，虽然他的外科技术很高超，但也无法防止病人手术后的感染，经常眼睁睁地看着病人死去。苦恼的李斯特一直在积极寻找着解决问题的办法，与其他外科医生不同的是，他的目光并没有仅仅局限于外科手术这一狭小的范围。

有一次，李斯特看到法国出版的一本生物学杂志，里面有一篇法国科学家巴斯德的探讨生命起源的论文。论文中讲到巴斯德通过大量实验证明，生命不是无中生有，是空气中的生命孢子进入的结果；有机物的腐败和发酵也是微生物进入的结果。

这篇文章表面看起来与李斯特的外科手术并没有直接关系，但李斯特却从中汲取了丰富的营养。他想：病人伤口的感染化脓，不也是一种有机物的腐败现象吗？这个看不见的微生物世界，影响着我们的生活，也肯定影响着外科手术。

依据这种思想，李斯特在手术之前严格地洗手，将手术器械严格地煮沸，在伤口上用煮沸过的纱布包扎，以防止空气中的微生物感染伤口。后来他又寻找到一种杀灭细菌的药剂。运用这些办法以后的手术，死亡率大大降低。就这样，李斯特从一篇表面上看来似乎毫不相关的文章中受到启发，创立了消毒外科学。

智慧箴言

世界是普遍联系的，知识也是如此，它们互相关联，任何学科都没有一个绝对的界限。李斯特依据巴斯德的理论成功创立消毒外科学，更充分地说明了这一点。因此，我们若能于生活、工作之中，广泛猎取，不断扩大自己的知识面，说不定就可以有一些别出心裁的创新。

会讲笑话的垃圾桶

有一座城市的居民有个坏习惯，他们从不把垃圾好好地倒进垃圾桶，而是很随意地到处乱扔，弄得整个城市一片混乱。为此，政府专门成立环境整治部门，甚至强制进行罚款，可是，仍然收效甚微。街道上还是到处都是垃圾，连卫生局局长都为此感到十分气恼，可又无能为力。

这一天，一个小伙子主动走进卫生局局长的办公室，他献上了一条妙计……

没过几天，城市里的居民们纷纷发现街道上的垃圾桶突然会说话了，并且是讲很可乐的笑话。当人们把垃圾扔进垃圾桶里，当时就能听到垃圾桶讲笑话。小孩子们更是爱到垃圾桶那儿倒垃圾，不仅自己笑得肚子疼，还会把这些笑话讲给其他的小朋友听。

这样一来，居民们都喜欢把垃圾扔进垃圾桶里了，街道上的卫生状况得到了彻底的改变。时间长了，这个城市居然变成了一座美丽的花园城市。

原来，那位小伙子设计了一种电动垃圾桶，桶上装有感应器，垃圾丢进桶里，感应器就会启动录音机，播放事先录好的不同的笑话。

智慧箴言

世界上的每一把锁必有一把配对的钥匙，只有找对了钥匙才能打开这把锁。所以在分析问题时，必须找到问题的症结所在，抓住最实质的东西，有针对性地考虑问题，才能使问题迎刃而解。

放飞想象的翅膀

大家都知道在衣服、鞋子上有一种一扯即开的“免扣带”，它以方便省时而大受现代人的欢迎。说到它的发明就要提到一个叫马斯楚的瑞典人。

马斯楚就是“免扣带”的发明人，这个发明纯属偶然。

1948 年的一天，他和朋友兴致勃勃地去登山。登上顶峰后，他们随便坐在草地上吃午餐。这时，马斯楚突然觉得臀部又痛又痒。他知道这又是鬼针草的“恶作剧”，于是坐不住了，不耐烦地把鬼针草一根一根地从裤子上摘下来，但摘不胜摘。回家后，他把残留在裤子上的鬼针草取下来，想弄清楚它为什么“粘”人，结果发现鬼针草的结构十分特殊，粘在裤子上拍不下来。马斯楚心想：“如果模仿它的结构，做一种纽扣或别针，那该多好！”

一念之间，一项新发明诞生了。马斯楚制成了一种合上就不易分开的布，即一块布织成许多钩子，另一块布织成很多圆球，两者合起来，产生拉链的效果。他将其命名为“免扣带”，申请了专利，然后与一家织布公司合作生产。由于“免扣带”的使用范围很广，马斯楚足足赚了 3 亿多美元。

智慧箴言

如果将人生比作一条长河，那么想象就是长河中的朵朵浪花。荒诞不经的想法，大胆的猜测，标新立异的假说，这些创新思维的利剑，往往能劈开传统观念的枷锁，帮助你于混沌之中探索出路，于黑暗之中发现光明，并成就非凡的功业。

做一条反向游泳的鱼

宋神宗熙宁年间，越州（今浙江绍兴）闹蝗灾。只见蝗虫乌云般飞来，遮天蔽日。所到之处，禾苗全无，树木无叶，一片肃杀景象。当然，这年的庄稼颗粒无收。

这时，素以多智、爱民著称的清官赵汴被任命为越州知州。赵汴一到任，首先面临的是救灾问题。越州不乏大户之家，他们有积年存粮。老百姓在青黄不接时，大都过着半饥半饱的日子，而一旦遭灾，便没了大半年的口粮。灾荒之年，粮食比金银还贵重，哪家不想存粮活命？一时间，越州米价暴涨。

面对此种情景，僚属们都沉不住气了，纷纷来找赵汴，求他拿出办法来。借此机会，赵汴召集僚属们来商议救灾对策。

大家议论纷纷，但有一条是肯定的，就是依照惯例，由官府出告示，压制米价，以救百姓之急。僚属们七嘴八舌，说附近某州某县已经出告示压米价了，越洲倘若还不行动，任由米价天天涨，老百姓将不堪其苦，会起事造反的。

赵汴静听大家发言，沉吟良久，才不紧不慢地说：“今次救灾，我想反其道而行之，不出告示压米价，而出告示宣布米价可自由上涨。”众僚属一听，都目瞪口呆，先是怀疑知州大人在开玩笑，而后看知州大人蛮认真的样子，又怀疑这位大人是否吃错了药，在胡言乱语。赵汴见大家不理解，笑了笑，胸有成竹地说：“就这么办，起草文告吧！”

官令如山，大人说怎么办就怎么办。不过，大家心里都直犯嘀咕：这次救灾肯定会失败，越州将饿殍遍野，越州百姓要遭殃了！这时，附近州县都纷纷贴出告示，严禁私增米价。若有违犯者，一经查出严惩不贷。揭发检举私增米价者，官府予以奖励。而越州则贴出不限米价的告示，于是，四面八方的米商闻讯而至。开始几天，米价确实增了不少，但买米者看到米上市的太多，都观望不买。过了几天，米价开始下跌，并且一天比一天跌得快。米商们想不卖再运回去，但一则运费太贵，增加成本，二则别处又限米价，于是只好忍痛降价出售。这样，越州的米价虽然比别的州县略高点，但百姓有钱可买到米。而别的州县米价虽然压下来了，但百姓排半天队，却很难买到米。所以，这次大灾，越州饿死的人最少，受到朝廷的嘉奖。

僚属们佩服赵汴，纷纷来请教其中原因。赵汴说："市场之常性，物多则贱，物少则贵。我们这样一反常态，告示米商们可随意加价，米商们都蜂拥而来。吃米的还是那么多人，米价怎能涨上去呢？"

智慧箴言

思维逆转本身就是一种灵感的源泉。遇到问题，我们不妨多想一下，能否朝反方向考虑一下解决的办法。反其道而行之是人生的一种大智慧，当别人都在努力向前时，你不妨倒回去，做一条反向游泳的鱼，说不定你会看到另外一种风景。

挣脱你的"思维栅栏"

这是几年前的一件事。保尔告诉他儿子，水的表面张力能使针浮在水面上，他儿子那时才10岁。保尔接着提出一个问题，要求他将一根很大的针投放到水面上，但不得沉下去。保尔自己年轻时做过这个试验，所以保尔提示儿子要利用一些方法，譬如采用小钩子或者磁铁等。儿子却不假思索地说："先把水冻成冰，把针放在冰面上，再把冰慢慢化开不就行了吗？"

这个答案真是令人拍案叫绝！它是否行得通倒无关紧要，关键一点是，保尔即使绞尽脑汁冥思苦想几天，也不会想到这上面来。经验把保尔限制住了，思维僵化了，他的儿子倒不落窠臼。

保尔设计的"轻灵信天翁"号飞机首次以人力驱动飞越英吉利海峡，并因此赢得了大奖。但在投针一事之前，他并没有真正明白他的小组何以能在这场历时18年的竞赛中获胜。要知道，其他小组无论从财力上还是从技术力量上来说，实力远比他们雄厚。但到头来，其他的进展甚微，保尔他们却独占鳌头。

投针的事情使保尔豁然醒悟：尽管每一个对手技术水平都很高，但他们的设计都是常规的。而保尔的秘密武器是：虽然缺乏机翼结构的设计经验，但保尔很熟悉悬挂式滑翔以及那些小巧玲珑的飞机模型。保尔的"轻灵信天翁"号只有70磅（约为31.75千克）重，却有90英尺（约为27.43米）宽的巨大机翼，用优质绳做绳索。他们的对手们当然也知道悬挂式滑翔，对手的失败正在于懂得的标准技术太多了。

智慧箴言

人永远都不能满足于现状，只有不断突破创新，才能创造更好的生活，才能享受更大的幸福。

鞋子的发明

有一个国家，因为当时还没有发明鞋子，所以人们都赤着脚，即使是冰天雪地也不例外。国王喜欢打猎，他经常出去打猎，但是他进出都骑马，从来不徒步行走。

有一回他在打猎时偶尔走了一段路，可是真倒霉，他的脚让一根刺扎了。他痛得“哇哇”直叫，把身边的侍从大骂了一顿。第二天，他向一个大臣下令：7天之内，必须把城里大街小巷统统铺上毛皮。如果不能如期完工，就要把大臣处死。一听到国王的命令，那个大臣十分害怕。可是国王的命令怎么能不执行呢？他只得全力照办。大臣向自己的下属官吏下达命令，官吏们又向下面的工匠下达命令。很快，往街上铺毛皮的工作就开始了，声势十分浩大。

铺着铺着就出现了问题，所有的毛皮很快就用完了。于是，不得不每天宰杀牲口。一连杀了成千上万的牲口，可是铺好的街道还不到百分之一。

离限期只有两天了，急得大臣消瘦了许多。大臣有一个女儿，非常聪明。她对父亲说：“这件事由我来办。”

大臣苦笑了几声，没有说话，可是女儿坚持要帮父亲解决难题。她向父亲讨了两块皮，按照脚的模样做了两只皮口袋。

第二天，大臣的女儿让父亲带她去见国王。来到王宫，她先向国王请安，然后说：“大王，您下达的任务，我们都完成了。您把这两只皮口袋穿在脚上，走到哪儿去都行。别说小刺，就是钉子也扎不到您的脚！”

国王把两只皮口袋穿在脚上，然后在地上走了走。他为大臣女儿的聪明而感到惊奇，因为穿上这两只口袋走路舒服极了。

国王下令把铺在街上的毛皮全部揭起来。很快，揭起来的毛皮堆成了一大堆，人们用它们做了成千上万双鞋子。

大臣的女儿不但得到了国王的奖赏，而且受到全国老百姓的尊敬。此后，人们开始穿鞋子，并想出了不同的样式。

智慧箴言

一条路，当我们清楚地看到它的前方已经山穷水尽时，不妨试着转个身，也许柳暗花明的惊喜就在眼前。养成逆向思维的好习惯，可以提高解决问题的能力，也能够激发我们的创造力。

从身边寻找灵感

悉尼歌剧院位于澳大利亚的港湾，是20世纪世界建筑史上的奇迹，它的设计者是当时不到40岁的丹麦建筑设计师耶尔恩·乌特松。

当征集悉尼歌剧院方案的时候，耶尔恩·乌特松也得到了这个消息，他决定参加这个大赛。他从资料里，从人们的回忆里，甚至从人们的想象里寻找悉尼。他不但寻找悉尼的地理环境、风光，还包括人们对它的感觉、赞美和对它未来的猜想。然后他日思夜想，废寝忘食地埋头于他的方案中。他研究了世界各地歌剧院的建造风格，尽管它们或气势宏伟，或华美壮丽，但他都没有从那里获得一点灵感。

这是在南半球一个十分美丽的港湾都市海边建造的歌剧院，必须摈弃一切旧的模式，具有崭新的思维。

早上、晚上，他都沉浸在设计里；一日三餐，是饱，是饥，他浑然不觉。时间一天一天过去，截稿日渐近，却仍无头绪。有一天，妻子见苦苦思索的他又没有及时进餐，就随手递给他一个橘子。沉浸在思索中的他，随手接过橘子，神情却依旧漠然。他一边思考方案，一边漫无目的地用小刀在橘子上划来划去。橘子被他的小刀横的竖的划了一道又一道。无意中，橘子被切开了。当他回过神来，看着那一瓣一瓣的橘子，一道灵感的闪电划过脑海的上空。

“啊，方案有了！”

他迅速设计好草图，寄往新南威尔士州，于是，20世纪世界上最伟大的建筑之一——悉尼歌剧院诞生了。

如今，在悉尼——这个世界第一美港的贝尼朗岬角上，三面临海的歌剧院，如扬帆出海的船队，又像一枚枚巨大的白色贝壳矗立海滩。船队可以想象成壮士出海，贝壳又可以想象成仙人所遗留……日中，它是白色的；日暮，它是橘红色的。不管它怎样变幻着色彩，都与周围景色浑然一体。因为它，悉尼，被赋予想象：海波是舒缓的，白帆是饱满的，贝壳是静态的……浑然天成，一种奇妙的组合。在人们心目中，悉尼歌剧院已经成为一种海的象征、艺术的象征、人类精神的象征。

智慧箴言

如果你始终想在那些遥远的事物中寻找创新的思路，可能会被牵绊。很多时候，能让你的思维走到新奇境地的，恰恰是那些身边最常见的东西。善于从身边的事物中寻找突破口，是我们培养创新能力的一种有效途径。

不贴身的雨衣

一天，有位小学生放学回家正值大雨倾盆，这位小学生虽然身着雨衣，但是雨衣贴着裤腿，雨水顺着雨衣灌满了两只鞋。这种情景，对于穿雨衣的人来说太熟悉了，谁还会对此提出疑义呢？或许是小孩子更易幻想，或许是小孩子更少成见，他展开了想象的翅膀："有没有办法让雨衣不贴身呢？"这个问题一直在他脑中盘旋。

有一次，他和父母一同去观看文艺演出，舞台上的演员在旋转时，长裙的下摆像伞一样徐徐张开了。他的头脑中立刻闪现出了使雨衣不贴裤腿的灵感："对，如果雨衣也能像裙子那样张开，问题不就解决了吗？可是，走路又不能旋转，这怎么办？"回到家里，他眼前还是旋转着的长裙，目光却落到了一只塑料救生圈上，终于，灵感又一次帮助他解决了难题：将雨衣的下边做成一只救生圈，穿的时候吹足气，不就不贴在身上了吗？"充气雨衣"诞生了，他因此获得了第一届全国青少年科学创造发明比赛一等奖。

故事中的小学生在观看文艺演出时从演员的长裙中找到发明不贴身雨衣的灵感。"发明大王"爱迪生有一句至理名言："发明是2%的灵感加上98%的血汗。"这句名言道出了孕育和呼唤灵感的艰辛。但在灵感降临的刹那，最为贴切的词汇却是四个字——灵机一动。

智慧箴言

无论是以动机为前提的创新灵感寻觅，还是由于外界事物启发而偶然产生的灵感闪现，都是由于大脑中原有"某种准备"，在得到启发后，使灵感思维处于激发状态，建立起许多暂时联系而迅速结合的产物。看似灵机一动，其实早有准备，是长期积累、偶然得之的结果。

最顶尖的雕像

在一个乡下人的门前放着一尊巨大的石像，放在那里很久了，任凭风吹雨打。

一天，一个城里人经过这里。他看到了石像，便问乡下人能不能把石像卖给自己。乡下人听了，想都没想就说："你居然要买这个石像，我一直为它挡在门前而苦恼呢！"

"那我花 20 元买走它。"城里人说。乡下人很高兴，因为这不但使自己得到了 20 元，而且也让门前的场地宽敞了许多。

石像被城里人设法运到了城里。几个月后，乡下人进城在大街上闲逛。他看见一间富丽堂皇的屋子前面围着一大群人，其中有一个人在高声叫着："快来看呀，来欣赏世界上最顶尖的雕像，只要 40 元的门票。"

于是，乡下人买了门票走进屋子，也想要一睹为快。事实上，乡下人所看到的正是他卖掉的那尊石像。

智慧箴言

面对一件平平常常的事物，一般人会视若无物，毫不珍惜。而对于聪明的人来说，他的眼光是独特的，能从中发现玄机并善加利用，所以成功对他来说也就很容易了。

运用之妙，存乎一心

在印尼的巴厘岛海湾里，有一条荒弃了的栈道，这条从岸边延伸至海里的栈道，原来是渔民登大船用的。被荒弃后，土著人巴拉克便把它当作了钓鱼台。每天，巴拉克都蹲在栈道的尽头上"钓"章鱼。

章鱼有个习惯，每到生殖季节，总喜欢往空螺壳里钻，并在里头下卵。章鱼有八根足爪，每根爪都有上百个吸附性很强的小吸盘，能牢牢地攫住空壳。巴拉克抓住章鱼这一习性，把一只只系着索线的破坛烂罐放入海里，总能"钓"到不少章鱼。为此，巴拉克心中窃喜："看来，这样的主意也只有我想得出。"

一天，一位衣着整齐的陌生人登上栈道。他向巴拉克租赁了一只小船，在海湾里转悠了一圈后，又回到了栈道上，默默地观看巴拉克“钓”鱼。看了一会儿，他问：“你这章鱼卖吗？”

巴拉克说：“卖，卖呀！”

陌生人又问：“多少钱一只呢？”

巴拉克说：“1美元一只！”

陌生人说：“好！你钓上来多少，我就买多少！”

陌生人把从巴拉克手上买过来的章鱼，系上钓线后，又重新放回大海中……

巴拉克和陌生人，一个占据栈道的左边，一个占据栈道的右边，巴拉克往海里放破罐子，陌生人往海里放章鱼。巴拉克时不时拉回破罐子，“钓”到不少章鱼；陌生人时不时拉回章鱼，“钓”回了不少破坛烂罐。

此后，每天他们都如期来到这里，不厌其烦地重复着前一天做过的事。就这样，日子一天天过去了。也不知过了多少天……终于有一天，陌生人“钓”上了一只沾满淤泥的瓷器。陌生人用衣袖抹了抹泥污，看了看后，便急匆匆地离去了。

一个月后，一支庞大的专业打捞船队，开进了巴厘岛海湾，为首的正是那个神秘的陌生人。

原来，他就是闻名遐迩的古董商迪默。

迪默指挥打捞队，以章鱼“钓”上的瓷器地点为轴心，地毯似的搜索、打捞海底沉物，收获巨大。

此次打捞行动，迪默共获得价值1亿美元的珍宝。

迪默早就听说巴厘岛海湾海底有古物沉船，但不敢贸然轻信，正打算投资2千万美元先期勘探，看是否属实。没想到小小的章鱼竟帮了一个大忙。

巴拉克知道实情后，逢人便说：“章鱼的习性，是我发现的，这样的‘钓’法，还是我发明的呢！”

但别人都讥笑他说：“主意是你想出来的，但你‘钓’上的只是1美元，而人家‘钓’上来的，是1亿美元呀！”

巴拉克叹道：“咳！谁叫我不是商人呢？”

智慧箴言

巴拉克用破坛烂罐“钓”一美元一条的章鱼，迪默用一美元一条的章鱼“钓”破坛烂罐，最终“钓”到了珍贵的古瓷器。

同样的事物，在不同的人眼里，看到的是不同的价值。一样的方法，得到的却是不同的结果，关键在于智慧的运用。

福特的灵感

福特汽车是美国最重要的汽车品牌之一，在全球的销售量也名列前茅。在创立之初，创办人亨利·福特一直思考着，如何能既增加产量，又能降低单位成本，并提高其市场竞争力。

有一天晚上，亨利·福特对小孩说完三头小猪如何对抗野狼的故事后，他突然有个想法，他可以去猪肉加工厂看看，或许有一些新的发现。他参观了几家猪肉加工厂后，发现里面的作业采用天花板滑车运送肉品的分工方式，每个工人都有固定的工作，自己的部分做完后，将肉品推到下一个关卡继续处理，肉品加工生产效率非常高。

亨利·福特立刻想到，肉品的作业方式也可以运用在汽车制造上。他之后和研发小组设计出一套作业流程，采用输送带的方式运送汽车零件，每个作业员只要负责装配其中的某一部分，不用像过去负责每部车的全部流程。亨利·福特所采用的分工作业，的确达到了他原先的要求，使得福特汽车成功地提高了全球的市场占有率，同时也变成往后不同车厂的作业标准。

智慧箴言

在日常生活中我们能够发现，某些人在思考过程中跨度很大，能够海阔天空地联想；而有些人则缺少应有的思维广度，只能在一个圈子中绕来绕去，思路总是打不开。然而从思维创新的实际情况来看，思维的广度是必不可少的。在许多场合下，把思维广度扩展一些，便会引出一连串的新想法来。

小男孩求租

一对夫妻带着孩子到城里打工，他们想先找一处房子住下来。找来找去，最终看中了一处公寓，因为那个招租广告上的条件最符合他们的要求。

他们按地址找到了这处房子。房东是一位老大爷，看到他们带着一个小男孩，说什么也不愿将房子租给他们。

夫妻俩急了："我们都跑了一天了，对你的房子很满意，价钱也可以再商量。再说，我们现在也没有地方可去呀。"

"实在对不起了，"房东没有一点商量的余地，"你就是加些租金也不行，因为我不打算把房子租给有小孩的住户。"

"这孩子过几天就要送到他爷爷奶奶那儿去了。"

可是，房东一听就知道这是编出来的瞎话，他不想再争辩了，转身走进屋里。

这时，他们那 6 岁的儿子将这一切看在眼里。他说："爸爸妈妈，不要着急，我有办法。"说完，他走上前去，用小手敲起门来。

门开了，房东又走了出来，见还是他们，便一句话没说就要回屋。小男孩一把拉住他，说："老爷爷别走，这个房子我来租，我没有孩子，我只有爸爸妈妈。"

房东一听，竟然同意了。原来房东想到自己年岁大了，不想把房子租给有小孩子的家庭，是因为怕吵闹。现在看着小男孩这么懂事，当然愿意把房子租给他们了。

智慧箴言

一般人习惯于按照一般性思维去思考问题，最后往往会进退两难，很容易使事情陷入僵局。这时，需要你开拓自己的思维，从事物的不同方面、不同角度去考虑。要知道，方法总比问题多。

高明的求职策略

在京城有一家非常有名的中外合资公司，前往求职的人之多可谓摩肩接踵，但其用人条件极为苛刻，有幸被录用的比例很小。

那年，从某名牌高校毕业的他，非常渴望进入该公司。于是，他给公司总经理寄去一封短笺。很快他就被录用了，原来打动该公司老总的不是他的学历，而是他那特别的求职条件——请求公司随便给他安排一份工作，无论多苦多累，他只拿做同样工作的其他员工 4/5 的薪水，但保证工作做得比别人还要优秀。

进入公司后，他果然干得很出色，公司主动提出给他满薪，他却始终坚持最初的承诺，比做同样工作的员工少拿 1/5 的薪水。

后来，因受所隶属的集团经营决策失误的影响，公司要裁减部分员工，很多员工无奈地失业了，他非但没有下岗，反而被提升为部门经理。这时，他仍主动提出少拿 1/5 的薪水，但工作依然兢兢业业，成为公司业绩最突出的部门经理。

后来，公司准备给他升职，并明确表示不会让他再少拿一份薪水，还允诺给他相当诱人的奖金。面对如此优厚的待遇，他没有受宠若惊，反而出人意料地提交了辞呈，转而加盟了各方面条件均很一般的另一家公司。

很快，他就凭着自己非凡的经营才干，赢得了新加盟的公司上下一致信赖，被推选为公司总经理，当之无愧地拿到一份远远高于那家合资公司给的报酬。

当有人追问他当年为何坚持少拿 1/5 的薪水时，他微笑着说道："其实我并没有少拿一分的薪水，我只不过是先付了一点儿学费而已，我今天的成功，很大程度上取决于在那家公司里学到的经验。"

智慧箴言

放长线才能钓大鱼。这位成功人士的经历告诉我们，为日后更大的收获，果断地舍弃眼前的一些小利，的确不失为一条智慧的成功之路。

别出心裁的减肥广告

减肥中心自从开张以来没有一点生意，在资金不足的情况下，又不能像大型减肥美容公司一般做电视、报纸广告。女老板眼看着每日如流水般的各项支出，却见不着有多少进账可以平衡这些开销，急得不知怎么办才好。

忽然一个念头跃进了她的脑海里。

隔了两个星期，报纸上登了一则广告："在本减肥中心的大门口，您绝对见不到一个胖子走出来，如发现有胖子由大门走出者，中心赠奖金 10 万元。"

此广告不仅被登在报纸上，而且还被登在宣传单上四处散发。这个奇特的广告吸引了许多群众围观。人们发现，每天从减肥中心大门走出来的果然都是瘦子，见不到一个胖子。

有几个胖子心里想："我就要进去，再马上走出来，看你有什么话说。"但是即使有人故意找碴儿，还是不见一个胖子由大门出来，这是怎么一回事呢？

原来女老板把大门改装成两个不同的出入口。外面看起来这两个出入口的大小形状都一样，可是，她特别在出口的内层，加装了两道很粗的钢管，人必须侧身由这两道钢管的中间通过，才能抵达出口大门。而且空隙只容得下一个侧过身的瘦子穿过去。

那么胖子怎么办呢？当然只能由减肥中心后面的小门走出去！

人们在门口看不到胖子，必定好奇地进入里面，当其想出来时，能走出来的瘦子自然得意，而必须走后门的那些富态一点的人一定愧疚地想：“哇！不得了，我被列入胖子群，该减肥了！”于是就不由自主地坐下来听宣传人员的解说。

减肥中心从此生意好得不得了。

智慧箴言

面对日新月异的信息时代，只有标新立异、与众不同，才能在激烈的竞争中立于不败之地，才能不断地延伸成功，才能更好地生存与发展，才能在创业的道路上走得更远。

第七章

学会选择，懂得放弃

人生需要选择，也需要放弃，选择与放弃是成功的两个不可缺少的条件。选择是人生成功路上的航标，只有量力而行的睿智选择才会拥有更辉煌的成功。放弃是智者面对生活的明智选择，只有懂得何时放弃的人才会时时如鱼得水。当我们渐渐地长大、成熟，会逐渐明白人生很多的事情都要有选择有放弃，选择和放弃的力量，原来是如此巨大。

脚踏实地是最好的选择

曾任北京外交学院副院长的任小萍女士说，在她的职业生涯中，每一步都是组织上安排的，自己并没有什么自主权。但在每一个岗位上，她也有自己的选择，那就是要比别人做得更好。

1968 年，在西瓜地里干活的她，被告知北京外国语学院录取了她。到了学校，她才知道她年纪最大、水平最差，第一堂课就因为回答不出问题而站了一堂课。然而等到毕业的时候，她已成为全年级最好的学生之一。

大学毕业后她被分到英国大使馆做接线员。接线员是个不愿意干就很简单，愿意干就很麻烦的工作。任小萍把使馆里所有人的名字、电话、工作范围甚至他们家属的名字都背得滚瓜烂熟。有时候，有一些电话进来，不知道该找谁，她就多问几句，尽量帮助别人找到该找的人。逐渐地，使馆人员外出时，都不告诉自己的翻译了，而是打电话给任小萍，说有谁会来电话，请转告什么话。任小萍成了一个留言台。不仅如此，使馆里有很多公事私事都委托她通知、转达、转告。这样，任小萍在使馆里成了很受欢迎的人。

有一天，英国大使来到电话间，靠在门口，笑眯眯地看着任小萍，说：“你知道吗，最近和我联络的人都恭喜我，说我有了一位英国姑娘做接线员！当他们知道接线员是中国姑娘时，都惊讶万分。”英国大使亲自到电话间表扬接线员，在大使馆是破天荒的事情。结果没多久，她就因工作出色而被破格调去给英国某大报记者处做翻译。

该报的首席记者是个名气很大的老太太，得过战地勋章，被授过勋爵，本事大，脾气也大，把前任翻译给赶跑了，刚开始也拒绝雇用任小萍，看不上她的资历，后来才勉强同意一试。一年后，老太太经常对别人说：“我的翻译比你的好上十倍。”不久，工作出色的任小萍就被破例调到美国驻华联络处，她干得同样出色，获外交部嘉奖。

一个人在无法选择工作时，至少永远有一样可以选择，就是好好干还是得过且过。在同一个工作岗位上，有的人勤恳敬业，付出的多，收获的也多；有的人整天想换好工作，而不做好眼前的事，最终碌碌无为。其实，这样的选择就决定了将来的被选择。

智慧箴言

人生有各种各样的舞台，但最能展现你才华的舞台，却只有一个。只有准确地选择这个舞台，脚踏实地地干下去，你的才华才能得到更好的发挥，从而实现自己的人生梦想。

学会放弃

两个贫苦的樵夫靠上山捡柴糊口，有一天在山里发现两大包棉花。两人喜出望外，棉花的价格高过柴薪数倍，将这两包棉花卖掉，足可让家人一个月衣食无虑。当下两人各自背了一包棉花，便赶路回家。

走着走着，其中一名樵夫眼尖，看到山路边放着一大捆布，走近细看，竟是上等的细麻布，有十多匹之多。他欣喜之余，和同伴商量，一同放下所背的棉花，改背麻布回家。

他的同伴却有不同的想法，认为自己背着棉花已走了一大段路，到了这里才丢下棉花，岂不枉费自己先前的辛苦，坚持不愿换麻布。先前发现麻布的樵夫屡劝同伴不听，只得自己竭尽所能地背起麻布，继续前行。

又走了一段路后，背麻布的樵夫望见林中闪闪发光，待近前一看，地上竟然散落着数坛黄金，心想这下真的发财了，赶忙邀同伴放下肩头的麻布及棉花，改用挑柴的扁担来挑黄金。

他的同伴仍是那套不愿丢下棉花以免枉费辛苦的想法，并且怀疑那些黄金不是真的，劝他不要白费力气，免得到头来一场空欢喜。

发现黄金的樵夫只好自己挑了两坛黄金，和背棉花的伙伴赶路回家。走到山下时，突然下了一场大雨，两人在空旷处被淋了个湿透。更不幸的是，背棉花的樵夫肩上的大包棉花，吸饱了雨水，重得完全无法背动。那个樵夫不得已，只能丢下一路舍不得放弃的棉花，空着手和挑黄金的同伴回家去。

智慧箴言

只有放弃眼前利益，才能获得长远大利——要想成功，就要学会放弃。为了更好的明天，放弃眼前的小利，只有勇于舍弃的人才是智慧的人。成功者永远是一群具备高瞻远瞩眼光的人。

婚介所中的选择

为了解决自己的婚姻问题，一位先生走进了一家取名为“爱情”的婚姻介绍所。一位工作人员把他领进了屋，对他说：“现在，请您到隔壁的房间去，那里有许多门，每一个门上都写着您所需要的对象的资料，以便供您选择。祝您好运！”这位先生谢过了工作人员，向隔壁的房间走去。

里面的房间里有两个门，第一个门上写着“终身的伴侣”，另一个门上写着“至死不变心”。先生忌讳那个“死”字，于是便迈进了第一个门。

接着，又看见两个门，左侧写的是“乌黑的头发”，右侧写的是“浅黄色的头发”。应当承认，不知道为什么，男士总是比较喜欢长着浅黄色头发的女性。于是，先生便推开了右侧的那扇门。

进去以后，还有两个门，左边写着“年轻美丽的姑娘”，右面则是“富有经验、成熟的妇女和寡妇们”。可想而知，先生进入了左边的那扇门。

可是，进去以后，又有两个门，上面分别写的是“疼爱自己的丈夫”和“需要丈夫随时陪伴她”，这位先生选择了前者。

以后还有“双亲健在”和“举目无亲”“忠诚、多情、缺乏经验”和“有天才、具有高度的智力”等门，这位先生都一一做了选择。

最后的两个门对男士来说是一个极为重要的抉择：

上面分别写的是“有遗产，或富裕，有一栋漂亮的住宅”和“凭工资吃饭”。

理所当然的，这位先生选择了前者。

这位先生还准备继续选择。当推开那扇门时，天啊！他发现又回到了始点，工作人员就站在他的面前！

那位工作人员向男士走来。他交给这位先生一个信封，里面的信纸上写着：“对不起，您的要求太高了，我们这里没有适合您的。”

智慧箴言

选择要从实际出发，要在力所能及的范围内进行取舍，如若一味贪求，其结果只能是一无所获。

不同的环境，不同的人生

众所周知，李斯是秦朝的著名丞相，他辅佐秦始皇统一中国，为秦朝的建立和发展立下了汗马功劳。然而，就是这样一位举足轻重的人物，在年轻时仅仅是一名小小的粮仓管理员。

李斯年轻时，曾是楚国上蔡郡里的一个看守粮仓的小吏，他的工作乏味而单调，就是每天负责记录粮食的进出情况。日子就这样一天天过去了，李斯一直待在粮仓里过着无所作为的生活，已经习以为常了。

有一天，李斯去厕所。然而，在那里，他惊动了厕所内的一群老鼠。这群在厕所内安身的小老鼠，个个瘦小干枯，毛色灰暗，身上又脏又臭，让人一看就恶心之极。

看着这些老鼠，李斯不由得想起了自己管理的粮仓中的老鼠。那些老鼠，一个个脑满肠肥，皮毛油亮，整日在粮仓中逍遥自在，与眼前厕所中的这些老鼠相比真是天上地下，不可同语！

人生如鼠，不在仓就在厕，李斯这样想到。位置不同，命运也不同，自己在这个小小的县城一直做着默默无闻的粮仓管理员，就像厕所里的老鼠一样。于是李斯决定换一个环境，去寻找适合自己发展的道路。于是他师从荀况，学习治国之术。20 多年后，他终于成为秦国的丞相。

智慧箴言

选择什么样的环境，就会成就什么样的人生。只有选择适合自己发展的环境，才能展示人生的精彩。

价值连城的紫砂壶

一个小镇的老街上住着一位老铁匠，他以卖铁器为生。

每天早上，老铁匠把铁器往门口一放，然后就在竹椅上躺着，微闭着眼，听收音机，从不大声吆喝，或与别人讨价还价。旁边脚下还放着一把紫砂壶。

老铁匠每天的收入正够他喝茶和吃饭。他老了，已不再需要多余的东西，因此他非常满足。

一天，一个文物商人从老街上经过，偶然间看到老铁匠身旁的那把紫砂壶。此壶古朴雅致、紫黑如墨，有清代制壶名家戴振公的风格。商人惊喜不已，因为戴振公在世界上有捏泥成金的美名。据说他的作品现在仅存三件：一件在美国纽约州立博物馆，一件在台北“故宫博物院”，还有一件下落不明。

商人想以 20 万元的价格买下它，老铁匠先是一惊而后又拒绝了，因为这把壶是他爷爷留下的，他们祖孙三代打铁时都喝这把壶里的水。

商人走后，老铁匠第一次失眠了。这把壶他用了近 60 年，并且一直以为是把普普通通的壶，现在竟有人要以 20 万元的价格买下它。

特别让他不能容忍的是，当人们知道他有一把价值连城的茶壶后，开始向他借钱，天天找上门来，更有甚者晚上也敲他的门。他的生活被彻底打乱了，他不知该怎样处置这把壶。

第三天，当那位商人带着 20 万现金登门的时候，老铁匠再也坐不住了。他拿起一把斧头，还没等大家明白怎么回事，就把紫砂壶砸了。

智慧箴言

懂得放弃是一种快乐。当某一件东西带给你的只有无尽的烦恼和忧愁，各种各样的负担如山一般压在你的心上不能自由呼吸时，那么最明智的办法就是舍弃它，不要被它奴役成一个可怜虫。

富翁吃西瓜

一个青年非常羡慕一位富翁取得的成就，于是他跑到富翁那里询问他成功的诀窍。

富翁弄清楚了青年的来意后，什么也没有说，而是转身从厨房拿来了一个大西瓜。青年有些迷惑不解，不知道富翁要做什么，他只是睁大眼睛看着，只见富翁把西瓜切成了大小不等的三块。

“如果每块西瓜代表一定的利益，你会如何选择呢？”富翁一边说一边把西瓜放在青年面前。

“当然选择最大的那块！”青年毫不犹豫地回答。

富翁笑了笑说：“那好，请用吧！”

于是富翁把最大的那块西瓜递给了青年，自己却吃起了最小的那块。当青年还在津津有味地享用最大的那一块的时候，富翁已经吃完了最小的那一块。接着，富翁很得意地拿起了剩下的一块，还故意在青年眼前晃了晃，然后又大口吃了起来。

其实，那块最小的和最后那一块加起来要比最大的那一块分量大得多。青年马上就明白了富翁的意思：富翁开始吃的那块西瓜虽然没有自己吃的那块大，可是最后却比自己吃得多。

如果每块代表一定程度的利益，那么富翁获得的利益自然要比自己的多。

吃完西瓜，富翁讲述了自己的成功经历，最后对青年语重心长地说：“要想成功就要学会放弃，只有放弃眼前的小利益，才能获得长远的大利益，这就是我的成功之道。”

智慧箴言

成功需要积累，它不是一蹴而就的。在走向成功的路上，要分清长远利益和眼前利益，为了最终的成功，必须懂得舍弃。

放弃是成功的开始

拥有“中国色彩第一人”称号的于西蔓回国建立了“西蔓色彩工作室”。她将国际流行的“色彩季节理论”带到了中国，她使中国女性认识到了色彩的魅力。

于西蔓在日本学习的是经济，但她在毕业后，凭着自己对色彩的爱好，苦学了两年，取得了相关专业色彩的资格，在当时，她成为全球2000多名色彩顾问中唯一的华人。

在国外，她看到了中国同胞的穿着经常引起别人的非议，每次听到这样的话，她都会产生一种强烈的愿望，要让中国人也美起来。

随后，她放弃了在国外优越的工作，毅然回到了祖国，并于1998年在北京创办了中国第一家色彩工作室。面对中国不同的消费群体，刚开始时，于西蔓只是凭自己的主观确定价位。一段时间后，她发现这并不适合大多数群体，同时也违背了她的初衷，要让所有的中国人都知道什么是色彩。于是，她又重新制订了计划，降低价位，并做了很多的辅助工作，结果，取得了很好的成果，年轻的时尚一族纷至沓来，连上了年纪的人也成了工作室的座上客，热线咨询电话也响个不断。

在总结自己的成功经验时，于西蔓说她成功的主要原因是懂得放弃，因为没有放弃就没有新的开始。

于西蔓放弃了自己令人羡慕的工作重新开始，是因为她深深地了解自己的兴趣、特点及自身的价值。

一个人的精力是有限的，不可能把精力分散到每件事情上。学会适时放弃，才是成大事者明智的选择。

智慧箴言

成功者既不是全盘接受，也不是全盘放弃，而是根据情况的变化及时修正自己的目标和行动。放掉无谓的固执，冷静地用开放的心胸去做正确的抉择。每次正确无误的选择将指引你永远走在通往成功的坦途上。

放弃是为了更好的选择

成立于1881年的日本钟表企业精工舍，是一家世界闻名的大企业。它生产的石英表、“精工·拉萨尔”金表远销世界各地，其手表的销售量长期位于世界第一的位置。它能取得这样的成功，应归功于其第三任总经理服部正次的放弃战略。

1945年，服部正次就任精工舍第三任总经理。当时的日本还处在战争后的满目疮痍中。而这时，有“钟表王国”之称的瑞士，由于没有受到二战的破坏影响，其手表占据了钟表行业的主要市场。

服部正次并没被困难吓倒，他沉着冷静，制定了“不着急，不停步”的战略，着重从质量上下手，开始了赶超钟表王国的步伐。10多年过去了，服部正次带领的精工舍取得了长足的进展，但仍然无法与瑞士表分庭抗礼。整个20世纪60年代，瑞士年产各类钟表1亿只左右，行销世界150多个国家和地区，世界市场的占有额也达到了50% ~ 80%之间。有“表中之王”美誉的劳力士和浪琴、欧米茄等瑞士名贵手表，是各国达官贵人、富商巨贾等人财富地位的象征。无论精工舍在质量上怎样下工夫，都无法赶上瑞士表的质量标准！

怎么办？是继续寻求质量上的突破，还是另辟蹊径？服部正次思量着。他看到，要想在质量上超过有深厚制表传统的瑞士，那简直是不可能的。经过慎重的思考，服部正次决定放弃在机械表制造上和瑞士表的较劲，转而在新产品的开发上做文章。

经过几年的努力，服部正次带领科研人员成功地研制出了一种新产品——石英电子表！与机械表相比，石英表的最大优势就是走时准确。“表中之王”的劳力士月误差在100秒左右，而石英表的误差却不超过15秒。1970年，石英电子表开始投放市场，立即引起了钟表界和整个世界的轰动。到70年代后期，精工舍的手表销售量就跃居世界首位。

在电子表市场牢牢站稳了脚跟后，1980年，精工舍收购了瑞士以制作高级钟表著称的“珍妮·拉萨尔”公司，转而向机械表王国发起了进攻。不久，以钻石、黄金为主要材料的高级“精工·拉萨尔”表开始投放市场，马上得到了消费者的认可，成为人们心中高质量、高品质的象征！

智慧箴言

鱼和熊掌不可兼得，你必须有所选择、有所放弃。人生是一个不断放弃，又不断创造的过程，所以适时地放弃一些不切实际的要求，会令你收获更大的惊喜。

不为过去的错误懊悔

卡维琪经常为很多事情发愁。他常常为自己犯过的错误自怨自艾：他总是想那些做过的事，希望当初没有这样做；总是回想那些说过的话，后悔当初没有将话说得更好。

一天早上，全班到了科学实验室。老师温斯顿博士把一瓶牛奶放在水槽边上。大家都坐了下来，望着那瓶牛奶，不知道它和这堂生理卫生课有什么关系。

过了一会儿温斯顿博士突然站了起来，一下把那牛奶瓶打碎在水槽里，同时大声叫道："不要为打翻的牛奶而哭泣。"

然后他叫所有的人都到水槽旁边，好好地看看那瓶打翻的牛奶。

"好好地看一看，"他对大家说，"我希望大家能一辈子记住这一课，这瓶牛奶已经没有了，你们可以看到。无论你怎么着急、怎么抱怨，都没有办法再救回一滴。只要先用一点思想，先加以预防，那瓶牛奶就可以保住。可是现在已经太迟了，我们现在所能做到的，只是把它忘掉、丢开这件事情，去注意下一件事。"

卡维琪对这堂课感触颇深，他终于明白了自己的苦恼都来自何处了。

做错了事，只后悔和自责是没有用的，重要的是尽量避免错误，并且在做错事情后好好地自我反省。也不要太在意他人的批评，任何人都有批评你的权利。你要把握的是：哪些是不需要听取的批评，哪些是真正对你有益的。

如果你的每一天都在对你做错的事悔恨不已，那你只能终日生活在错误之中、苦恼之中。

智慧箴言

生活有自己的进程，是无数个事变的组合，事情的变化有时很难笼统地说是好是坏，自寻烦恼显然毫无价值。为了避免一味责怪自己，减轻烦恼情绪，应该想到，自己的能力毕竟有限，虽经努力，事情也只能达到这个程度；纵然奋斗，一时也难以完全改观；同时，还要懂得社会和人生变化的辩证关系，懂得万事称心如意是不大可能的道理。只要不懈努力，出路总是有的。常言说："车到山前必有路。”不要把一时的困难看成永久的困难，不要把局部的困难看成总体的困难，这样，很多烦恼就烟消云散了，许多问题就迎刃而解。

卸下生命的负担

有一个流浪汉在看不见尽头的路上长途跋涉，他背着一大袋沉重的沙子，一根装满水的粗管子缠在他身上，两只手分别拿着两块大石头，脖子上用一根旧绳子吊着一块大磨盘，脚腕上系着一条生锈的铁链，铁链上拴着大铁球，头上还顶着一个已腐烂发臭的大南瓜。这个流浪汉一步一挪地吃力地走着，每走一步，脚上的铁链就发出“哗哗”的响声。他抱怨着，他抱怨他的命运如此艰难，他抱怨疲倦在不停地折磨着他。

正当他头顶烈日艰难前行时，迎面走过来一位农夫。

农夫问：“喂，疲倦的流浪人，为什么你自己不将手里的石头扔掉呢？”

“我真蠢，”流浪汉明白了，“我以前怎么没想到呢？”

他丢掉了石头，觉得轻了许多。不久，他在路上又遇到一位少年。

少年问他：“告诉我，疲倦的流浪汉，你为什么不把头上的烂南瓜扔了呢？你为什么要拖着那么重的铁链子呢？”

流浪汉答道：“我很高兴你能给我指出来。我没意识到我在做什么事。”

他解开脚上的铁链子，把头上的烂南瓜扔到路边摔得稀烂。他又觉得轻了许多。但当他继续往前走，他又感到了步履的艰难。

后来，有一位老人从田里走来，见到流浪汉十分惊异：“啊，我的孩子，你扛了一口袋沙子，可一路上有的是沙子；你带了一根大水管，可你瞧，路旁就有一条清亮的小溪，它已伴随着你走了很长一段了。”

听到这些话，流浪汉又解下了大水管，倒掉了里面已经变了味的水，然后把口袋里的沙子倒进一个洞里。突然他看到了脖子上挂着的磨盘，意识到正是这东西使他不能直起腰来走路。于是他解下磨盘，把它远远地扔进河里。

他卸掉了所有负担，在傍晚凉爽的微风中，寻找住宿之处。

智慧箴言

生命之舟需要轻载。我们每个人心中都应谨记：不可能什么都得到，所以应该学会放弃。否则生活就会逼迫你，不得不交出权力，不得不放走机遇，甚至不得不抛下爱情。放弃，并不意味着失去，因为只有放弃才会有另一种获得。

迎接新的生活

人们习惯于对爬上高山之巅的人顶礼膜拜，实际上，能够及时从光环下隐退的下山者也是英雄。

作家班塞说过一段令人印象深刻的话：

“在其位的时候，总觉得什么都不能舍，一旦真的舍了之后，又发现好像什么都可以舍。”

曾经做过杂志主编、翻译出版过许多知名畅销书的班塞，在40岁事业最巅峰的时候退下来，选择当个自由人，重新思考人生的出路。欧文也做出了相似的决定。

40岁那年，欧文从人事经理被提升为总经理。3年后，他自动“开除”自己，舍弃堂堂“总经理”的头衔，改任没有实权的顾问。

正值人生最巅峰的阶段，欧文却奋勇地从急流中跳出，他的说法是：

“我不是退休，而是转职。”

“总经理”三个字对多数人而言，代表着财富、地位，是事业身份的象征。然而，短短3年的总经理生涯，令欧文感触颇深的，却是诸多的“无可奈何”与“不得而为”。

他全面地打量自己，他的工作确实让他过得很光鲜，周围想巴结自己的人更是不在少数，然而，除了让他每天疲于奔命、穷于应付之外，他其实活得并不开心。这个想法，促使他决定辞职。

“人要回到原点，才能更轻松自在。”他说。

辞职以后，司机、车子一并还给公司，应酬也减到最低。

不当总经理的欧文，感觉时间突然多了起来，他把大半的精力拿来写作，抒发自己在广告领域多年的观察与心得。

“我很想试试看，人生是不是还有别的路可走。”他笃定地说。

事实上，欧文在写作上很有天分，而且多年的职场经历给他积累了大量的素材。

现在欧文已经是某知名杂志的专栏作家，期间还完成了两本管理学著作，欧文迎来了他的第二个人生辉煌。

智慧箴言

一个不受过去干扰的人，就像画家手中的一张干净的纸，更能画出美妙的图画来。因为是崭新的开始，就需要付出全部的努力，需要一丝不苟地去应对每一个环节和细节，这样往往更能把事情做好。

年轻人学打猎

一个初学打猎的年轻人跟着自己的师父一同到山里去打猎。

没走多远，有两只兔子从树林里蹿了出来，年轻猎人很快就取出自己的猎枪。

两只兔子向不同的方向跑去，年轻猎人一下子不知道该向哪只兔子瞄准了，想打这只兔子，又怕那只兔子跑了，猎枪一会儿瞄准这只，一会儿又瞄准那只，就这样瞄来瞄去，结果兔子不见了踪影。

年轻猎人感到十分气恼。

他的师父安慰他说：

“两只兔子向不同的方向跑，你的枪虽然快，但是也不可能同时射中两只呀。关键是你一定要选择好目标，这样你就不会空手而归了。”

生活中，如果你想过得比别人好，你就必须学会选择。

具备这样的品质，那就是你对人生目标选择的明确性，知道自己需要什么，并且迫切渴望达到这一目的。

对目标游移不定，只会让你前功尽弃、一无所获。

智慧箴言

正是因为人的欲望永远无法得到满足，永远是遥无止境的，所以我们不可能不放弃。

不放弃，留给自己的只能是心的重负。放弃，虽然意味着某种失去，意味着难言的割舍，放弃也会给我们带来伤感和愁绪，但是，放弃也正是为了前方路上更美的相遇，为了明天更加宝贵的收获。

第八章

可以平凡，但不能平庸

平凡并不等于平庸。一个人可以平凡，但不能平庸。埋下头去做一个平凡的人，努力从平凡的小事做起。只有牢牢地把握住了今天，才能迎来明天的成就。生命可以没有灿烂，但不能失去的是平凡。如果没有自己的头脑和判断，没有一种不屈不挠、精益求精的态度，那么我们终将沦为平庸。

追求卓越才能成为核心人物

推销员戴尔做了一年半的业务，看到许多比他后进公司的人都晋升了职位，而且薪水也比他高许多，他百思不得其解。想想自己来了这么长时间，客户也没少联系，薪水也还凑合自己开支，可就是没有大的订单让他在业务上有所起色。

有一天，戴尔像往常一样回家就打开电视若无其事地看起来，突然有一个名为“如何使生命增值”的专题采访节目引起了他的关注。

心理学专家回答记者说：“我们无法控制生命的长度，但我们完全可以把握生命的深度！其实每个人都拥有超出自己想象 10 倍以上的力量。要使生命增值，唯一的方法就是在职业领域中努力地追求卓越！”

戴尔听完这段话后，信心大增。他立即关掉电视，拿出纸和笔，严格地制订了半年内的工作计划，并落实到每一天的工作中……

两个月后，戴尔的业绩明显大增。9 个月后，他已为公司赚取了 2500 万美元的利润，年底他当上了公司的销售总监。

如今，戴尔已拥有了自己的公司。他每次培训员工时，都不忘记说：“我相信你们会一天比一天更优秀，因为你们拥有这样的能力！”于是员工信心倍增，公司的利润也飞速增长。

智慧箴言

在人生历程中，每个人都迫切希望自己能成为众人中的焦点，成为聚光灯的中心，事实上，这并不是什么困难的事，只要你拥有一颗追求卓越的心。

邮差弗雷德

费雷德是美国联合包裹服务公司（UPS）的一名普通职员，但他的故事随着著名培训专家马克·桑布恩的演讲，已传遍世界的各个角落。弗雷德为顾客提供的完美服务堪称典范，他身上所体现出来的精神，影响着千千万万的雇员。桑布恩在回忆起和弗雷德初次见面的场景，仍记忆犹新：

“第一次遇见弗雷德，是在我买下新居后不久。迁入新居几天后，有人敲门来访，我打开房门一看，外面站着一位邮差。

“‘上午好，桑布恩先生！’他说起话来有种兴高采烈的劲头，‘我的名字是弗雷德，是这里的邮差。我顺道来看看，问您表示欢迎。介绍一下我自己，同时也希望能对您有所了解，比如您所从事的行业。’

“弗雷德中等身材，蓄着一撮小胡子，相貌很普通。尽管外貌没有任何出奇之处，他的真诚和热情却溢于言表。

“这真让人惊讶，我收了一辈子的邮件，还从来没见过邮差做这样的自我介绍，但这确实使我心中一暖。”

马克·桑布恩与邮差弗雷德就这样认识了。弗雷德的热情给他留下了深刻的印象。接下来，马克·桑布恩出差，从外地赶回来时，邮差弗雷德的一个小小的举动，让桑布恩感觉到了更多的温暖。桑布恩说：

“两周后，我出差回来，刚把钥匙插进锁眼，突然发现门口的擦鞋垫不见了。我想不通，难道在丹佛连擦鞋垫都有人偷？不太可能。转头一看，擦鞋垫跑到门廊的角落里了，下面还遮着什么东西。

“事情是这样的：在我出差的时候，美国联合包裹服务公司误投了我的一个包裹，放到沿街再向前第五家的门廊上。幸运的是，我有邮差弗雷德。

“看到我的包裹送错了地方，他就把它捡起来，送到我的住处藏好，还在上面留了张字条，解释事情的来龙去脉，又费心地用擦鞋垫把它遮住，以避人耳目。

“弗雷德已经不仅仅是在送信，他现在做的不是工作分内的事！

“他的行为使我震动。作为一个职业演说家，不管是在客户服务还是一般的业务中，我可以很容易地发现并指出服务质量上的问题。但要找到优秀的例子，甚至是稍堪称许的，都要困难得多。但弗雷德却是一个金光灿灿的例子，人性化的贴心服务正该如此，他为所有渴望在工作中有所作为的人树立了榜样。

“邮差成千上万，对于他们中的大多数，它只是一份工作；对于某些人，它可能是一个让人喜欢的职业；但只对少数几个弗雷德，送信才成为一种使命。”

智慧箴言

邮差弗雷德的故事昭示了一个道理：在平凡的岗位上一样可以找到卓越的感觉，普通的工作一样可以实现从平凡到杰出的跨越。

3 个建筑工人

3 个建筑工人在砌一堵墙。有个路人问：“你们在干什么？”

第一个没好气地说：“没看见吗？砌墙。”

第二个人抬头笑了笑，说：“我们在盖一幢高楼。”

第三个人边干边哼着歌曲，他的笑容很灿烂：“我们正在建设一座美丽的新城市！”

10 年后，第一个人在另一个工地上砌墙；第二个人坐在办公室里画图纸，他成了工程师；第三个人呢，是前两个人的老板。

看一个人是否能做好事情，只要看他对待工作的态度。那些看不起自己工作的人，往往是一些被动适应生活的人，他们不愿意奋力崛起，努力创造自己的生活，他们实际上是人生的懦夫。

智慧箴言

有时候，普通的工作不一定就低人一等。对于许多选择就业岗位的人来说，首要的不是先瞄好令人羡慕的岗位，而是一开始就树立正确的就业观念。如果干什么都挑三拣四，或者以为选准一个岗位便可以一劳永逸，那么你就可能永远真正地低人一等。相反，只要你秉持一种积极、热忱的态度，即使在平凡的岗位上，也照样能出类拔萃。

在平凡中追求卓越

阿穆耳饲料厂的厂长麦克道尔之所以能够从一个速记员一步一步往上升，就是因为他在工作中总是追求尽善尽美。

他最初在一个懒惰的经理手下做事，那个经理习惯于把事情推给下面的职员去做。有一次，他吩咐麦克道尔编一本总经理阿穆耳先生前往欧洲时需要的密码电报书，如果是一般人来做这个工作，恐怕只会简单地把电码编在几张纸片上敷衍了事，但麦克道尔可不是这样玩忽职守的人。他利用下班的空余时间，把这些电码编好，并用打字机打印出来，然后再装订成一本漂亮的小书。完成之后，经理便把电报本交给了阿穆耳先生。

“这大概不是你做的吧？”阿穆耳先生问。

“不……是……”那经理战栗着回答。

“是谁做的呢？”

“我的速记员麦克道尔做的。”

“你叫他到我这里来。”

阿穆耳对麦克道尔亲切地说：“小伙子，你怎么想到把我的电码做成这个样子呢？”

“我想这样用起来会方便些。”

“你什么时候做的呢？”

“我是晚上在家里做的。”

“是吗？我特别喜欢它。”

这次谈话后没几天，麦克道尔便坐到了前面办公室的一张写字台前。没过多久，他便代替了以前那个经理的位置。

智慧箴言

卓越是细节完美的具体表现，卓越并非高不可攀，只要我们认真从自己做起，从日常的每一件小事做起，并把它做细，即使在平凡的岗位上也能创造卓越。

耕耘播种希望

唐骏可以说是当今 IT 界的精英。他刚进微软时，担任微软最基层的程序员，成为微软这个大“蜂巢”里千千万万的“工蜂”之一。

微软当时正在开发 Windows，先做英文版，然后再由一个 300 人的大团队开发成其他语言版本。以中文版为例，并不只是翻译菜单那么简单，许多源代码都需要重新改写。比如 Word 里打完一行字自动换行，英文是单字节的，中文却是双字节。比如一个“好”字，如果照英文版来，可能“女”在上一行末尾，“子”就到了下一行开头。为此，微软的团体努力修改了大半年，才改出满意的中文版。所以最初 Windows 英文版上市后，中文版过了 9 个月才上市；到了 Windows3.1，中文版上市时间更是滞后了 1 年多。

参与开发 10 个月后，唐骏越想越觉得不对劲：常年雇那么多人做新版本，成本太高；其他语言版本推迟那么久上市，实在是贻误良机。

能不能改进一下？下了班，唐骏开动脑筋，琢磨怎样才能解决这个问题。

半年后，他写出了几万行代码，反复运行，证明他的程序经得起检验，才找老板面谈。公司又花了 3 个月时间进行认证，于是，原先的 300 人团队一下子减缩到了 50 人。凭借这个业绩和对待工作精益求精的精神，唐骏得到了提升，在微软一直做到微软（中国）总裁的位置，也获得了微软很少颁发的“比尔·盖茨终身成就奖”。

一个人只要尽职尽责、追求完美，就会不断发掘出自身的潜力，做出优异的业绩；而对待工作漫不经心、得过且过的人，纵然才华横溢，也会逐步流于平庸。所以，无论你拥有什么样的教育背景，无论你拥有多么高的学历，无论你曾经做出过多么大的业绩，你都应该采取尽职尽责的工作态度，把工作做得尽善尽美。在追求尽善尽美的过程中，会激发出你的潜力，使你的执行力得到不断提高，成为公司里的佼佼者。

智慧箴言

你如何对待工作，工作就会如何对待你。一分耕耘，一分收获，工作给予你的回报，就是对你努力程度的反映，只要你勤勉、认真地工作，你就能取得相应的结果。

做到100%满意

小王刚进入这家广告公司时，自视水平很高，对待工作漫不经心。有一天，主管交给他一项任务——给一家著名的公司做一个广告宣传方案。

小王认为这是小菜一碟，只花了一天的时间就把这个方案做完了，交给主管。主管一看就给否决了，让他重新起草一份。结果，他又用了两天时间，重新起草了一份，交给主管。主管看了之后，虽然觉得不是特别理想，但还能用，就把它交给了老板。

第二天，老板把小王叫进了自己的办公室，问他："这是你能做出的最好方案吗？"小王一愣，没敢回答。老板把方案推到他面前，小王一句话也没说，拿起方案，返回到自己的办公室，重新调整了一下情绪，又把方案修改了一遍，然后呈送给老板。老板依旧还是那句话："这是你能做出的最好方案吗？"小王心里还是没底，没敢做出明确的答复。于是，老板让他再仔细斟酌、认真修改方案。

这一次，他回到办公室里，绞尽脑汁，冥思苦想了一周，把方案从头到尾又修改了一遍交了上去。老板看着他的眼睛，仍旧是那句话："这是你能做出的最好方案吗？"小王信心十足地答道："是的，这是我认为最满意的方案。"老板看后说："好！这个方案批准通过。"

有了这一次的工作经历之后，小王明白了一个道理：

只有尽职尽责地工作，才能够把工作做得尽善尽美。

在以后的工作中，他便经常提醒自己：

一定要尽职尽责地对待自己的工作，把工作做到100%完美。

智慧箴言

在工作中每一个人都应该用最高的标准来要求自己。能做到最好，就必须做到最好；能完成100%，就绝不只做99%。只要你动用你的全部才智，把工作做得比别人更完美、更快、更准确，就能引起老板的关注，实现你心中的愿望。

在平凡的岗位上做到最好

许多年前，在日本，一个年轻女孩来到一家著名的酒店应聘服务员。这是她走出校门的第一份工作，她将在这里正式步入社会，迈出她人生关键的第一步。

没想到在新员工受训期间，主管竟然安排她洗马桶，而且对工作质量要求高得吓人：必须把马桶擦洗得光洁如新！

说实话，洗马桶的工作使她难以忍受。当她拿着抹布伸向马桶时，胃里立刻一阵翻腾，恶心得想吐却又吐不出来，这令她每天工作时战战兢兢，如临深渊。

为此，她心灰意冷，面临着自己人生第一步应该怎样走下去的选择：是继续干下去，还是另谋职业？

就在此时，一位同酒店的前辈及时地出现在她的面前。

这位前辈并没有用空洞的理论去说教，而是亲自为她演示了一遍洗马桶的过程。她一遍遍地洗着马桶，直到洗得光洁如新。最后，她竟从马桶里盛了一杯水，一饮而尽！

她看得目瞪口呆，在前辈鼓励的目光下，如梦初醒！她意识到是自己的工作态度出了问题，于是痛下决心："就算一辈子洗马桶，也要做一名洗马桶最出色的人！"

在那以后，她仿佛脱胎换骨成为一个全新的人，全身心地投入到工作中，她的工作质量也达到了无可挑剔的高水准。为了检验自己的自信心，为了证实自己的工作质量，也为了强化自己的敬业心，她也多次喝过马桶里的水，正因为如此，她很成功地迈好了人生的第一步。从此，她踏上了人生的成功之旅。

多年以后，这个当年洗马桶的日本女孩，37岁就成了日本内阁的邮政大臣，她的名字叫野田圣子。

智慧箴言

生活总是会给每个人回报的，无论是荣誉还是财富，条件是你必须转变自己的思想和认识，努力培养自己尽职尽责的工作精神。一个人只有具备了尽职尽责的精神之后，才会产生改变一切的力量。

艺贵在精，而不在多

般特是佛祖释迦牟尼的一个徒弟，他以愚钝著称，多年来连一首偈都背不全。一天，佛祖把他叫到面前，逐字逐句地教他一首偈："守口摄意身莫犯，如是行者得度世。"

佛祖接着说："你不要认为这首偈稀疏平常，你只要认真地学会这一首偈，就已经不容易了！"于是，般特翻来覆去地学这一首偈，终于领悟了其中的意思。不久，佛祖派他去给附近的女尼讲经说法。

在讲经说法之前，般特谦虚地对众女尼说道："我生来愚钝，在佛祖身边只学得一偈，现在给大家讲述，希望静听。"接着便念偈："守口摄意身莫犯，如是行者得度世。"

众女尼笑道："居然只会一首启蒙偈，我们早就倒背如流了，还用你来讲解？"可是，般特却不动声色，从容讲下去，说得头头是道、新意迭出。一首普通的偈，说出了无限深邃的佛理。

众女尼不禁感叹道："一首启蒙偈，居然可以理解到这种程度，实在是高人啊！"于是对他肃然起敬，再也不取笑他了。

智慧箴言

当我们在充实知识、提高自身素质的时候，要明确对自己发展有用的技能并用心把它们学好，十八般武艺不一定要样样都精通，但一定要至少有一样是自己的强项，只有这样才能在人才济济的现代竞争之中占有一席之地。

享受不断超越的过程

克里斯特镇上有一位年近60的老医生，曾经远近闻名。但他诊病开药一贯奉行传统的老法子。从医多年毫无创新，于是渐渐步入没落之途了。他明明应该把门面重新漆一漆了，明明应该去买些新发明的医疗器械及最近出现的特效药品了，但他舍不得花钱。他从不肯稍微花些时间来看些新出版的医学刊物，更不肯稍费些心机去研究实验最新的临床疗法。他所使用的诊疗法，都是些见效迟缓、陈腐不堪的老一套；他所开出来的药方，都是不易见效的、人家用得不愿再用了的老药品。

他一点儿也没留意到，在他的诊疗所附近早已有了一位青年医生，有最新、最完善的设备，所用的器械无不是最新的一种；开出来的药方，都写着最新发明的药品；所读的医书都是些最新出版的医学书报。同时他的诊所的陈设也新颖完美，病人对此都很满意。于是老医生的生意，渐渐都跑到这位青年医生那里去了。

等到他发觉了这个情形，已经悔之晚矣。不思进取使他失败，他的诊所从此再也无人光顾了。

智慧箴言

成功的动力源于拥有一个不断超越的进取目标。人生就是一个不断超越的过程。一个人在现代社会中生存，知识面越广，得到的信息就越多，人生的视野就越来越开阔。一个鼠目寸光的人，很难在今天有所作为。超越不了自己，就谈不上超越别人。这不但不利于自己事业的发展，也很难在竞争激烈的社会上立足，最终只能被时代大潮所抛弃。

培养认真的工作态度

1998 年 4 月，海尔集团在全公司范围内掀起了向洗衣机本部住宅设施事业部卫浴分厂厂长魏小娥学习的活动，学习她“认真解决每一个问题的精神”。

为了发展海尔整体卫浴设施的生产，1997 年 8 月，33 岁的魏小娥被派往日本，学习掌握世界上最先进的整体卫浴生产技术。在学习期间，魏小娥注意到，日本人试模期废品率一般都在 30% ~ 60%，设备调试正常后，废品率为 2%。

“为什么不把合格率提高到 100%？”魏小娥问日本的技术人员。“100%？你觉得可能吗？”日本人反问。从对话中，魏小娥意识到，不是日本人能力不行，而是思想上的桎梏使他们停滞于 2%。作为一个海尔人，魏小娥的标准是 100%，即“要么不干，要干就做到最好”。她拼命地利用每一分每一秒的学习时间，3 个月后，带着先进的技术知识和赶超日本人的信念回到了海尔。

时隔半年，日本模具专家宫川先生来华访问，见到了“徒弟”魏小娥，她此时已是卫浴分厂的厂长。面对着一尘不染的生产现场、操作熟练的员工和 100% 合格的产品，他惊呆了，反过来向徒弟请教问题。

“有几个问题我曾绞尽脑汁地想办法解决，但最终没有成功。日本卫浴产品的现场过于脏乱，我们一直想做得更好一些，但难度太大了。你们是怎样做到现场清洁的？100%的合格率是我们连想都不敢想的，对我们来说，2%的废品率、5%的不良品率已经合乎标准，你们又是怎样提高产品合格率的呢？”

“用心。”魏小娥简单的回答又让宫川先生大吃一惊。用心，看似简单，其实不简单。

在这里有一个关于魏小娥的故事。从中你可以发现她认真执着的工作精神。从日本学习归国之后，魏小娥重点抓卫浴分厂的模具质量工作。无论是工作日还是节假日。魏小娥紧绷的质量之弦从未放松过。在一次试模的前一天，魏小娥在原料中发现了一根头发，这无疑是操作工在工作时无意间落入的。一根头发丝就是废品的定时炸弹，万一混进原料中就会出现废品。魏小娥马上给操作工统一制作了白衣、白帽，并要求大家统一剪短发。又一个可能出现2%废品的原因被消灭在萌芽之中。

2%的责任得到了100%的落实，2%的可能被一一杜绝。终于，100%，这个被日本人认为是不可能的产品合格率，魏小娥做到了，不管是在试模期间，还是设备调试正常后。

智慧箴言

所谓认真，就是你用生命，用真实的感情，用全部的热情，坚持不懈地去做一件事的态度。毛泽东说过：“无论做什么事，怕就怕在‘认真’二字。”任何一件事情，无论它有多么的艰难，只要你认真去做，全力以赴去做，就能化难为易。

砸烂差的，才能创造更好的

一位雕塑家有一个12岁的儿子。儿子要爸爸给他做几件玩具，雕塑家只是慈祥地笑笑，说：“你自己不能动手试试吗？”

为了制好自己的玩具，孩子开始注意父亲的工作，常常站在大台边观看父亲运用各种工具，然后模仿着运用于玩具制作。父亲也从来不向他讲解什么，放任自流。

一年后，孩子初步掌握了一些制作方法，玩具造得颇像个样子。这样，父亲偶尔会指点一二。但孩子脾气倔，从来不将父亲的话当回事，我行我素，自得其乐，父亲也不生气。

又一年，孩子的技艺显著提高，可以随心所欲地摆弄出各种人和动物形状。孩子常常将自己的“杰作”展示给别人看，引来诸多夸赞。但雕塑家总是淡淡地笑，并不在乎似的。

有一天，孩子存放在工作室的玩具全部不翼而飞，他十分惊疑！父亲说：“昨夜可能有小偷来过。”孩子没办法，只得重新制作。

半年后，工作室再次被盗！又半年，工作室又失窃了。孩子有些怀疑是父亲在捣鬼：为什么从不见父亲为失窃而吃惊、防范呢？

偶然一天夜晚，儿子夜里没睡着，见工作室灯亮着，便溜到窗边窥视：父亲背着手，在雕塑作品前踱步、观看。好一会儿，父亲仿佛做出某种决定，一转身，拾起斧子，将自己大部分作品打得稀巴烂！接着，将这些碎土块堆到一起，放上水重新混合成泥巴。孩子疑惑地站在窗外。这时，他又看见父亲走到他的那批小玩具前。只见父亲拿起每件玩具端详片刻，然后，父亲将儿子所有的自制玩具扔到泥堆里搅和起来！当父亲回头的时候，儿子已站在他身后，瞪着愤怒的眼睛。父亲有些羞愧，温和地抚摩儿子的脸蛋，吞吞吐吐道：“我，是，哦，是因为，只有砸烂较差的，我们才能创造更好的。”

10年之后，父亲和儿子的作品多次同获国内外大奖。

父亲不愧是位雕塑家，他不但深谙怎样雕塑艺术品，更懂得怎样雕塑儿子的灵魂。

智慧箴言

成功的人往往都是一些不那么“安分守己”的人，他们绝对不会因取得一些小小的成绩而沾沾自喜，眼前那点小成就会阻碍你继续前行的脚步。

每一个渴望出人头地的人都必须谨记：只有不断砸烂较差的，你才能完全没有包袱，创造出更好的，从而走进成功的殿堂。

第九章

细节决定成败，小事成就大事

世界上最伟大的推销员乔·吉拉德曾说:“成功的机会无处不在、无时不有，遍布于每一个细节之中。”在工作和生活中，细节无处不在，只要认识它，注意它，就会给你带来成功的机会。

细节就像人体的细胞一样举足轻重，谁能把握住细节，谁就能实现成功。我们在日常的工作、生活中，若能将小事做细，并且注重在做事的细节中找到机会，就能使自己走上成功之路。

被马掌钉打败的国家

国王的马夫牵着一匹战马来到铁匠铺。

“快点给它钉掌。”马夫对铁匠说，“国王要急着出征呢。”

“你得等等。”铁匠回答。

“我等不及了。”马夫不耐烦地叫道，“敌人正在向我们的国土逼进，我们必须早日出发。”

铁匠开始埋头干活，钉了三个掌后，他发现没有钉子来钉第四个掌了。

“我还需要一个钉子，”他说，“得需要点儿时间。”

“我告诉过你我等不及了，”马夫急切地说，“我听见军号了，你能不能凑合？”

“我能把马掌钉上，但是不能像其他几个那么结实。”

“能不能挂住？”

“应该能，”铁匠回答，“但我没把握。”

“好吧，就这样，”马夫叫道，“快点，要不然国王会怪罪到我头上的。”

于是，国王骑上他的战马出发了。

两军交上了锋，国王率领部队冲向敌阵。

可是国王还没走到一半，一只马掌掉了，战马跌翻在地，国王也被抛在地上。

国王还没来得及抓住缰绳，惊恐的战马就跳起来逃走了。

士兵们突然看不见国王在前面骑马指挥了，人心惶惶，纷纷转身撤退，敌人的军队包围了上来。

国王无力地哀叹道："一匹马，我的国家倾覆就因为这一匹马。"

从那时起，人们就说：

"少了一个铁钉，丢了一只马掌，

少了一只马掌，丢了一匹战马，

少了一匹战马，败了一场战役，

败了一场战役，失了一个国家。

所有的损失都是因为少了一个马掌钉。"

智慧箴言

成大业若烹小鲜，做大事必重细节。这个故事告诉人们，无论做什么事情，千万不可忽视细节，否则就有可能付出极其惨重的代价。其实，细节是一种征兆，从中可以看出一个人的命运走向和事业的成败。

关灯

熊猫盼盼和猴子兵兵从动物大学毕业后同时应聘进入一家狮子和袋鼠合资的企业。这家公司待遇优厚，有很大的发展空间，它们俩都很珍惜这份工作，但结果很明确：只能留下一个，另一个在3个月试用期后将被淘汰出局。

为了争取留在这家公司工作，它们俩一直在暗暗较劲，都积极上进，工作也都很出色。但3个月后，猴子兵兵背包走人，熊猫盼盼留了下来。

事后，熊猫盼盼问老板："为什么留下我而不是猴子兵兵？"老板说："从你们中间选拔一个还真难，在学识上不分高低，在工作能力上难分伯仲。但后来，我发现了一个现象：凡是你们俩不在的时候，猴子兵兵的宿舍里总是亮着灯，开着电脑，而你的宿舍则熄了灯，关了电脑。所以最终选定了你。"

智慧箴言

不言而喻，注意细节所做出来的工作一定能抓住人心，虽然在当时无法引起别人的注意，但久而久之，这种工作态度形成习惯后，一定会给你带来巨大的好处。

茶文化的精神

一位女子非常向往记者的工作。大学毕业后，她被一家新闻单位聘用了。但是，由于没有记者的空缺，经理叫她暂时做一些为同事泡茶的工作。虽然她对这种安排非常失望，不过想到将来有做记者的机会，于是就静下心来，每天为同事泡茶倒茶。

3个月过去后，她沉不住气了，心里开始抱怨这份不喜欢的工作，她泡出来的茶，味道也一天不如一天，但她并未察觉。

有一天，她泡好茶端给经理，经理喝了一口就大骂起来："这茶是怎么泡的，难喝得要命！亏你还是大学毕业呢，连泡杯茶都不会！"她气坏了，几乎哭出来。她正准备当场辞职，突然来了一位重要访客，必须好好招待。她想：反正要离开了，就好好泡一壶茶吧！于是，她把心里的不愉快暂时抛开，认真地泡好茶，把茶端进去。当她转身刚要离开时，突然听到客人由衷地赞叹道："哇！这茶泡得真好！"那位骂她的经理也喝了一口，情不自禁地夸赞道："这壶茶真的特别好喝！"

她惊呆了！突然发现，只是小小的一杯茶而已，竟然造成那么大的差异，或挨骂，或被赞美，截然不同。这茶里显然有很深奥的学问，值得好好研究。从此以后，她不但对水温、茶叶、茶量都悉心琢磨，就连同事的喜好、心情也细心地体会，甚至连自己泡茶时的心情、状态会带来的结果也了如指掌。很快，她成为公司的灵魂人物。几年后，她就被升为经理。

智慧箴言

茶道即是人道，同时也是做事之道。悟透了茶道，就一定能悟透工作之道！因为茶道中对每一个细节都有严格的要求，实际上已融入了茶文化的精神。在这一点上，和做好小事所彰显出来的精神，高度地一致！

“磨”出来的科学院院士

在荷兰，有一个初中毕业的青年农民，来到一个小镇，找到了一份替镇政府看门的工作。他在这个门卫的岗位上一直工作了60多年，一生都没有离开过这个小镇，也没有换过工作。

也许是工作太清闲，他又太年轻，他得打发时间。他选择了费时又费工的打磨镜片当自己的业余爱好。就这样，他磨呀磨，一磨就是60年。他是那样的专注和细致，锲而不舍，他的技术已经超过专业技师们了，他磨出的复合镜片的放大倍数，比他们的都要高。借着他研磨的镜片，他终于发现了当时人们尚未知晓的另一个广阔的世界——微生物世界。从此，他声名大振，只有初中文化的他，被授予了他看来是高深莫测的巴黎科学院院士的头衔，就连英国女王都到小镇拜会过他。

创造这个奇迹的小人物，就是科学史上鼎鼎有名的、活了90岁的荷兰科学家万·列文虎克。他老老实实地把手头上的每一个玻璃片磨好，用尽毕生的心血，致力于每一个平淡无奇的细节的完善，终于他在细节里看到了他的上帝，科学也在他的细节里看到了更广阔的前景。

智慧箴言

一花一世界，一沙一天堂。如果你能执着地把手上的小事坚持下去，你同样也会成为一个了不起的人物。

万事皆因小事起

被称为世间最睿智的国王所罗门说过:“万事皆因小事起。”历史上几个著名的事件正是这句名言的有力例证。

1005年，摩德纳联邦的几个士兵带着一只著名的水桶跑到了隶属于波罗尼亚国的一个共和国里去了。这原本是一件不值一提的小事，但是却引起了一场纠纷，引发了一场长达十几年的战争。

克里米亚战争造成了巨大的人员伤亡和财产损失。欧洲的四大强国英国、法国、土耳其和俄国都被牵连了进来，而战争最初却是因一把钥匙而起。

土耳其宣称，耶路撒冷圣墓中的一个神龛归土耳其的基督教会所有。于是土耳其就把神龛锁了起来，并且拒绝交出钥匙。这一行为使得希腊的教会很恼火。后来，争端不断升级。于是，俄国作为希腊的保护国，法国作为拉丁教会的代表也参加了进来。形势开始变得复杂起来。俄国要求土耳其对希腊的教会进行补偿，但土耳其拒绝这一要求。由于英国传统上就有保护土耳其人的习惯，在这场纠纷中他们理所当然地站在土耳其人的一边，同他们结成联盟共同反对法国和俄国。就是这样芝麻粒大小的事情，引发了这场巨大的纠纷。

法国历史被篡改，一个强大的王朝被推翻，但它的起因却是几杯酒。

奥尔良公爵是国王路易·菲利普的儿子，在同朋友一起喝酒时，奥尔良在朋友们的力劝之下多喝了几杯。后来聚会结束后，大家将要离去时，他叫了一辆马车。可是这时候马受惊了，把他掀倒在地上，由于失去了平衡，他脚下踩空，头朝下摔倒在人行道上，不省人事。如果不是那几杯酒，他可能不至于会坐不稳而摔下来；或者，即使摔倒在地，他自己也许还能站起来。但他再也没有站起来。几杯酒使得这个王位继承人丢了性命，而他的全家后来也遭到了流放，他们家族的巨额财产也全部被充公。

智慧箴言

“千里之堤，溃于蚁穴。”日常的工作生活中，我们无论做什么事情，都万万不可忽视小事，否则我们就有可能付出惨痛的代价。

20分钟的代价

一位朋友向周总推荐了一位印刷公司老板。这位老板知道周总的公司每年在印刷方面花不少钱，因此想使周总成为他的客户。他带来了精美的样本、仔细考虑的价钱建议和热情的许诺。周总有礼貌地坐着，但他在会谈前就已决定不把生意交给他，因为对方迟了20分钟才来。准时取得印刷品对周总的公司是十分重要的。周总公司的产品的印刷部件星期三送到，星期四装订，星期五发送到周总下星期出席的座谈会地点，迟一天就跟迟一年那么糟糕。周总的公司还要雇十多位工人在既定的一天将销售信、小册子与订货单叠好塞进信封，如果印刷品没运到，什么事都干不成。所以，当那位印刷公司的老板在第一次会议时就不能准时出席，周总就认为不能指望这位印刷公司老板能把他的工作干好。

智慧箴言

大事小事，只是相对而言。很多时候，小事不一定就真的小，大事不一定就真的大，关键于做事者的认知能力。那些一心想做大事的人，常常对小事嗤之以鼻，不屑一顾。其实连小事都做不好的人，大事是很难成功的。

形象的价值

戴尔想出版一本新杂志，这需要 3 万美元，但他一无所有，因此他想出一个办法，让出版商先帮他出这笔钱。

戴尔一向很注重个人形象。他清楚地认识到，商业社会中，一般人是根据一个人的衣着来判断对方的实力。因此，他首先定做了三套昂贵的西服，然后又买了一整套最好的衬衫、衣领、领带、吊带等，买衣物的 700 美元都是他借来的。

于是，戴尔开始了自己的第一次创业。

每天早上，戴尔都会身穿一套全新的衣服，在同一条时间、同一个街道同某位富裕的出版商“邂逅”。戴尔每天都和他打招呼，并偶尔聊上一两分钟。

这种例行性会面大约进行了一星期之后，出版商开始主动与戴尔搭话：“你看来混得相当不错。”

接着出版商便想知道戴尔从事哪种行业。因为戴尔身上所表现出来的这种极有成就的气质，再加上每天一套不同的新衣服，已引起了出版商极大的好奇心，这正是戴尔盼望发生的情况。

戴尔于是很轻松地告诉出版商：“我正在筹备一份新杂志，打算在近期内出版。”

出版商说：“我是从事杂志印刷及发行的。也许，我也可以帮你的忙。”

这正是戴尔所期待的。

出版商邀请戴尔到他的俱乐部，和他共进午餐，在咖啡和香烟尚未送上桌前，已“说服”了戴尔答应和他签合约，由他负责印刷及发行戴尔的杂志。戴尔甚至“答应”允许他提供资金并不收取任何利息。

发行杂志所需要的 3 万美元资金和购买衣物的 700 美元都是通过戴尔的形象换来的。

智慧箴言

很多成功人士的经历已经显示了着装细节的重要性。著名心理学家肯利教授指出，着装是一个强烈、显著的信号，服装只要运用得当，就是最有利的沟通工具之一，也是最便捷的人际交往“名片”。研究已经证明，穿戴像一个成功的人，就能在各种场合得到应有的尊敬和善待。因此，如果想成为一个成功的人，首先就要穿得像一个成功者。

“砰”关闭了合作之门

随着汽车业的日臻成熟，高桥所在的公司扩大了与日本一家生产高档轿车公司的合作。他此行的目的就是与日方谈判，为他们提供轿车及附件。如果谈得顺利，公司将获得巨大的经济效益。

高桥只有40多岁，却已是某国知名的汽车专家，日方显得很慎重，派出年轻有为、处事谨慎的副总裁兼技术部部长百惠前去机场迎接。

豪华气派的迎宾车就停在机场的到达厅外。

高桥办完通关手续，走出大厅，来到举着欢迎他的小牌子的人面前，与百惠一行见面。宾主寒暄几句后，百惠亲自为高桥打开车门，示意请他入座。

高桥刚一落座，便随手“砰”地关上车门，声音极响，百惠甚至看见整个车身都微微颤了一下。

百惠不禁愣了一下：“是旅途的劳累使高先生情绪不佳，还是繁复的通关手续让他心烦？他可是株式会社的贵客，得更加小心周到地接待才行。”

一路上，百惠一行显得十分热情友好，甚至到了殷勤的程度。

迎宾车停在株式会社大厦前的停车坪里，百惠快速下车，小跑着绕过车后，要为高桥开车门，但高桥却已打开车门下车，又随手“砰”地关上车门。

这一次，比在机场上车时关得还要响，似乎用的力还要重得多。百惠又愣了一下。

日方安排的洽谈前的考察十分紧凑，株式会社董事长兼总裁铃木先生还亲自接见，令高桥感到非常满意。会谈安排在第三天。在接下来的两天里，百惠极尽地主之谊，全程陪同高桥游览东京的名胜古迹和繁华街景，参观公司的生产基地。

高桥显得兴致很高，可回到下榻酒店时，他在关车门时又是重重的“砰”的一下。

百惠不禁皱了一下眉。沉吟了片刻，他终于边向高桥鞠躬，边小心地问道：“高先生，敝社的安排没什么不妥吧？敝人的接待没什么不周吧？如果有，还望先生海涵。”

高桥显然没什么不满意的：“百惠先生把什么都考虑得非常周到细致，谢谢。”

说这话时，高桥是满脸的真诚，百惠却显得若有所思。

第三天到了，接高桥的车停在株式会社大楼前，他下车后，又是一个重重的“砰”。百惠暗暗地咬了咬牙，暗中向手下的人吩咐几句后，丢下高桥，径直向董事长办公室走去。

高桥正感到有些莫名其妙，百惠的手下客气地将他让到了休息室，说：“百惠部长说是有紧急事要与董事长商谈，请高先生稍等片刻。”

董事长办公室里，百惠语气严肃地对铃木说：“董事长先生，我建议取消与这家公司的合作谈判！至少应该推迟。”

铃木不解地问：“为什么？约定的谈判时间就要到了，这样随意取消，没有诚信吧？再说，我们也没有推迟或取消谈判的理由啊。”

百惠坚决地说：“我对这家公司缺乏信心，看来我们株式会社前不久对该公司的考察走了过场。”

铃木是很赏识这个精干务实的年轻人的，听他这么说，便问：“何以见得？”

百惠说：“这几天我一直陪着这个高总工程师。我发现他多次重重地关上车门，开始我还以为是他在发什么脾气呢，后来才发现，这是他的习惯，这说明他关车门一直如此。他是这家知名汽车公司的高层人员，平时坐的肯定是他们公司生产的好车。他重重关上车门习惯的养成，是因为他们生产的轿车车门用上一段时间后就易出现质量问题，不容易关牢。好车尚且如此，一般的车辆就可想而知了。我们把轿车和零配件给他们生产，成本也许会降低很多，但这不等于在砸我们自己的牌子吗？请董事长三思。”

最终，谈判推迟了。日方经过再次的实地考察之后，证实了百惠的猜测，合作取消了。

智慧箴言

一个关车门的动作，可谓微不足道，相信无论是在生活中还是工作中都不会有人注意它，但恰恰是这种别人眼里的微不足道，被百惠抓到了，并通过进一步的细致分析，揭出了这一习惯性动作背后可能隐藏的深层问题，从而帮助公司避免了可能遭遇的重大损失。

任何时候都要牢记：只有用心，我们才能见微知著。

两张车票

日本东京贸易公司的董事长吩咐办公室助理给德国一家公司的经理购买往来于东京、大阪之间的火车票。

在这次旅途中，德国公司的经理注意到了一个小小的巧合：

去大阪时，他的座位在列车右边的窗口，返回东京时却是靠左边的窗口。

经理问助理其中缘故，助理笑答："车去大阪时，富士山在你右边，返回东京时，山又出现在你的左边。我想，外国人都喜欢日本富士山的景色，所以我替你买了不同位置的车票。"

德国经理深受感动，后来成了这家东京贸易公司的长期客户。

智慧箴言

有些人总认为要成大事就不要拘小节，否则就会被小节拖累，其实这种想法是不妥的。注重细节、对事情安排周密，是一种负责的表现，体现一个人做人做事的态度。

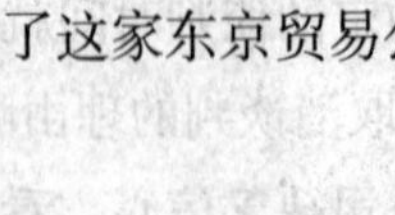

第四篇
最激励人的哲理故事

第一章

认识自我，点亮心灯

在屡遭挫折的情况下，很多人对自己的能力失去了信心，不敢相信自己还有什么潜力。事实上，每个人身上都蕴藏着巨大的潜力，这种潜力一旦被发掘出来，将会爆发出惊人的能量。

跳蚤的潜力

每个人身上都蕴藏着惊人的潜力，成功者的秘密在于发掘了这些潜力，而失败者却忽视了这些潜力。

在昆虫世界中，跳蚤算是最善于跳跃的一种了，它的身长只有 0.5 ~ 3.0 毫米，体重仅有 200 毫克左右，但是它上跳的高度却可以达到约 350 毫米。这也就是说，跳蚤的跳跃高度可以达到其身长的 100 多倍。从身高与跳跃高度的比例上来看，跳蚤无疑是世界上首屈一指的跳跃健将了。跳蚤怎么会有这么强的跳跃能力呢？为了解决这一问题，一位大学教授决定对跳蚤进行一番研究。

经过整整一天的研究，教授没有找到问题的答案。到了下班的时候，教授就用一个 300 毫米高的玻璃罩把跳蚤罩住，以防止它逃跑。果然不出教授所料，不安分的跳蚤在当天夜里进行了无数次逃跑的尝试，但是每每跳到 300 毫米高的时候都会被玻璃罩狠狠地挡下来，渐渐地跳蚤开始怀疑自己的能力了，它不再做无谓的尝试，接受了自己只能跳 300 毫米高的现实。第二天一大早，教授发现了奇怪的现象，我们的跳跃健将的跳跃水平突然下降了，它至多只能跳 300 毫米高了。

这个变化引起了教授的兴致，于是教授决定和跳蚤开一个小玩笑。第二天下班的时候，教授用一个 150 毫米高的玻璃罩罩住跳蚤。经历了和昨晚差不多的尝试，跳蚤的信心又一次遭到了严重的打击。于是第三天的时候，教授发现跳蚤已经不能突破150毫米的高度了，晚上教授又用了一个50毫米高的玻璃罩罩住跳蚤，不出所料，跳蚤的跳跃水平又降低到了50毫米。最后，教授干脆用一个玻璃板压住跳蚤，让跳蚤只能在玻璃板下爬行，结果拿掉玻璃板的时候，我们曾经的跳跃健将居然不知道怎样跳跃了，只能在桌面上爬行。

教授对不能跳跃的跳蚤失去了兴趣，转而去做其他的实验了。一次，教授在实验的时候，失手打翻了桌子上的酒精灯，酒精在桌子上流淌，火苗也随之蔓延开来。这个小小的事故对于跳蚤来说无疑是一场灾难，它拼命地在桌子上爬行，但是火苗的速度比它更快，就在火苗将要烧到跳蚤的时候，奇迹发生了，我们的跳跃健将猛地跳起，高度甚至超过了它以前的水平。恢复了健将本色的跳蚤，成功逃脱了“火灾”。

这一切都被教授看在眼里，他意识到跳蚤的潜力从来都没有失去过，它一旦发挥出来，结果将会让人感到震惊！

智慧箴言

在屡遭挫折的情况下，很多人对自己的能力失去了信心，不敢相信自己还有什么潜力。事实上，每个人身上都蕴藏着巨大的潜力，这种潜力一旦被发掘出来，将会爆发出惊人的能量。

残疾人也可以飞上蓝天

教练瞟了一眼亨德森的四肢，他的大腿软弱无力，根本无法使用尾舵踏板，他又怎么能驾驭1吨多重的飞机呢？最让这位飞行教员伤脑筋的是亨德森的手，他的五指虽在，但简直不能动。教练认为这是不可能飞行的。然而是什么促使他没有照直说呢？也许是眼前这个年轻人显而易见的决心以及他那迫切的表情。无论如何，有某种东西在这位直率健壮的飞行教员内心引起了共鸣。他说：“也许我可以教你，但按照联邦飞行条例，你必须具备自己上下飞机的能力。”说罢，朝不远一架单引擎教练机努努嘴：“我去准备一杯咖啡，如果我回来的时候你登上了飞机，那我们就算说定了。”

亨德森将轮椅靠近机身，一只手搭在机翼的后缘，另一只手支撑在轮椅上，尽可能将自己撑了上去。然后转身面对着机身，用右肘机敏地挪动着，一点一点地向驾驶舱移动。

他用了45分钟，当教练走出去的时候，他正坐在驾驶员的位置上，血从磨破的肘部流出，舱内到处血污。看到他经受了如此的痛苦，教练知道没有什么能阻止他的决心。

但当教练送亨德森去联邦航空局做体格检查时，担任检查的斯托达德医生感到为难地说："我的天，他身体能动的部位还不到10%！"教练坚持己见，并说，如果他为自己这个学生的飞行技能担保，那么医生是否愿意与亨德森一同飞行，以亲眼鉴定？医生同意了。

现在的一切都取决于教员和学生了。他们一起着手解决新出现的每一个问题。利用毯子的摩擦可以使亨德森登上光滑的机翼。戴在头上的一套通讯设备可以使他不必用手拿着无线电话筒。他们还把舵柄改成垂直移动，这样可以使亨德森不用脚而用右臂来操纵不易控制的尾舵。让教练高兴的是亨德森的手指显得越来越灵活，但他担心他的气力不够，这样在大风时起飞和着陆，就无法将驾驶杆拉回来。亨德森倒想了个主意，为什么不做一个金属钩套在他的手腕上？这样放、拉不就都自如了吗？亨德森自己在家做了头一个样品，生铁把手腕都磨破了。后来他又用医院的轻铝板与一只手套固定在一起，使用起来很是方便。

进行长时间的艰苦训练和测试之后，放单飞的时刻终于来到了，亨德森用右手推上油门，松了手闸，调整一下方向便滑出跑道。几分钟之后他便飞上蓝天。

在1000英尺（约350米）的高度，亨德森感到一阵未曾有过的激动，他浮想联翩："这是我有生以来做过的最伟大的事情。"

以后的几个月里，亨德森在斯托达德医生的帮助下，成为第一个通过仪表鉴定获得民航机驾驶员执照的四肢麻痹患者。斯托达德医生说："是亨德森的意志使他出类拔萃，他的成功确实一鸣惊人，令人难以置信。"

智慧箴言

面对困难、苦难，意志薄弱的人掉头就跑，而意志坚强的人却勇往直前，成功自然属于后者。人生在世，谁都难免碰到崎岖、坎坷，有人束手就擒，有人勇敢拼搏。拿出一种精神，勇往直前，我们就会看到光明。

邹忌劝齐王

不要陶醉于别人的赞美声中，要正确客观地评价自己。如果一味沉醉于别人的赞美声中，就不能对自己做出正确的判断，影响自身的进步。

战国时，齐国的相国邹忌身高八尺多，体形和容貌非常漂亮。一天早晨，邹忌穿戴好华美的衣冠后，一面照着镜子，一面问妻子：“我和城北的徐公相比，谁更英俊呢？”妻子随口答道：“您是最漂亮的，徐公怎么能比得上您呢。”徐公是齐国著名的美男子，邹忌不太相信自己比徐公美丽，他又去问小妾：“你说我和徐公哪一个更漂亮？”小妾喏喏地说：“当然是您最漂亮了。”听了小妾的话，邹忌还是不敢确信。第二天，有一个客人来找邹忌商量一件事情，邹忌又问客人：“你说实话，我和城北的徐公谁更好看？”客人笑着说：“徐公不如你漂亮。”听了客人的话，邹忌还是将信将疑。

又过了一天，徐公来了，邹忌仔细端详着徐公，觉得徐公的容貌天下无双，自己不如他俊美。徐公走了以后，邹忌照照镜子，觉得自己远远不如徐公漂亮。既然如此，为什么妻子、小妾和客人都说自己更漂亮呢？晚上睡觉的时候，邹忌翻来覆去地想这个问题，最后他略有所悟：“妻子说我漂亮，是她偏爱我；小妾说我漂亮，是因为她害怕我；而客人也欺骗我，是他有求于我，才来讨我的欢心。”

第二天上朝的时候，邹忌把这件事情讲给了齐王听，他说道：“实际上我确实不如徐公漂亮，但是妻子、小妾和客人出于不同的目的都来恭维我，如果不是我亲眼所见，我就不能知道真相。如今齐国方圆几千里，有 120 多座城池。皇宫中的妃子和您身边的近臣没有一个不偏爱大王的；朝廷里的大臣，没有一个不害怕大王的；全国所有的人都有求于大王。由此看来，大王整天听到的话很多都是恭维的话，您受到的蒙蔽程度就可想而知了！”

齐王听了邹忌的话，连连点头，立即发布命令：“无论朝廷大臣、官吏还是普通老百姓，只要能当面指责我的过失的，将被授予上等奖赏；上书劝告的，给中等奖赏；在大庭广众之下指责我，而且被我知道的，就赐予下等的奖赏！”

命令发布出去以后，人们纷纷过来向齐王进谏，使齐王了解了许多重要的情况，并着力加以解决。几个月以后，来进谏的人已经很少了，一年以后，人们已经没有什么好进谏的了。国家也呈现出一派欣欣向荣的景象。燕、赵、韩、魏等国家看到这种情况，都来齐国朝拜。

智慧箴言

对于自己，一定要有清醒的认识，别人的赞扬，或许只是蒙住你眼睛的美丽面纱。只有揭开这层薄薄的面纱，你才能看到真实的自己，对并不完美的自己加以完善，你才会取得进步。

生命的价值

无论遇到多么艰难的情况，无论遭遇怎样的挫折和打击，记住，你还是你，并没因此而降低自身的价值，事实上，你永远不会贬值。

有一次，在一个大型的讨论会上，一个著名的演说家在台上准备演讲，他没有按常理先讲几句开场白，而是举起手中的一张 100 美元的钞票，向台下的 200 多名听众挥舞了一下，问道："我这里有 100 美元，谁要？"顿时，台下举起了一只只手。

演说家满意地点点头，说："谢谢大家这么热情，我打算把这张钞票送给在座的其中一位。"台下的观众都叫起来："给我，给我……"演说家示意大家静一静，笑着说："好的，我很乐意将这份礼物送给大家，但是在我送出钞票前，请允许我做一件事情。"说着演说家使劲把钞票揉成一团，然后他举起皱巴巴的钞票问道："现在谁还想要这张丑陋的钞票？"台下的观众不明白演说家的意图，他们哄堂大笑，仍然高举着手，叫着："我要，我要。"

"好吧，看来这张丑陋的钞票没有吓倒大家，它还能引起人们的兴趣。"演说家装作失望的样子说，"那么，如果我这样做的话，会是什么后果呢。"说着，演说家把钞票扔在脚下，又碾又搓，钞票已经又脏又皱，破损不堪了，演说家捡起钞票，问台下的观众："好了，这张可怜的钞票已经被我摧残得又丑又脏了，不过好像它还能用，那么现在谁还要它？"

台下还是有几个人，举起了手，喊道："我要，我要。"

演说家点点头，说道："好了，亲爱的朋友们，你们刚才看到了，这张可怜的钞票遭受了我两次野蛮的折磨，不过没关系，还是有人愿意接受它。为什么呢，因为它的价值没变，它的价值还是 100 美元，它能换来 100 美元的等价物。其实我们自己又何尝不像这张可怜的钞票一样，不断地遭受挫折，我们因为自己的选择和外在的逆境被不断地捶打、撕碎，有时候，我们自己都心灰意冷了，我们以为自己已经不值一文了。但是，亲爱的朋友们，钞票的价值根本没变，所以，无论以前发生了什么，或者以后将要遭遇什么，只要我们努力、不气馁，那么我们永远不会贬值，无论我们努力付出后，收获到的是多大的果实，我们本身都依然是熠熠生辉的宝石，那就是我们的天生才能，是我们的真正价值！因此，我们今天讨论的主题就是：什么是真正的价值！”

顿时，台下掌声如雷，这热烈的掌声正说明了大家对“真正价值”的认同 。

智慧箴言

生活中，挫折和失败总是不可避免的，谁都会有沮丧的时候。但是，无论发生什么样的情况，你都不能对自己产生怀疑，不能怀疑自己有创造奇迹的能力。因为无论什么样的悲惨境遇都无损于你真正的价值。

你是最伟大的

我们每个人都是这个世界上独一无二的奇迹，没有任何人或者物能够代替我们的位置。现在没有，将来也不会有。因此，我们完全不必长他人志气，灭自己威风，相信自己是最棒的！

爱睡懒觉的小花猫被太阳公公明亮而热烈的光线弄醒了，它打着哈欠，揉了揉干涩的眼睛，看到太阳公公高高悬挂在空中、放射出万道刺眼的光芒，世间万物全都笼罩在其中。在太阳公公面前，小花猫突然感觉到自己是那样的渺小，它忍不住感叹道：“太阳公公，您真是太伟大了！”

太阳公公苦笑着说：“我有什么伟大的呀，等一会儿乌云姐姐飘过来，你就看不到我了。”果然，不一会儿乌云姐姐散开乌黑的长发，把太阳的光芒全都遮挡起来了。小花猫站在乌云的阴影里，看到滚滚乌云一直连绵到天边，它由衷地对乌云说：“乌云姐姐，就连太阳都被您遮住了，您真是太伟大了！”

乌云不好意思地说：“你太过奖了，我也撑不了多久，风儿姑娘一来就会把我吹散，到时候你就知道谁是最伟大的了。”正说着，一阵狂风从东面刮来，不一会儿就吹散了乌云，天空又晴朗起来。小花猫躲在一垛矮墙下面瑟瑟发抖，一直等到风渐渐变得小了，才敢伸出头来。它充满敬佩地说：“乌云姐姐说的没错，风姑娘您的威力真是惊人，您才是世界上最伟大的呀！”

风姑娘听了，显得有点不高兴，它生气地说："小花猫你是在嘲笑我吗？你躲在一垛矮墙下面，就可以轻而易举地将我拒之门外，我连一垛矮墙都吹不过，算什么伟大呀！"小花猫觉得风姑娘说的也很有道理，于是向风姑娘解释了一番后，毕恭毕敬地来到墙脚下，对矮墙说："墙大哥，您平时沉默寡言，没想到是深藏不露呀，那么厉害的狂风都拿您没有办法，您一定是世界上最伟大的了！"

矮墙皱皱眉头，十分悲伤地说："你看，我都摇摇欲坠了，还提什么伟大呀！一群小老鼠在我的下面打洞，马上就要把我掀翻了！"小花猫听了，往墙角一看，果然有几只神情慌张的老鼠瘫倒在地上。小花猫满脸狐疑地走过去，犹犹豫豫地对老鼠们说："这么说来，你们才是世界上最伟大的了？"

看着小花猫，老鼠们大气也不敢出，它们断断续续地说："您……您怎么能这么说呢？您是我们的克星，一看到您，我们就吓得站不稳，怎么能和您比呢？您才是最伟大的啊！"

智慧箴言

看起来光芒万丈的太阳公公，其实它也有害怕的东西。而毫不起眼的小老鼠也有自己的威力。小花猫在夸赞别人的伟大时，最后居然发现自己才是最伟大的，而这一点是它万万没有想到的。

每个人都是独一无二的，不必过分羡慕别人的光彩，其实你自己也有独特的价值。只要我们对自己充满自信，不断挖掘自身的潜力，生命就会熠熠生辉！

用尽你的全力

你的全部力量绝不仅仅存在于你的躯体之内，遇到一己之力难以解决的难题，不要轻易地放弃，借助别人的帮助来达到目标，同样也是你的一种能力。

一天，父亲带着他7岁的儿子整理后花园，整理过程中遇到了一块深埋在泥土中的大石块，父亲有意趁这个机会教育一下儿子，就让儿子自己动手把大石块挪开。

孩子毕竟年幼，使出了吃奶的力气，石头还是纹丝不动。聪明的孩子灵机一动，想起了一个巧妙的办法。他先在大石块的旁边挖了一个洞，然后找来一根结实的木棍插入洞中，在木棍的下面再垫上一块小石头，使劲往上撬。但是，顽固的大石块仍然纹丝不动，很显然孩子的力量还不足以挪动大石块。于是无可奈何的孩子只得选择了放弃，回头告诉父亲自己无能为力。但是父亲一脸不相信的表情，他意味深长地对孩子说："你要用尽全力，只要你用尽全力，就一定能挪动石块！"

孩子将信将疑地来到石块前，把所有的力气都集中在手臂上，用力向下压木棍，小脸憋得通红，但是石块依然没有任何松动的迹象。孩子绝望了，一屁股坐在地上，大口地喘着粗气。他向父亲摇摇头，说道："我已经用尽全力了，还是不行。"

父亲和蔼地走到孩子身边，问道："你确定自己用尽全力了吗？"孩子有点委屈地说："我当然用尽全力了，难道你没有看到我的努力吗？"

父亲摸摸孩子的小脑袋，紧盯着他的眼睛说："不，你还没有用尽全力！我就在你的身边，你还没有向我求助！很明显，只要有了我的帮助，你就可以挪动大石块。"

孩子望着父亲，满脸的疑惑。父亲接着说："知道吗，身边的朋友或者师长很愿意在你困难的时候伸出援手，有了他们的帮助，你就能克服看起来难以想象的困难。能力的边界不应是自我，所以我说你没有用尽全力！"

孩子听了父亲的话，若有所悟地点了点头。

智慧箴言

生活中，总有你一己之力无法办好的事情，这并不能说明你的能力无法达到目标，能够借助到的外在力量也是你能力的一部分，所以遇到难以战胜的困难，不要放弃，请用尽你的全力！

不要和自己过不去

有一位年轻人，一天觉得自己好像生病了，就去图书馆借了本医学手册，看看该怎样治自己的病。当他读完介绍癌症的内容时，方才明白，自己患癌症已经几个月了。他被吓住了，呆痴痴地坐了好长时间。

后来，他想知道自己还患有什么病，就依次读完了整本医学手册。这下他可明白了，除了膝盖积水症外，自己什么病都有！

他去图书馆时，觉得自己是个幸福的人，而当他走出图书馆时，却被自己营造的"心理牢笼"所监禁，完全变成了一个全身都有病的小老头。

他决心去找医生，一见到医生，他就说：

“亲爱的朋友！我不给你讲我有哪些病，只说一下没有什么病。我的命不会长了！我只是没有害膝盖积水症。”

医生给他做了诊断，坐在桌边，在纸上写了些东西就递给了他。他顾不上看处方，就塞进口袋，立刻去买药。赶到药店，他匆匆把处方递给药剂师，药剂师看了一眼，就退给他说：

“这是药店，不是食品店，也不是饭店。”

他很惊奇地望了药剂师一眼，拿回处方一看，原来上面写的是：

煎牛排一份，啤酒一瓶，6 小时一次。

10 千米跑，每天早上一次。

他照做了，一直健康地活到今天。

智慧箴言

有些人对很多事情都有恐慌症，时间长了，就会成为一种心理疾病。为了避免对健康无谓的担心，可以定期到医院做全面的健康检查，一经证实自己健康无病，就不要再多管它。

真正的自由在你的内心

弗兰克是一位犹太裔心理学家，第二次世界大战期间，他被关押在纳粹集中营里受尽了折磨。父母、妻子和兄弟都死于纳粹之手，唯一活着的亲人是他的一个妹妹。当时，他本人常常遭受纳粹的严刑拷打，随时面临着死亡的危险。

有一天，他赤身独处囚室时，忽然悟出了一个道理：“就客观环境而言，我受制于人，没有任何自由；可是，我的自我意识是独立的，我可以自由地决定外界刺激对自己的影响程度。”

弗兰克发现，在外界刺激和自己的反应之间，他完全有选择如何做出反应的自由与能力。

于是，他靠着各种各样的记忆、想象与期盼不断地充实自己的生活和心灵。他学会了心理调控，不断磨炼自己的意志。他的自由的心灵早已超越了纳粹的禁锢。

这种精神状态感召了其他的囚犯。他协助狱友在苦难中找到了生命的意义，找回了自己的尊严。

弗兰克后来这样写道：

“每个人都有自己特殊的工作和使命，他人是无法取代的。生命只有一次，不可重复，实现人生目标的机会也只有一次。然而，最可贵的是，一个人可以自由地选择自己的思想，无论是身陷囹圄，还是行将就木，他都能够按照自己的意志自由地决定外界对自己产生的影响……”

在弗兰克生命中最痛苦、最危难的时刻，在弗兰克精神行将崩溃的临界点，他靠自己的顿悟，靠成功的心理调控，不仅挽救了他自己，而且挽救了许多患难与共的生命。

智慧箴言

真正的自由取决于你的内心，而不是取决于外部条件。无论你处于多么紧张的环境下，都可以自由地决定外部条件对自己的影响程度。

哲学家的最后一课

有一位哲学家将自己的学生带到郊外的一片草地上，要在那里对他们讲最后一课。在草地上，他对学生们说：“10年苦读，你们都已是饱学之士，现在学业就要结束了，我们上最后一课吧！”

弟子们围着哲学家坐了下来。哲学家问：“现在我们坐在什么地方？”

弟子们答：“现在我们坐在旷野里。”

哲学家又问：“旷野里长着什么？”

弟子们说：“旷野里长满杂草。”

哲学家说：“对，旷野里长满杂草，现在我想知道的是如何除掉这些杂草。”弟子们非常惊愕，他们都没有想到，一直在探讨人生奥妙的哲学家，最后一课问的竟是这么简单的一个问题。

一个弟子首先开口，说：“老师，只要有铲子就够了。”哲学家点点头。

另一个弟子接着说：“用火烧也是很好的一种办法。”哲学家微笑了一下，示意下一位。

第三个弟子说：“撒上石灰就可以除掉所有的杂草。”

接着讲的是第四个弟子，他说：“斩草除根，只要把根挖出来就行了。”

等弟子们都讲完了，哲学家站了起来，说：“课就上到这里了，你们回去后，按照各自的方法除去一片杂草，没除掉的，一年后再来相聚。”

一年后，他们都来了，不过原来相聚的地方已不再是杂草丛生，它变成了一片长满谷子的庄稼地。弟子们围着谷地坐下，等待哲学家的到来，可是哲学家始终没有来。

数年后，哲学家去世，弟子们在整理他的言论时，私自在书的最后补了一章：要想除掉旷野里的杂草，方法只有一种，那就是在上面种上庄稼。

智慧箴言

若要获得心灵自由，就要忘掉猜疑、仇恨等困扰心灵的痛苦。忘掉痛苦的最好办法就是在内心重新种下幸福与欢乐的种子，就像在杂草地种上庄稼一样。

陶罐里的鲜花

约翰和汉斯是好朋友。有一次他们合伙做卖米的生意。那天晚上他们把米堆在商店外面，第二天早上，米少了许多。约翰记得汉斯起了好几次夜，很可能是他把米转移到其他地方想独吞，因此他认为汉斯占了他的便宜，心中大为不悦。汉斯说他没有看见那些米，约翰不相信，两人吵了起来，便成为仇人，发誓不再往来。

第三天，约翰一大早外出做生意，推开门发现门口放着一个陶罐，罐里装着几根骨头。按照风俗这是很不吉利的象征。约翰想，肯定是汉斯诅咒他，他非常生气地将陶罐扔到花园里，就出门了。结果那天他的生意很不好，回到家中他给院子里的花松土施肥时，无意中看到那个破陶罐，就顺便移了几株花栽了进去。

过了几天，约翰的邻居打电话对他说：前一段时间自家的小孩夜里在外面玩，把一个准备泡药的陶罐和一副兽骨药给弄丢了，不知他看见了没有。约翰回家去找陶罐，他惊喜地发现，破陶罐里开满了鲜花。这让他很高兴，没想到用来出气的陶罐竟给他带来了意想不到的欢乐。

他把陶罐和兽骨还给了邻居。邻居给了他几袋米，并解释说，就在他们把米放在外面的那天夜里，淘气的小孩偷偷拿了一些米，现在很抱歉地还给他。

约翰觉得自己错怪了汉斯，他为自己的狭隘心胸感到脸红，觉得自己当初不应该迁怒于汉斯，应该心平气和地向他解释。他决定主动向汉斯道歉，并带上了从陶罐里采摘的鲜花。后来约翰与汉斯和好如初。

智慧箴言

没有猜疑，就没有了那么多的忧伤；没有猜疑，就没有了那么多的悔恨；没有猜疑，就没有了那么多的无奈。

猜疑心理既伤害了别人，同时也囚禁了原本美好和谐的心灵。不了解人，不了解世界，缺乏判断力是造成好猜疑、神经过敏、误会产生的主要原因。

不要做一只章鱼

有一位即将步入社会的年轻人对自己未来的生活充满了彷徨和忧虑。有一次他去拜访一位心理医生，向他倾诉了自己长久以来的烦恼：没有考上研究生，不知道自己未来的发展；女朋友将去一个人才云集的大公司，很可能会移情别恋……

心理医生让他把烦恼一个个写在纸上，判断其是否真实，同时将结果也记在旁边。

经过实际分析，年轻人发现其实自己真正的困扰很少，他看看自己那张困扰记录，不禁说："无病呻吟！"心理医生注视着他，微微对他点头。接下来，心理医生启发他说："你曾看过章鱼吧？"年轻人茫然地点点头。

"有一只章鱼，在大海中，本来可以自由自在地游动，寻找食物，欣赏海底世界的景致，享受生命的丰富情趣。但它却找了个珊瑚礁，然后动弹不得，呐喊着说自己陷入了绝境，你觉得如何？"心理医生用故事的方式引导他思考。他沉默一下说："您是说我像那只章鱼？"年轻人自己接着说："真的很像。"

于是，心理医生提醒他："当你陷入烦恼的习惯性反应时，记住你就好比那只章鱼，要松开你的8只手，让它们自由游动。系住章鱼的是自己的手臂，而不是珊瑚礁的枝丫。"

人心很容易被种种烦恼和物欲所捆绑，那都是自己把自己关进去的，是自投罗网的结果，就像章鱼，作茧自缚。

智慧箴言

有很多烦恼和压力都是自己通过想象编造出来的，人的心灵也很容易因此而受到困扰和束缚。要摆脱这些困扰心灵的枷锁，就要跳出烦恼的圈子，正视烦恼，这样，它们就会变得不堪一击。

放飞你的心灵

心灵有它自己的天空，在那里可以把地狱变成天堂，也可以把天堂变成地狱。

有一个少妇去投河自尽，被正在河中划船的老艄公救上了船。

艄公问：“你年纪轻轻的，为何寻短见？”

少妇哭诉道：“我结婚两年，丈夫就遗弃了我，接着孩子又不幸病死。你说，我活着还有什么乐趣？”

艄公又问：“两年前你是怎么过的？”

少妇说：“那时候我自由自在，无忧无虑。”

“那时你有丈夫和孩子吗？”

“没有。”

“那么，你不过是被命运之船送回到了两年前，现在你又可以自由自在，无忧无虑了。”

少妇听了艄公的话，心里顿时敞亮了，告别艄公，高高兴兴地跳上了对岸。

智慧箴言

同一件事，不同的想法决定不一样的结果。人生的成功与失败、快乐与悲伤、幸福与坎坷，全在自己的一念之间。

第二章

感悟生命中幸福的意义

学会感悟生命中的幸福是一种达观，一种洒脱，一份人生的成熟，一份人情的练达，是一种思想上的轻装，是一种目光的朝前。学会享受幸福的人才不会终日郁郁寡欢，才不会觉得人生很累，才能够诗意地栖息在这片生存的空间。

洒脱人生

三伏天，禅院的草地枯黄了一大片。“快撒点草籽吧！好难看哪！”小和尚说。

师父挥挥手：“随时！”

中秋，师父买了一包草籽，叫小和尚去播种。

秋风起，草籽边撒、边飘。“不好了，好多种子都被吹飞了。”小和尚喊。

“没关系，吹走的多半是空的，撒下去也发不了芽。”师父说，“随性！”

撒完种子，跟着就飞来几只小鸟啄食。“要命了，种子都被鸟吃了！”小和尚急得跳脚。

“没关系，种子多，吃不完！”师父说，“随遇！”

一个星期过去了，原本光秃的地面，居然长出许多青翠的草茵。一些原来没播种的角落，也泛出了绿意。

小和尚高兴得直拍手。

师父点头：“随喜！”

智慧箴言

在漫漫的人生旅途中，失意并不可怕，受挫也无需忧伤。只要心中的信念不萎缩，只要自己的季节没有严冬，即使风凄雨冷，即使大雪纷飞，一样可以洒脱地面对。艰难险阻是人生对我们另一种形式的馈赠，坑坑洼洼也是对我们意志的磨砺和考验。落英在晚秋凋零，来年又灿烂一片；黄叶在秋风中飘落，春天又焕发出勃勃生机。这何尝不是一种达观，一种洒脱，一份人生的成熟，一份人情的练达？

事已如此，别无选择

一位很有名气的心理学教师，在给学生上课时拿出一只十分精美的咖啡杯。当学生们正在赞美这只杯子的独特造型时，教师故意装出失手的样子，咖啡杯掉在水泥地上成了碎片，这时学生中不断发出了惋惜声。教师指着咖啡杯的碎片说："你们一定对这只杯子感到惋惜，可是惋惜也无法使咖啡杯再恢复原形。今后在你们的生活中发生了无可挽回的事时，请记住这破碎的咖啡杯。"

这是一堂很成功的素质教育课，学生们通过摔碎的咖啡杯懂得了，人在无法改变失败和不幸的厄运时，要学会接受它、适应它。

智慧箴言

生活中总是充满了不可捉摸的变数，如果它给我们带来了快乐，当然是很好的，我们也很容易接受。但事情却往往并非如此，有时，它带给我们的会是可怕的灾难，如果我们不学会接受它，让灾难主宰了我们的心灵，那生活就会永远地失去幸福。

平静是灵魂成熟的果实

有一个小和尚，每次坐禅时都幻觉有一只大蜘蛛在他眼前织网，无论怎么赶都不走，他只好求助于师父。师父让他坐禅时拿一支笔，等蜘蛛来了就在它身上画个记号，看它来自何方。小和尚照师父的交代去做，当蜘蛛来时，他就在它身上画个圆圈，蜘蛛走后，他便安然入定了。当小和尚做完功一看，却发现那个圆圈在自己的肚子上。原来困扰小和尚的不是蜘蛛，而是他自己，蜘蛛就在他心里，因为他心不静，所以才感到难以入定，正像佛家所说："心地不空，不空所以不灵。"

智慧箴言

平静是生命中的一种心态，是生命盛开的一朵鲜花。平静在心，在于修身养性。平静无处不在。只要有一颗平静之心，追求平静者便能心胸开阔，不被诱惑，坦荡自然。

幸福的本身是宁静的，只有内心不为外物所惑，不为环境所扰，才能做到像陶渊明那样身在闹市而无车马之喧，正所谓“心远地自偏”。

人生当有不足

有一个作家，是典型的完美主义者，在他眼里世界上一切似乎都应该是完美的，但是他却把种种卑劣和无奈加在了笔下的人物身上，然后让这些人物去破坏，伤害别人也毁了自己。毁了那些并不完美的偶像，恰恰说明他是个极端完美主义者。后来，他的心理变态了，只能在作品中去毁灭他喜欢但不完美的东西。现实生活中他无法做到，在写作的时候就变得残忍了。这种心理显然是苛求完美而看见现实却是另一回事造成的。他越来越悲观，最后竟因为感到世界不完美而绝望，把自己关在了家里，从此不出门，害怕见到不完美的东西或现象。

智慧箴言

俗话说：“人无完人，金无足赤。”人生确实有许多不完美之处，每个人都会有这样那样的缺憾，真正完美的人是不存在的。道理虽然浅显，可当真正面对自己的缺陷、生活中不尽如人意之处时，却又总感到懊恼、烦躁。

世界并不完美，人生当有不足。留些遗憾，反倒使人清醒、催人奋进。没有皱纹的祖母最可怕，没有遗憾的过去无法链接人生。

生命的意义

泰国前总理川·立派 86 岁的老母亲川梅，是一个摆食品摊的小贩。她在曼谷的一家市场内摆摊卖虾仁豆腐、豆饼、面饼。

她儿子川·立派当总理的第一天，就有人问她：“您儿子当总理了，您还用得着摆摊吗？您不觉得丢儿子的脸吗？”

她说：“儿子当总理，那是儿子的工作，那是儿子有出息，我摆摊，那是我的工作，两者并没有什么矛盾。我不觉得有什么丢人的，我很喜欢摆摊，在这儿，能见到很多老朋友。我最高兴的事，就是看到儿子下班回家后狼吞虎咽地吃我亲手做的豆腐。”

泰国的媒体称赞说："一个来自平民阶层的平凡母亲，教育出一名以其诚实正直而受人尊敬的总理。"川梅在面对记者时谦逊地表示："我其实没有做什么，我只不过在他小时候就教导他做人必须诚实、勤劳和谦虚。我只是让他明白，一个人无论做什么，一定要知道自己生命的意义。"

智慧箴言

只有把生命的意义清晰地刻在脑海里，才能有正确的前进方向。否则，人生只会如一盘毫无规律的散沙，没有规则地乱动。由于缺乏正确的引导，许多辛苦的劳累都可能化为枉费一场的徒劳。

生命中的幸福就在你心中

一位少妇，回家向母亲倾诉，说婚姻很是糟糕，丈夫既没有很多的钱，也没有好的职业，生活总是周而复始，单调无味。

母亲笑着问："你们在一起的时间多吗？"

女儿说："太多了。"

母亲说："你知道吗？我和你父亲从小青梅竹马，一直在一起。那时还年轻，也像你们现在一样，常常为不很顺心的生活而吵架、而抱怨，总觉得生活索然无味，直到后来的一件事情改变了一切。那是战争年代，你的父亲应征入伍，我们就很少能够见面了。即使见面也是你的父亲所在的部队经过家门口时稍稍停留一下，就又走了。那时，我每日期盼的，就是他能早日从战场上胜利凯旋，与他整日厮守，可惜——他在一次战斗中牺牲了，再也没能够回来，我真羡慕你们能够朝夕相处。"

母亲沧桑的老泪一滴滴掉下来，渐渐地，女儿仿佛明白了什么。

智慧箴言

生命的幸福在哪里？带着这样的问题，芸芸众生，茫茫人海，我们在努力寻找答案。其实，幸福是一个多元化的命题，我们在追求着幸福，幸福也时刻伴随着我们。只不过，很多时候，我们身处幸福的山中，在远近高低的角度看到的总是别人的幸福风景，往往没有悉心感受自己所拥有的幸福天地。

生命中的幸福是最大的财富

一次，英国一个小镇上的一位古稀老人过生日，当地的记者也来向这位寿星祝贺，并对他进行了采访。在采访中，老人说道："我是这儿最富有的人。"

不久，这句话传到了镇上的税务稽查人员那儿。稽查员马上登门拜访他，开门见山地问："你自称是这里最富有的人，是吗？"

那位老人毫不犹豫地点了点头："是的，我确实这样说过。"

稽查员一听，马上从公文包里拿出笔和登记簿，继续问道："既然如此，能具体说一说你的财富吗？"

老人兴奋地说道："第一项财富是我身体健康，别看我已经70多岁了，但我能吃能走，身体可不输给你喔！"

稽查员有些吃惊，但仍然耐心地问："但你还有其他财富吗？"

"除此之外，我还有一个贤惠温柔的妻子，我们生活在一起将近60年了。另外我还有好几个聪明孝顺的孩子，这儿的所有人看了都很羡慕，这不也是财富吗？"

稽查员继续问着："你还有什么东西？"

"我是个堂堂正正的公民，享有宝贵的公民权，这也是个不容否认的财富。"

稽查员打断他，单刀直入地问："你没有银行存款或任何有价证券吗？"

老人十分干脆地回答："没有。"

稽查员问："你没有其他不动产吗？"

他得到的仍然是老人诚恳的回答："没有。除了刚才我说的那些财富，其他我什么也没有。"

稽查员收起登记簿，肃然起敬："老人家，确实如你所言，你是我们这个镇上最富有的人。而且，你的财富谁也拿不走，连政府也没办法收你的财产税。"

智慧箴言

幸福并非是一颗美丽、难以寻觅的巨大宝石，无论付出怎样的努力也无法找到它；相反，它是由一系列普通而又细小的宝石所组成的珠串，它们散发出快乐和优美的情趣。幸福是一种积极的心态，是一种内在意识的追求，是一种心灵的满足。只要能从生命中寻找到和发现活得更好的理由，就会比别人幸福。

对人的热爱带来更多幸福

阳光无情地照耀着大地，马克渴得要命，便决定到街口拐角处的小咖啡馆去买杯饮料。当他走进咖啡馆时，看到一个男子正独自坐在柜台旁边。

马克在柜台旁坐下来，要了杯可口可乐。他望着四壁、天花板以及周围所有的东西，就是没看这个人。也不知道为什么，马克不想正眼瞧他。这时，或许那个男子看出了马克的心思，主动同他搭话。

他问马克："外边很热吧？"

马克回答："是啊。这是这么多年来最热的一个夏天。我想等再过几年，就搬到一个比较凉快的地方去。"

"是呀，"他说，"要知道，有时我真想重新度过我的一生。那样我肯定会以一种不同的方式来生活。"

侍者端来饮料，马克喝了一大口，拿不准是否再接着聊下去。最后还是受好奇心的驱使，他问："你这是指的什么呢？"

"多数人都有他们要关心的人，也有他们遇到问题时可以寻求帮助的人。而我自己却从来不相信任何人。到头来，得到的报应是孤身一人。过去每当我碰到困难时，我总是借酒消愁，从不依靠我的家人。然而，酒并不能解决我的问题，反而带来更多的麻烦。我的家庭破裂了。由于所有的麻烦都是我一手造成的，我只好独自离开。我有 20 多年没见过家里人了。"那个人悔恨地叙述着。

马克坐着听这位陌生人讲完，问他这说明什么道理。

那人答道："那就是对人的热爱。它会比世界上任何东西带给你更多的幸福。永远不要忘记这一点。不要浪费你的生命去追求物质财富，因为如果没有任何人和你去同享这种财富，那它又有什么用呢！"

智慧箴言

每个人都需要与别人交流、与别人沟通，在对别人的关爱中，在点点滴滴的生活中体味幸福的感觉。而极端的自我只能让你越来越孤单、越来越寂寞，生命中的幸福也会离你越来越远。

更多地和自己生活在一起

从前，托蒂是个电影导演，一个只知道从早忙到晚，不会享受片刻安宁的工作狂，一个只想用工作来填满自己生活中分分秒秒的典型人物。而现在，他似乎变成了另一个人。对于眼下每一刻能够享受的幸福时光，他都在心底由衷地感谢一位名叫莱娜的年轻女子。

认识莱娜还是10年前的一个春天的事。那时，曾经与病魔作了4年不懈斗争的她坚信自己已经战胜了缠身已久的绝症，并且开始着手计划未来美好的蓝图。托蒂想用一部电影来表现她积极抗病、顽强求生的治疗过程，以此来展示一个被顽症缠身的人是如何学会乐观积极地生活的。

然而，就在此时，一个打击突然袭来，从她的电话中，他得到一个很糟的消息。“我的日子不多了，”莱娜在电话中对他讲，“但我希望，我们能共同把这部影片拍完。我愿尽可能长时间地与你们在摄影机前交谈。”

放下电话，托蒂立刻带上摄影师和录音师赶到她家。她正坐在一张藤椅里，微笑着迎接他们。

也许由于心情紧张，托蒂一时有些手足无措，莱娜倒显得异常平静。“我享受着每一天宝贵的时光，好像从来没有这么意识强烈地、全身心投入地去体验眼下的一切美好事物，包括我们现在的会面。”她声音清晰愉悦，真诚、坦率地向他展示着她全部的内心世界。

“现在我才知道，爱的真正含义是什么。”莱娜说，“与我从前想象的相比较，那是全然不同的一种感觉。就连我也有着从前未曾体验到的感受。现在对我来说，那是一种全身心接近、两心相通、静静厮守的美妙感觉。”

在莱娜去世前的几天，托蒂曾经问她：“假如命运允许你再重新活一次，你愿意做些什么呢？”她的回答给他的生活开启了一个全新的方向。

“我愿更多地和我自己生活在一起。每一天都要为自己留出一段可以独处的宝贵时光。更要有意识地去观察体验自我和身处的环境。”

莱娜毫无惧色地告别了短暂的人生，离开了这个世界。

与莱娜的会面，开启了托蒂对生活的思索，并从中获得了积极的意义。

如今，他已学会不再那样茫然无视生活中的分秒光阴、细微事物了。当雨点洒落在身上时，他会尽兴地在雨中散步；当樱花盛开的美妙时节，他会沉浸在自然中，痛痛快快地捕捉每一缕芬芳，尽情地享受一种孩童般的欢乐。

智慧箴言

“如果上天再给我一次机会……”很可惜，上天只给了我们每人一次生命。珍惜每一刻的快乐时光，自己才能在生命的终点少些后悔。

走慢一些，幸福就在你身旁

因为匆忙，我们错过了许多美景，何不放慢自己的脚步，感受生活中的幸福呢？

爸爸有一次交给马克一个任务，叫他牵一只蜗牛去散步。可是蜗牛爬得实在太慢了。马克又是催促、又是吓唬、又是责备，可蜗牛只是用抱歉的眼光看着他，仿佛在说：“我已经尽全力了！”

马克又气又急，对蜗牛又拉又扯又踢，蜗牛受了伤，爬得更慢了。马克真想丢下蜗牛不管，但他想爸爸让他这样做一定是有道理的，于是只好耐着性子，让蜗牛慢慢爬，自己则以一种接近静止的速度跟在后面。

就在这时，马克突然闻到了花香，原来这里是个花园。接着，他听见了鸟叫虫鸣，感到微风拂面的舒适。后来，马克还看到了美丽的夕阳、灿烂的晚霞以及满天的星斗。

马克这才体会到爸爸的用心：“他不是叫我牵蜗牛去散步，而是叫蜗牛牵我去散步呀！”

智慧箴言

人生就像走路，不管怎样走，都会到达同一个终点。所以，与其匆匆赶路，让幸福从身边飞走，不如走慢一些，你会发现幸福并不是在看不见的前方，而就在你的身旁。

给幸福制定日历

为了成为一个幸运的人，你要关注生活中幸福的每一刻。

不久前，约克在工作方面遭受了一次重大挫折。但他不想谈它，他不想对挫折反复回味。当时约克花了 1 个小时为自己惋惜，因为他的一切努力统统落了空。然后，他从办公室墙上取下一个特殊的日历，读着日历上标明的幸福，一股自豪感油然升起。

约克把这个日历称为“我的幸福日历”。几年前在一次工作挫折后，为了从失败中振作起来，他创造了这个日历。约克首先买了一本在每天日期旁有大空格的日历，然后，在空格里填上什么时候、什么地方、和谁一起感到非常幸福。几年之后，约克就收集到了上百个幸福的日子。

有了这些幸福，完全可以组成一个幸福年。当灾难接踵而至时，它能使你保持奋斗的勇气，并告诉你生活中灾难是不可避免的。

有了幸福日历，我们可以更有勇气去面对严酷的日子。是的，今年今月今日，也许所有倒霉的事都压到了你的头上，但是，灾难无法压倒你，因为在这之前，这个月的这一天你曾经非常幸福。而且，我们可以坚信，将来某一年，这个月的这一天还会更加幸福。

智慧箴言

要知道，快乐就存在于日常生活中。几乎每天都有某些时刻意义重大，你可以仔细品味它们。为自己制定一个幸福日历，关注生命中幸福的每一刻，你就能成为一个幸运的人。

体验生活中美好的东西

晓飞在她 30 岁以后终于意识到，其实她的生活并不快乐。她将责任全部归咎于她的丈夫、她的前任老板以及她的亲属。

但是有一天，一位认识她已 10 年的朋友对她说：“晓飞，你将你的不快乐归咎于你周围所有的人，为什么你就不能从自己身上找找原因呢？坦率地说，我总觉得和你在一起，有种压抑的感觉。”

这句话对晓飞触动很大，从那以后她开始认真思考她的生活方式，她开始努力尝试使自己快乐起来。她学着观察并感受每天发生在她周围的一切，她努力将自己的思维投向那些积极和快乐的事情上，并学会将烦恼放在一边，她发现她的生活正发生着日新月异的变化。

在以后的日子里，每当晓飞与其他的人谈论她的生活经历时，她总是这样说："在过去的许多年，我从未发现自己只是关注那些令人沮丧和消沉的事情，那时的我简直让人没法忍受。所幸的是，我有一位很好的朋友提醒了我，是他让我学会将那些糟糕的东西扔进垃圾桶，让我体验到生活中原来有那么多美好的东西。"

智慧箴言

你感恩生活，生活将赐予你灿烂的阳光；你不感恩，只知一味怨天尤人，最终可能一无所有。

没有人不幸到会遇上所有坏的情况，也没人幸运到会遇上一切好的情况，那么，为什么人的心境会有天壤之别呢？其实问题不在身外，而恰恰在人的内心。当体验到了美好的东西时，自然就能找回快乐。

幸福来自积极快乐的生活

女作家玛利·韦伯说："不论你爱好什么都可以，但是，你总得有所爱好。"因为你有所爱好，精神才会有所寄托，心灵才有所附着。至于女作家自己，她本身所爱好的有两样：一是大自然，一是文学。她那并不宽敞的园圃内，四季开满了可爱的花卉，她守望在花径上，内心充满了不可言喻的喜悦。她为了使人分享到她园中的芳馨，同时减轻丈夫的重负，常是黎明即起，将一些带露的花朵剪下来，放置在筐里，拿到城中去叫卖，往往在午饭前才能回到家中。有时她中途遇雨，回来时满身都湿淋淋的，但她并不以为意，一边拭着她头上额间的雨水同汗珠，一边笑着对她的家人说：

"我已经完成了一件美好的工作！"

然后，她走到她的书桌边，展开纸，拿起笔。才写了几行，看看天已将近中午，她便又匆匆地赶到厨房，将面粉调好，做成饼子，放在火上焙烤着。随即，擦擦手上的面粉，又拿起她的笔来。当她文思泉涌，写得正起劲的时候，一阵阵的焦味就从厨房的锅子里飘了进来。她望着身边的丈夫，带着几分歉意地笑笑，赶紧跑到炉边。她的丈夫对她也极尽体贴，饼子即使烤焦了，他也仍然觉得好吃，因为他深深地了解他这个年轻的妻子，知道她爱自然、爱文学，同时，更爱他。为了她这种种的"爱"，做丈夫的便原谅了她——这个可爱的妻子兼愚笨的厨娘。

智慧箴言

当你的精神有所寄托，即使在艰苦的环境下，也能体会到生活的快乐。时刻都有一份美好的心境，做任何事情都像完成了一件美丽的工作，向生命露出甜美的微笑，就能够怀有愉悦的精神，幸福地生活。

播撒美丽，收获幸福

在人生的旅途中播撒美丽的种子，会收获一路的鲜花、一路的幸福。

一位年长的旅行者曾经讲述了这样一次经历：有一次在去美国西部旅行的途中，他恰好坐在一位年迈的妇人旁边，这位老妇人时不时地从敞开的窗户中探出身去，从一个瓶子中把一些粗大的颗粒撒在路上——至少在他看来是如此。当她撒完了一个瓶子之后，又从手提包里把瓶子灌满，接着继续撒。

听他讲述这一经历的一个朋友认识这位老妇人，并告诉他，这位老妇人极其喜欢鲜花，并且一贯遵循一个信念："请在你旅途所经之处播撒鲜花的种子，因为你可能永远都不会在同样的路上再次旅行。"通过在自己的旅途中播撒鲜花的种子，这位老妇人大大地增添了原野的美丽。正是由于她热爱美、传播美，使得许多道路两侧鲜花缤纷、生机盎然，令寂寞的旅人耳目一新。

智慧箴言

幸福是有收获季节的。它需要你在春天认真地播撒欢乐的种子，在夏天悉心地呵护，才能迎来秋天满满的收获。快乐是要与大家分享的，将鲜花的种子播撒在生命的旅途中，给别人带来了快乐，也收获了一路的欢喜和幸福。

寻找幸福

一个20出头的小伙子急匆匆地走在路上。一个人拦住了他，问道：

"小伙子，你为何行色匆匆啊？"

小伙子连头也不回，飞快地向前跑着，只匆匆地甩了一句：

"别拦我，我要去寻求幸福。"

转眼20年过去了，小伙子已变成中年人，可他依旧在路上奔波。

有一个人又拦住他。

“喂！中年人，你上哪儿去啊？”

“别拦我，我在寻找我的幸福。”

又20年过去了，这个中年人逐渐变得苍老，面色憔悴，背亦驼得像一张弯弓，可他仍挣扎着，一步步向前挨。

又有个人拦住他。

“老头子，你还在寻找你的幸福吗？”

“是啊！”

当老头回答完这句问话，猛地惊醒，一行老泪流了下来。原来，刚刚问他问题的那个人，就是幸福之神啊！他寻找了一辈子，实际上幸福就在他身边，他却屡次与他擦肩而过。

智慧箴言

我们一生行色匆匆，一路在苦苦寻觅幸福，使得幸福与我们擦肩而过时，我们都不知道。

如果懂得适时地享受生活中的乐趣，抛开人世间的一切苦恼与忧虑，你们的人生就是幸福的、快乐的。不要一生苦苦追寻，却在奔波中错失了数不清的幸福。

第三章

社会是人生的大学，生活是最好的老师

“世事洞明皆学问，人情练达即文章。”社会是本无字之书。大多数时候，社会并不对你灌输些什么，它只是推着你转，让你在酸甜苦辣的生活中，感受生命的哲理、领悟人生的真谛。假如你能从社会这所大学毕业，那么做任何事情你都能游刃有余。

从修车工到汽车大王

当亨利·福特还是一个修车工人的时候，并没有想过自己以后要成为一个叱咤风云的大人物。有一次刚领了薪水，他兴致勃勃地到公司附近的一家高档餐厅去吃饭。然而他在餐厅里坐了很长时间却没有一个服务生来招呼他。最后，还是餐厅中的一个服务生看到亨利·福特独自一人坐了那么久，才勉强走到桌边，问他是不是要点菜。

亨利·福特满脸堆笑，点头称是，服务员却一脸不屑地将菜单丢在他的桌子上。亨利·福特刚打开菜单，看了几行，就听见服务生用轻蔑的语气说道：“菜单不用看得太详细，你只适合看右边的部分（意指价格），左边的部分（意指菜色），你就不必费神去看了！”

亨利·福特惊愕地抬起头来，目光正好接到服务生脸上不耐烦的表情，这让福特觉得十分生气。恼怒之余，他不由自主地便想点最贵的大餐，但转念又想起口袋中那一点点可怜微薄的薪水。不得已，咬了咬牙，亨利·福特只点了一个汉堡。服务生从鼻孔中“哼”了一声，傲慢地收回亨利·福特手中的菜单。

在服务生离去之后，亨利·福特并没有因为花钱受气而继续恼恨不休。他反倒冷静下来，仔细思考，为什么自己总是只能点自己吃得起的食物，而不能点自

己真正想吃的大餐。

从此以后，亨利·福特立下志向，要成为社会中顶尖的人物。在这种信念的激发下，最后亨利·福特终于由一个普通的修车工变成世人皆知的汽车大王。

智慧箴言

生活中我们常常会遭遇一些白眼和冷遇，面对这些冷遇，与人争一时之气是幼稚的行为。明智的做法是将心中的不满化为奋发向上的动力，以实际的成就击败他人的轻视。

被唆使的野猪

一个炎热的夏天，太阳火一样炙烤着大地，森林的动物们都渴得四处寻找水喝。一只狐狸好不容易发现了一眼清泉，正想饮个痛快，不料来了一头狮子，蛮横地把它赶跑了。

愤愤不已的狐狸看见不远处有一头野猪，立即迎上去说："野猪大哥，你也想喝水吗？前面正好有一眼清泉，可惜被狮子霸占了，它宣布谁也不准去尝一口！"

此时正干渴难忍的野猪一听就火了，它冲到狮子面前嚷道："狮子，别以为自己是兽王，就可以蛮不讲理，请让一下吧，我也该喝点儿水了。"

狮子大怒："住口！本大王的清泉，谁也甭想享用！"

它俩你一言、我一语，越吵越凶，狮子见野猪竟敢不买自己的账，便走上前去，蛮横地把野猪往边上一推，趴在那儿就要喝水。野猪顿时火冒三丈，誓死要保卫自己的尊严，向狮子猛冲过去，于是它们便扭打在一起。

可是，大热天待着不动还热得让人受不了呢，更何况它们打得这么凶？不一会儿，它俩决定休息一会儿，继续战斗。

这时，站在不远处的狐狸却一个劲儿呐喊助威："野猪大哥，加油呀，争口气，好好教训教训它！"

野猪受到鼓舞后站起来和狮子又扭打成一团，最后狮子和野猪连爬起来的力气都没有了，而此时的狐狸却趁机在清泉边饮了个够。

头脑简单的野猪真是一杆好枪，被工于心计的狐狸使了个痛快。

智慧箴言

生活中，当你自己受到攻击、侮辱、谩骂时，你一定要冷静下来，仔细地了解事情的来龙去脉，然后再行动，这样才能避免因一时冲动而犯下不可挽回的错误。

秀政的传家宝

秀政是日本古代的一位大臣。有一天，一位仆人在领地的城墙附近发现有人竖立了一面木牌，上面列举着30多条秀政的政治过失。家臣们商量之后，决定把那面木牌拿给秀政看，并且非常愤怒地说："竖立这块木牌的人，实在太可恶了，应该逮捕他并严厉惩罚。"

可是当秀政把木牌上所写的一一读过以后，马上说："有人这样严格地指正我，实在太难得了。我应该把它看成上天的赐予，并当作传家之宝，好好收藏。"于是，他把木牌用一只精美的袋子包起来，然后装进箱子里，并召集家臣幕僚，根据木牌上所列举的过失，认真仔细地检讨。此后，秀政的政绩更加辉煌了。

智慧箴言

虚心接受别人的批评，可以让一个人更快乐更健康地成长，同时也能为他赢得良好的人缘。相反，如果一受到批评，就好像阿Q被人提起头上的"癞疮疤"一样暴跳如雷，只会让我们成为心胸狭窄且不受人欢迎的人。

放低心态才能走稳脚下路

孙兴是一个名牌大学毕业生，他到一家大公司去应聘，结果被录用了。而后，他主动找到公司人事主管，说自己不怕苦，只是希望能到挣钱多的岗位上工作，原因是，他是农村来的大学生，几年大学下来，花光了家里的所有积蓄不算，还欠着外债。人事主管很同情他，把他分配到了营销部当推销员。因为这家公司生产的健身器材很畅销，推销员都是按销售业绩计算收入，因此尽管孙兴是个新手，但他吃苦耐劳、聪颖好学，一年下来，得到的薪金倒比其他部门的员工多出好几倍，由此，他也就下定决心在营销部干下去。

时间长了，他渐渐发现了营销部里一些工作上的疏漏，管理也不规范，因此他除了不断加强与客户的联系外，还把心思用到了营销部的管理上，还经常向经理提出一些意见，希望凭借自己的建议得到上司的赏识。对此，经理总是回答说："你提出的意见很好，可我现在实在太忙了，抽不开身，等改进工作之后再慢慢来吧。"经过几次和经理谈话，孙兴发现一个秘密，那就是营销部墙上的组织结构图表中有副经理一名，可他到营销部已近半年，却从未见过副经理，难怪部里有些工作无人管理呢。

随后，孙兴通过打听了解到，营销部经理的薪金有时高过公司副总经理，副经理的薪金也高过推销员的几倍，于是，他萌发了竞争营销部副经理一职的想法。想了就干，"初生牛犊不怕虎"嘛，有抱负又何惧众所周知？于是在一次营销部全体员工会议上，他坦陈了自己的想法，经理当众表扬并肯定了他。可没想到，自那次会议后，孙兴的处境却越来越被动了。他初来乍到，并不知道那个副经理之职，已有许多人在暗中等待和争夺，迟迟没有定下来的原因就在于此。而孙兴的到来，开始并未引起人们的关注，因他只是个新人，羽翼未丰，不足为患，但时间一长，他频频过问此事，又加之他有学历，人们便感到他的威胁了。这次他又公然地要争这个职位，无疑是捅了马蜂窝，大家越看他越可恶。一时间，控告他的材料堆满了经理的办公桌，什么"孙兴不讲内部规定踩了我客户的点""他泄漏了我们的价格底线""他抢了我正在谈判中的生意"……这些控告中的任何一项都是一个推销员承受不了的。于是，为了安定部里的情绪，不致影响营销任务，经理与人事部门讨论此事。不久，一纸通牒令下，孙兴也就"心不甘，情不愿"地离开了该公司。

智慧箴言

做人怀有远大的志向原本是可喜可贺的一件事，但是，如果自恃有远大抱负，就目空一切、咄咄逼人，那只会招来他人的厌恶、鄙视和攻击。失去了别人的支持和帮助，再大的志向、再高的才能又有什么用呢？倒不如把这些高远的志向埋在心里，放低心态，平和行事，这样既避免了纷争，又利于立身、处世，实在是两全其美的事。

学会藏“锋”入鞘

有一个叫刘干的青年大学毕业后被分到一家研究所，从事标准化文献的分类编目工作。他认为自己是学这个专业的，自以为比原来那些同事懂得多。刚上班时，领导摆出一副“洗耳恭听”的虚心姿态，这让他受宠若惊。他决定无论如何也不能辜负领导对他的殷殷期望。于是他冥思苦想，没有几天他便发表了不少意见，领导点头称是，群众也不反驳，可结果呢？不但没有一点儿改变，他反倒成了一个处处惹人嫌的主儿。他空怀壮志，一年中，领导竟没给他安排什么具体工作。后来，一位同情他的同事悄悄对他说：“我当初也同你一样，你还是换个单位吧，在这儿你别想出头，你把所有的人都得罪了。”于是，一段时间后，他调走了。临走时，领导拍着他的肩头，说：“太可惜了！我真不想让你走，我还准备培养你当我的接班人哪！”这位青年至今玩味不透“太可惜”3个字的意思是什么，除了领导谁也不知道，想来肯定含有“不该锋芒毕露乱提意见”的意思了。

智慧箴言

锋芒会刺伤别人，也会刺伤自己，运用起来应该小心翼翼。所谓物极必反，过分外露自己的才华容易导致自己的失败。

因此，在适当的场合显才、露才固然必要，但要想做成大事，也要学会藏“锋”入鞘，这样才能减少人为的阻力。

骄傲自满终将湮没才华

理发师有一把刮脸刀，它不仅十分漂亮，而且工作出色。有一段时间，理发师因事外出，理发店里没有顾客光顾了，刮脸刀闲得无聊，突然想要出去见见世面，并在众人面前展示一下自己。

于是，在一个晴朗的春日，它那锋利的刀刃从刀鞘里跳了出来，骄傲地双手叉在腰上，准备外出游逛。刮脸刀刚迈出门槛，太阳光射进来，在它的刀刃上闪出耀眼的光芒。从墙上反射过来的白光，愉快地颤动着。刮脸刀被这个从未见过的场面弄得眼花缭乱，它非常得意，觉得自己实在是了不起。

“经历了如此壮丽的场面，难道我还要回到那破旧的理发店去吗？”刮脸刀大声嚷道，“不，无论如何我也不再回去为那些乡巴佬服务了。专给他们刮脸，在涂满肥皂沫的面颊和下巴上消耗自己的生命，对我来说，这是不明智的行为。那破旧的小小理发店，怎能配得上我这锋利的刀刃呢？绝对不行！我得找个僻静的角落躲藏起来，让那个讨厌的理发师再也找不到我。”

从此，理发师再也见不到这把刮脸刀的踪影了。

几个月过去，多雨的季节来临了。这把躲藏在阴暗角落中的刮脸刀感到孤单和寂寞，决定不再隐居，想跑出来呼吸一点新鲜空气。它小心翼翼地让刀刃跳出刀鞘，得意地傲然四顾。但它忽然发觉自己从前那么漂亮的刀刃如今已变得锈迹斑斑，像一根烂锯条，再也不能反射太阳的光辉了。

刮脸刀知道自己错了，它悔恨地痛哭：“我为什么忍受不住诱惑呢？善良的理发师照顾我、保养我，他曾为我的劳动充满自豪！可现在，一切都失去了，我的刀锋生出令人厌恶的锈斑。”

智慧箴言

“月盈则亏，水满则溢。”这是自然界的道理。要知道，不管一个人的才华多么出众，如果喜欢自我炫耀、骄傲自大，那么必然招致可悲的结局。

人贵有自知之明

从前，一位陶工制作了一只精美的彩釉陶罐，他把这只精美的陶罐搬回家中，放到了屋角的一块石头上。

陶罐认为主人把自己放错了地方，整天唉声叹气地抱怨说：“我这么漂亮、这么精致，为什么不把我放到皇宫里作为收藏品呢？即使摆放到商店展出，也比待在这儿强啊！”

陶罐底下的石头听了忍不住劝它：“这儿不是也挺好吗？我比你待的时间还久呢。”

陶罐听了，讥讽石头说：“你算什么东西？只不过是一块垫脚石罢了，你有我这么漂亮的图案么？和你在一起我真感到羞耻。”

石头争辩说："我确实不如你漂亮好看，我生来就是做垫脚石的，但在完成本职任务方面，我不见得比你差……"

"住嘴！"陶罐愤怒地说，"你怎么敢和我相提并论！你等着吧，要不了多久，我就会被送到皇宫成为收藏品……"它越说越激动，不小心摇晃了一下，"哗啦"一声掉在地上，摔成了一堆碎片。

一年一年过去了，世界发生了许多事情，一个又一个王朝覆灭了，陶工的房子早已倒塌了，石块和那堆陶罐碎片被遗落在荒凉的场地上。历史在它们的上面积满了渣滓和尘土，一个世纪接着一个世纪。

许多年以后的一天，人们来到这里，掘开厚厚的堆积，发现了那块石头。

人们把石块上的泥土刷掉，露出了晶莹的颜色。"啊，这块石头可是一块价值连城的宝玉呢！"一个人惊讶地说。

"谢谢你们！"石块兴奋地说，"我的朋友陶罐碎片就在我的旁边，请你们把它也发掘出来吧，它一定闷得难受了。"

人们把陶罐碎片捡起来，翻来覆去查看了一番，说："这只是一堆普通的陶罐碎片，一点价值也没有。"说完就把这些陶罐碎片扔进了垃圾堆。

智慧箴言

俗话说"人贵有自知之明"，不自知的人，要么狂妄自大，要么陷入自卑。当你自大或者自卑的时候，不妨静下心来，好好想一下自己的真正价值。

许愿的教徒

从前，有两位很虔诚、很要好的教徒，决定一起到遥远的圣山朝圣。两人背上行囊、风尘仆仆地上路，誓言不达圣山朝拜，绝不返家。

两位教徒走啊走，走了两个多星期之后，遇见一位白发年长的圣者。这圣者看到这两位如此虔诚的教徒千里迢迢要前往圣山朝圣，就十分感动地告诉他们："从这里距离圣山还有10天的路程，但是很遗憾，我在这十字路口就要和你们分手了；而在分手前，我要送给你们一个礼物！什么礼物呢？就是你们当中一个人先许愿，他的愿望一定会马上实现；而第二个人，就可以得到那愿望的两倍！"

此时，其中一教徒心里一想："这太棒了，我已经知道我想要许什么愿，但我不要先讲，因为如果我先许愿，我就吃亏了，他就可以有双倍的礼物！不行！"而另外一教徒也自忖："我怎么可以先讲，让我的朋友获得加倍的礼物呢？"于是，两位教徒就开始客气起来，"你先讲嘛！""你比较年长，你先许愿吧！""不，应该你先许愿！"两位教徒彼此推来推去，"客套地"推辞一番后，两人就开始不耐烦起来，气氛也变了："你干吗！你先讲啊！""为什么我先讲？我才不要呢！"

两人推到最后，其中一人生气了，大声说道："喂，你真是个不识相、不知好歹的人，你再不许愿的话，我就把你的狗腿打断、把你掐死！"

另外一人一听，没有想到他的朋友居然变脸，来恐吓自己！于是想："你这么无情无义，我也不必对你太有情有义！我没办法得到的东西，你也休想得到！"于是，这一教徒干脆把心一横，狠心地说道："好，我先许愿！我希望——我的一只眼睛——瞎掉！"

很快，这位教徒的一只眼睛马上瞎掉了，而与他同行的好朋友，两只眼睛也立刻瞎掉了！

智慧箴言

在成长中，许多人常常像阿Q一样，患有红眼病，他们看世界的心态是畸形的。他们看不得别人好，别人的幸福和快乐就是他们的痛苦。为了使别人得不到快乐，宁可牺牲自己的部分利益，使本来可以"双赢"的事情变成"双输"。如果将心胸放得开阔一些，为别人的幸福祝福，为别人的快乐而快乐，生活就会变得更加轻松、更加有意义。

切勿盲从他人

鹤拿起针线要给自己的白裙子绣一朵花。刚绣了几针，孔雀过来问她："鹤妹你绣的什么花呀？"

"我绣的是桃花，这样能显出我的娇媚。"鹤羞涩地说。

"咳，干什么要绣桃花哩？桃花是易落的花，不吉祥，还是绣月月红吧，又大方、又吉利！"鹤听了孔雀的话觉得很有道理，便把绣好的金钱拆了改绣月月红。

正绣得入神时，只听锦鸡在耳边说道："鹤姐，月月红花瓣太少了，显得有些单调，我看还是绣朵牡丹吧，牡丹是富贵花呀，显得多么华贵！"

鹤觉得锦鸡说得也对，便又把绣好的月月红拆了，重新开始绣牡丹。

绣了一半，画眉飞过来，在头上惊叫道："鹤嫂，你爱在水塘里栖息，应该绣荷花才是，为什么要去绣牡丹呢？这跟你的习性太不协调了，荷花是多么清淡素雅，出淤泥而不染，亭亭玉立的多美呀！"鹤听了，觉得也是，便把牡丹拆了改绣荷花……

每当鹤快绣好一朵花时，总有人提不同的建议。她绣了拆，拆了绣，最终还是没有绣成任何花朵。

智慧箴言

盲目跟随别人意见行动的人，是非常可悲的。别人的喜好不代表自己的喜好，别人的见解也未必就很客观。盲从他人最终会导致一事无成、枉费心力。一定要对自己有信心，坚持自己的主张，这样才能做自己的主人。

自负是愚蠢的孪生兄弟

比尔·盖茨曾说过："如果我们有了一点成功便觉得了不起，这是很不好的。但是假如在我们为自己的成功自鸣得意时，有一个人来教训我们一番，那我们就很幸运了。"

富兰克林自负时没有人提醒他，所以早年他那种过分自负的态度常使别人看不顺眼。有一天，有一个朋友会的会友把他叫到一旁劝告了他一番，这一番劝告改变了他的一生。

"富兰克林，像你这样是不行的，"那个朋友说，"当别人与你的意见不同时，你总是表现出一副强硬而自以为是的样子。你这种态度令人觉得很难堪，以致别人懒得再听你的意见了。你的朋友们不同你在一处时，还觉得自在些。你好像无所不知无所不晓，别人对你无话可讲了。的确，人人都懒得和你谈话，因为他们费了许多气力，反而觉得不愉快。你以这种态度来和别人交往，不虚心听取别人的见解，这样对你自己根本没有任何好处。你从别人那儿根本学不到一点东西，但是实际上你现在所知道的却很有限。"

富兰克林听了之后讪讪地站起来，一边拍着身上的灰尘，一边说："我很惭愧。不过，我实在也是很想进步的。"

"那么，你现在要明白的第一件事就是，你已经太蠢了，而且是愚蠢得没有自尊了。"他又受到了打击，不过他站起来的时候，他已经下决心把一切骄傲都抛在地下。他所需要做的第二步，便是与自己私自作一次谈话。这一点他马上实行起来了，他现在要研究一个新的题目，那便是他自己。他曾经在印刷工厂学过制版，现在他要从一些似乎毫无希望的材料中，制造出一个新人来。

富兰克林起初只是一个自负的人，后来他却成了一个了不起的人物，许多人都喜欢他。他不仅为同代人做了许多具有建设性的工作，而且对后代也有很大的影响。

如果那个朋友不给他来这一番严厉的说教，促使他变得谦卑起来，那么他后来的结果怎样，我们不得而知。不过从那次以后，他完全变成另一个人了。以前他总是骄傲，总是炫耀他的才能；现在他却更关注于展望他的将来，努力把自己造就成一个有用的人。

富兰克林对于自己的这种改造并不是一件难事，凡是像他这样自负的人，也可同样地加以改造。最重要的一点是要明白一个道理，那就是谦卑是做人所必需的条件，吹牛则会妨碍人的进步。

智慧箴言

你将要做的事，比你已经做了的事要重要得多。过去的价值，就是在于它能帮助你将来做什么。如果你把你一生的事都做完了，别人就会听你讲过去的事。他们之所以听你，或是对你表示同情，或是想从你的经历中得到一些经验。除此之外，他们不大会关心你所做的事。如果你总是谈论你的成就，他们不但不会觉得有趣，反而会觉得很讨厌。

自省照亮灵魂

陈子昂是我国初唐著名诗人。他的老家是梓州射洪（现在的四川省射洪县），幼年时他就随父亲一起来到了京城长安。由于父母平时对他非常娇惯，所以他长到十几岁时仍然不爱读书，每天只知道跟他的朋友出城打猎、游玩，要不就是四处找人斗鸡赌钱。

随着时间的流逝，陈子昂渐渐长大了，这时他的父母才发现自己的宝贝儿子不学无术，一无所长，并开始为他的前途担忧。父母对他平日里的行为再也看不下去了，多次劝他除掉身上的恶习，潜心攻读。可陈子昂早就游荡惯了，哪里听得进去。

有一天，他在游玩途中路过一处书塾，在窗外无意中听到老师在说这样一段话："一个人是否能够享有荣誉或蒙受耻辱，完全取决于他本人的品德。品德好的人，自然会享受荣誉；品德坏的人，也自然会蒙受耻辱。一个人如果放任自流，行为举止傲慢，身上具有邪恶污秽的东西，就无法得到他人的尊敬。要想成为一名君子，就要让自己博学多才，还要经常用学来的道理对照自身进行检点。如果坚持这样做下去，你的学问和知识就会越来越多，行为上也很难有什么过失了。俗话说得好：'少壮不努力，老大徒伤悲。'在生活中，我们看到别人能做一番大事业时总是非常羡慕人家，可是你哪里知道，人家之所以能够取得成功，是下了一番苦工夫的！不经过自身的努力就想得到学问，那就如同缘木求鱼一样幼稚得可笑。"

无意中听到的这一番话，使陈子昂的内心受到很大的触动。他忘记了游玩，马上赶回家，在自己的屋中反思起来，回首自己以前做过的荒唐的事情，心里追悔莫及。从那一天起，陈子昂毅然跟原来那些朋友断绝了来往，把在家中饲养的各种小动物也都放掉了，从此和书本成了朋友，每天书不离手，勤奋刻苦地学习，直至最后成为一名伟大的诗人。

自省对一个人的成长有着至关重要的作用，进而使人学会自制。但是在生活中，我们不一定都像陈子昂那么幸运，能够碰到一位老师，说出一些足以打动我们内心的话。但如果我们能够及时反思，也会收到很好的效果。司马光的故事深刻地说明了这个道理。

司马光是北宋著名的政治家和史学家，从小就非常聪明，学什么会什么，因此很多人都称他为小神童。司马光也很得意，觉得自己很了不起。

有一天，小司马光路过厨房时，一股香味迎面扑来，走进厨房一看，原来仆人正忙着做司马光最爱吃的八宝饭。司马光一见，立即嚷着要吃。可是，八宝饭还没有做好，怎么吃呢！一个机灵的仆人笑着逗司马光说："看到这些青核桃仁了吗？如果你能把核桃仁上的这层青皮剥掉，马上就可以吃到香喷喷的八宝饭了！"

司马光一听就乐了:“这好办，你们等着，我很快就可以剥掉！”说完，跑出厨房，坐在院子里，认真地剥起核桃仁来。没想到，这层青皮虽然很薄，但是要想剥下来却并不容易。

一开始，司马光用指甲一点点地抠，可是，抠了半天，不但没有剥出几个，反而捏碎了不少。就在小司马光急得抓耳挠腮的时候，一个丫环走过来，悄悄告诉他:“公子，你只要把核桃仁放进开水里泡一下，就好剥了。”司马光试了一下，果然很灵，所以没一会儿工夫就把一大盆核桃仁都剥出来了。

看着白嫩嫩的核桃仁，司马光高兴极了，急忙拿去给姐姐看。姐姐惊奇地问:“这都是你自己剥的吗？”司马光本来想说这是丫环教他的，可又怕丢面子，就说:“当然了。”

司马光话音刚落，父亲就从旁边走过来，非常严肃地说:“光儿，我刚才明明看到是丫环教你剥的，你怎么不肯承认？”被父亲一批评，小司马光的脸顿时红了。

这时，母亲走过来说:“光儿，你父亲说得对，是别人教你的就是别人教你的，来不得半点虚假，怎么可以撒谎呢！你应该好好地反省一下自己，做人可一定要谦虚呀。”那天晚上，司马光就一直在房间里认真地反思自己。从那以后，他总是每隔一段时间就进行自我反省，看看自己哪些事情做得对、哪些事情做得不对，并且在遇到问题的时候虚心向别人请教，终于成为著名的历史学家和政治家。

智慧箴言

心中常留一面反省的镜子，照照自己身上的缺点或者陋习，有则改之，无则加勉。自我反省就是心里的一块明镜，照亮你心中每个阴暗的角落，让阳光折射进来的同时，也照亮了灵魂。

喜欢现在的我

有一天，上帝来到人间，想要帮助一些不快乐的人。

他碰到第一个不快乐的人，叫作维特。

上帝问他为什么不快乐，他说:“我的情人不爱我。”

上帝一听，便说："没有关系，我让爱神丘比特来帮你射一支爱心箭。"

说罢，维特高高兴兴地回去了。

上帝碰到第二个不快乐的人，叫作玛蒂达。

上帝问她为什么不快乐，她说："我的父母不爱我。"

上帝一听，便说："没有关系，我派美丽温柔又聪明的老师来照顾你。"

就这样，玛蒂达也破涕为笑地回去了。

上帝碰到第三个不快乐的人，叫作耶稣。

上帝说："世人都爱你，上帝也爱你，你为什么伤心？"

耶稣说："我爱世人，我也爱上帝，但是我没有办法爱我自己。"

上帝听完，坐下来跟耶稣一起伤心。

智慧箴言

时常有人说："讨厌死自己的性格了！"类似的声音不绝于耳。其实，每个人都要学会爱自己，只有懂得爱自己的人才会有人爱，否则一个对自己都不珍视的人，又怎么能得到大家的尊重与关爱呢？每个人都有其可爱而值得自己爱的一面，要善于发现自己的可爱之处。

享受平淡生活

苏哈和一个极愚笨的人由于意外的原因，同时得到了命运之神的青睐。命运之神说："我给你们一次中巨额奖金的机会，有花不完的钱。"

苏哈提出额外的要求："我比那笨人更多理性、智力，我应该在最后比他富有。"命运之神勉强答应了。

愚笨的人果然有了横财，他只能就俗，宝马香车、美人红酒。中年以后，穷极无聊，成为赌场的常客。当钱所剩不多时，寿终正寝，结束了庸俗的一生。

苏哈在死的前一天中了1亿美元的六合彩。命运之神满足了他的要求。

这说明有时好处求得越多，死得越尴尬。

苏哈第二次和一个极愚笨的人得到命运之神的宠幸，他再加上额外的要求："我要和那愚笨的人同样在年轻时富有，而且应该在最后比他富有。"命运之神请求他收回要求未果，悲伤地答应了他。

两个人同一天有了2亿美元。愚笨的人毫无创造性地当即过上了物质主义的生活，苏哈花了一天拟定他比愚人高明千倍的花钱计划。第二天，他死了，命运之神再次满足了他的要求。

这说明有时好处求得越多，死得越悲惨。

命运之神宠幸他们的第三次，苏哈仔细思考了无缺憾的要求，以便使自己完全能占愚笨之人的上风，他说："我要和他同样在年轻时走运，终生比他有钱，而且长命百岁，这样，才能对得起我的智慧。"命运之神马上允许了。

愚笨的人得到了3亿美元，聪明的苏哈得到了一个精神病医生的护理。命运之神的一条准则据说是：如果一个人处心积虑要把所有的好处拢给自己，就有病了。

智慧箴言

勤勤恳恳做每一件事，平平淡淡对待生命，那么在名利面前时，则多了一份平静，少了一份贪婪。努力了，属于你的，跑不掉；不属于你的，再苛求，也难得到，别把自己弄得那么累。

平常心让我们宠辱不惊

拥有一颗平常心，宠辱不惊，这是一种很深的修行，以一颗平常心待人、待事，我们会受益无穷。

禅家总是保持着平常心的生活态度。他们提示平常心即是道，道在平常生活中。什么叫平常心？平常心就是心灵要平静，生活要正常。

有一次，有源律宗问怀让禅师说："和尚修道还用功否？"

怀让答道："用功。"

有源又问："怎么用功？"

怀让说："饥来吃饭，困来睡觉。"

有源说："所有人都如此，怎么算是用功呢？"

怀让说："那不一样，他们吃饭时不肯好好吃，却百种需索；睡觉时不肯睡，却要千般计较，所以不同。"

智慧箴言

现在的人整天为了过分的需求，弄得饮食无味，坐立不安，失眠、焦虑。这些现象已成为人类的通病，这都是失去平常心所致。

叔本华说，最大的快乐源泉是自己的心灵。

谁的妻子最快乐

弗兰西斯是沙特阿拉伯王宫的一名外籍家庭教师，主要任务是陪7位小公主阅读英文童话，每年的收入是英国首相布莱尔的40倍。不过，她被解聘了。在重返剑桥读书的那天，有200多名记者云集在圣凯琳学院门口打探内幕，鉴于有协议在先，她回避了所有的提问。

一位陪同小公主阅读童话的人到底出了什么差错？人们有很多猜测。法国的一家报纸说，是因为弗兰西斯和某位王子产生了恋情，在王宫里上演了灰姑娘的故事；德国的一家报纸说，弗兰西斯是被美国安全局买通的一名特工，在传递情报时露了马脚；阿拉伯的一家报纸说，弗兰西斯小姐合同期满，她的离开属正常解聘……总之，众说纷纭，谁也不知道哪一条是弗兰西斯被解聘的真正原因。

2001年圣诞节，一封来自沙特公主的电子邮件透露了实情。这封邮件是向弗兰西斯问候圣诞快乐的。在邮件中，小公主回忆了和弗兰西斯共同度过的快乐时光。她说："你还记得我们一起读《安徒生童话》时问你的问题吗？我们傻乎乎的，真是愚蠢至极，以至于造成今日的离别。"

原来公主们在读童话时，问了弗兰西斯这么一个问题："谁的妻子最快乐？"

当时弗兰西斯反问了她们："你们认为呢？"

7位小公主齐声回答："农夫的妻子最快乐！"

"难道国王的妻子、百万富翁的妻子、政治家的妻子、诗人的妻子不快乐吗？"弗兰西斯问。

"不快乐。"7个小公主回答。

"为什么？"弗兰西斯接着问。7个小公主答不上来，她们只知道，在童话故事里，没有一个国王的妻子是快乐的，也没有一个百万富翁的妻子是快乐的。

后来，弗兰西斯给她们讲了其中的原因，并告诉她们：在这个世界上，只有真正快乐的男人，才能带给女人真正的快乐。谁知这句话被人告密，第二天她就接到了解除聘约的通知。

2001年末，美国《纽约时报》财经版评选“十大金句”，弗兰西斯的那句话破天荒被选了进去。因为她因那句话，失去了100万英镑。

智慧箴言

在生活中，真正的快乐与金钱或地位是没有直接关系的。烦恼多半来自名利的追逐。若身陷追逐名利的繁杂事务中，即使地位显赫，也没有快乐可言。在这个世界上，只有能轻松驾驭欲望和名利的人，才能快乐地享受生活。

第四章

不能取代强者也要与强者比肩

志气，是上进的追求、拼搏的决心、奋斗的勇气、可贵的财富。它意味着攀登和创造，意味着对目标的追求和对困难的征服。因而，只要我们不放弃自己的愿望，不改变自己的初衷，在自己认为最适合的事情上面全力以赴，就自然会有成功的一天。

一切皆有可能

布鲁金斯学会创建于1927年，以培养世界上最杰出的推销员著称于世。布鲁金斯学会有一个传统，在每期学员毕业时，设计一道最能体现推销员实力的实习题让学生去完成。在克林顿当政时，学会为学生们设计的题目是：请把一条三角裤推销给现任总统。8年间，没有一个学生能完成这一任务。小布什上台后，此题目被改成：请把一把斧子推销给现任总统。

许多学员都知难而退了，他们认为这一题目会和克林顿当政时的题目一样毫无结果。总统什么也不缺，而且即使缺，也不需要亲自购买；就算亲自购买，也不一定会购买他们的。但其中的一个学员乔治·赫伯却做到了，而且没有花多少工夫。他对记者说，我觉得把一把斧子推销给布什总统是完全可能的，因为他在得克萨斯州有一座农场，那里长着许多树。于是我写信给他，最后小布什总统给我汇来了15美元。布鲁金斯学会称他是“最伟大的推销员”。

智慧箴言

要成为一个成功的人，最重要的就是要有“一切皆有可能”的信念。只有一个人消除了“不可能”的局限，一切事情才会变得有可能。

人要有志气

1902年，童第周出生在浙江鄞县的一个偏僻山村里。因为家境很不宽裕，他从小一面跟父亲念书，一面帮助家里做农活。直到17岁，他才在二哥的帮助下，进了宁波师范预科。第二年，他转入教会办的效实中学，这个学校对英文和数理化要求很严。童第周因为基础差，学习十分吃力，转学第一学期，平均成绩才45分。学校要他退学或降级，但是他一再向校长请求跟班试读一学期。学校勉强同意后，他便开始以惊人的毅力，去攻克学习难关：早晨天不亮，他就悄悄爬起来，在路灯下读外语；夜里别人都睡了，他仍然站在路灯下自修功课。学监发现了，于是关上路灯，逼他进屋。他乘学监不注意，又溜到厕所外的灯下学习。就这样，第二学期他终于赶了上来，总平均分达到70多分，几何还考了100分。进入大学以后，他学习更加勤奋，基础越来越扎实。到临近毕业时，他已经是老师和同学公认的高才生了！

28岁时，在亲友的资助下，童第周远行比利时，跟着布拉舍和达克教授深造。布拉舍教授很有名望，跟他学习的还有其他国家的一些留学生。童第周从贫穷落后的国家去，因此初到之时，受到不少歧视。后来，布拉舍要做一种剥除青蛙卵膜的手术。这种手术大家都认为很难，布拉舍实验了好几年都没有搞成。然而童第周却不声不响地搞成了，一下子震动了他的欧洲同行。布拉舍兴奋地说："童这个小个子真行！"

后来，童第周说："有两件事，我一想起来就很高兴。一件事是我在中学时，第一次取得100分。那件事使我知道，我并不比别人笨。别人能办到的事，我经过努力也能办到；世界上没有天才，天才是用劳动换来的。另一件事就是我在比利时第一次完成剥除青蛙卵膜的手术。那件事使我相信中国人不比外国人笨。外国人认为很难办到的事，我们照样能办到。"

智慧箴言

只要我们不放弃自己的愿望，不改变自己的初衷，在自己认为最适合的事情上面全力以赴，就自然会有成功的一天。

鼓起勇气，改变现实

林肯在任期间，一位法国记者采访了他："我听说《解放黑人奴隶宣言》早在上两届总统在任时就已拟就，但他们却没有签署它。难道他们是想成就您的英名吗？"

"也许他们真的是想把这份荣耀留给我吧！不过，如果他们知道签署它需要的仅是拿起笔来的一点勇气，我想这份荣耀一定留不到我这里了。"

那位记者当时并没有弄明白林肯这句话的含意。

后来，那位记者在林肯致朋友的一封信中找到了答案。在信中，林肯描述了这么一件事：

林肯的父亲经营了一家农场，但农场里有很多石头。可能正因为有这些石头，父亲才能以较低的价钱买了来。而这些石头在父亲看来，如果能搬走的话早就搬走了，肯定是因为搬不走人家才把农场卖了的。一天，父亲外出了。母亲实在忍不住了，带着林肯和几个兄妹来到农场里。他们开始挖那些石头时，才知道它并不像父亲想象的那样，只往下挖了一英尺，石头就晃动了。不大一会儿，石头就被全弄出了农场。

智慧箴言

人要有勇气改变可以改变的事情，要有勇气接受这些事情可能带来的风险。只有这样，人才能在做事情时不会患得患失，才能在机会面前当机立断。

世上无难事，只怕有心人

李嘉诚的人生格言很简单，只有4个字："事在人为。"

1955年，李嘉诚首次开始扩张业务，成立了一家中型工厂，接了几个月的订单，买了新机器。当时一家处于倒闭边缘的厂子正在招租，李嘉诚便租了下来。原厂的一位老职工劝李嘉诚说："李先生，我很少看见一个年轻人像你这么努力。但我想提醒你的是，这里的风水不好，在这里经商的，没有一个是赚到钱离开的，每一家都失败了。我的老板来的时候也是雄心勃勃的，现在却差不多要倒闭了，隔壁那两家也好不到哪里去。我看你年纪轻轻，损失点定金算了，去找一个好地段吧！"

李嘉诚非常感激老工人的真诚，他礼貌地说："当年有位前辈曾给我说过，'铁能变成金，金也能变成铁，关键看你怎么去做。'风水和气象也是人做出来的，而且订单我已经接下了，机器也已经订好了，如果现在不安装设备生产的话，我就会失信于人。我绝对不愿意这样做。"

接手这家工厂后，李嘉诚小心经营，结果生意很好，开工一个月就已赚到了全年的经营费用。不到一年，隔壁那两家厂子果然如老工人所料都倒闭了，于是，李嘉诚把这两家厂房也租了下来。到李嘉诚找到新的厂房后要搬离这里时，好多人都出高价抢着要租那儿的厂房。

智慧箴言

在日常生活中，很多人恐怕都有这么一种心理：他们一旦遇到一些困难和挫折就会自我怀疑，产生退缩的心理，心态很是消极。他们习惯于将自己需要面对的事情放弃，从而与成功擦肩而过。

天下没有什么是绝对不可能的事。任何事情只有在你为之付出努力之后，才能知道结果。因此要达成自己的目标，就一定要有"事在人为"的信念。

模仿是成功的捷径

日本某家电子公司的经理来到美国，想了解竞争对手的先进技术。但是如果他向对方说明来意，肯定会吃个闭门羹。他冥思苦想，终于想到了一个办法。

有一天，那个日本人守在公司的门口，看到美国公司的总经理乘车外出。他看准时机走到马路中央，假装被汽车撞倒，而且似乎还伤得不轻。总经理非常内疚，想给他一些钱作为补偿。于是日本人趁机说："我没有工作，您给我钱用完就没有了。如果您真想帮我，我希望能在贵公司工作。我知道一些电子方面的技术。"总经理一口答应下来。

于是，这个日本人进入竞争对手的公司做卧底，并学到了他想要的东西。一年后，日本人突然消失，同时世界上最先进的电子技术出现在日本。

智慧箴言

成功学大师安东尼·罗宾说："如果你想成功，你只要能找出一种方式去模仿那些成功者，就能如愿。"

模仿是一条安全而高效的成功捷径。既然别人用那种方法可以成功，你就参照他们的做法，借鉴使他们成功的经验。这样，不用花费像他们那样多的时间和精力，你就可以达到像他们那样的成就。

岩缝里的小草

岩石长年累月地经受风侵雨蚀，裂开了一道缝。

一粒草的种子落到岩缝里来。

岩石说："孩子，你怎么到这儿来了？我们太贫瘠了，养不活你啊！"

种子说："老妈妈，别担心，我会长得很好的。"

经过阵阵春雨的滋润，种子从岩缝里冒出了嫩芽。

阳光爱抚地照耀着它，春风柔和地轻拂着它，雨露更不断地给这不平凡的幼芽以最慈爱的关怀和哺育。

小草渐渐长大了，长得很健康、很结实。

岩石高兴地说："孩子，你真不错！你是倔强的，是值得我们骄傲的！"它用自己风化了的尘泥，把小草的根拥抱得更紧。

一个诗人走过，看见了从岩缝里长出来的小草，不禁欣喜地吟咏道："啊！小草的生命多么顽强，我要千百遍地赞美它。"

小草谦逊地说："值得赞美的不是我，而是阳光和雨露，还有紧抱着我的根的岩石妈妈。"

小草生活在岩缝，生长很艰难，可是它却没有抱怨命运的不公，而是依靠自己的力量顽强地生长着，小草的这种精神值得我们学习。

智慧箴言

我们的命运是不容谈判的、不可改变的，也是不会妥协的，为了支配自己的命运，我们就要做一个精神上的强者，一个坚忍不拔、威武不屈的人。人的精神力量是无穷无尽的。世间不存在人无法克服的艰难困苦。人对于这些艰难困苦不是默默地承受，而是去克服它们，使自己变得更加坚强。

不相信自己的意志，永远做不成将军

春秋战国时代，一位父亲和他的儿子出征打战。父亲已做了将军，儿子还只是马前卒。又一阵号角吹响，战鼓雷鸣，父亲庄严地托起一个箭囊，其中插着一支箭。父亲郑重地对儿子说："这是祖传宝箭，佩戴身边，力量无穷，但千万不可抽出来。"

那是一个极其精美的箭囊，厚牛皮打制，镶着幽幽泛光的铜边儿，再看露出的箭尾，一眼便看出是用上等的孔雀羽毛制作的。儿子喜上眉梢，贪婪地推想箭杆、箭头的模样，耳旁仿佛嗖嗖的箭声掠过，敌方的主帅应声落马而毙。

果然，佩戴宝箭的儿子英勇非凡，所向披靡。当鸣金收兵的命令传来时，儿子再也禁不住得胜的豪气，完全背弃了父亲的叮嘱，强烈的欲望驱赶着他呼一下就拔出宝箭，试图看个究竟。骤然间他惊呆了。

一只断箭，箭囊里装着一只折断的箭。

"我一直带着只断箭打仗呢！"儿子吓出了一身冷汗，仿佛顷刻间失去支柱的房子，意志轰然坍塌了。

结果不言自明，儿子惨死于乱军之中。

拂开蒙蒙的硝烟，父亲拣起那柄断箭，重重地啐一口道："不相信自己的意志，永远也做不成将军。"

智慧箴言

自己其实就是一支箭，若要它坚韧，若要它锋利，若要它百步穿杨，百发百中，磨砺它、拯救它的只能是你自己。

你可以与众不同

这是好莱坞著名黑人女演员胡皮·戈德堡的一篇文章：

我成长于环境复杂的纽约市劳工区切尔西。时值嬉皮士时代，我身穿大喇叭裤，头顶阿福柔犬蓬蓬头，脸上涂满五颜六色的彩妆，为此，常遭到住家附近各式人士的批评。

有一天晚上，我跟朋友约好一起去看电影。时间到了，我身穿扯烂的吊带裤，一件绑染衬衫，以及一头阿福柔犬蓬蓬头。当我出现在朋友面前时，她看了我一眼，然后说："你应该换一套衣服。"

"为什么？"我很困惑。

"你扮成这个样子，我才不要跟你出门。"

我怔住了："要换你换。"于是她走了。

当我跟朋友说话时，母亲正好站在一旁。这时，她走向我："你可以去换一套衣服，然后变得跟其他人一样。但你如果不想这么做，而且坚强到可以承受外界嘲笑，那就坚持你的想法。不过，你必须知道，你会因此引来批评，你的情况会很糟糕，因为与众不同本来就不容易。"

我受到极大震撼。因为我明白，当我探索另类存在方式时，没有人有必要鼓励我，甚至支持我。当我的朋友说"你得去换一套衣服"时，我陷入两难抉择：倘若我今天为你换衣服，日后还得为多少人换多少次衣服？我想，母亲是看出了我的决心，她看出我在向这类同化压力说"不"，看出我不愿为别人改变自己。

人们总喜欢评判一个人的外形，却不重视其内在。要想成为一个独立的个体，就要坚强到能承受这些批评。我的母亲告诉我，拒绝改变并没有错，但她也警告我，拒绝与大众一致是一条漫长的路。

我这一生始终摆脱不了与众一致的议题。当我成名后，我也总听到人们说："她在这些场合为什么不穿高跟鞋，反而要穿红黄相间的快跑运动鞋？她为什么不穿洋装？她为什么跟我们不一样？"到头来，人们之所以受到我的吸引，学我的样子绑黑人细辫子头，又恰恰因为我与众不同。

智慧箴言

每个人都有自己的个性，而且都有权利去保护自己的个性，与此同时就要受到外界的批评甚至割离，但是只要你坚持走下去，你就是与众不同的。

挺起你的胸膛

比尔·撒丁现在在挪威音乐界小有名气，他的代表作是《挺起你的胸膛》。

多年前，他一个人漂洋过海来到法国，他要报考著名的巴黎音乐学院。考试的时候，尽管他竭力将自己的水平发挥到最佳状态，但主考官还是没有看中他。

身无分文的他来到学院外不远处一条繁华的街上，勒紧裤带在一棵榕树下拉起了手中的琴。

他拉了一曲又一曲，吸引了无数人的驻足聆听。饥饿的他最终捧起自己的琴盒，围观的人们纷纷掏钱放入琴盒。

一个无赖鄙夷地将钱扔在他的脚下。

他看了看无赖，最终弯下腰拾起地上的钱递给无赖说："先生，您的钱丢在了地上。"

无赖接过钱，重新扔在他的脚下，再次傲慢地说："这钱已经是你的了，你应该收下！"

比尔·撒丁再次看了看无赖，深深地对他鞠了个躬说："先生，谢谢您的资助！刚才您掉了钱，我弯腰为您捡起。现在我的钱掉在了地上，麻烦您也为我捡起！"

无赖被比尔·撒丁出乎意料的举动震撼了，最终捡起地上的钱放入比尔·撒丁的琴盒，然后灰溜溜地走了。

围观者中有双眼睛一直默默关注着他，是刚才的那位主考官。他将青年男子带回学院，最终录取了他。

智慧箴言

当我们陷入生活最低谷的时候，往往会招致许多无端的蔑视。这时，只要我们理智地去应对，以一种平和的心态去维护我们的尊严，就会发现，任何邪恶在正义面前都无法站稳脚跟。

每个人都有自己的天赋

《双响炮》《涩女郎》《醋溜族》无人不知，不仅畅销还拍成了电视剧，而这些都是一个小时候是"差生"的学生创作的，他就是台湾著名漫画家朱德庸。

朱德庸天生对图形很敏感，但对文字类的东西接受起来却很困难。在十几年的学生生涯，他一直认为自己非常笨。读中学的时候，朱德庸完全没有办法接受刻板的"填鸭式"教育方式，他像个皮球一样被许多学校踢来踢去，就连最差的学校也不愿意招收他。

开始他也像老师们一样认为自己非常笨。十几岁以后才明白，自己不是笨，是有学习障碍。他发现自己天生对文字反应迟钝，但对图形很敏感。

谈到求学时的痛苦经历，朱德庸说："我的求学过程非常悲惨！学习障碍、自闭、自卑，只有画画使我快乐。”画画是唯一能让朱德庸感到轻松的事情。他说：“外面的世界我没法待下去，唯一的办法就是回到自己的世界，因为这个世界里有我的快乐。在学校里受了老师的打击，我敢怒不敢言，但一回到家我就画他，狠狠地画，让他死得非常惨，然后自己心情就会变好了。”

他的父母为此伤透了脑筋，也吃了很多苦头，他们动不动就被老师叫到学校去，听老师训话，还时常要带着小德庸到各个学校去看人家的脸色，求人家收留这个学生。幸运的是，朱德庸的父母从不给他施加压力，一直任他自由发展。他的爸爸会经常裁好白纸，整整齐齐订起来，给他做画本。

朱德庸后来回忆说：“如果我的父母也像学校老师一样逼我学习，那我肯定要死……每个人都有天赋，但是有些人的天赋被他们的家长或者被社会的习惯意识遮盖了，进而就丧失了。”在这一点上朱德庸很感谢自己的父亲，在他小时候非常想画画又总拿着笔画个不停的时候，他的父亲没有阻止他，相反支持了他。

关于天赋，朱德庸有非常精彩的见解：

“我相信，人和动物是一样的，每个人都有自己的天赋，比如老虎有锋利的牙齿，兔子有高超的奔跑、弹跳力，所以它们能在大自然中生存下来。人也是一样，不过是很多人在成长过程中把自己的天赋忘了，就像有的人被迫当了医生，而他可能是怕血的，那他不会快乐。人们都希望成为老虎，而这其中有很多只能是兔子，久而久之，就成了四不像。我们为什么放着很优秀的兔子不当，而一定要当‘很烂的老虎’呢？社会就是很奇怪，本来兔子有兔子的本能，狮子有狮子的本能，但是社会强迫所有的人都去做狮子，结果出来一批‘烂狮子’。我还好，天赋或者说本能，没有被掐死。”

智慧箴言

每个人都有自己天赋，舒曼曾经说过：“一磅铁只值几文钱，可是经过锤炼就可制成几千根钟表发条，价值累万。”同样，你也要好好利用天赋给予你的“一磅铁”。如果你利用好了自己的天赋，相信你的命运将会灿烂无比。

无论什么时候都要昂着头走路

珍妮是个很害羞的姑娘，她走路总是耷拉着脑袋，同伴们都有了男朋友，她还是一个人。一天，一个卖蝴蝶结的商店吸引了她。店里摆着各式各样的蝴蝶结，牌上写着："各种颜色应有尽有，挑选适合你个性的颜色。"

珍妮在那儿站了一会儿，尽管她有勇气戴，但还为她母亲是否允许她戴上那又大又显眼的蝴蝶结而犹豫不决。是的，这些缎带正是伙伴们经常戴的那种。

"亲爱的，这个对你再合适不过了。"女售货员说。

"噢，不，我不能戴那样的东西。"珍妮回答道，但同时她却渴望靠近一条绿色缎带。

女售货员显得惊奇地说："哟，你有这么一头可爱的金发，又有一双漂亮的眼睛，孩子，我看你戴什么都好看！"

也许正是售货员的这几句话，珍妮把那个蝴蝶结戴在了头上。

"不，向前一点。"女售货员提醒道，"亲爱的，你要记住一件事，如果你戴上任何特殊的东西，就应该像没有人比你更有资格戴它一样。生活中，你应抬起头来。"她用评价的眼光看了看那缎带的位置，赞同地点点头，"很好，哎呀，你看上去真是太漂亮了。"

"这个我买了。"珍妮说。她为自己做出决定时的音调而感到惊奇。

"如果你想要其他在舞会、正规场合穿着的……"售货员继续说着。珍妮摇摇头，付款后向店门口冲去。速度是那么快，以致与一位拿着许多包裹的妇女撞了个满怀，几乎把她撞倒。

过了一会儿，她吓得打了个寒战，因为她感到有人在后边追她，不会是为那缎带吧？真是吓死人了。她向四周看看，听到那个人在喊她，她吓得飞跑，一直跑到下一条街区才停下来。

出人意料，珍妮眼前正是上岛咖啡馆，她意识到她开始就一直想到这儿来的。

这儿是每个姑娘都知道的地方，因为乔——大家都喜欢的一个好小伙儿每个星期六下午都在这儿。

他果然在这儿，正坐在卖饮料的柜台旁，倒了一杯咖啡，并没有喝掉。珍妮暗想："他女朋友怎么没有和他一起跳舞？"

珍妮在另一端坐下来，要了一杯咖啡。很快她感觉到，乔转过身来在望着她。珍妮笔挺地坐着，昂着头，心里想着头上的那个绿色缎带。

"嗨，珍妮！"

"哟，是乔呀！"珍妮装出惊讶的样子说，"你在这儿多久了？"

"已经很久了。"他说，"我等待的正是你。"

"胡扯！"珍妮说。她为头上的绿色缎带而感到自豪。

不一会儿，乔在她身边坐下，看起来似乎他刚刚注意到她的存在，问道：“你的发型改了还是怎么的？”

“你通常都是这样注意我吗？”

“不，我想的是你昂着头的样子——似乎你认为我应该注意到什么似的。”

珍妮感到脸红起来：“这是有意挖苦吧？”

“也许。”他笑着说，“但是，也许我有点喜欢看到你那昂着头的样子。”

大约过了10分钟，真令人难以相信，乔邀她去跳舞。当他们离开咖啡馆时，乔主动要陪她回家。

回到家里，珍妮想在镜子跟前欣赏一下自己戴着绿色缎带的样子，令她惊奇的是，她抬着头的样子比低着头的样子漂亮得多……

智慧箴言

爱默生说过：“偏见常常扼杀很有希望的幼苗。”为了避免自己被扼杀，就要把你的头昂起来，自信地走自己的路。

攀岩者

攀岩运动是当今世界上最危险、最刺激、最能表现人的勇敢精神的一项运动。每年5月至10月是攀岩的最佳季节。惠特尼山、杰斐逊山、几沙斯塔山部分难度很大的岩壁都被他们征服了，但人们很少知道勇士们是如何战胜自己、征服自己的。

1992年，对于克里斯托弗攀岩俱乐部来说，是个极不寻常的一年，33岁的总教练欧文·克里斯托弗不幸离开了他们——他走得实在太匆忙了。9月25日，克里斯托弗与6名成员来到著名的亚利桑那州大峡谷，要实现他只身征服大峡谷的夙愿。早在俱乐部创立之初，他曾攀登过大峡谷，但没有成功。他知道，这次如果还不成功，也许就再没机会了。上午10点40分，克里斯托弗已经攀登两个多小时了，距崖顶还有约150米。他很想找个能歇息的地方。当他抬头张望时，发现右上方约6米远处有一个小岩洞，看样子能容下一个人，于是他加劲向岩洞攀过去，谁料到就在他攀到离洞口还剩1米远时，从洞里突然传出幼鹰的啼叫声——灾祸降临了。当克里斯托弗意识到这点时，已经太晚了。一只翼展近3米的苍鹰拍打着翅膀从洞口冲出来，在空中停了一下，突然箭一样朝克里斯托弗俯冲下来，一双利爪深深扎进克里斯托弗肩胛骨两侧；翅膀拼命地扇动，想把他拖下来，克里斯托弗双手死死抠住岩缝，一动不动。苍鹰用利喙一次次凶猛地撕扯克里斯托弗脖颈和肩膀的肉，鲜血顺着他的脖子、肩膀和脊背不住地流淌着，黄运动衫被染得红红的，远远望去，就像山崖上一团燃烧的火。但是克里斯托弗仍然没有屈服，他继续努力向上攀岩。20 分钟过去了——这是克里斯托弗短暂一生中最辉煌的 20 分钟。同伴们低下了头，不忍看那惨烈的最后一刻。燃烧的生命之火熄灭了。

在生命的最后时刻还不忘使命，这样的人生价值太可贵了！

智慧箴言

英雄们始终相信，世间并非只有生命是唯一宝贵的！因为生命和自我价值比起来就显得很渺小了，如果能在有限的生命中实现超凡的自我价值，征服别人所不能征服的，这样的人生才完美。

第五章

缺乏勇气的人永远不会成功

心有多大，舞台就有多大。如果一个人丝毫没有开拓进取的勇气，那他的心只会囿于现有的视野，不能立在更高、更新、更远的角度去观察。成功意味着超越平庸，而要冲出平庸的束缚，就必须具备突破现状的勇气。事实上，哪怕你多想了一点点，多做了一点点，你也会比别人多一份优势，并多一分成功的可能。

积极迈出第一步

杰米在几十年前是一个普通的年轻人，有妻子和孩子，收入并不多。

他们全家住在一间小公寓里，夫妇两人都渴望有一套自己的新房子。他们希望有较大的居住空间、比较干净的环境、小孩有地方玩，同时也增添一份产业。买房子的确很难，必须有钱支付分期付款的首付才行。有一天，当他签写下个月的房租支票时，突然很不耐烦，因为房租跟新房子每月的分期付款差不多。

杰米跟太太说："下个礼拜我们就去买一套新房子，你看怎样？"

"你怎么突然想到这个？"她问，"开玩笑！我们哪有能力？我们连首付都付不起！"

但是他已经下定决心："跟我们一样想买一套新房子的夫妇大约有几十万，其中只有一半能如愿以偿，一定是什么事情才使他们打消这个念头。我们一定要想办法买一套房子。虽然我现在还不知道怎么凑钱，可是一定要想办法。"

下个礼拜他们真的找到了一套两人都喜欢的房子，朴素大方又实用，首付是1200美元。现在的问题是如何凑够1200美元。他知道无法从银行借到这笔钱，因为这样会降低他的信用等级，使他无法获得一项关于销售款项的抵押借款。

可是皇天不负有心人，他突然有了一个灵感，为什么不直接找承包商谈谈，向他私人贷款呢？他真的这么做了。承包商起先很冷淡，由于杰米一再坚持，他终于同意了。他同意杰米把1200美元的借款按月交还100美元，利息另外计算。

现在他要做的是，每个月凑出100美元。夫妇两个想尽办法，一个月可以省下25美元，还有75美元要另外设法筹借。

这时杰米又想到另一个点子。第二天早上他直接跟老板解释这件事，他的老板也很高兴他要买房子了。

杰米说："老板，你看，为了买房子，我每个月要多赚75美元才行。我知道，当你认为我值得加薪时一定会加，可是我现在很想多赚一点钱。公司的某些事情可能在周末做更好，你能不能答应我在周末加班呢？有没有这个可能呢？"

老板被他的诚恳和雄心所打动，真的找出许多事情让他在周末工作10小时。杰米夫妇因此欢欢喜喜地搬进新房子了。

智慧箴言

行动需要积极的勇气，人生要敢于去跨越那一道道坎。如果你有了强烈的愿望，就要积极地迈出实现它的第一步，千万不要等待或拖延，也不必等待具备所有的条件。记住：你可以创造一切条件！

勇于突破才能成功

当王波在成都最繁华的地段挂出"剪报服务公司"的牌子时，朋友亲戚都说他笨。剪报只是人的兴趣爱好，人们在闲暇时以剪报打发时间。但剪报公司就让人费解了，难道那些收集剪报的人还会购买剪报吗？事实表明，剪报公司走了一条正确的道路。现在商场竞争日趋激烈，商场如战场，《孙子兵法》说，知己知彼，百战不殆。收集信息已成了很多大公司大企业工作的一部分。如果只是坐井观天，把自己限制在一个小范围内，迟早会落后于时代，在竞争中处于劣势，而要专门派人负责收集信息又没有必要。剪报公司的出现，使他们发出"及时雨"的感叹。于是，公司开张3个月后，经营状况良好。信息员已由最初的5名猛增至20名，他们具有较强的专业素质和高度的责任心，能够按客户的需求提供周到的服务。

剪报公司敢为天下先的胆识和气魄为他们赢得了成功。

智慧箴言

心有多大，舞台就有多大。如果一个人丝毫不存突破前人的野心，那他的心只会囿于现有的视野，不能站在更高更新更奇的角度去观察。只有敢于突破现有的状况，哪怕你多想了一点点，你也会比别人多一分优势，多一分成功的可能。

一次不同寻常的面试

一家知名的外资广告公司招聘策划人员，李哲也加入了应聘的队伍。通过笔试和面试后，李哲和另外两位求职者得到了复试的机会。复试主考官是公司的艺术总监迈克曼。

迈克曼在自己的办公室接待了3位求职者，但是他并没像其他考官一样，出一些奇怪的测试题，也没有立即考核他们的创造力，而是大手一挥，让李哲他们跟着他一起上10楼的董事长办公室。迈克曼的办公室在6楼，李哲和两位求职者只得跟着爬楼。

楼梯很窄，迈克曼在前面慢悠悠地走，3位求职者跟在后面。他们想要保证比较正常的速率前进，但是受到了不小的牵制，没人主动超越迈克曼。走着走着，大家的心情变得有些急躁，但是都刻意地压抑着。

从6楼爬到8楼，两层楼的距离竟然花了平时3倍的时间。迈克曼依旧慢悠悠地走在前面，全然不顾身后求职者的表情。快到9楼时，性急的李哲终于按捺不住了，一个箭步超过了迈克曼。很快，李哲就爬到了10楼。不过令李哲惊讶的是，整个10楼是用来做仓储的，根本没有什么董事长办公室。

就在李哲感到茫然不解时，其他3人也已经到了10楼。李哲看到另外两位求职者在不住摇头，对李哲的沉不住气表示惋惜。不过，迈克曼宣布的录用结果却大出他们的所料——只有李哲最后被留了下来，迈克曼的理由是："干广告这一行，需要超越和创新，如果墨守成规、没进取心，那不是公司需要的人才。"

的确很冒险，如果李哲没有这最后一步的超越，他也会和其他两位面试者一样，敲不开这家广告公司的大门。

智慧箴言

无论在哪一个环节都要让面试官看到你勇敢和自我激励的精神，这样才能拥有成功的机会。如果做什么事都小心谨慎、不敢冒险，缺乏勇气的话，你将会与机会和成功擦身而过。

迎着风雨才能成功

一位喜欢登山的年轻人去拜访一位著名的登山专家，向他讨教有关登山的问题。其中一个问题是："如果我们在半山腰，突然遇到大雨，应该怎么办？"

登山专家说："你应该向山顶走。"

"为什么要往山上走呢，那样风雨不是更大吗？"年轻人疑惑地问。

"往山顶走，固然风雨可能更大，却不足以威胁你的生命；向山下跑，看来风雨小些，却可能遇到暴发的山洪而被活活淹死。"登山专家严肃地说，"对于风雨，逃避它，可能被卷入洪流；正视它，你反而可能获得生存！"

智慧箴言

迎着风雨，胜算更大。正如一句老话："困难像弹簧，你强它就弱，你弱它就强。"然而，当暴风雨袭来之时，许多人却失去了迎难而上的勇气，结局是想逃避的终究逃脱不了，不逃避的便能凯旋而归。

高风险带来高回报

常言道："不入虎穴，焉得虎子。"想创造机会，却想不冒风险，那是不可能的。大凡成功人士，无不独具慧眼，他们在机会中能看到风险，更在风险中逮住机遇。

格蒂就是这样的一个人，他于1892年出生于美国的加利福尼亚州，父亲是一位商人。他小时候很调皮，但读书的成绩还算不错，后来进入英国的牛津大学读书。1914年毕业返回美国后，他最初的意愿是想进入美国外交界，但很快就改变了主意。

他为什么改变了主意呢？因为当时美国石油工业已进入高速发展的时期，一种兴致勃勃的创业精神鼓舞着年轻的格蒂到石油界去冒险。他想成为一个独立的石油经营者。于是，他向父亲提出，借他一笔钱让他到外面去闯一闯。

但他父亲提出一个条件，投资后所得的利润，格蒂得30%，他本人得70%。这个条件尽管苛刻，但格蒂爽快地答应了。他有他自己的打算。他向父亲借了一笔钱之后，便径自走出家门，独自来到俄克拉荷马州，第一次进行他的冒险事业。1916年春，格蒂带领着一支钻探队，来到一个叫马斯科吉郡石壁村的附近，以500美元租借了一块地，决定在这里试钻油井。工作开始后，他夜以继日地奋战在工地上。经过一个多月的艰苦奋战，终于打出了第一口油井，每天产油720桶。格蒂从此进入了石油界。就在同年5月，他和他父亲合伙成立了"格蒂石油公司"。1919年，格蒂以更富冒险的精神，转移到加利福尼亚州南部，进行他新的冒险计划。但最初的努力失败了，在这里打的第一口井竟是个"干洞"，未见一滴油。但他不甘失败，在一块还未被别人发现的小田地里取得了租权，决心继续再钻。然而这块小田地实在太小了，而且只有一条狭窄的通道可进入此地，运载物资与设备的卡车根本无法开进去。他采纳了一个工人的建议，决定采用小型钻井设备。他和工人们一起，从很远的地方，把物资和设备一件件扛到这块狭窄的土地上，然后再用手把钻机重新组合起来。办公室就设在满是泥巴和灰尘的汽车上，奋战了一个多月，终于在这里打出了油。

随后，他移至洛杉矶南郊，进行新的钻探工作。这是一次更大的冒险，因为购买土地、添置设备以及其他准备工作，已花去了大笔资金，如果在这里不成功，那么将意味着他已赚取到的财富将会毁于一旦。他亲自担任钻井监督，每天在钻井台上战斗十几个小时。打入3000米，未见有油。打入4000米，仍未见有油。当打入4350米时，终于打出油来了。不久，他们又完成了第二口井的钻探工作。仅这两口油井，就为他赚取了40多万美元的纯利润。这是1925年的事情。

格蒂的冒险一次次地获得成功，促使他想去冒更大的险。1927年，他在克利夫兰同时开4个钻井，又获得成功，收入又增加80万美元。这时，他建立了自己的储油库和炼油厂。1930年他父亲去世时，他个人手头已积攒下数百万美元了。随后的岁月，幸运也常伴格蒂身边。他所买的土地，十之八九都会钻出油来。而且，他的事业也一直很顺利，最后成为世界闻名的富豪。

智慧箴言

成功意味着突破平庸，而其中的一条捷径就是——敢于冒险。石油大王哈默说过，不会冒险的人永远也不会取得成功。惧怕失败，不冒风险，平平稳稳地过一辈子，虽然可靠，虽然平静，但只是一个悲哀而无聊的人生，一个懦夫的人生，其中最令人痛惜的就是，你自己葬送了自己的潜能。因此，与其平庸地过一生，不如勇敢去冒险和闯荡，做一个敢于冒险的英雄。

成功的捷径是敢于冒险

有两位少年去求助一位老人，他们问了相同的问题："我有许多的梦想和抱负，但总是笨手笨脚，无从下手，不知道如何才能实现自己的目标。"老人给他们一人一颗种子，细心地交代："这是一颗神奇的种子，谁能够妥善地保存它的价值，谁就能够实现他的理想。"

几年后，老人碰到了这两位少年，顺便问起种子的情况。

第一位少年谨慎地拿着锦盒，缓缓地掀开里头的棉布，对着老人说："我把种子收藏在锦盒里，时时刻刻都将它妥善地保存着。为了这颗种子能够完整地保存，我为它专门建了一个恒温室。我相信它现在仍完好如初，其价值没有任何折损。"老人听后，失望地点了点头。第二位少年指着旁边的一座山丘道："您看，我把这颗神奇的种子，埋在土里灌溉施肥，现在整座山丘都长满了果树，每一棵果树都结满了果实，原来的一颗种子现在变为了千万颗。这就是我实现这颗神奇种子价值的方法。"

老人关切地说："孩子们，我给的并不是什么神奇的种子，不过是一般的种子而已。如果只是守着它，永远不会有结果；只有用汗水灌溉，才能有丰硕的成果。让种子生根发芽，虽然会冒一定的风险，但正是由于经历了这些锤炼，生命才焕发出神奇的力量，种子的价值才真正得到了实现和延续。"

智慧箴言

要想做成任何一件事都有成功和失败两种可能。当失败的可能性大时，却偏要去做，那自然就成了冒险。事实上，冒险与收获常常是结伴而行的。险中有夷，危中有利。因此，要想有卓越的结果，就要敢冒风险。

敢作敢为的哥伦布

哥伦布年轻的时候，曾经当过海盗，这不值得惊奇。因为当时一些生活困难的家庭，都愿意把孩子送到海盗船上去工作，这能使孩子增长一点见闻，经历人生磨难，而且还可以多赚一点钱。在他们看来，只要不被官方捉住，也就无所谓羞耻与卑贱，要是不幸被逮着了，也只好自叹命运不济了。

哥伦布还在求学的时候，偶然读到一本毕达哥拉斯的著作，知道地球是圆的，他就牢记在脑子里。经过很长时间的思索和研究后，他大胆地提出，如果地球真是圆的，他便可以经过极短的路程而到达印度。当时虽然地圆说已经出现，但在理论上还有许多缺陷，因此许多大学教授和哲学家们都耻笑他；因为，他想向西方行驶而到达东方的印度，岂不是傻人说梦话吗？他们告诉他，地球不是圆的，而是平的，然后又警告道，他要是一直向西航行，他的船将驶到地球的边缘而掉下去……这不是等于走上自杀之路吗？

然而，哥伦布对这个问题很有自信，只可惜他家境贫寒，没有钱让他去实现这个冒险的理想，他想从别人那儿得到一点钱，助他成功。但一连空等了 17 年，还是无人资助，所以，他决定不再向这个“理想”努力了。因为他忧虑和失望的事情太多了，结果他的头发也完全变得花白了——虽然当时他还不到 50 岁。

灰心的哥伦布，这时只想进西班牙的修道院，去度过后半生。正在这时候，罗马教皇却怂恿西班牙皇后伊莎贝露帮助哥伦布。教皇先送了一些钱给哥伦布，算是路费；但他自觉衣服过于褴褛，便用这些钱买了一套新装和一匹驴子，然后启程去见伊莎贝露，沿途穷得竟以乞讨糊口。皇后赞赏他的理想，并答应赐给他船只，让他去从事这种冒险的工作。为难的是，水手们都怕死，没人愿意跟他走，于是哥伦布鼓起勇气跑到海滨，找到了几位水手，先向他们哀求，接着是劝告，最后用恫吓手段逼迫他们去。一方面他又请求女皇释放了狱中的死囚，允许他们如果冒险成功，就可以免罪恢复自由。一切都准备妥当。1492 年 8 月，哥伦布率领三艘船，开始了一个划时代的航行。刚航行几天，就有两艘船破了，接着又在几百平方公里的海藻中陷入了进退两难的险境。他亲自拨开海藻，才得以继续航行。在浩瀚无垠的大西洋中航行了六七十天，也不见大陆的踪影，水手们都失望了，他们要求返航，否则就要把哥伦布杀死。哥伦布用鼓励和高压手段，总算说服了船员。

也许是天无绝人之路，在继续前进中，哥伦布忽然看见有一群飞鸟向西南方向飞去，他立即命令船队改变航向，紧跟这群飞鸟。因为他知道海鸟总是飞向有食物和适于它们生活的地方，所以他预料到附近可能有陆地。果然很快发现了美洲新大陆。

当他们返回欧洲报喜的时候，又遇上了四天四夜的大风暴，船只面临沉没的危险。在十分危急的时候，他想到的是如何使世界知道他的新发现，于是，他将航行中所见到的一切写在羊皮纸上，用蜡布密封后放在桶内，准备在船毁人亡后，使自己的发现能够留在人间。

哥伦布很幸运，终于脱离了危险，胜利返航了。无须赘言，哥伦布如果没有不怕困难、不怕牺牲、勇往直前的冒险精神，“新大陆”能被早日发现吗?

哥伦布那种无畏、勇敢和敢于冒险的精神，值得我们学习。当水手们畏惧退缩的时候，只有他还要勇往直前；当水手们恼羞成怒警告他再不折回，便要叛变杀了他时，他的答复还是那一句话:“前进啊！前进啊！前进啊！”

智慧箴言

生命从本质上说应该就是一次探险，如果不主动地迎接风险的挑战，便被动地等待风险的降临。

敢干但不蛮干

一个人或一个企业要想成功，就要有“与风险亲密接触”的勇气。不冒风险，则与成功永远无缘，但更重要的是冒风险的同时，一定要以稳重为主，只有这样的成功，才是我们想要的成功。作为一名成功的证券投机商，霍希哈从来都不鲁莽行事。他的每一个决策都是建立在充分掌握第一手资料的基础上。他有一句名言:“除非你十分了解内情，否则千万不要买减价的东西。”而这个至理名言是他以惨痛的代价换来的。

1916年，初涉股市的霍希哈以自己的全部家当买下了大量雷卡尔钢铁公司的股票，他原本以为这家公司将走出经营的低谷，然而，事实证明他犯了一个不可饶恕的错误。霍希哈没有注意到这家公司的大量应收账款实际已成死账，而它背负的银行债务即使以最好的钢铁公司的业绩水平来衡量，也要30年时间才能偿清。

结果雷卡尔公司不久就破产了，霍希哈也因此倾家荡产，只好从头开始。

霍希哈一辈子都牢记着这个教训。1929年春季，也就是举世闻名的世界大股灾和经济危机来临的前夕，当霍希哈准备用50万美元在纽约证券交易所买一个席位的时候，他突然放弃了这个念头。霍希哈事后回忆道："当你发现全美国的人们都在谈论着股票，连医生都停业而去做股票投机生意的时候，你应当意识到这一切不会持续很久了。人们不问股票的种类和价钱疯狂地购买，稍有差价便立即抛出，这不是一个让人放心的好兆头。所以，我在8月份就把全部股票抛出，结果净赚了400万美元。"这一个明智的决策使霍希哈躲过了灭顶之灾。而正是在随后的16年中，无数曾在股市里呼风唤雨的大券商都成了这次大股灾的牺牲品。

霍希哈的决定性成功来自于开发加拿大亚特巴斯克铀矿的项目。霍希哈从二战后世界局势的演变及核武器的巨大威力中感觉到，铀将是地球上最重要的一项战略资源。于是，从1949年到1954年，霍希哈在加拿大的亚大巴斯卡湖买下了1222平方公里的土地，他认定这片土地蕴藏着大量的铀。亚特巴斯克公司在霍希哈的支持下，成为第一家以私人资金开采铀矿的公司。然后，他又邀请地质学家法兰克·朱宾担任该矿的技术顾问。

在此之前，这块土地已经被许多地质学家勘探过，分析的结果表明，此处只有很少的铀。但是，朱宾对这个结果表示怀疑。他确认这块土地藏有大量的铀。他竭力向十几家公司游说，劝它们进行一次勘探，但是，这些公司均表示无此意愿。而霍希哈在听取了朱宾的详细汇报之后，觉得这个险值得去冒。

1952年4月22日，霍希哈投资3万美元勘探。在5月份的一个星期六早晨，他得到报告：在78个矿样中，有71块含有品质很高的铀。朱宾惊喜得大叫："霍希哈真是财运亨通。"

霍希哈从亚特巴斯克铀矿公司得到了丰厚的回报。1952年初，这家公司的股票尚不足45美分一股，但到了1955年5月，也就是朱宾找到铀矿整整3年之后，亚特巴斯克公司的股票已飞涨至252美元一股，成为当时加拿大蒙特利尔证券交易所的"神奇黑马"。

在加拿大初战告捷之后，霍希哈立即着手寻找另外的铀矿，这一次是在非洲的艾戈玛，与上一次惊人相似的是，专家们以前的钻探结果表明艾戈玛地区的铀资源并不丰富。

但霍希哈更看中在亚特巴斯克铀矿开采中立下赫赫战功的法兰克·朱宾的意见，朱宾经过近半年的调查后认为，艾戈玛地区的矿砂化验结果不够准确。如果能更深地钻入地层勘探，一定会发现大量的铀矿。

1954年，霍希哈交给朱宾10万美元，让他正式开始钻探的工作。两个月以后，朱宾和霍希哈终于找到了非洲最大的铀矿。这一发现，使霍希哈的事业跃上了顶峰。

1956年，据《财富》杂志统计，霍希哈拥有的个人资产已超过20亿美元，排名世界最富有的前100位富豪榜第76位。

霍希哈的失败和成功都是偶然性中带着必然性的。因为风险是一柄双刃剑，但只要你审时度势，仔细考察和分析，冒险就会给予你优厚的回报。

智慧箴言

冒风险并不等于蛮干，它是建立在正确的思考与对事物的理性分析之上的。克劳塞维茨说："只有通过智力，认识到冒险的必要而决心去冒险，才能产生果断。"须知，卓越的勇敢与缺乏智慧的勇敢是截然不同的两种勇敢，前者叫勇敢，而后者被称为莽撞。

1808 房间的考验

有个年轻人到一家外资公司面试。他对自己的能力和经验很自信，因为他专业成绩好，而且在学校里也是出类拔萃的人物。

他走到了那家外资公司所在的大厦门前。

年轻人上前询问大厦的保安："先生，请问1808房间怎么走？"

保安抓起电话，过了一会儿说："对不起，1808房间没人。"

他有些急了："不可能吧？我刚才还跟他们通过电话，再说今天是他们面试的日子，您瞧，我这儿有面试通知。"

保安又拨了几次电话："对不起，先生，1808还是没人。我们不能让您上去，这是规定。"

时间一秒一秒地过去，他心里虽然着急，也只有耐心地等待，同时祈祷该死的电话能够接通。已经超过面试时间10分钟了，保安又一次彬彬有礼有地告诉他电话没通。

他失望极了，因为在面试通知里明确规定："迟到10分钟，取消面试资格。"

他只得自认倒霉地回家了。

晚上，他却意外地收到那家外资公司的一封电子邮件："也许您还没有注意到那位保安根本就没有拨号，大厅里还有别的公用电话，您完全可以自己询问一下。我们虽然规定迟到10分钟取消面试资格，但您为什么立即放弃却不再努力一下呢？这就是我们面试的内容，很遗憾您没有通过面试。"

智慧箴言

成功从来就不会是一帆风顺的，面对困难，我们应该始终怀有"再试一次"的勇气与信心。也许再试一次，我们就可以听见成功的脚步声。

尝试"不可能"的事

成功者的字典里是没有"不可能"这3个字的，在他们眼里，越是不可能做成功的事，越可能成功。一位成功人士说："只要有无限的热情，几乎没有一样事情不可能成功。"

20世纪50年代，索尼公司创始人盛田昭夫和井深大就树立了打造全球性公司和全球强势大品牌的远大目标和宏大愿景。他们意识到，索尼要成长为真正的全球性公司和全球强势大品牌，实现真正的品牌全球化是必须全面突破的关键性难题。

但是，对于创立不久的索尼来说，尽管实现了产品创新和销售业绩上的突飞猛进，索尼还只能算是日本本土上的一个小小的暴发户。那么如何才能使索尼走向世界？有足够大的决心、足够多的勇气甚至不惜冒险是索尼品牌全球化战略必须迈出的第一步。

1953年盛田昭夫对荷兰飞利浦电子公司进行了考察，已在世界范围内建立起广泛声誉和美誉的飞利浦竟然坐落在一个又偏又小的老式农庄里的眼前实景，给了盛田昭夫莫大的启发，使他信心倍增，更坚定了把索尼打造成全球强势大品牌的信念。他在给井深大的信中说："如果一个人在又小又偏的农庄，都能建成一个大型、高科技、有全球声誉的公司，就像飞利浦那样，可能，只是有这个可能，索尼在日本也能做得到。"

正是在这种冒险精神的鼓舞下，1953年索尼公司冲破重重险阻，实现了一个名不见经传的日本小公司从贝尔实验室购买晶体管的关键技术的"神话"，在1995年成功推出全世界第一台晶体管收音机，1957年推出第一款便携式晶体管收音机，奠定了索尼在世界消费电子行业的领先地位。

智慧箴言

冒险与收获常常是结伴而行的。要想有卓越的成果就要敢于冒险。许多成功人士不一定比你"会"做，重要的是他们比你"敢"做，而凡事也正是在这种"会"做与"敢"做的细微差别间，分化出了千变万化的可能。

10美元购买豪华别墅

一位商人正准备买房，他指着报纸上的一则广告征询朋友们的意见。

"豪华别墅，只售10美元。"

朋友听他念出这则广告后，都说："今天不是愚人节吧！哪有天上掉馅饼的好事？"大家都好心地提醒他："可千万别上当，这是个陷阱，我看其中一定有不可告人的阴谋！"

商人虽然半信半疑，但他还是按照报纸上提供的联系方式，找到了那个登广告的人。房主是一个衣着华贵的中年妇女。问清楚商人的来意后，她指着身后的房子说："喏，就是这里。"

商人不禁大吃一惊：这里是纽约郊区最著名的别墅区，寸土寸金。再说这幢房屋设计高雅精妙，装潢富丽豪华，如果要售出，价格应该是天文数字，他可是无论如何也拿不出那样一大笔钱的。

"太太，能看看房子的有关手续吗？"商人不知道说什么好。

贵妇人微微一怔，自己转身上楼，一会儿回来，交给商人一个文件袋。

商人瞪大了眼睛，辨别着房契的真伪。正在这时，一位戴着眼镜、夹着公文包的男士走了进来，他对商人说："先生，您好。我是律师，如果您没有什么异议，我可以为您办理买卖房屋的手续了。”

“你是说10美元……这幢房子……”商人不敢相信这一切是真的。

“是的，先生，如果可能的话，请您交现款。”律师一本正经地回答。

直到商人拿到属于自己的房契之后，仍然觉得这一切都是梦，可这梦又是那么真实。

智慧箴言

好的机会总是会青睐那些大胆并充满奇思妙想的人，而他们大胆的行为后面也总是伴随着承担一切后果的勇气，由于他们积极地尝试，他们才会得到自己想要得到的东西。

80美元环游世界

谁能用80美元环游世界？这在99%的人听来都觉得是不可能的，但是罗伯特做到了。罗伯特·克利斯朵夫是一位摄像师，在年轻的时候，他像许多青年一样，喜欢读科幻小说。当他读完儒勒·凡尔纳的科幻小说《80天环游地球》后，他的想象力和勇气被激发了。

罗伯特告诉朋友：“别人用80天环绕地球一周，现在我为什么不能用80美元环绕地球一周呢？我相信如果我有足够的勇气，任何地方我都可以到达。也就是说，如果我从我所处的地方出发，我就能到达我所想要到达的地方。

“我想，别人能够在货轮上工作而得以横渡大西洋，再搭便车旅行全世界，我为什么就不能呢？”

朋友笑着说：“你的想法太天真了！”

罗伯特没有理睬他的嘲笑，而是从自己的衣袋里拿出自来水笔，在一张便条上列了一个他所能想到的在旅途中将会遇到的困难表，并仔细地记下准备怎么去着手解决每个困难的办法。

罗伯特没有拖延一分钟，他开始行动了。

他先和经营药物的查尔斯·菲兹公司签订了一份合同，保证为这家药物公司提供他所要旅行的国家的土壤样品。他又想办法获得了一张国际驾照和一套地图，条件是他提供关于中东道路情况的报告。他四处奔波，让朋友设法替他弄到了一份海员文件，并且获得了纽约警察部门开出的关于他无犯罪记录的证明。为了旅行，他想得很周全，甚至为自己准备了一个青年旅游招待所的会籍。

最后他又与一个货运航空公司达成协议，该公司同意他搭飞机越过大西洋，只要他答应拍摄照片供公司宣传之用。只有26岁的罗伯特完成了上述计划，他在衣袋里装了80美元，便乘飞机和纽约市挥手告别，开始了他80美元周游世界的梦想。

在加拿大的纽芬兰岛甘德城，罗伯特吃了第一顿早餐。他不能用他可怜的80美元来付早餐费，那么他是怎样做的呢？他给厨房的炊事员照了相，大家都很高兴。

在爱尔兰的珊龙市，罗伯特花4.8美元买了4条美国纸烟。罗伯特深知，在许多国家里纸烟和纸币作为交易的媒介物是同样便利的。

从巴黎到了维也纳，精明的罗伯特送给司机一条纸烟作为他的报酬。从维也纳乘火车，越过阿尔卑斯山，到达瑞士，罗伯特又把一包纸烟送给列车员，作为他的酬谢。

在叙利亚首都大马士革，罗伯特热心地给当地的一位警察照了相，这位警察为此感到十分自豪，命令一辆公共汽车免费为他服务。伊拉克特快运输公司的经理和职员特别喜欢罗伯特为他们照的相。作为感谢，他们邀请罗伯特乘他们的船从伊拉克首都巴格达到达伊朗首都德黑兰。

在曼谷，罗伯特向一家极豪华的旅行社的经理提供了一些他们急需的信息——一个特殊地区的详细情况和一套地图。他为此受到了像国王一样的招待。

最后，作为“飞行浪花”号轮船的一名水手，他从日本到了旧金山。

罗伯特·克利斯朵夫用84天周游了世界，并且他所有的旅资加起来只有80美元。

智慧箴言

80美元环游世界，这简直是异想天开，然而罗伯特却做到了。由此可见，人生中的许多事情其实并非想象中的那样遥不可及，只要有试一试的勇气，说不定，下一个创造奇迹的人就是你。

第六章

每天敲敲成功的门

要获取任何一个成功，都不是一蹴而就的事，都需要采取循序渐进、持之以恒的方法。许多人做事之所以会半途而废，并不是因为困难有多大，而是因为自身的心态、方法有问题。其实，把大的目标细化到具体步骤，逐一地跨越它，成功就会变得容易。

做最好的自己

一大早，格尔开着小型运货汽车来了，车后扬起一股尘土。

格尔卸下工具后就干起活来。他是一个心灵手巧的人。他会刷油漆，能干木匠活，也能干电工活，修理管道，整理花园，他会铺路，还会修理电视机。

格尔上了年纪，走起路来步子缓慢、沉重，头发理得短短的，裤腿挽得很高，便于给别人干活。

他的顾客有几间草舍，其中有一间，格尔在夏天租用。

格尔摆弄起东西来就像雕刻家那样有权威，那种用自己的双手工作的人才有的权威。木料就是他的大理石，他的手指在上边摸来摸去，摸索什么，别人不太清楚。一位朋友认为这是他自己的问候方式，他接近木头就像骑手接近马一样，安抚它，使它平静下来。而且，他的手指能“看到”眼睛看不到的东西。

有一天，格尔在路那头为邻居们盖了一个小垃圾棚。垃圾棚被隔成三间，每间放一个垃圾桶。棚子可以从上边打开，把垃圾袋放进去，也可以从前边打开，把垃圾桶挪出来。小棚子的每个盖子都很好使，门上的合叶也安得很合缝。

格尔把垃圾棚漆成绿色，晾干。一位邻居走过去看了看，他为这竟是一个人做的而不是在什么地方买的而感到惊异。邻居用手抚摩着光滑的油漆，心想，完工了。不料第二天，格尔带着一台机器又回来了。他把油漆磨光了，不时地用手摸一摸。他说，他要再涂一层油漆。尽管在别人看来这已经够好了，但这不是格尔干活的方式。经他的手做出来的东西，看上去不像是自己家做的。

在格尔的天地中，没有什么神秘的东西，因为那都是他在某个时候制作的、修理的，或者拆卸过的。保险盒、牲口棚、村舍全是出自格尔的手。

格尔的顾客们从事着复杂的商业性工作。他们发行债券，签订合同。格尔不懂如何买卖证券，也不懂怎样办一家公司。但是当做这些事时，他们就去找格尔，或找像格尔这样的人。他们明白格尔所做的是实实在在的、很有价值的工作。

当一天结束的时候，格尔收拾工具，放进小卡车，然后把车开走了。他留下的是一股尘土，以及至少还有一个想不通的小伙伴。这个人纳闷，为什么格尔做得这样多，可得到的报酬却这样少。

然而，格尔又回来干活儿了，默默无语，独自一人，没有会议，也没有备忘录，只有自己的想法。他认为该干什么活就干什么活，自己的活自己干，也许这就是自由的一个很好的定义。是的，如果你能心无旁骛，专心致志地做好自己的事，做最好的自己，你就能在不知不觉中超越众人，跨越平庸的鸿沟，在众人中脱颖而出。

智慧箴言

做最好的自己，你的潜能将自然地诱发出来，成功离你便不再遥远。

小兔子发挥优势成冠军

一只小兔子被送进了动物学校，它最喜欢跑步课，并且总是拿第一；它最不喜欢的是游泳课，一上游泳课它就非常痛苦。但是兔爸爸和兔妈妈要求小兔子什么都学，不允许它放弃任何一个。小兔子只好每天垂头丧气地到学校上学，老师问它是不是在为游泳太差而烦恼，小兔子点点头。老师说："其实这个问题很好解决，跑步是你的强项，但是游泳是你的弱项。这样好了，你以后不用上游泳课了，可以专心练习跑步。"小兔子听了非常高兴，它专门训练跑步，结果成为跑步冠军。

小兔子根本不是学游泳的料，即使再刻苦，它也不会成为游泳能手；相反，它专门训练跑步，结果成为了跑步冠军。

智慧箴言

在对成功人士进行研究后发现，成功者尽管其路径各异，但成功者都有一个共同点，就是“扬长避短”。传统上我们强调弥补缺点，纠正不足，并以此来定义“进步”。而事实上，当人们把精力和时间用于弥补缺点时，就无暇顾及增强和发挥优势了；更何况任何人的缺点都比才干多得多，而且大部分的缺点是无法弥补的。

沙粒向珍珠的转变

有一个自以为是全才的女郎，毕业以后屡次碰壁，一直找不到理想的工作。她觉得自己怀才不遇，对社会非常失望，因而她感到，是因为没有伯乐来赏识她这匹“千里马”。

痛苦绝望之下，她来到大海边，打算就此结束自己的生命。

在她正要自杀的时候，刚好有一个老妇人从这里走过，救了她。老妇人问她为什么要走绝路，她说自己不能得到别人和社会的承认，没有人欣赏并且重用她……

老妇人听完后，从脚下的沙滩上捡起一粒沙子，让女郎看了看，然后就随便地扔在地上，对女郎说：“请你把我刚才扔在地上的那粒沙子捡起来。”

“这根本不可能！”女郎说。

老妇人接着又从自己口袋里掏出一颗晶莹剔透的珍珠，也是随便地扔在了地上，然后对女郎说：“你能不能把这个珍珠捡起来呢？”

“这当然可以。”

“你现在明白是为什么了吧。你应该知道，现在你自己还不是一颗珍珠，所以你还不能苛求别人立即承认你，如果要别人承认，那你就要由沙子变成一颗珍珠才行。”

智慧箴言

想要变成珍珠，就必须付出艰苦的努力，当我们不停地抱怨现实的不公时，首先问一下自己是珍珠还是沙子。努力地使自己成为珍珠，相信光芒也无须遮盖，因为沙粒再多也掩盖不了珍珠的光芒。

人生需要自我激励

三只青蛙掉进鲜奶桶中。

第一只青蛙说："这是命。"于是它盘起后腿，一动不动等待着死亡的降临。

第二只青蛙说："这桶看来太深了，凭我的跳跃能力，是不可能跳出去了。今天死定了。"于是，它沉入桶底淹死了。

第三只青蛙打量着四周说："真是不幸！但我的后腿还有劲，我要找到垫脚的东西，跳出这可怕的桶！"

于是，第三只青蛙一边划一边跳，慢慢地，奶在它的搅拌下变成了奶油块，在奶油块的支撑下，这只青蛙奋力一跃，终于跳出了奶桶。

正是自我激励救了第三只青蛙的命。

智慧箴言

人最怕的就是胡思乱想、自我设置障碍，这不仅会让你失去理智，往往还会使你误入歧途。如果你常在心中对自己说，这样做可能不对，万一失败了怎么办。那么，你会离成功越来越远。困难其实并不可怕，只要学会激励自己，给自己以信心，那你就会离成功越来越近。

告诉自己"我可以"

成功的字典里没有"我不能"，经常告诉自己"我可以"，就会在心里形成一种积极的暗示，很多看似超越自身能力所及的事情也可以迎刃而解。利娅老师深知这个道理。

利娅是密歇根州一个小镇上的小学老师。

那天，她给学生们上了生动的一节课。她让学生们在纸上写出自己不能做到的事。所有的学生都全神贯注地埋头在纸上写着。一个 10 岁的男孩，在纸上写到:“我无法把球踢过第 2 道底线”“我不会做 3 位数以上的除法”“我不知道如何让黛比喜欢我”等。他已经写完了半张纸，但却丝毫没有停下来的意思，仍旧很认真地继续写着。

每个学生都很认真地在纸上写下了一些句子，述说着他们做不到的事情。

利娅老师也正忙着在纸上写着她不能做到的事情，像“我不知道如何才能让约翰的母亲来参加家长会”“除了体罚之外，我不能耐心劝说艾伦”等。

大约过了 10 分钟，大部分学生已经写满了一整张纸，有的已经开始写第二页了。“同学们，写完一张纸就行了，不要再写了。”

等所有学生的纸都投入纸鞋盒以后，利娅老师把自己的纸也投了进去。然后，她把盒子盖上，夹在腋下，领着学生走出教室，沿着走廊向前走。

走着走着，队伍停了下来。利娅走进杂物室，找了一把铁锹。然后，她一只手拿着鞋盒，另一只手拿着铁锹，带着大家来到运动场最边上的角落里，开始挖起坑来。

学生们你一锹我一锹地轮流挖着，洞挖好后，他们把盒子放进去，然后又用泥土把盒子完全覆盖上。这样，每个人的所有“不能做到”的事情都被深深地埋在了这个“墓穴”里，埋在了 1 米深的泥土下面。

这时，利娅老师注视着围绕在这块小小的“墓地”周围的 31 个孩子们，神情严肃地说:“孩子们，现在请你们手拉着手，低下头来，我们准备默哀。”

“朋友们，今天我很荣幸能够邀请你们前来参加‘我不能’先生的葬礼。”利娅老师庄重地念着悼词，“‘我不能’先生在世的时候，曾经与我们的生命朝夕相处，您影响着、改变着我们每一个人的生活，有时甚至比任何人对我们的影响都要深刻得多。您的名字几乎每天都要出现在各种场合，比如学校、市政府、议会，甚至是白宫。当然，这对于我们来说是非常不幸的。

“现在，我们已经把您安葬在这里，并且为您立下了墓碑，刻上了墓志铭。希望您能够安息。

“愿‘我不能’先生安息吧，也祝愿我们每一个人都能够振奋精神，勇往直前！”

接下来，利娅为“我不能”做了一个纸墓碑。利娅老师把这个纸墓碑挂在教室里。每当有学生说“我不能……”的时候，她只要指着这个象征“我不能”死亡的标志，孩子们便会想起“我不能”先生已经死了，进而去想出积极的解决方法。

智慧箴言

“我不能”经常在我们的耳边响起，这是你对自己的宣判。听多了你对自己说的“我不能”，你很可能就会走进自卑的圈子，再也出不来。不要自己给自己宣判，沉浸在“我不能”的困境中，很多事情就真的无法去做。一切皆有可能，只要相信“我可以”，便会有无限可能。

时刻准备着

让自己保持在最佳状态，以便机会出现时，你可以紧紧抓住，不让它溜走。

机遇什么时候来临，谁也不知道。一个渴望成功的人，必须时刻做好准备，这样无论机会何时出现，你都能抓住它。

一位老教授退休后，到偏远山区的学校，传授教学经验，并与当地老师进行教学研讨。由于老教授和蔼可亲，他所到之处皆受到老师和学生的欢迎。

有一次，当他结束在山区某学校的行程，而欲赶赴他处时，许多学生依依不舍，老教授非常感动，当下答应学生，下次再来时，只要谁能将自己的课桌椅收拾整洁，老教授将送给该学生一个神秘礼物。

在老教授离去后，每到星期三早上，所有学生就会将自己的桌面收拾干净，因为星期三是每个月教授前来拜访的日子，只是不确定教授会在哪一个星期三来到。

其中有一个学生的想法和其他同学不一样，他一心想得到教授的礼物留作纪念，生怕教授会临时在星期三以外的日子突然带着神秘礼物来到学校，于是他每天早上，都将自己的桌椅收拾整齐。

但往往上午收拾妥当的桌面，到了下午又是一片凌乱，这个学生又担心教授会在下午来到，于是在下午又收拾了一次。可他想想又觉得不安，如果教授在一个小时后出现在教室，仍会看到他的桌面凌乱不堪，便决定每个小时收拾一次。

到最后，他想到，教授随时会到来，仍有可能看到他的桌面不整洁，终于，这名学生想清楚了，他无时无刻保持自己桌面的整洁，随时欢迎教授的来临。

老教授虽然尚未带着神秘礼物出现，但这个小学生已经得到了另一份奇特的礼物。

有许多人终其一生，都在等待一个足以令其成功的机会。而事实上，机会无所不在，重点在于，当机会出现时，你是否已经准备好了。

机遇是一位神奇的、充满灵性的但性格怪僻的天使。它对每一个人都是公平的，但绝不会无缘无故地降临。只有经过反复尝试，多方出击，才能寻觅到它。

智慧箴言

机遇绝非上苍的恩赐，它是主动争来的，主动创造出来的。机遇是珍贵而稀缺的，又是极易消逝的。你对它怠慢、冷落、漫不经心，它也不会向你伸出热情的手臂。主动出击的人，易俘获机遇；守株待兔的人，常与机遇无缘，这是普遍的法则。你若比一般人更显得主动、热情的话，机遇就会向你靠拢。

勇争第一

一位赛车手一赛完车，就回来向母亲报告比赛的结果。他冲进家门叫道："妈妈，有 35 辆车参加比赛，我得了第二名！"

"这值得高兴吗？要我说——你输了！"母亲回答道。

"妈妈，你不认为第一次就跑第二是很了不起的事吗？而且有这么多辆车参加比赛。"他抗议着。

"你用不着跑在任何人后面。如果别人能跑第一，你也能！"母亲严厉地说。

这句话深深刻进了儿子的脑海。

接下来的 20 年中，他称霸赛车界，成为运动史上赢得奖牌最多的赛车选手。他就是理查·派迪。

他的许多项纪录到今天还保持着，没人能打破。20 多年来，他一直没忘记母亲的教诲——你用不着跑在任何人后面！

这个道理就好比两个准备爬山的人：第一个立志要爬到山顶；第二个人说我要享受生活，爬到半山腰就好。

结果多半是立誓爬到半山腰的人愿望能实现，而第一个人的愿望有两种可能：第一，他没有达到他的目的地——山顶，但他最终所处的位置一定比第二个人高；第二，他如愿以偿地站在最高峰。无论是哪种结果，成就大的永远是立志到达山顶的那个人。

智慧箴言

只要是比赛，就一定有"第二名"，但只要参加比赛，就一定要争取"第一名"。你可以心平气和地接受"第二名"，但绝不能心安理得地满足"第二名"。如果这一次你因为"第二名"而欢喜，那么下一次比赛就一定不是"第二名"，而是在更远的后面。这就是"取法乎上而得乎中"的道理，这就是理查·派迪的母亲责备他的原因。

扁鹊换心术

鲁国的公扈、赵国的齐婴两人生病后，一道去请神医扁鹊为其诊治。在扁鹊的精心调理之下，他俩的病没用多长时间就痊愈了。可是，扁鹊却对公扈和齐婴说："你们俩以往所求治的病，都是病邪从体外侵入到体内的五脏六腑所致，因此只需用药物和针灸治疗便能解决问题。这几天我发现你们身上还潜伏着一种病，那是从娘胎里带出来的，并随同你们身体的发育而一道生长的。这种病很危险，我愿意再给你们治一下，怎么样？"

公扈和齐婴一齐回答道："我们想听听这种病有些什么症状，然后再做决定。"

于是，扁鹊先对公扈说："你有远大的抱负，又善于思考问题，遇事能有很多的办法，但遗憾的是气质较为柔弱，在关键时刻往往优柔寡断，犹豫不决，坐失良机。"接着，他又转向齐婴："你则与公扈正好相反。你对未来缺乏长远的打算，思想比较简单，然而性格却很刚强，为人处世少用心计，却喜欢独断专行。"最后，扁鹊对他俩说："现在如果让我将你们的心互换，你们就都可以变得完美无缺了。"

公扈和齐婴听了扁鹊的分析之后，都愿意接受换心手术。于是，扁鹊让他们两人分别喝下一种麻醉药酒，致使他们昏迷3天不醒。在这期间，扁鹊便将两人的胸腔打开，取出心来，交换安放。手术完毕之后，又在伤口处敷上神药，等他们苏醒过来后，仍如术前一样健康强壮，但言行举止间，公扈比原来多了一分果敢英气，而齐婴则多了几丝柔和谦恭。他们一同辞谢了扁鹊之后，就各自回国了。果然，以后都成就了一番大事业。

智慧箴言

“尺有所短，寸有所长”，一个人只有不断地吸纳别人身上的长处，才能日益趋向完美。

书圣“临池”

王羲之是中国历史上著名的书圣，可他少年时并不是一个才智出众的孩子。但他自7岁跟着老师学习书法起，却能坚持勤学苦练。他每天笔耕不辍，即便在休息的时候，也在揣摩字体的结构和气势，经常手随心想，在衣襟上勾勾画画，时间一久，把衣襟都划破了。王羲之喜欢在家中的一个水池边习字，这样可以就地从池里取水研墨、洗笔和刷砚。长年累月下来，竟使一池清水为之变黑。如今王羲之故宅仍有“墨池”遗迹，而“临池”也成为习字的一个代称。最终，王羲之集众家所长，改变了晋代以前平板匀整的篆、隶书法，创造了飘逸潇洒的行书、骨力刚健的楷书和神采飞扬的草书这三种具有个人风格的字体，可以说是勤奋造就了一代书圣。

受到父亲的影响，王羲之的儿子王献之同样从小爱好书法艺术，王羲之就以自己勤学苦练终成大器的亲身体会教导儿子。当王献之开始临摹父亲的书法时，便问父亲有什么秘诀可以速成。而王羲之只是指着院子里的18只水缸对他说：“秘诀是有，速成却不可为。你看，秘诀就在这些水缸里，当你把这18缸水写完时，自然就知道秘诀在哪里了。”王献之遵循父训天天从缸里取水磨墨习字，几年下来，这18缸水果真被他用完了。工夫不负有心人，王献之的书法也就有了很大的提高，并最终创造出结构微妙、字体秀丽的“今草”，也成为一代书法大家，与其父齐名，并称“二王”。

智慧箴言

成功来源于勤学苦练，日积月累。假若将捷径理解为一蹴而就的话，成功是没有捷径可以走的；假若将捷径理解为达到成功最短的距离，那么捷径就是脚踏实地的奋斗和扎扎实实的努力！

熟能生巧

欧阳修是北宋诗文革新运动的领袖人物，“唐宋八大家”之一，他曾经记录了这样一个故事：

陈康肃擅长射箭，像他这么高水平的，当代没有第二个人。他也因此感到骄傲自负。

一天，他在自家的花园里射箭，有个卖油的老汉放下肩上的担子，站在一旁，歪着头，很有兴趣地观看。他看陈康肃射的箭，十支中有八九支射中了靶子，便微微地点着头。

陈康肃问他说：“你也懂得射箭吗？我射箭的技术是不是很高明？”

老汉说：“也没有什么别的技术，只不过是手熟罢了！”

陈康肃一听很气愤，大声呵斥道：“你怎么敢贬低我的本领？”

老汉说：“我是从我倒油的技巧中知道这个道理的。”说罢，他拿出来一个葫芦放在地上，又摸出一枚有孔的铜钱放在葫芦嘴上，然后慢慢地用勺子舀出油来往葫芦里倒，只见油像一条细线一样从钱孔中流入葫芦里，而那枚铜钱却没有沾上一点儿油痕。

倒完，老汉直起身子说：“我这点技术，也没有什么了不起的，不过就是手熟罢了。”

陈康肃看后微微地笑了。

智慧箴言

熟能生巧，高超的技能正是通过反复的练习练就的，生活中也是这样，想要出人头地，就要依靠这种勤奋刻苦的劲头。不厌其烦地磨炼自己的生存技能，才会获得超常的成就。

活到老，学到老

在哈佛一座教学楼前的阶梯上，有一群即将毕业的机械系大四学生很快就要参加最后一门考试了，他们聚集在一起，讨论几分钟后就要开始的考试。他们的脸上充满自信，这是最后一场考试，接着就是毕业典礼和找工作了。

有几个说他们已经找到工作了，其他的人则在讨论他们想得到的工作。怀着对4年大学教育的肯定，他们觉得心理上早有充分的准备，能征服外面的世界。

他们知道即将进行的考试只是轻而易举的事情。教授说他们可以带需要的教科书、参考书和笔记，只要求他们考试时不能彼此交头接耳。

他们喜气洋洋地走进教室。教授把考卷发下去，学生们喜形于色，因为学生们注意到只有5个论述题。

3个小时过去了，教授开始收考卷。学生们似乎不再有信心，他们脸上有难以描述的表情，没有一个人说话。教授手里拿着考卷，面对着全班同学。教授端详着学生们忧郁的脸，问道："有几个人把5个问题全答完了？"

没有人举手。

"有几个人答完了4个？"

仍旧没有任何动静。

"3个？两个？"

学生们变得有些坐立不安起来。

"那么一个呢？一定有人做完了一个吧？"

全班学生仍保持沉默。

教授放下手中的考卷说："这正是我所预料的结果。我只是要加深你们的印象，即使你们已完成4年工程教育，但仍旧有许多有关工程的问题你们全然不知。这些你们不能回答的问题，在日常操作中是非常普遍的。"

智慧箴言

真实的生活正在向我们展示它的精深与博大，学习永远没有尽头。卡莱尔曾经说过这样的话："天才是一种长久刻苦努力的能力。"与其说某些人之所以超越他人，是由于天资过人，倒不如说是由于其能够专心致志并且毫不厌倦地学习。

莱特兄弟的飞翔信念

多年前，一位穷苦的牧羊人领着两个年幼的儿子以替别人放羊来维持生计。一天，他们赶着羊来到一个山坡，这时，一群大雁鸣叫着从他们的头顶飞过，并很快消失在远处。牧羊人的小儿子问他的父亲："大雁要往哪里飞？""它们要去一个温暖的地方，在那里安家，度过寒冷的冬天。"牧羊人说。他的大儿子羡慕地说："要是我们也能像大雁一样飞起来就好了，我要飞得比大雁还要高，去天堂，看妈妈是不是在那里。"小儿子也对父亲说："做个会飞的大雁多好啊！那样就不用放羊了，可以飞到自己想去的地方。"

牧羊人沉默了一下，然后对两个儿子说："只要你们想，你们就可以飞起来。"两个儿子试了试，并没有飞起来。他们用怀疑的眼神瞅着父亲。

牧羊人说："让我飞给你们看。"于是他飞了两下，也没飞起来。牧羊人肯定地说："我是因为年纪大了才飞不起来，你们还小，只要不断努力，就一定能飞起来，去想去的地方。"儿子们记住了父亲的话，并一直不断地努力，长大以后果然飞起来了，他们发明了飞机，他们就是美国的莱特兄弟。

如果说人的一生是在浩瀚的海洋上航行，那么信念就是驱动"生命进取"号的马达，让人产生无穷的力量去乘风破浪。

智慧箴言

信念能够产生巨大的力量。在生活中，想想事情积极的一面，有助于心态的改变。凡事若不从好的方面去想，往往可能还没有去做某件事，就失去了信心，其结果十有八九会朝着不利的方向发展。所以，做什么事，都要有积极的信念，都要从好的方面去想。当你想象你会成功时，你就会增强信心，并在实践中想方设法去做。往好的方面想，才会有好的结果。

让自己变得强大

一位搏击高手参加比赛，自负地以为一定可以夺得冠军，却不料在最后的决赛中，遇到了一个实力相当的对手。双方皆竭尽全力出招攻击。搏击高手觉察到，自己竟然找不到对方招式中的破绽，而对方的攻击往往能够突破自己的防守。最后，搏击高手没有拿到冠军。

他愤愤不平地回去找他的师父，在师父面前，一招一式地将对方和他对打的过程再次演练给师父看，并央求师父帮他找出对方招式中的破绽。

师父笑而不语，在地上画了一道线，要他在不擦掉这条线的情况下，设法让这条线变短。搏击高手苦思不解，最后还是放弃继续思考，请教师父。

师父在原先那条线的旁边，又画了一道更长的线，两者比较之下，原先的那条线看起来变得短了许多。师父开口道："夺得冠军的重点，不在于如何攻击对方的弱点。正如地上的长短线一样，只要你自己变得更强，对方正如原先的那条线一般，也就在无形中变得较弱了。如何使自己更强，才是你需要苦练的。"

智慧箴言

成功不能寄希望于投机取巧，一条重要的捷径就是让自己变得更强大。

只有让自己比对手更强大，才能不被淘汰。

成本运算

一位学生刚开始学习成本会计的时候，老师曾出过一道小题目：

"某人廉价购进一批质地优良的汗衫，去阿拉伯沙漠地区出售。这趟买卖大约包含哪几项成本？"

同学们随口应答："本金、运费、房屋租赁费、食宿费等。"

老师微笑着，似乎还在期待着什么。同学们窃窃私语，互相商讨着，又勉强列出几种成本："税金、意外损耗。"

老师说话了："诸位谁见过阿拉伯人穿着汗衫到处跑的？那儿的太阳很毒，外出的人们基本上是一袭长袍，头上还扎着布。别以为热的地方，人们就一定得穿汗衫。"

同学们恍然大悟："那就滞销啦，卖不掉！"

老师："所以，最大的成本你们没有说，那就是无知。"

还有一则类似的小故事：

美国某企业一台重要机器出了故障，遍查还是找不着真正原因。最后，请来某著名工程师解难。一小时后，他在电机的铜线圈上画了道线，说："除去一圈铜线就行了。”试后果然如此！业主问工程师需要多少酬金。他说：“10000 美元。”业主吃惊：“画道线就值 10000 美元么？”他笑道：“不。画道线只值 1 美元；而知道在何处画，值 9999 美元。”以成本会计的角度看，工程师最后一句话似乎可以修改为：画一道线的成本是 1 美元，知道在何处画线的成本是 9999 美元。

智慧箴言

无知的行动有时会让人陷入失败的困境，而有备无患的行动则更容易获得成功。行动之前，不妨先仔细思考一下可行的行动方案，所谓磨刀不误砍柴工，水到自然成。

第七章

不为打翻的牛奶哭泣

失败是成功之母。失败一定有原因，只要找到失败的原因，避免下次犯同样的错误，不就可以进步了吗？每次失败都是一次学习的机会，总结失败的经验和教训，你就离成功更近了。也许经历一次失败还不够，你有可能会犯别的错误。只有经历多次失败之后，你才能找到成功的出路。

要勇于从摔倒的地方爬起来

林肯小时候家里很穷，而且他的一生都是在面对挫折：在八次竞选中他竟八次落败，两次经商失败，甚至还精神崩溃过。面对如此的挫折，他都没有放弃过，终于成为了美国历史上最伟大的总统之一。

来看一看林肯在进驻白宫之前的挫折经历：

1816 年，他必须通过工作来抚养被赶出了居住地的家人；

1818 年，母亲去世；

1831 年，第一次经商失败；

1832 年，竞选州议员落选；

同年，失业，想去读法学院，但进不去；

1833 年，再次经商破产，16 年以后，他才把债务还清；

1835 年，在即将结婚之时，未婚妻却死了；

1836 年，精神崩溃的他卧床 6 个月；

1838 年，争取成为州议员的发言人没有成功；

1840 年，争取成为选举人失败；

1843 年，参加国会大选落选；

1846年，再次参加国会大选成功，但表现并不突出；

1848年，寻求国会议员连任失败；

1849年，被拒绝担任自己州内的土地局局长；

1854年，竞选美国参议员落选；

1856年，在共和党全国代表大会上争取副总统的提名，得票不到100张；

1858年，竞选美国参议员再度落败；

1860年，当选美国总统。

智慧箴言

当我们在总结完失败的教训后，我们就要将失败的记忆遗忘。失败的记忆对于一个人来说，只会让他失去自信，让他变得自卑。如果一个人总是对自己的失败不能释怀，那么他就会看轻自己。

态度决定人生。改变面对失败的方法，就等于改变了一种面对生活的态度。所以，在哪里摔倒就要从哪里爬起来。

害怕失败永难成功

当杰克·韦尔奇在塞勒姆高中读最后一年的时候，在学校举行的冰球赛中，韦尔奇所在班的球队击败了三支球队，赢得了这三场比赛。但在随后的六场比赛中，这支球队却连续败北，而且五场都是一球之差。所以，在第七场比赛中，韦尔奇极度地渴望获胜。当时，韦尔奇是他所在队的副队长。在这最后一场比赛中，韦尔奇自己打进了两球，队员们顿时精神大振。双方在打成2∶2后进入了加时赛，但是对方球队很快就进了一球，第七场比赛又输了。

韦尔奇沮丧极了，头也不回地冲进了休息室。大家正在那里换球衣的时候，门突然开了。韦尔奇的母亲大步走了进来，一把揪住了韦尔奇的衣领，冲着他大吼道："如果你不知道失败是什么，你就永远都不会知道怎样才能获得成功。如果你真的不想知道，你就最好不要来参加比赛。"在那么多球员面前，韦尔奇遭到了羞辱，但母亲的那些话他一辈子都没有忘记过。后来他回忆说，正是母亲的热情、活力、期望和爱才使得她闯进了休息室。母亲一直是对他一生影响最大的人，她教会了他竞争的价值，教会了他如何面对胜利的喜悦和前进中必要的失败。

"如果你不知道失败是什么，你就永远都不会知道怎样才能获得成功。"杰克·韦尔奇母亲的这句话很有哲理：害怕失败的人，永远也不会成功。

有些年轻人自视甚高，尤其是那些在顺境中长大的年轻人，他们以为自己是常胜将军，渴望成功，却无法忍受失败。因为失败伤害了他们的自尊，打击了他们的自信，成了思想的包袱，阻碍了他们前进的步伐。失败意味着自己没有能力，因而一旦失败之后他们就一蹶不振。他们被失败打倒了，对生活绝望了，不再全力以赴地追求成功了。

逃避失败最好的办法就是不去尝试。有的人害怕考试失败而放弃考试；有的人害怕遭到拒绝而不敢向心上人表白；有的人害怕不被录用而不敢参加面试；有的人害怕投资失败而不敢放手创业……但要知道，只有放手一搏，才会有成功的机会。如果不去尝试，就绝对不能成功。

失败并不可怕，可怕的是畏惧失败或者把自己定位成一个天生的失败者。失败是必要的，没有哪个成功人士从未失败过。相反，他们失败的次数比我们要多得多。所以，成功学大师陈安之说："没有失败，只有暂时停止成功。"要想快速成功，就要以更快的速度经历失败。

有一个年轻人，父亲是个赌徒，母亲是个酒鬼。他在家庭暴力中长大，高中就辍学成了街头混混。20岁那年他决定改变自己的命运。他想做一名演员，因为做演员不需要文凭和本钱。

他来到好莱坞，寻找一切能够成为演员的机会，找导演，找明星，找制片人……可是他一次又一次被拒绝了，因为他长得不帅。很快，两年过去了，他遭到了一千多次拒绝。但是他没有气馁，而是从失败中学习，每失败一次，就检讨一次。两年中他学到了很多东西。于是他打算先写剧本，等剧本被导演看中之后，再要求当演员。一年之后，剧本写出来了，他满怀希望地拿给各位导演看。导演们认可了他的剧本，但是仍不让他当男主角。他没有放弃，一次次走访各位导演。终于，在遭到一千三百多次拒绝之后，一个曾经拒绝过他二十多次的导演对他说："你的执着感动了我，我可以给你一次机会。"

机会来之不易，他抓住这次机会，全身心地投入，终于成功了。他就是世界巨星史泰龙。

智慧箴言

命运掌握在自己的手里，要多给自己一些信心和鼓励，忘记失败带给你的痛苦记忆，相信成功就在下一次。

不为打翻的牛奶哭泣

美国心理励志大师卡耐基在事业刚起步时，在密苏里州举办了一个成年人教育班，还在美国各大城市开设了分部。卡耐基花了很多钱在广告宣传上，而且各项开支也都相当大。尽管当时的收入不少，但他发现连一分钱也没有赚到。一连数月的辛苦劳动竟然没有回报，卡耐基不由得陷入了苦恼之中。这种状态持续了很长一段时间。他整天闷闷不乐，神情恍惚，甚至不想再继续他的事业了。在矛盾心理的折磨之下，他找到了自己中学时代的生理老师乔治·约翰逊。

听了卡耐基的诉说，约翰逊只说了一句话："不要为打翻的牛奶而哭泣。"

只一句话，如醍醐灌顶，卡耐基苦恼顿时消失，精神也振作起来。"牛奶漏光了，怎么办？是为打翻的牛奶而哭泣还是去做点别的？打翻的牛奶已成事实，不可能再装回到瓶子里去了。而我们要做的，是找出教训，然后忘掉这些不愉快，把要做的事做得更好。"

于是，卡耐基不再想以前的苦恼，而是把精力全部放到了这项事业中去，后来终于取得了应有的回报。

不要为打翻的牛奶哭泣！这句话包含了深刻的哲理——过去的已经过去、不可能改写，为过去遗憾、哀伤，除了劳心费神、分散精力，没有一点益处。相信这句话不只让卡耐基醍醐灌顶，也会让所有想吃"后悔药"的人心头一震。

想吃"后悔药"的人在这世上可不少，这样的人只知道一味地沉浸在过去的痛苦之中。有一个女孩，生有比较严重的兔唇，于是整天躲着不敢见人。她认为人们不会愿意和她这样的相貌丑陋的人交朋友。许多年来，她压抑着自己，脾气变得越来越暴躁，到后来甚至完全变成了一个愤世嫉俗的人。她想方设法以尖刻、防范的态度使人们疏远她，因此她没有任何朋友。

后来，她做了外科整容手术，解决了生理上的缺陷。按理她可以与人和睦相处了，但她却无法摆脱过去的经历，总觉得自己的所作所为对不起大家，带着深深的负疚感。于是她重蹈覆辙，再一次将自己和大家隔离开来。直到后来，她不再谴责自己过去的行为，不再沉溺于对往日不幸遭遇的回想时，才开始了真正的生活。

这个女孩不从过去的经历中总结经验，想办法把接下来的事做好，却一味地为“打翻的牛奶”而哭泣。她纯属在做无用功，无端地浪费时间、精力、机会。

女孩的行为其实并不是一个个例，像她那样为自己犯过的错误自怨自艾的现象是很常见的：交完考试卷以后，常常会半夜里睡不着，害怕没有考及格；总是想那些做过的事，希望当初没有这样做；总是回想那些说过的话，后悔当初没有将话说得更好；事后常会把“假如”挂在嘴边——假如当初……该多好！

岂不知，在现实生活中根本不存在“假如”。那只是一种“畅想”，代替不了也改变不了生活中的真实，并且但凡是人不可能一点错误不犯。一个人如果整天对错误诚惶诚恐，头脑总被“打翻的牛奶”占据着，只会使事情越来越糟，甚至会让自己的自信心、想象力和创新能力遭到扼杀。因为一个人如果长久地沉浸在悔恨和惋惜中，就会磨钝智慧的锋芒，斩断进取的锐角，还会作出“我过去失败了，下次恐怕不行了”的愚蠢结论，进而会畏首畏尾、顾虑重重。这样还能取得事业的成功吗？

我们常说，不要拿别人的错误惩罚自己，那是很愚蠢的行为。可是，如果我们总是拿自己曾经犯过的错误来惩罚自己的话，是不是也很愚蠢呢？

如果“牛奶”真的没有保住的话，我们没必要做祥林嫂式的病态人物——先收获微不足道的同情，再收获冷酷无情的嘲笑。我们所能做的就是，忘记过去，珍惜今天，勇敢地面对未来，争取把每一天的事做好，把一生的事做好。必要的时候，我们也可以做一回阿 Q，用他的精神安慰自己，以免在重压下崩溃。

智慧箴言

犯错并不见得不是好事。别忘了，人就是在不断的纠错中成长起来的。既然危机和失误是不可避免的，我们何不用一点思想，尽量在事前防止人为失误，在事中将损失控制到最小并及时补救，在事后认真总结，积极探索反败为胜的方法并努力去实践它？

宁向直中取，不向曲中求

有一个修士，一心要修成正果、进入天国，于是就在森林深处苦苦地修行。一位拾柴的姑娘经常为他带来果子、盛来清水，但他依然心无旁骛地肃穆端坐。终于有一天，姑娘感到绝望了，流着泪离开了他。修士继续着他的修行。多少年过去了，修士功德圆满，走进了天堂之门。因为他多年的独自苦修，众神答应满足他一个心愿，就问修士想要什么。修士不假思索地说：“我想要那个拾柴的姑娘。”

修士苦苦修行，绕了一个大圈子，最终想要的却是当年自己不屑一顾的那个拾柴的姑娘。是不是很可笑？两点之间直线的距离最短。如果可以走直线，干吗还去绕圈子呢？如果现在伸手就可以拿到一样东西，那就把它拿到手，不要再为得到它做种种不必要的准备。我们做事应该遵循“宁向直中取，不向曲中求”的原则。

智慧箴言

现实生活中，我们也会常常犯同样的错误。舍近求远、浪费很多时间和精力，最后得到的却是曾经唾手可得的东西。时过境迁之后，也许我们想要的东西已经属于别人。即使能够得到，恐怕也不如当初的好。

合理利用自己的优势

3个旅行者在同一家旅店住宿。

有一天早上出门时，天气不是太好。其中一个人带了一把伞，一个人拿了一根拐杖，另外一个人则什么也没带。

结果这天下了很大的雨。人们猜想，没带伞也没拿拐杖的那个人肯定满身是泥、浑身淋透了。

3个旅行者先后进了旅店。出乎人们的意料，什么也没带的那个人是遭遇最好的，而拿伞的那个人淋湿了衣服，拿拐杖的那个人则满身是泥。

不仅其他人觉得奇怪，带伞的和拿拐杖的人更觉得奇怪。于是人们问那个什么也没有带的人：“你为什么没有淋到雨也没有摔倒呢？”

什么也没带的那个人没有回答，而是问拿伞的人：“你为什么被淋湿而没有摔跤呢？”

“在下雨的时候，我觉得有伞，便大胆地在雨中走，所以衣服还是湿了不少。而因为没有拐杖，我每走一步都小心翼翼地，所以就没有摔跤了。”

拿拐杖的那个人不由得随声说道：“因为没有伞，所以我就拣能躲雨的地方走。而因为有拐杖，自己就没有注意泥泞难行的地方，却反而摔了跤。”

“那就对了，我拣能躲雨的地方走，泥泞难走的地方我就细心走，所以我既没有淋着也没有摔着啊！”

为什么拿伞的旅行者被淋湿而没有摔跤，拿拐杖的旅行者摔了跤却没被淋湿，而什么也没带的旅行者却既没有淋湿也没有摔跤呢？原因就在于前两者都没有合理利用自己的优势。有伞的旅行者虽然有伞，但他因此而大胆地在雨中走，衣服自然免不了会被雨淋湿；拿拐杖的旅行者虽然有拐杖，但他却没在泥泞的地方细心走，他自然也不免会摔跤。

智慧箴言

一个人身上具有的优势是他成功的关键因素。一个人的生活、工作和事业发展只有建立在这个优势之上，方能成功。对于我们来说，不但要懂得找到自己的优势，而且要合理利用自己的长处，从而找到发展自己的道路，创造美好的人生。

盲目模仿只会使自己陷入困境

有一个木匠到山上去伐树做家具。

他带上工具来到山上的树林里，砍倒了一棵树，并动手把它锯成了木板。

他在锯木板的时候把树干的一头放在树墩上，而自己坐在树干上。这样一来，干起活来就省了很多体力。而且，他还在锯开的缝隙里打上了一个楔子之后再锯。每过一会儿他就把楔子拔出来，再打进一个新的地方。

在木匠锯木头的时候，正巧有一只猴子在树上玩耍，它想："原来伐木如此简单啊！我也会。"这只猴子也很想试试看。

不大一会儿，木匠累了，于是躺下来休息，而且很快就睡着了。猴子看机会来了，就从树上跳下来，模仿刚才木匠锯木头的姿势锯了起来。它感到的确很轻松。但是，当它把楔子拔出来时，树干一下子合拢了，正好夹住了它的尾巴。

猴子大叫，结果把正在休息的木匠吵醒了。木匠见一只猴子被两截木头夹住了，便把它绑了起来。

智慧箴言

模仿是一种简单易学的学习方式，是我们学习新事物不可缺少的途径。但是，我们要想发挥模仿的重要作用，就要避免盲目地模仿别人。这样，我们的一些模仿行为才能在学习新事物的过程中助我们一臂之力。

不能打无准备的仗

一个年轻的猎人带着他的袋子、弹药和猎枪去寻找猎物。老猎手们都劝他在出门之前把弹药装在枪筒里，但他反驳道：“我到达那里需要一个小时，要装100回子弹有的是时间。”于是他带着空枪走了。

他还没有到达目的地，就发现一大群野鸭密密地浮在水面上。要是以往，猎人一枪就能打中六七只，够他吃上一个礼拜的。然而就在这个年轻猎人匆匆忙忙地装子弹的时候，野鸭一齐飞了起来，很快就飞得无影无踪。

到达目的地以后，他奔跑着搜索猎物，却一无所获。糟糕的是，天空突然又下起了雨。他只得拖着疲惫的脚步回家去了。

智慧箴言

事前做好准备，我们才能抓住机会。机会并不是谁都可以把握住的，它跟个人的能力有很大关系。在同样的机会面前，往往是能力最好的人能够得到青睐。因而，如果要想得到某个机会，那么自己就要做好相关的准备，提高自己的能力，使自己的能力能够达到一定的要求。只有这样，才可以在机会来临的时候将机会把握住。如果平时不努力提高自己，那么即便有很多的机会，也会与这些机会失之交臂。

第八章

只有这样才能走向成功

罗马不是一天建成的，而是一块砖一块砖地垒起来的。任何事情都需要一个逐步发展的过程。“千里之行，始于足下”，人生的事业也需要一步一步地去完成。

把工作当成自己的事

齐瓦勃出生在美国乡村。由于家境贫寒，他只受过很短的学校教育。15岁那年，他到一个山村做了马夫，但齐瓦勃无时无刻不在寻找着发展的机遇。三年后，齐瓦勃到钢铁大王卡内基所属的一个建筑工地打工。

一踏进建筑工地，齐瓦勃就抱定了要做同事中最优秀的人的决心。当其他人因工作辛苦、薪水低而抱怨的时候，齐瓦勃却默默地积累着工作经验，并自学建筑知识。

他的努力没有白费，不久，齐瓦勃被升为技师。有些人讽刺并挖苦齐瓦勃，但他想：我不光是在为老板打工，更不单纯为了赚钱，而是在为自己的梦想打工，为自己的远大前途打工。我要使自己工作所产生的价值，远远超过所得的薪水。只有这样才能获得机遇！

抱着这样的信念，齐瓦勃一步步升到了总工程师的职位上。25岁那年，齐瓦勃又做了这家建筑公司的总经理。几年后，他又被卡内基任命为钢铁公司的董事长。

后来，齐瓦勃终于建立了大型的伯利恒钢铁公司，并创下了非凡的业绩，真正完成了他从一个打工者到创业者的飞跃。

智慧箴言

工作是生活的第一要义，约翰·洛克菲勒说："除了工作之外，没有哪项活动能给我们提供如此高度的充实自我和展现自我的机会，以及如此强烈的个人使命感和活着的理由。"工作是施展自己才能的舞台，人只有在工作中才能实现自己的价值。因此，著名教育家威廉·贝内特说："工作是我们要用生命去做的事。"

合理利用时间

威尔弗莱特·康是世界织布业巨子之一，但他总感觉生活中缺了点什么东西。于是他想起了自己儿时的梦想。

威尔弗莱特小时候曾梦想着成为一名画家，但种种原因使他数十年未能拿起画笔。现在去学画画还来得及吗？现在的自己能有时间吗？想来想去，他决定每天抽出一个小时来安心画画。

威尔弗莱特是个很有毅力的人，他虽然很忙，但他还是从百忙之中每天抽出一小时并坚持了下来。多年以后他在画画上果然得到了不菲的回报：他曾多次举办个人画展，尤其在油画方面更为突出。他以前从未学过油画，但当他决定要学时，不论多忙，他每天都抽出一小时去学。作为一个大企业的负责人，要真正做到这一点是很不容易的。威尔弗莱特为了保证这一小时不受干扰，每天早晨5点钟就起床，一直到吃早饭。威尔弗莱特后来回忆说：其实那并不算苦。一旦我决定每天在这一小时里学画，每天清晨这个时候，渴望和追求就会把我唤醒，怎么也不想再睡了。

后来，为了方便画画，他把楼顶改为画室。几年来他从未放过早晨的这一小时，而时间给他的报酬也是惊人的，他把这一小时作画所得的全部收入变为奖学金，专供给那些搞艺术的优秀学生。

威尔弗莱特说："从画画中所获得的启迪和愉悦才是我最大的收获。"

智慧箴言

有的人把希望寄托在明天，似乎真的有无数个明天在等着我们，但是如果把所有的事都推到明天再做，最后我们将一事无成。所以，《今日歌》中说："努力请从今日始！"

做事要讲究技巧

在某个地区，两个报童卖的是同一份报纸，自然他们也就成了竞争对手。

第一个报童非常勤奋，他每天天不亮就沿街叫卖，嗓子也响亮，可每天卖出的报纸并不很多，甚至还有减少的趋势。这个报童很是纳闷，但却找不出原因所在。

第二个报童也非常勤奋，而且他肯动脑子。和第一个报童一样，他也每天去沿街叫卖。除此之外，他还每天去一些固定场合，给一些人分发报纸，等人们看了基本的内容之后再去收钱。

最后，第一个报童卖的报纸越来越少，而第二个报童卖出的则越来越多。

第二个报童的做法有什么深意呢？原来他是这样想的：

第一，报纸不像别的消费品，需要人们有复杂的决策过程，要看好质量以后才去买。报纸一般都是随机性购买，也几乎不会出现退货问题，而且购买一份报纸的钱也不多，大家不会经过很长时间的考虑的。

第二，报纸的读者群是有限的，同一份报纸，不会有人去买两份的。如果提前把报纸先发出去，那么他肯定就不会再买别人的报纸了。

第三，看了报的人肯定不会再买别人的报纸了，即使一些读者不给钱，那也可以作为自己的潜在客户。

第一个报童工作很努力，第二个报童除了努力之外，还想出一些办法为自己赢得更多的顾客。渐渐地，第一个报童的市场被第二个报童占领了。可见，要想取得比别人更大的成就，除了努力工作之外，还要讲究工作的技巧。

智慧箴言

工作努力很重要，但是如果做事一味蛮干，不讲究技巧，就会限制自己的发展，甚至会使自己陷入绝境。

只要做事讲究技巧，无论是在工作中还是在生活中，我们都能最大限度地做到完美。

将复杂的问题简单化

英国某报纸曾举办一项有高额奖金的征答活动，题目是：

在一个充气不足的热气球上，载着三位关系人类兴亡的科学家。一位是原子专家，他有能力防止全球性的原子战争，使地球免于遭受灭亡的绝境；一位是环保专家，他的研究可拯救无数人免于因环境污染而面临死亡的噩运；还有一位是粮食专家，他能在不毛之地运用专业知识成功地种植谷物，使几千万人脱离因饥荒而亡的命运。

由于某种故障，热气球即将坠毁，必须丢下一个人以减轻载重，使其余二人得以生存。该丢下哪一位科学家呢？

问题一经刊出后，答案千奇百怪。但最后，巨额奖金得主却是一个小男孩。他的答案是——将最胖的那位科学家丢出去。

三位科学家都关系着人类的兴亡，很难权衡出谁对人类的价值更大一些。其实这是报纸利用人们的惯性思维设置的陷阱，诱使人们摆事实，讲道理，引用大量数据来分析哪个科学家对人类的贡献最大。获奖的小男孩根本不去理会科学家的价值，而是从最简单的思路出发，把最胖的科学家扔出去，从而轻松地解决了问题。

有趣的是，想到这个最佳方案的是一个小男孩，而不是成年人。成年人习惯于把问题往复杂的方面想，而孩子考虑问题的方式很简单，因为他们的思维没有太多的羁绊，能找到解决问题的最直接、最有效的方法。

我们面对困难的时候常常找不到出路，因为我们陷入了自己设置的圈套之中，把原本简单的问题弄复杂了。结果越来越乱，理不清头绪，本来几分钟就能搞定的问题要用一天的时间来解决，本来轻轻松松就能做完的工作却把自己弄得精疲力竭。

亚里士多德说："自然界选择最简单的道路。"你抛一块石头到空中，它一定是沿着最短的那条路径落下来。要知道，把简单的事情复杂化很容易，把复杂的事情简单化却很难。

"如无必要，勿增实体。"这是著名的奥卡姆剃刀定律。它的含义是一个具体存在的理论一经确定，其他干扰这一理论的普遍性概念都是无用的，应该像多余的毛发一样剔除掉。它还告诉人们，在处理问题的时候，要把握事情的实质和主流，解决最根本的问题。

如果你现在正为一些复杂的问题感到烦恼，请试着拿起奥卡姆剃刀把那些复杂的想法剔除掉，露出事情的本来面目，也许你能立刻找到简单的解决问题的方法。

一位叫贝特格的保险推销员就是这样挽救自己事业的危机并走向成功的。贝特格刚进入保险行业的时候踌躇满志，但是一年之后他就灰心丧气了。他不明白为什么自己那么努力地工作，业绩却一直不好。某个周末的早晨，他决定理出个头绪来。他问了自己下面这三个问题：

"问题到底是什么？"

"问题的根源在哪里？"

"解决方案是什么？"

最让他苦恼的问题是当他与客户洽谈业务的时候，有些客户突然打断他，说下次有时间再面谈。结果他把大量的时间和精力花在下次面谈上，收获甚微却给他带来强烈的挫折感。他把自己一年的工作记录作了一番统计后发现，一次谈成功的客户占 70%，两次谈成功的占 23%，只有 7% 的生意需要三次以上的洽谈。他却被那 7% 的生意折磨得筋疲力尽。他决定不再为那些需要三次以上洽谈的生意奔波，把省下的时间用来开发新的客户。结果他的业绩在很短的时间内就翻了一番。

智慧箴言

洞悉问题的根本所在是，简单地去想，简单地去做，问题就会迎刃而解。当我们在工作、学习和生活中遇到难以解决的问题时，不妨也用奥卡姆剃刀把看似复杂的问题简单化。抓住影响问题的关键点，找到导致问题出现的根本原因，然后用"釜底抽薪"的方法，就能把问题轻松化解。

用积极的心去积极地思考

约翰先生是美国著名的建筑师，美国的很多地方都有他的杰作。某个海滨城市里的一座摩天大楼就是他的代表作之一。

一天，一个叫乔治的中学生路过这座大楼。他抬头观望了好长一段时间，然后才回家。

回到家后，乔治从电脑里找出了该楼的资料。和他看到的一样，大楼的迎风面正好落在三角形的棱边上。如果遇到强风，棱边势必会改变方向而产生旋转，而单薄的墙体则成了受力最大的区域。

在确定自己的发现之后，乔治给约翰先生写了一封信。在信中，他把他的发现向约翰先生进行了详细的阐述。

约翰先生收到信后，用电脑进行了风动的模拟测试，结果证实乔治的推测完全正确。于是，他又研究出了解决这一问题的办法。

只要你肯积极地思考，垃圾也能变成黄金。日本北海道冬季非常寒冷，积雪期长达四个月之久，常常影响播种。积雪问题一直困扰着北海道的农民，长期以来他们解决这个问题的唯一的办法就是把泥土撒在雪地里以加速积雪融化。但是泥土太重，融雪的效果并不好。

后来，一位老农夫发现撒炉灰的地方积雪融化得特别快。他试着把炉灰撒在厚厚的积雪上，结果不一会儿积雪就化完了。原来，炉灰的溶水性、吸热性都比泥土好多了，而且炉灰易于搬动。用炉灰来融雪，不但解决了积雪的难题，还能给农作物带来养分，火炉也顺便打扫干净了，真是一举多得。

智慧箴言

劳埃尔·皮科克说：“成功人士的一个重要标志是他的思考问题的方式。”一个人如果喜欢思考问题，喜欢迎接挑战和应付麻烦事，那么他就成功了一半。

要积极地思考，积极地创新，积极地行动，只有这样才能抓住机遇、抢占先机，发现新的解决问题的方法，从而打开成功的大门。

敢于走进陌生领域

一位青年在家门口做了六年生意，但是不知为什么，生意一直不景气。没办法，他只好考虑去外地寻找机会。他去了青海，经过考察，他发现那儿没有卖海带的。他大喜过望，赶紧通知家里给他发了十箱海带。三年后，他办起了连锁店，成了那儿的海产品大王。后来，他的生意还发展到了新疆和西藏。

有一年，他回家探亲，发现那条他熟悉的街道竟然变了样。放眼望去，尽是外地人的店面，并且个个生意红火。他有些搞不明白了："我原来也是这么经营的啊！为什么我就经营不下去呢？"

为什么这位青年在自家门前做了六年生意都不成功，到了外地却一举成功了呢？为什么生意红火的都是外地人的店面呢？这种现象可以用一句俗语来解释："人离乡贱，货离乡贵。"

人们在自己的家乡容易滋生惰性。在自己的地盘上，有亲人和朋友帮忙，他们没有压力，也没有强烈的渴望成功的欲望。离开故乡之后，他们在陌生的环境中无亲无故，没有了依靠。他们很容易遭人轻视，必须取得成就才能得到别人的认可。外地人一般比本地人更渴望成功，因此更能吃苦、更有毅力。遇到困难，本地人可以轻易地放弃，但是外地人没有退路，既然出来闯荡就想干出一番事业来，灰溜溜地回老家是很丢脸的事。逆境能激发人的潜力，到陌生的环境里，人有危机感，为了取得成功就会更加努力地工作。

物以稀为贵，本地特产拿到外地去卖，自然会受欢迎。鲁迅先生在《藤野先生》一文中写道：北京的白菜运往浙江，便用红头绳系住菜根，倒挂在水果店头，尊为"胶菜"；福建野生着的芦荟，一到北京就请进温室，且美其名曰"龙舌兰"。同样的道理，海产品在青海、新疆、西藏一带稀有，那位青年在那里经营海产品成功的机会就很大了。

尽管很多成功者都在陌生的环境和领域取得了成功，然而很多人还是不敢贸然走进陌生领域的。因为人们对自己不理解的事物总是怀有抵制心理，他们害怕在陌生的环境中自己不了解那里的游戏规则，不能适应那里的风土人情，认为自己在陌生的领域里不能发挥专长。实际上，走进陌生的环境并没什么可怕的。俗话说"外来的和尚会念经"，有时候，我们在陌生的领域更有优势。"当局者迷，旁观者清"，本地人对家乡的市场太习以为常了，因此很难发现机遇。外地人以旁观者的眼光来看，反而容易发现问题，找到市场的空缺。

诺贝尔物理学奖获得者李政道在一次很偶然的机会，听了一个同事的演讲，从而知道了非线性方程有一种叫作孤子的解。他找到所有关于孤子的资料进行分析研究，发现所有人都在研究一维空间的孤子，但是在物理学上，三维空间才具有普遍意义。他花了三个月时间研究三维空间的孤子，创建了新的孤子理论用来研究亚原子的问题。

后来，他说：“我从一无所知一下子赶到别人的前面去了。”总结经验的时候，他说：“要想赶上、超过别人，你一定要弄清楚哪些是别人不懂的。看准了这一点去研究，一定会有突破。”他以旁观者的身份结合自己的知识结构，找到了科研的空白点，在陌生的领域取得了伟大的成就。

智慧箴言

进入陌生的领域是我们开阔视野的机会，至少我们可以接触到很多新鲜事物。新鲜的事物会给我们已有的知识和经验带来冲击。我们很容易从中获得灵感，成功的机遇就孕育在这些灵感中。

敢于与众不同

一次，卡内基放学回家经过一个工地时，他看到一个老板模样的人在那儿指挥工人干活。那个人穿着华丽，神气十足，卡内基很是羡慕。

“请问你是他们的老板吗？”卡内基指了指工地上的其他人，向那个人问道。

“那当然了，要不我怎么在这里指挥呢？”那人一脸的笑意。

卡内基用手搔了搔脑袋，又问那个人：“我长大后怎样才能像你这样呢？”

“第一要勤奋工作，第二就是买件红衣服穿。”那人认真地答道。

“勤奋工作我早知道了，可为什么要买件红衣服穿呢？”卡内基有些不解。

那人指着前面的工人对卡内基说：“他们都是我的工人，都穿着蓝衣服，所以我一个也不认识。即使认识也一时分不清谁是谁，但他则不同……”他转身指着另一位工人，“他穿着红衬衫。虽然他的身手和其他人差不多，但是我却能从这么多人中很快认出他来，而且我会请他做我的副手。”

穿红衣服的人在众多穿蓝衣服的工人中非常醒目，给老板留下了深刻的印象，从而获得了提升的机会。所谓“买件红衣服穿”，实际是告诉卡内基：只有与众不同，才能从人群中脱颖而出。后来，卡内基按照这位老板的建议去做，果然取得了成功，成了著名的钢铁大王。

智慧箴言

有人向伍迪·艾伦请教成功的秘诀，他回答说：“让别人看见你！”那么，怎样让别人看见你呢？答案是："与众不同。"敢于与众不同的人比别人拥有更多的发展机会和广阔的发展空间。

该低头时就低头

被称为"美国之父"的富兰克林，年轻的时候曾去拜访一位德高望重的老前辈。那个时候的富兰克林年轻气盛，挺胸抬头迈着大步。一进门，由于太大意了，而且这位前辈家的门很矮，富兰克林的头不小心撞在了门框上。疼得他一边不住地用手揉着头，一边看着比他的身子矮半截的门。

那位前辈出来迎接富兰克林，正好看到了这一幕。他笑着说："很痛吧！可是，这将是你今天来我这里最大的收获。一个人要想平安无事地活在世上，就必须该低头时就低头，这也是我要教你的。"

富兰克林把这次拜访得到的教导看成是一生中最大的收获，并把它列为一生的生活准则之一，他也从这一准则中受益终生。后来，他功勋卓越，成了一代伟人。

智慧箴言

日本柔道大师说："要像杨柳一样柔软，不要像橡树一样挺拔。""宁死不屈"的橡树在冰雪的重压下常常被压断枝条，但是没有一棵柳树被冰雹压垮，因为它们懂得在冰雪面前低下头。我们在面对工作和生活中的压力时，同样要懂得示弱和退却，因为"退一步海阔天空"。

低头不是丢掉做人的原则和尊严，而是要把握一个度，该低头时就低头。只有以平和的心态对待自己的不足和生命中的挫折，学会低头示弱，才不至于处处碰壁。